微积分进阶

(第二版)

楼红卫 编

科学出版社

北 京

内 容 简 介

本书主要为有微积分基础的读者进一步学习“数学分析”而编写. 全书共7 章, 内容包括: 分析基础、实数系基本定理, 极限与连续, 微分, 积分, 级数, 多元函数微积分, 反常积分和含参变量积分. 教材注重思想性, 在内容上尽量做到融会贯通, 突出理论的严密性, 同时每章都精选了例题与习题. 本书配备了 13 个相关专题的讲课视频, 分布在各章章末, 读者可通过扫描二维码获取.

本书可以与通常的高等数学教材结合成为数学类专业的数学分析教材, 也可以作为数学分析的复习用书.

图书在版编目(CIP)数据

微积分进阶 / 楼红卫编. -- 2 版. -- 北京 : 科学出版社, 2025. 7
ISBN 978-7-03-082193-5
I. O172
中国国家版本馆 CIP 数据核字第 2025W7G836 号

责任编辑: 姚莉丽 贾晓瑞 / 责任校对: 杨聪敏
责任印制: 吴兆东 / 封面设计: 陈 敬

科学出版社 出版
北京东黄城根北街 16 号
邮政编码: 100717
http://www.sciencep.com
北京华宇信诺印刷有限公司印刷
科学出版社发行 各地新华书店经销
*
2009 年 8 月第 一 版 开本: 720×1000 1/16
2025 年 7 月第 二 版 印张: 18
2026 年 1 月第十二次印刷 字数: 362 000

定价: 69.00 元
(如有印装质量问题, 我社负责调换)

前　言

PREFACE

数学分析作为大学数学类专业的一门主要基础课，受到了人们广泛的重视. 一方面，近年来，国内对数学分析的教学提出了一些新的要求. 很多人需要在学完高等数学的基础上进一步学习数学分析. 另一方面，先修学高等数学类课程，再修学 (数学) 分析基础类课程一直是数学类专业学生学习数学分析的途径之一. 但在国内，由于在相当长的一段时间内，学生初入大学时就确定了专业，因此，在数学分析课程的教学上普遍采用了直接讲授数学分析的方式. 如果学生初入大学时专业具有不确定性，那么这一模式就需要加以调整.

本书是一本为学过高等数学的学生弥补高等数学与数学分析在内容及要求上差距的教材. 全书内容主要为在高等数学中没有涉及、深度不够或个别我们认为需要强调的数学分析知识. 本书可以与通常的高等数学教材结合成为数学类专业的数学分析教材，也可以作为数学分析的复习用书.

本书在编排上有以下特点:

(1) 内容上尽量做到融会贯通. 由于有高等数学做基础，读者对课程的大部分内容已有所接触，因此，我们在讨论各类问题时基本上可以不受知识点的限制. 例如，在讨论极限问题时，我们既可以利用微分知识，又可以利用积分知识，而不必等到学完微分或积分的相应章节再来介绍有关思想. 这也是利用 “先高等数学，后分析基础” 这一模式学习数学分析的一个优点.

(2) 突出了理论的严密性. 这是由编写本书的目的决定的. 因为高等数学课程和数学分析课程的主要区别就在这里. “先高等数学，后分析基础” 的缺点之一是学生在高等数学的学习中可能会形成一些错误的观点，这些观点一旦形成，纠正起来比较困难. 因此，本书有意识地对某些概念和定理进行了正反两方面的讨论.

(3) 内容上较为详细地介绍了上下极限、Stolz 公式、微分 Darboux 定理、函数的光滑逼近、Riemann 引理的推广、一些常用的积分不等式和关于积分号下求极限的 Arzelà 定理. 在一些处理手法上，较多地使用了上下极限、连续模和利用函数光滑逼近的思想，这与通常的数学分析教材有所不同，其中函数光滑逼近部分对于学生来说有一定难度.

(4) 习题的编排不仅在于帮助学生掌握所学知识，还努力引导学生去作进一步的思考, 其中一些习题是开放式的. 这体现了对学生发散性思维的训练以及研究能力的初步培养.

完整地讲授此书大约需要 72 学时, 课时允许的话, 可另行安排 36 学时的习题课. 有一些比较简单且已在高等数学中讲清楚的概念没有写入本书. 当与这些概念相应的一些习题需要编入时, 可能会与它们所编入的章节内容并不直接相关.

正文中小字部分以及标有 * 的节为选讲内容. 为方便教师的教学与学生的学习, 我们提供了某些内容的讲课视频. 视频主要涉及两部分. 一部分是第 1 章涉及数学基础部分, 教与学都存在一定的困难. 这部分视频既可以作为学生预习、复习之用, 也可供教师选择作为线上课程之用. 另一部分是相比于通常的数学分析教材有较多的不同的内容. 这部分视频可进一步帮助学生理解相关结果和涉及的数学思想. 在学时不足时, 也可以作为线上课程供学生选学.

基于读者的反馈以及我们在教学过程中形成的一些新的体会, 我们对教材做了部分修改. 首先, 更突出了基本知识的主体地位, 以适应更多的读者. 对于较为深入的内容, 则作为拓展内容. 其次, 适当增加了多元函数的内容, 增加了一些选讲内容, 增加了一些习题.

书中的例题、习题除了取材于不同的教材、习题集、研究生入学试题和适当的自编外, 还来自于与同事、学生的讨论. 在此, 谨向为本书的成稿和完善提供过帮助的所有师生表示衷心的感谢.

限于水平和精力, 书中难免有不足之处, 望广大读者不吝指正.

编　者

2024 年 11 月 21 日

目 录

CONTENTS

绪 论

在国内大多数高等院校, 微积分都是一门理工科学生必修的课程. 对于数学类专业, 微积分的教学是通过讲授名为数学分析的课程来完成的, 而对于非数学类专业, 通常通过讲授名为高等数学或微积分的课程来完成.

相对来说, 高等数学或微积分课程主要以了解、应用相应的知识为主, 通俗地讲就是对大多数有难度的概念、定理的要求只是知其然, 而不需要知其所以然, 应用上也往往以会算为目标. 近年来, 随着国内大学教学体制的转变, 相当一部分学生在大学二年级才转入数学专业学习①. 这使得在微积分基本知识基础上开设一门数学分析课程并撰写相应的教材成为必要. 本书对照了我国现行高等数学课程的一些主要教材, 着重在数学分析课程内容范围内, 介绍了高等数学课程中未涉及或涉及不够深刻部分的内容, 而且重心更多地在于证明而不是计算②.

应该说, 国内的高等数学课程对理论部分是有一定要求的. 因此, 在某些知识点上, 有时候不容易区分数学分析和高等数学的要求. 例如, 单调收敛定理在高等数学课程和数学分析课程中都会讲到, 都会在一定程度上给予理论上的要求, 对一部分学生来讲, 似乎两者区别不大. 但事实上, 在数学分析中, 会要求将单调收敛定理应用到更抽象的问题中去.

本书的部分内容对于学习了数学分析课程的数学类专业的同学来讲, 也会有一定帮助. 这主要体现在知识的融会贯通、以点带面和知识的扩充方面. 尽管这部分学生在数学分析方面已经受到了较好的训练, 但由于教学进度、顺序的限制, 许多有效的分析工具在数学分析课程中没有很好地加以介绍. 例如, 上、下极限, 关于导函数介值性质的达布 (Darboux) 定理, 函数的光滑化等内容. 又如, 在一般数学分析教材中, 一致收敛和一致连续等概念常采用 ε-δ 语言描述, 对此, 即使学习能力较强的学生也不容易掌握. 本书更多地利用上确界和连续模来处理这两个概念, 使它们更容易被掌握③.

严密性 通常认为, 数学证明是严密的. 数学分析之区别于高等数学, 重要的一条就在于严密性. 那么, 本书将会提供真正严密的数学证明吗? 其回答是否定的. 尽管在一开始指出这一点, 既不容易理解, 也有可能影响一部分读者的学习积

① 这包括从非数学类专业转到数学类专业的那部分学生. 与之相反, 也出现了一些非数学类专业从大学一年级就开始学习数学分析的现象.

② 我们并不完全回避计算, 因为数学分析中的有些计算需要附带证明, 而有些证明又可以用计算的方法给出.

③ 许多教材也都提到了利用上确界来定义一致收敛性和一致连续性. 但由于缺乏运用, 多数学生对此印象不深. 另外, 需要指出, 掌握用 ε-δ 语言描述这类概念也是必要的.

极性. 但是, 我们觉得还是有必要指出, 通常的数学证明都称不上是绝对严密的. 借用英国数学家哈代 (Hardy) 的话: “严格说来, 没有所谓证明这个东西, 归根结底, 我们只能指指点点.”

但这决不意味着我们将放弃严密性. 与其他非数学学科不同, 我们所指的数学证明中通常存在的不严密性并不在于它不合逻辑, 而只是体现在事实上很少有人会严格按照逻辑的三段论来进行数学证明. 人们相信, 如果需要, 一个被认为正确的数学证明是可以严密化的.

某种意义上, 把握一个证明应该写到何种程度的严密, 是一个数学工作者必备的专业修养. 通过本书的学习, 我们期望读者能够领会到什么是数学家们所能接受的严密性. 书写一个证明的目标是有效地让读者信服整个推理过程. 因此, 书写的严密程度随书写者和读者的变化而略有不同.

直觉和联想　除了逻辑, 数学还需要一些其他的东西. 要得到新的结果, 第一步是要提出这样的命题, 而这通常不是靠逻辑推理就可以得到的. 这需要数学上的一种直觉, 需要联想. 事实上, 即使是证明本身, 也往往需要直觉的引导. 与逻辑能力一样, 数学的直觉也需要通过学习加以修正和培养.

技巧　目前有一种倾向, 认为数学教学不应该太注重技巧训练. 但是, 学习数学分析不讲技巧是不对的. 只是我们需要对技巧做一些界定. 分析中有许多常用的技巧具有普遍性, 且抓住问题的本质, 应该特别加以训练. 但有的技巧是非本质的, 这样的技巧不应该花太多的精力去追求. 另外, 数学上也有许多事例, 人们对于特定的问题给出一种非常具有技巧性的漂亮的解决方法, 且利用这种技巧得到的结果可以引出一些非常有意义的结果, 甚至因此形成一门学科. 但由于这种技巧性往往过于特殊, 缺乏一般性, 因此它不是本书所追求的.

例 0.1　设 $a,b>0$ 满足 $a+2b=1$. 试求 $\dfrac{1}{a}+\dfrac{1}{b}$ 的最小值.

解法 I　考虑

$$(a+2b)\left(\frac{1}{a}+\frac{1}{b}\right)=3+\frac{a}{b}+\frac{2b}{a}$$

$$\geqslant 3+2\sqrt{\frac{a}{b}\frac{2b}{a}}=3+2\sqrt{2}.$$

从而最小值为 $3+2\sqrt{2}$, 且对应的 a,b 为 $a=\sqrt{2}-1$, $b=1-\dfrac{\sqrt{2}}{2}$.

在这个解法中, 对于表达式 $\dfrac{1}{a}+\dfrac{1}{b}$ 乘上 $a+2b$ 无疑是一种技巧. 我们也可以找到使用这种技巧的理由. 尽管如此, 我们还是宁愿采用下面这种不那么技巧的方法.

解法 II　易见

$$\frac{1}{a}+\frac{1}{b}=\frac{1}{1-2b}+\frac{1}{b}.$$

记 $x=\frac{1}{b}$, 则 $x>2$,

$$\begin{aligned}\frac{1}{a}+\frac{1}{b}&=\frac{x}{x-2}+x\\&=3+\frac{2}{x-2}+(x-2)\geqslant 3+2\sqrt{2}.\end{aligned}$$

从而最小值为 $3+2\sqrt{2}$, 且对应的 x 为 $2+\sqrt{2}$, 即 $a=\sqrt{2}-1$, $b=1-\frac{\sqrt{2}}{2}$.

相对于解法 I, 解法 II 的优点在于它在化简原问题的同时, 使我们更接近于这样一种境地: 要么可以进一步得到原问题的结论, 要么可以发现原问题是错误的.

学习中的要求　学生在学习中, 对自己提出适当的要求是非常重要的. 而教师也应该对学生提出恰当的要求, 特别是持续地对学生提出略高于其已有水平的任务.

对于学生来讲, 通过练习来检验、提高自己的能力是一个必要且有效的途径. 在这个过程中, 除了要努力争取独立地解决问题外, 还要注意不要满足于眼下已解决的特殊问题. 而应尽量去寻求问题的本质, 并推广结论.

例 0.2　设 $a_1=0$, $a_2=2$, $a_n=a_{n-1}+a_{n-2}+1$. 证明当 n 为素数时, $n|a_n$.

证明　记 $b_k=a_k+1$. 则

$$b_1=1,\quad b_2=3,\quad b_k=b_{k-1}+b_{k-2}.$$

要证当 n 为素数时, $n|b_n-1$. 显然当 $n=2$ 时, 结论成立.

证法 I　可以求得 b_n 的表达式, 从而证明结论. 可以解得

$$b_n=\Big(\frac{\sqrt{5}+1}{2}\Big)^n+\Big(\frac{-\sqrt{5}+1}{2}\Big)^n.$$

现设 n 为大于 2 的素数, 则利用①

$$2^n\equiv 2\ (\mathrm{mod}\ n),$$

以及

$$n|\mathrm{C}_n^k,\quad \forall k=1,2,\cdots,n-1,$$

① $p\equiv q\ (\mathrm{mod}\ n)$ 表示 n 整除 $p-q$.

可得

$$\begin{aligned}2^n a_n &= \left(\sqrt{5}+1\right)^n + \left(-\sqrt{5}+1\right)^n - 2^n \\ &= \sum_{j=0}^{n} \mathrm{C}_n^j (\sqrt{5})^j + \sum_{j=0}^{n} \mathrm{C}_n^j (-\sqrt{5})^j - 2^n \\ &= 2\sum_{k=0}^{\frac{n-1}{2}} \mathrm{C}_n^{2k} (\sqrt{5})^{2k} - 2^n \\ &= 2\sum_{k=1}^{\frac{n-1}{2}} \mathrm{C}_n^{2k} 5^k - (2^n - 2) \equiv 0 \pmod{n}.\end{aligned}$$

即当 n 是奇素数时, $n|2^n a_n$. 由此立即可得结论.

如果仅仅满足于上面的证明, 那么我们只是证明了这个结论, 但没有更深刻的理解. 下面的证明, 看起来会比已给的证明繁琐, 但是它在证明过程中保留了更多的信息, 从而使我们更容易看到本题的关键之处.

证法 II　记

$$A = \begin{pmatrix} 1 & 1 \\ 1 & 0 \end{pmatrix},$$

有

$$\begin{pmatrix} b_n \\ b_{n-1} \end{pmatrix} = A \begin{pmatrix} b_{n-1} \\ b_{n-2} \end{pmatrix}.$$

从而补充定义 $b_0 = b_2 - b_1 = 2$, $b_{-1} = b_1 - b_0 = -1$, 有

$$b_n = \begin{pmatrix} 1 & 0 \end{pmatrix} \begin{pmatrix} b_n \\ b_{n-1} \end{pmatrix} = \begin{pmatrix} 1 & 0 \end{pmatrix} A^n \begin{pmatrix} b_0 \\ b_{-1} \end{pmatrix}.$$

考虑

$$B = 2A - I = \begin{pmatrix} 1 & 2 \\ 2 & -1 \end{pmatrix},$$

则当 n 为奇素数时,

$$2^n(b_n - 1) = \begin{pmatrix} 1 & 0 \end{pmatrix} (B+I)^n \begin{pmatrix} b_0 \\ b_{-1} \end{pmatrix} - 2^n$$

$$\equiv \begin{pmatrix}1 & 0\end{pmatrix}(B^n+I)\begin{pmatrix}b_0\\ b_{-1}\end{pmatrix}-2^n$$

$$\equiv \begin{pmatrix}1 & 0\end{pmatrix}B^n\begin{pmatrix}b_0\\ b_{-1}\end{pmatrix}+b_0-2^n \pmod n.$$

可以验证

$$\begin{pmatrix}1 & 0\end{pmatrix}B^n\begin{pmatrix}b_0\\ b_{-1}\end{pmatrix}=0,\quad \forall\, n\geqslant 1. \tag{0.0.1}$$

从而

$$2^n(b_n-1)=2-2^n\equiv 0 \pmod n.$$

这就证明了结论. □

推广　通常, 能否对所做练习加以推广是对该练习的本质是否把握的一个指标. 根据证法 II, 我们可以容易地把本题加以推广.

可以看到, 题中结论成立的关键在于对于奇素数 n, 等式 (0.0.1) 以及 $b_0-2^n\equiv 0 \pmod n$ 成立. 注意到 B 的特征根是一对相反数, 不难看到 (0.0.1) 对所有正奇数成立当且仅当 $n=1$ 时它成立. 事实上, 此时设 λ 为 B 的一个特征值, 则 $B^2=\lambda^2 I$, 从而

$$\begin{pmatrix}1 & 0\end{pmatrix}B^{2k+1}\begin{pmatrix}b_0\\ b_{-1}\end{pmatrix}=\lambda^{2k}\begin{pmatrix}1 & 0\end{pmatrix}B\begin{pmatrix}b_0\\ b_{-1}\end{pmatrix}.$$

这样, 类似地可以看到, 对于满足递推公式 (α,β 是整数)

$$b_{n+1}=b_n+\beta b_{n-1}$$

的一列整数, 要使得 n 为奇素数时, $n|b_n-\alpha$ 成立, 只要 $b_0-2^n\alpha=0 \pmod n$ 以及

$$\begin{pmatrix}1 & 0\end{pmatrix}\begin{pmatrix}1 & 2\beta\\ 2 & -1\end{pmatrix}\begin{pmatrix}b_0\\ b_{-1}\end{pmatrix}=0$$

成立. 为此, 只要成立以下关系式:

$$b_0=2\alpha,\quad \alpha+\beta b_{-1}=0.$$

取

$$\alpha=3,\quad \beta=3,\quad b_{-1}=-1,$$

则相应的 b_n 满足: 当 n 为奇素数时, $n|b_n-3$. 注意到 $b_0=6, b_1=3$ 都含有因子 3, 事实上, 可以令 $b_n=3c_n$, 定义

$$c_0=2, \quad c_1=1, \quad c_n=c_{n-1}+3c_{n-2},$$

则当 n 为大于 3 的素数时,

$$n|b_n-3=3(c_n-1),$$

从而 $n|c_n-1$.

直接验证 $n=2,3$ 的情形, 得到当 n 为素数时, 总有 $n|c_n-1$.

按此思路, 可以构造出一大堆类似的例子. 进一步, 还使我们有可能彻底解决与之相关的一大类问题 (参见习题 0 第 3 题).

下面再来看一个例子, 来说明我们如何对待遇到的数学问题.

例 0.3 试求 $y=\ln x$ 在 $x=4$ 与 $x=8$ 之间的一条切线, 使得曲线与该切线、直线 $x=4$ 以及直线 $x=8$ 所围的区域① 面积最小.

解 设切点横坐标为 $t\in[4,8]$, 直接计算可以把相应区域的面积 S 用 t 表示出来:

$$S(t)=4\ln t+\frac{24}{t}-16\ln 2.$$

然后通过求闭区间上函数 $S(t)$ 的最小值可以得到使面积 $S(t)$ 最小的 t 为 6.

对于大多数同学来讲, 上面的解题过程是非常自然的. 但是, 当得到切点横坐标为 6 时, 就不应该止步不前. 很明显, 6 是所讨论区间 $[4,8]$ 的中点. 那么这个中点是不是只是因为凑巧呢?

为此, 我们可以考虑将区间改为一般的 $[a,b]$ $(0<a<b)$. 有趣的是解答后发现相应问题的结果仍然是中点!

希望读者有足够的兴趣和激情去研究究竟是什么原因导致了这样的结果. 我们把这个问题留给读者.

最后以例 0.4 为例进一步说明本书在技巧方面的取舍.

例 0.4 计算 $\sum\limits_{n=1}^{\infty}\dfrac{1}{n^2}$.

解 计算上述级数, 大家熟知的方法是利用函数

$$f(x)=\pi-x, \quad x\in(0,2\pi)$$

① 这里称曲线所围图形为“区域”是习惯用法, 该图形并非数学意义上的区域. 类似地, 当我们使用“积分区域”一词时, 相应的集合并不一定是区域或闭区域.

的傅里叶 (Fourier) 级数展开式:

$$\pi - x = 2\sum_{n=1}^{\infty}\frac{\sin nx}{n}, \quad x \in (0, 2\pi),$$

然后利用 Fourier 级数的逐项可积性得到

$$\sum_{n=1}^{\infty}\frac{\cos nx - 1}{n^2} = -\frac{\pi}{2}x + \frac{x^2}{4}, \quad x \in (0, 2\pi),$$

最后求得 $\sum\limits_{n=1}^{\infty}\frac{1}{n^2} = \frac{\pi^2}{6}$.

但是利用上述方法进行计算, 某种程度上是一种 "马后炮" 式的解法, 因为函数 $f(x) = \pi - x$ 从天而降, 事先看不出为什么要取这个函数.

本书中, 我们会在例 5.4.5 和例 5.4.6 中给出一个直接从问题出发的解答. 这并不是说直接利用 Fourier 展式的解法不好, 只是以此说明编写此书的一个侧重点. 我们更偏重的是培养读者能够利用常规的方法求得最后结果的能力, 尽管这种常规的方法可能不是很精彩.

习 题 0

1. 试对例 0.2 中的结论进行推广, 构造出不同的例子来.
2. 研究例 0.3.
3. 思考: 考虑由递推公式

$$b_{n+1} = \alpha b_n + \beta b_{n-1}, \quad n = 0, 1, 2, \cdots$$

确定的数列 $\{b_n\}$. 试寻找所有的整数组 $(\alpha, \beta, \gamma, b_0, b_{-1})$ 使得对所有奇素数 n 成立 $n | b_n - \gamma$.

第 1 章　分析基础、实数系基本定理

通常, 对于数学工作者来讲, 并不需要对建立实数系的详细过程有充分的了解. 人们可以把实数系所具备的一些最简单的性质作为公理, 由此出发来建立进一步的理论. 但是实数系的建立毕竟是现代数学的一块基石, 所以, 我们还是鼓励大家对此有一定的了解, 特别是了解为什么需要用那样的方法去建立实数理论.

1.1　数的发展、有理数的基本性质

数的发展过程可以从两个方面来看: 一个是它的历史发展过程; 另一个是它的逻辑发展过程.

历史地看, 人们对于数的认识过程可以用图 1.1.1 表示, 需要注意的是, 这是一个交叉、反复的过程[①]:

正整数
⇓　　引入正分数
正有理数
⇓　　引入零
非负有理数
⇓　　引入正无理数
非负实数
⇓　　引入负数
实数
⇓　　引入虚数
复数

图 1.1.1

值得注意的是, 零并不是从一开始就出现的, 所以, 曾经只把正整数才看成自然数[②].

数的逻辑发展过程可以用图 1.1.2 表示.

① 不同的文化对数的认识过程有所区别.

② 1993 年颁布的中华人民共和国国家标准《量和单位》(GB 3100~3102—93) 将零纳入自然数.

$$\begin{array}{cl}
\text{正整数(半群, 良序集)} & \\
\Downarrow & \text{减法运算封闭} \\
\text{整数(加群, 整环, 全序集)} & \\
\Downarrow & \text{除法运算封闭} \\
\text{有理数(全序域)} & \\
\Downarrow & \text{完备化} \\
\text{实数(有最小上界性的有序域)} & \\
\Downarrow & \text{对代数方程封闭} \\
\text{复数} &
\end{array}$$

图 1.1.2

从逻辑的角度来看, 从自然数到有理数是一个自然的、可接受的过程[①]. 大家知道, 早在古希腊, 人们对无理数就有了一定的认识, 知道了有些长度不能用有理数表示. 但是, 人们对什么是无理数, 直到 19 世纪还没有一个可以接受的定义. 考虑一下什么是 $\sqrt{2}$, 是方程 $x^2 = 2$ 的根? 或者是

$$1, 1.4, 1.41, 1.414, 1.4142, 1.41421, 1.414213, 1.4142135, \cdots$$

的 "极限"? 细细想来, 都是有问题的.

尽管如此, 有一点是肯定的, 有理数是引入实数 (或无理数) 的基础.

下面回顾一下有理数所具有的一些基本性质.

有理数的基本运算有加法 (和)、减法 (差)、乘法 (积) 与除法 (商), 且有理数对四种运算是封闭的, 即任意两个有理数的和差积商 (除数不能为零) 还是有理数. 在总结这些性质时, 想一想矩阵的运算会有利于我们理解到有理数运算的这些特殊性. 我们用 $\mathbb{N}$, $\mathbb{Z}_+$, $\mathbb{Z}$, $\mathbb{Q}$ 和 $\mathbb{R}$ 分别表示自然数集、正整数集、整数集、有理数集和将要定义的实数集.

1.1.1 全序集

定义 1.1.1 设 F 是一个集合. F 上的**偏序关系** "$\leqslant$" 是 F 中元素之间的一种次序关系, 满足:

(O1) **自反性** 对于任何 $x \in F$, $x \leqslant x$ 成立;

(O2) **反对称性** 对于任何 $x, y \in F$, 若 $x \leqslant y$, 且 $y \leqslant x$, 则 $x = y$;

(O3) **传递性** 若 $x, y, z \in F$ 满足 $x \leqslant y$, 且 $y \leqslant z$, 则 $x \leqslant z$.

此时, 称 $(F, \leqslant)$ 为一个**偏序集**.

可以看到 $(\mathbb{Z}_+, \leqslant)$, $(\mathbb{Z}, \leqslant)$ 和 $(\mathbb{Q}, \leqslant)$ 都是偏序集.

---

① 尽管历史上, 某些文化对负数和零的接受并不像现代人想象的那么顺利.

定义 1.1.2　设 $(F,\leqslant)$ 是一个偏序集. $x\in E\subseteq F$.

如果对任何 $y\in E$, 成立着 $x\leqslant y$, 则称 x 为 E 的**最小元**.

如果 F 的任何子集都有最小元, 则称 $(F,\leqslant)$ 为一个**良序集**.

易见, $(\mathbb{Z}_+,\leqslant)$ 是良序集, 但 $(\mathbb{Z},\leqslant)$ 和 $(\mathbb{Q},\leqslant)$ 都不是良序集.

定义 1.1.3　设 F 是一个集合. 如果 F 中元素之间的一种次序关系 "$<$", 满足传递性 (O3) 和

(O4) **反自反性**　对于任何 $x\in F$, $x<x$ 不成立,

则称 "$<$" 为 F 上的一个**拟序关系**. 此时, $(F,<)$ 就成为一个**拟序集**.

易见 $(\mathbb{Z}_+,<)$, $(\mathbb{Z},<)$ 和 $(\mathbb{Q},<)$ 都是拟序集.

定义 1.1.4　设 $(F,\leqslant)$ 是一个偏序集. 且具有以下性质:

(O5) **全序性**　对于任何 $x,y\in F$, 下列关系式至少有一个成立: $x\leqslant y, y\leqslant x$, 则称 $(F,\leqslant)$ 为一个**全序集**.

可以看到, 对于 $F=\mathbb{Z}_+,\mathbb{Z},\mathbb{Q}$, $(F,\leqslant)$ 是全序集.

1.1.2　加群

定义 1.1.5　设 F 和其上的一种加法运算 "$+$" 满足如下性质:

(A1) **封闭性**　若 $x,y\in F$, 则 $x+y\in F$;

(A2) **结合律**　对于任何 $x,y,z\in F$, 有 $(x+y)+z=x+(y+z)$;

(A3) **交换律**　对于任何 $x,y\in F$, 有 $x+y=y+x$;

(A4) **存在零元**　存在元素 $0\in F$ 满足: 对于任何 $x\in F$, $x+0=x$;

(A5) **存在负元**　对于任何 $x\in F$, 存在一个元素 $y\in F$ (记作 $-x$) 满足 $x+(-x)=0$, 则称 $(F,+)$ 为一个 **(可) 交换群**①(或 **Abel 群**, **加群**②).

有了负元, 就可以定义减法, $x-y$ 定义为 $x+(-y)$.

可以看到 $(\mathbb{Z},+)$ 和 $(\mathbb{Q},+)$ 都是加群, 但 $(\mathbb{Z}_+,+)$ 不是.

1.1.3　域

定义 1.1.6　设集合 F 上有加法运算 "$+$" 和乘法运算 "$\cdot$", 使得 $(F,+)$ 构成一个加群且满足如下性质③:

(M1) **乘法封闭性**　若 $x,y\in F$, 则 $xy\in F$;

(M2) **乘法结合律**　对于任何 $x,y,z\in F$, 有 $(xy)z=x(yz)$;

(M3) **乘法交换律**　对于任何 $x,y\in F$, 有 $xy=yx$;

(M4) **乘法单位元存在**　存在非零元 $1\in F$ 满足: 对于任何 $x\in F$, $1x=x$;

---

① 满足 (A1), (A2) 的 $(F,+)$ 称为**半群**.

② 一般只有当这里的运算用 "$+$" 表示时, 才称为加群.

③ 为简单起见, 常用 xy 表示 $x\cdot y$.

(M5) **非零元存在逆元** 对于任何非零的 $x\in F$, 存在一个元素 $y\in F$ (记作 $1/x$) 满足 $x(1/x)=1$.

且乘法和加法的混合运算满足

(AM) **分配律** 对于任何 $x,y,z\in F$, 有 $x(y+z)=xy+xz$.

则称 $(F,+,\cdot)$ 为一个**域**.

有了逆元, 就可以定义除法, x/y $\left(\text{也可记为 } \dfrac{x}{y}, x\div y\right)$ 定义为 $x\cdot(1/y)$.

易见 $(F,+,\cdot)$ 是一个域当且仅当 $(F,+)$ 和 $(F\setminus\{0\},\cdot)$ 是交换群, 且 (AM) 成立.

可以看到 $(\mathbb{Q},+,\cdot)$ 是一个域, 但 $(\mathbb{Z}_+,+,\cdot)$ 和 $(\mathbb{Z},+,\cdot)$ 不是域.

在域中, 经常用

$$x-y,\quad \frac{x}{y},\quad 2x,\quad 3x,\quad x^2,\quad x^3,\quad \cdots$$

表示

$$x+(-y),\quad x\cdot\frac{1}{y},\quad x+x,\quad x+x+x,\quad xx,\quad xxx,\quad \cdots.$$

上面出现的表达式 $2x,3x$ 中的 $2,3$ 等符号并不表示是 F 的元, 而是作为 $\mathbb{Z}_+$ 中的元出现的. 自然, $2x$ 并不表示 $2\cdot x$. 当然, 如果在 F 中把

$$1+1,\quad 1+1+1,\quad \cdots$$

记作

$$2,\quad 3,\quad \cdots,$$

则恰好有

$$x+x=2\cdot x,\quad x+x+x=3\cdot x.$$

另外, 在域中

$$(x+y)+z=x+(y+z),\quad (xy)z=x(yz),$$

所以, 可以用 $x+y+z, xyz$ 来代替 $(x+y)+z,(xy)z$ 而不会产生歧义.

定义 1.1.7 设 F 是一个域, 也是一个全序集, 且满足

(AO) 对任何 $x,y,z\in F$, 若 $y\leqslant z$, 则 $x+y\leqslant x+z$;

(MO) 若 $0\leqslant x,y$, 则 $0\leqslant xy$.

则称 F 为一个**全序域**, 也称为**有序域**.

注 1.1.1 用 "$x = y$" 表示 "x 与 y 是同一元", 用 "$x \neq y$" 表示 "x 与 y 不是同一元".

对于偏序集 $(F, \leqslant)$, 如果我们约定用 "$x < y$" 表示 "$x \leqslant y$, 且 $x \neq y$", 则 $(F, <)$ 是一个拟序集. 对于拟序集 $(F, <)$, 如果约定用 "$x \leqslant y$" 表示 "$x < y$ 或 $x = y$", 则 $(F, \leqslant)$ 是偏序集.

另外, 用 "$x \geqslant y$" 和 "$x > y$" 表示 "$y \leqslant x$" 和 "$y < x$"; 用 "$x \leqslant y \leqslant z$" 表示 "$x \leqslant y$ 且 $y \leqslant z$" 等.

则偏序集 $(F, \leqslant)$ 为全序集当且仅当对任何 $x, y \in F$, 以下的 $x < y$, $x = y$, $y < x$ 三者之一成立.

而对于全序集和域 F, 它为全序域的充要条件是成立

(AO′) 对任何 $x, y, z \in F$, 若 $y < z$, 则 $x + y < x + z$;

(MO′) 若 $0 < x, y$, 则 $0 < xy$.

1.1.4 稠密性

一个全序域必然具备以下的**稠密性**.

定理 1.1.1 设 F 是一个全序域, 则对于任何 $x < y$, 存在 $z \in F$ 使得 $x < z < y$.

证明 由全序域的定义, 不难得到习题 1.1 中第 6 题的 (AO′) 和 (MO′) 成立. 于是由 $x < y$ 以及 (AO′), 得

$$x + x < x + y < y + y.$$

由分配律, 上式相当于

$$(1+1)x < x + y < (1+1)y.$$

利用 (MO′) 不难得到 $1/(1+1) > 0$. 于是进一步利用 (MO′) 可得

$$x < (x+y) \cdot \frac{1}{1+1} < y.$$

取

$$z = (x+y) \cdot \frac{1}{1+1}$$

即得结论. □

1.1.5 Archimedes 性

容易验证, 有理数域 $\mathbb{Q}$ 具有如下的**阿基米德 (Archimedes) 性**: 对于任何 $x > 0$ 以及 $y \in \mathbb{Q}$, 一定有 $n \in \mathbb{Z}_+$ 使得 $nx > y$.

习 题 1.1

1. 证明:

(i) 设 $(F,\leqslant)$ 是一个偏序集, 以 "$x<y$" 表示 "$x\leqslant y$ 且 $x\neq y$", 则 $(F,<)$ 是拟序集;

(ii) 设 $(F,<)$ 是一个拟序集, 以 "$x\leqslant y$" 表示 "$x<y$ 或 $x=y$", 则 $(F,\leqslant)$ 是偏序集.

2. 设 $n\geqslant 2$, 用 $\mathbb{S}^n$ 表示 n 阶对称矩阵全体. 对于 $A,B\in\mathbb{S}^n$, 若 $A-B$ 为正定阵, 则称 $B<A$ $(A>B)$; 若 $A-B$ 为半正定矩阵, 则称 $B\leqslant A$ $(A\geqslant B)$. 易见, 此时 $B\leqslant A$ 不意味着 $B<A$ 或 $B=A$. 我们引入符号 $B\prec A$ $(A\succ B)$ 表示 $B\leqslant A$ 且 $B\neq A$.

证明:

(i) $(\mathbb{S}^n,\leqslant)$ 是偏序集;

(ii) $(\mathbb{S}^n,<)$, $(\mathbb{S}^n,\prec)$ 是拟序集;

(iii) $(\mathbb{S}^n,\leqslant)$, $(\mathbb{S},<)$ 与 $(\mathbb{S}^n,\prec)$ 均不是全序集.

3. 证明良序集一定是全序集. 反之不然.

4. 设 F 是 $\mathbb{Q}$ 的所有子集组成的集合, $\subseteq$ 是集合间的通常的包含关系. 证明 $(F,\subseteq)$ 是一个偏序集, 但不是良序集.

5. 证明:

(i) 若 $(F,+,\cdot)$ 是一个域, 则 $(F\setminus\{0\},\cdot)$ 是一个交换群;

(ii) 若 $(F,+)$ 是一个加群, $(F\setminus\{0\},\cdot)$ 是一个交换群, 且分配律 (AM) 成立, 则 $(F,+,\cdot)$ 是一个域.

6. 证明: 若 F 是一个全序集, 且是一个域, 则条件 (AO) 和 (MO) 分别等价于:

(AO$'$) 对任何 $x,y,z\in F$, 若 $y<z$, 则 $x+y<x+z$;

(MO$'$) 若 $0<x,y$, 则 $0<xy$.

7. 称全序域 F 和全序域 G **序同构**, 是指 F 和 G 之间存在一个一一对应 f, 使得

$$f(x+y)=f(x)+f(y),$$

$$f(xy)=f(x)f(y),$$

以及

$$x>y\Longleftrightarrow f(x)>f(y). \tag{1.1.1}$$

证明: 若 f 是全序域 F 到全序域 G 的一个序同构映射, $0,1$ 分别为 F 的零元和单位元, 则 $f(0),f(1)$ 分别是 G 中的零元和单位元.

说明 (1.1.1) 可以替换为

$$x>y\Longrightarrow f(x)>f(y).$$

8. 证明: 任何全序域都包含唯一一个子域与有理数域序同构, 从而可以认为任何一个全序域都以有理数域作为其子域.

9. 设 F 是一个全序域, $\alpha\in F$ 满足 $\alpha\geqslant 0$ 以及 $\forall\varepsilon>0$, 成立 $\alpha<\varepsilon$. 证明 $\alpha=0$.

10. 试按以下方式构造不具备 Archimedes 性的全序域.

(1) 若 X 是包含有理数域 $\mathbb{Q}$ 但不具备 Archimedes 性的全序域, 证明必有元素 $x\in X$ 使得 $x>0$ 但小于任何正有理数.

(2) 在集合 $\mathbb{Q}$ 的基础上增加一个元素 x, 规定 x 大于 0 且小于任何正有理数. 试构造包含 $\mathbb{Q}$ 和 x 的最小的全序域 X, 并说明 X 不具备 Archimedes 性.

11. 设 $X := \{a+b\sqrt{2}|a,b\in\mathbb{Q}\}$, $Y := \{a+b\sqrt{3}|a,b\in X\}$, $Z := \{a+b\sqrt{2}+c\sqrt{3}|a,b,c\in\mathbb{Q}\}$. 证明: 按照通常的实数的四则运算, X,Y 是域, 而 Z 不是域.

12. 考虑 $X := \{0,1,2,\cdots,6\}$. 在 X 中定义加法和乘法如下: 对于 $x,y\in X$, $x+y$ 和 xy 依次定义为 $x+y$ 和 xy 除以 7 得到的余数. 例如, $4+5=7+2$, $4\cdot5=2\cdot7+6$, 因此在 X 中, $4+5$ 定义为 2, 而 $4\cdot5$ 定义为 6. 证明: X 是域.

1.2 实数系的建立

无理数的发现导致了第一次数学危机. 凡是数都可以表示成为整数的比, 这不仅仅是毕达哥拉斯 (Pythagoras) 学派的一种信仰. 承认任何两条线段都是可公度的, 即存在一条更短的线段, 使得给出的两条线段都是该段线段的整数倍, 这是定义一些概念的基础. 对于 Pythagoras 学派而言, 如果没有可公度性, 甚至连长度、面积等基本概念的定义都将成为问题.

很多人认为最早发现的无理数是 $\sqrt{2}$, 并把它归功于 Pythagoras 学派的希帕索斯 (Hippasus). 但有人主张①, Hippasus 更可能是在研究正五边形时发现了正五边形的边长和对角线长不可公度. 具体地, 设 a,b 分别是一个正五边形的边长和对角线长 (图 1.2.1), 则 $a_1=b-a$ 和 $b_1=a$ 成为一个小正五边形的边长和对角线长. 进一步, $a_2=b_1-a_1$ 和 $b_2=a_1$ 又成为一个更小的正五边形的边长和对角线长, 如此过程, 没有穷尽②. 这意味着 a 和 b 不可公度. 按现在的说法就是 $\dfrac{b}{a}=\dfrac{\sqrt{5}+1}{2}$ 和 $\dfrac{a}{b}=\dfrac{\sqrt{5}-1}{2}$ 是无理数. 后者正是所谓的黄金分割. 其后, Hippasus 又发现了 $\sqrt{2}$ 是无理数, 据称他因公布自己的这一发现而丢了性命. 也有人认为 Pythagoras 本人就已经知道 $\sqrt{2}$ 是无理数, 只因违背其哲学而没有公布这个事实.

图 1.2.1 由项武义教授给出, 弗里茨 (Fritz) 在其文章中使用了一个比图 1.2.1 稍稍复杂的图.

人们认识到有理数 (分数) 表示成十进制小数时是有限小数或无限循环小数, 所以自然地想到用无限不循环小数来定义无理数. 但严格定义无限不循环小数的四则运算并不容易. 鉴于最早发现的无理数是代数方程的根, 人们也曾企图借助代数方程的根来定义无理数, 但是人们也发现这不能填补数的所有“空白”.

---

① von Fritz K. The discovery of incommensurability by Hippasus of metapontum. Ann. of Math., 1945, 46(2): 242-264.

② 如果 m,n 是正整数, 则对它们运用辗转相除法时, 可在有限步内得到 0.

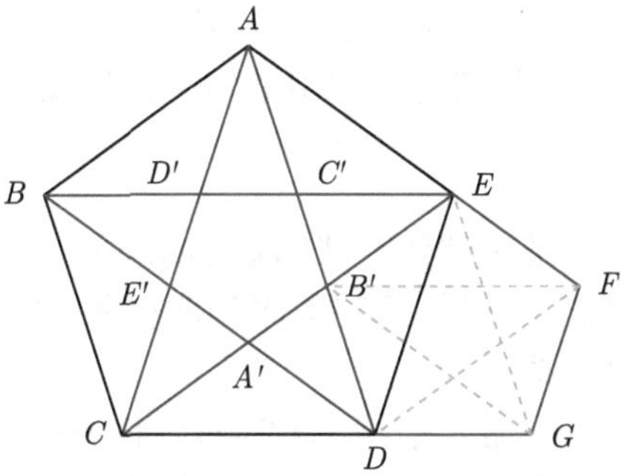

$a=\overline{AB}$, $b=\overline{AC}$: 正五边形$ABCDE$的边长和对角线长
$b-a$, a: 正五边形$DB'EFG$的边长和对角线长

图 1.2.1

下面通过回顾 $\sqrt{2}$ 不是有理数的证明来看看需要填补怎样的“空白”. 有必要指出, 在引入无理数的定义之前, $\sqrt{2}$ 是什么东西本身就是有问题的, 所以需要换成以下的叙述方式: 2 不是任何 (正) 有理数的平方. 上述命题的经典证明如下: 假若不然, 设有有理数 $\dfrac{q}{p}$ 的平方是 2, 其中 p, q 是既约的整数, 则

$$q^2 = 2p^2.$$

注意到偶数的平方是偶数, 奇数的平方是奇数, 所以 q 是偶数. 这样 $q = 2k$, 其中 k 是整数. 代入上式并约去因子 2 可得

$$2k^2 = p^2.$$

于是又知 p 是偶数. 从而 p, q 有公因子 2. 这与 p, q 是既约的相矛盾. 所以 2 不是任何 (正) 有理数的平方.

进一步, 如果用 L 表示所有平方小于 2 的正有理数的集合, U 表示所有平方大于 2 的正有理数的集合. 如果把有理数标在数轴上, 则就像有一把刀把所有正有理数划分成左边部分 L 和右边部分 U: L 中任何一个元素都小于 U 中任何一个元素, 且不难验证 L 中没有最大值, U 中没有最小值. 换言之, 对于 L 中任何一个元素, 有更靠右的数字属于 L, 同样, 对于 U 中任何一个数字, 有更靠左的数字属于 U, 这就表明这把刀没有碰到任何有理数, 即有理数系是有“空隙”的.

把有理数扩充到更广泛意义上的数, 主要目的就是要填补这些空隙. 戴德金 (Dedekind) 于 1872 年发表了用分划 (今人称为 Dedekind 分划) 来构造实数的方法. 这一构造法很好地体现了实数系不再有类似有理数系的空隙, 我们把它称为实数系的连续性.

对于有微积分基础的读者来说, 康托尔 (Cantor) 于 1872 年发表的用基本列构造实数的方法可能更为简捷. 这一方法与实数的完备性相关, 其思想在后继课程中也有很多的应用. 以下, 我们将介绍用基本列构造实数的方法.

1.2.1 实数公理系统

什么是实数, 尤其什么是无理数? 法国数学家柯西 (Cauchy) 于 1821 年在其《分析教程》中说, 无理数应看成是有理数序列的极限. 但 Cauchy 的说法属于循环定义, 不能作为严格的定义.

那么究竟什么才是实数, 希尔伯特 (Hilbert) 于 1899 年首次提出了**实数公理系统**. 内含**域公理 (F)**、**序公理 (O)** 及**连续公理 (C)**. 公理系统的提出虽然在建立实数理论的工作之后, 但其中的要点都是每一种实数理论必须考虑的. 实数公理系统有几种等价的形式, 我们采用以下形式. 在讨论过程中, 我们总是采用注 1.1.1 中的约定.

设 $\mathbb{R}$ 是一个集合, 带有加法和乘法两种运算以及序关系:

加法 $+$: $\mathbb{R}\times\mathbb{R}\to\mathbb{R}$, $(x,y)\mapsto x+y$;

乘法 $\cdot$: $\mathbb{R}\times\mathbb{R}\to\mathbb{R}$, $(x,y)\mapsto x\cdot y$, 在不引起混淆的情况下, $x\cdot y$ 简记为 xy;

序关系 $\leqslant$.

满足如下连续公理的全序域[①] $(\mathbb{R},+,\cdot,\leqslant)$ 称为**实数系**, 简写为 $\mathbb{R}$, 它的元素称为**实数**:

连续公理 (C)

(C1) **Archimedes 公理** 给定 y 与 $x>0$, 则总可以把 x 自己相加足够多次使得

$$nx:=\overbrace{x+x+\cdots+x}^{n\text{ 次}}>y.$$

(C2) **完备公理** 如果 $\widetilde{\mathbb{R}}\supseteq\mathbb{R}$ 且 $(\widetilde{\mathbb{R}},+,\cdot,\leqslant)$ 是满足 (C1) 的全序域, 则 $\widetilde{\mathbb{R}}=\mathbb{R}$.

需要指出, 一旦我们构造出了实数, 则实数系公理不再是传统意义上的公理, 而是成为实数满足的定理或性质.

1.2.2 基本列及其等价类

称 $\mathbb{Q}$ 中的点列 $\alpha\equiv\{p_k\}$ 为**基本列**, 又称为 **Cauchy 列**[②], 如果: $\forall n\in\mathbb{Z}_+$, 存在 $N\geqslant 1$, 使得当 $k,j\geqslant N$ 时, 成立

$$|p_k-p_j|<\frac{1}{n}. \tag{1.2.1}$$

① 由于我们已经引入全序域概念, 因此不再罗列域公理和序公理.

② 这里的 Cauchy 列限于有理数列.

不难证明 $\alpha \equiv \{p_k\}$ 为 Cauchy 列当且仅当: $\forall n \in \mathbb{Z}_+$, 存在有理数 q, 使得除去有限个元素外, $\{p_k\}$ 中的元均满足 $|p_k - q| < \dfrac{1}{n}$.

若 $\alpha \equiv \{p_k\}$ 和 $\beta \equiv \{q_k\}$ 都是 Cauchy 列, 且 $p_1, q_1, p_2, q_2, \cdots, p_k, q_k, \cdots$ 仍然是 Cauchy 列, 则称 α 与 β **等价**, 记作 $\alpha \sim \beta$.

一般地, $E \times F$ 的子集 R 称为集合 E 和 F 间的**关系**, $(x, y) \in R$ 记为 xRy. 若 $R \subseteq X \times X$ 满足以下性质, 则称 R 为 X 上的一个**等价关系**:

(i) **反身性** $\forall x \in E, xRx$.

(ii) **对称性** 若 xRy, 则 yRx.

(iii) **传递性** 若 xRy, yRz, 则 xRz.

时常用记号 $\sim$ 表示等价关系. 易见 Cauchy 列间的等价确实是一种等价关系.

对于 Cauchy 列 α, 用 $[\alpha]$ 表示与 α 等价的 Cauchy 列全体, 称为 α 的**等价类**. $[\alpha]$ 中的任何一个元 β 称为 $[\alpha]$ 的一个**代表元**. 记

$$\mathbb{R} := \left\{[\alpha] \middle| \alpha \text{ 为 Cauchy 列}\right\}.$$

称 $\mathbb{R}$ 中的元素为实数. 如果把 Cauchy 列看成是一种特殊的集合, Cauchy 列的等价类就是一种集族.

为简便起见, 本节中, 用 α 表示 $[\alpha]$. 这样, $\alpha = \beta$ 的含义即为 $[\alpha] = [\beta]$, 亦即 $\alpha \sim \beta$.

本节下文中小写英文字母 k, m, n 表示整数, p, q 表示有理数, 小写希腊字母表示实数.

对于有理数 p, 用 p^* 表示每一项均为 p 的数列, 其全体记为 $\mathbb{Q}^*$. 自然, p^* 是一个 Cauchy 列. $\mathbb{Q}^*$ 中的元 (实为这些元对应的等价类) 称为 (新的) 有理数, 其余的实数称为无理数. 易见 $\{p_k\} \sim \{q_k\}$ 等价于 $\{p_k - q_k\} \sim 0^*$.

1.2.3 在 $\mathbb{R}$ 中引入加法

对于实数 $\alpha = \{p_k\}, \beta = \{q_k\}$, 定义

$$\alpha + \beta := \{p_k + q_k\}. \tag{1.2.2}$$

易证 $\{p_k + q_k\}$ 是 Cauchy 列. 进一步, 若 $\{\tilde{p}_k\} \sim \{p_k\}$ 且 $\{\tilde{q}_k\} \sim \{q_k\}$, 则 $\{\tilde{p}_k + \tilde{q}_k\} \sim \{p_k + q_k\}$. 这说明 (1.2.2) 定义了 $\mathbb{R}$ 中的一个元素, 且其定义与代表元的选取无关.

易见, 加法结合律、交换律成立, 0^* 为加法的零元, 而 $\{-p_k\}$ 为 $\{p_k\}$ 的负元.

进一步, 对于任何 $p, q \in \mathbb{Q}$, 有 $p^* + q^* = (p+q)^*$, 即 $\mathbb{Q}$ 与 $\mathbb{Q}^*$ 中的加法一致.

1.2.4　在 $\mathbb{R}$ 中引入序

对于实数 $\alpha = \{p_k\}$ 以及 $\beta = \{q_k\} \in \mathbb{R}$, 若存在 $m \geqslant 1$ 以及 $N \geqslant 1$, 使得当 $k \geqslant N$ 时成立, $p_k > q_k + \dfrac{1}{m}$, 则称 $\beta < \alpha$ (亦称 $\alpha > \beta$).

不难证明以上定义与代表元的选取无关. 且 $\alpha < \beta$ 当且仅当 $\alpha - \beta < 0^*$. 由此又可得加法的保序性.

从定义立即可见 $(\mathbb{R}, <)$ 满足传递性和反自反性, 因此是一个拟序集.

为说明 $\mathbb{R}$ 的全序性, 结合加法的保序性, 只需证明对任何 $\alpha \equiv \{p_k\} \in \mathbb{R}$, $\alpha < 0^*$, $\alpha = 0^*$ 以及 $\alpha > 0^*$ 三者之一成立. 现设 $\alpha < 0^*$ 和 $\alpha > 0^*$ 均不成立. 任取 $n \geqslant 1$. 由 Cauchy 列的定义, 存在 $N \geqslant 1$ 使得当 $k, j \geqslant N$ 时, $|p_k - p_j| < \dfrac{1}{2n}$. 由 $\alpha < 0^*$ 不成立, 得到对于上述 n 及 N, 存在 $\ell \geqslant N$ 使得 $p_\ell > -\dfrac{1}{2n}$. 于是当 $k \geqslant N$ 时, $p_k > p_\ell - \dfrac{1}{2n} \geqslant -\dfrac{1}{n}$. 同理, 由 $\alpha > 0^*$ 不成立可得当 $k \geqslant N$ 时, $p_k < \dfrac{1}{n}$. 因此, $\alpha = 0^*$. 总之, $\mathbb{R}$ 是全序集.

又易见 $p^* < q^*$ 当且仅当 $p < q$, 即 $\mathbb{Q}$ 与 $\mathbb{Q}^*$ 的序具有一致性.

1.2.5　在 $\mathbb{R}$ 中引入乘法

对于实数 $\alpha = \{p_k\}$ 和 $\beta = \{q_k\}$, 定义

$$\alpha\beta := \{p_k q_k\}, \tag{1.2.3}$$

则不难证明 $\{p_k q_k\}$ 是 Cauchy 列. 进一步, 若 $\{\tilde{p}_k\} \sim \{p_k\}$ 且 $\{\tilde{q}_k\} \sim \{q_k\}$, 则 $\{\tilde{p}_k \tilde{q}_k\} \sim \{p_k q_k\}$. 因此, (1.2.3) 定义了 $\mathbb{R}$ 中的一个元素, 且其定义与代表元的选取无关. 易见乘法结合律、乘法交换律、分配律成立. 易见 1^* 是乘法单位元.

又 $(pq)^* = p^* q^*$ 显然成立. 即 $\mathbb{Q}$ 与 $\mathbb{Q}^*$ 中的乘法一致.

为说明非零元有逆元, 先设 $\alpha > 0^*$, 则有 $m \geqslant 1$ 以及 $N \geqslant 1$ 使得当 $k \geqslant N$ 时, $p_k > \dfrac{1}{m}$. 易证 $\{p_{N+k}\} = \alpha$ 以及 $\beta \equiv \left\{\dfrac{1}{p_{N+k}}\right\} \in \mathbb{R}$. 进而 $\alpha\beta = \left\{p_{N+k}\dfrac{1}{p_{N+k}}\right\} = 1^*$. 即 β 是 α 的逆元. 同时, 我们也证明了如下结果:

$$\alpha > 0^* \Longrightarrow \exists m \in \mathbb{Z}_+, \text{ s.t. } \alpha > \left(\frac{1}{m}\right)^*. \tag{1.2.4}$$

若 $\alpha < 0^*$, 则 $-\dfrac{1}{(-\alpha)}$ 为 α 的逆元.

现在来说明乘法的保序性. 设 $\alpha, \beta > 0^*$, 由 (1.2.4), 有 $m, n \in \mathbb{Z}_+$ 使得 $\alpha > \left(\dfrac{1}{m}\right)^*$, $\beta > \left(\dfrac{1}{n}\right)^*$. 由定义立即得到 $\alpha\beta > \left(\dfrac{1}{4mn}\right)^* > 0^*$.

这样, 我们证明了 $\mathbb{R}$ 是一个全序域.

1.2.6 $\mathbb{R}$ 的 Archimedes 性

$\mathbb{R}$ 的 Archimedes 性可由 $\mathbb{Q}$ 的 Archimedes 性得到. 设 $\alpha > 0^*$, $\beta = \{q_k\} \in \mathbb{R}$. 则有 $m \geqslant 1$ 使得 $\alpha > \left(\dfrac{1}{m}\right)^*$. 另一方面, 有 $N \geqslant 1$ 使得当 $k \geqslant N$ 时, $|q_k - q_N| < 1$, 从而 $q_k < q_N + 1$. 由此可见 $\beta < (q_N + 2)^*$. 由有理数的 Archimedes 性, 有正整数 n 使得 $\dfrac{n}{m} > q_N + 2$. 于是, $n\alpha > n\left(\dfrac{1}{m}\right)^* = \left(\dfrac{n}{m}\right)^* > (q_N + 2)^* > \beta$. 即在 $\mathbb{R}$ 中 Archimedes 性成立.

1.2.7 $\mathbb{R}$ 的完备性

设 $\widetilde{\mathbb{R}} \supseteq \mathbb{R}$, $(\widetilde{\mathbb{R}}, +, \cdot, \leqslant)$ 是满足 (C1) 的全序域. 我们要证 $\widetilde{\mathbb{R}} = \mathbb{R}$.

首先, 令 $\widetilde{0^*}$ 为 $\widetilde{\mathbb{R}}$ 中的零元, γ 为 0^* 在 $\widetilde{\mathbb{R}}$ 中的负元. 则在等式 $0^* = 0^* + 0^*$ 两边加上 γ, 立即可得

$$\widetilde{0^*} = 0^* + 0^* + \gamma = 0^* + \widetilde{0^*} = 0^*.$$

即 $\mathbb{R}$ 的零元 0^* 也是 $\widetilde{\mathbb{R}}$ 的零元. 进而 1^* 不是 $\widetilde{\mathbb{R}}$ 中的零元. 从而它在 $\widetilde{\mathbb{R}}$ 中有逆元. 在等式 $1^* = 1^* \cdot 1^*$ 两边乘以 1^* 在 $\widetilde{\mathbb{R}}$ 中的逆元, 即得 1^* 为 $\widetilde{\mathbb{R}}$ 的单位元.

以下, 任取 $\tilde{\sigma} \in \widetilde{\mathbb{R}}$. 我们要证 $\tilde{\sigma} \in \mathbb{R}$. 不妨设 $\tilde{\sigma} > 0^*$.

对于任意 $k \geqslant 1$, 由 (C1), 易得存在正整数 N_k 使得 $\left(\dfrac{N_k}{k}\right)^* > \tilde{\sigma}$. 设 n_k 为使得上式成立的最小的整数. 则 $\left(\dfrac{n_k - 1}{k}\right)^* \leqslant \tilde{\sigma} < \left(\dfrac{n_k}{k}\right)^*$. 这样, 对于任何 $k, j \geqslant 1$,

$$\left(\frac{n_j}{j}\right)^* = \left(\frac{n_j - 1}{j}\right)^* + \left(\frac{1}{j}\right)^* \leqslant \tilde{\sigma} + \left(\frac{1}{j}\right)^* < \left(\frac{n_k}{k}\right)^* + \left(\frac{1}{j}\right)^* = \left(\frac{n_k}{k} + \frac{1}{j}\right)^*.$$

即 $\dfrac{n_j}{j} < \dfrac{n_k}{k} + \dfrac{1}{j}$. 这蕴涵了 $\beta := \left\{\dfrac{n_k}{k}\right\}$ 是 Cauchy 列.

任取 $k \geqslant 1$, 当 $j \geqslant k$ 时, $\dfrac{n_j}{j} < \dfrac{n_k + 1}{k}$. 因此, $\beta = \left\{\dfrac{n_j}{j}\right\} \leqslant \left(\dfrac{n_k + 1}{k}\right)^* \leqslant \tilde{\sigma} + \left(\dfrac{2}{k}\right)^*$. 由 Archimedes 性, 这蕴涵 $\beta \leqslant \tilde{\sigma}$.

同样, 对于固定的 $j \geqslant 1$, 我们有 $\dfrac{n_k}{k} > \dfrac{n_j}{j} - \dfrac{1}{j}$. 因此, $\beta = \left\{\dfrac{n_k}{k}\right\} \geqslant \left(\dfrac{n_j - 1}{j}\right)^* \geqslant \tilde{\sigma} - \left(\dfrac{2}{j}\right)^*$. 由 Archimedes 性, 这蕴涵 $\beta \geqslant \tilde{\sigma}$.

因此, $\tilde{\sigma} = \beta$. 这就证明了 $\widetilde{\mathbb{R}} = \mathbb{R}$, 即 (C2) 成立.

这样, 我们就完成了利用 Cauchy 列构造实数系的工作. 今后, 对于 $p \in \mathbb{Q}$, 新的有理数 p^* 仍然用 p 表示.

接下来, 我们对实数的性质作一些进一步的说明. 鉴于人们有不同的方法建立实数系, 因此, 尤其是考虑到我们进一步说明实数系唯一性的需要, 我们将在以下的讨论中基于实数系公理来建立相关性质. 如果利用之前的基本列, 则相关证明可以更简捷一些.

下设 $(\mathbb{R}, +, \cdot, \leqslant)$ 为实数系.

对于实数 x, 定义其**绝对值** $|x|$ 为

$$|x| := \begin{cases} x, & \text{如果 } x \geqslant 0, \\ -x, & \text{如果 } x < 0. \end{cases} \tag{1.2.5}$$

1.2.8 有理数域在 $\mathbb{R}$ 中稠密

作为全序域, 易证 $\mathbb{R}$ 包含一个与 $\mathbb{Q}$ 序同构的有理数域 (参见习题 1.1 第 7, 8 题). 不妨认为 $\mathbb{Q}$ 就是 $\mathbb{R}$ 的有理数子域[①].

对于 $A, B \subseteq \mathbb{R}$, 所谓集合 A 在集合 B 中**稠密**, 是指: $\forall x \in B$, 以及 $\varepsilon > 0$, 存在 $y \in B$ 使得 $|y - x| < \varepsilon$. 这相当于 B 包含于 A 的闭包之中.

由 Archimedes 性, 对于 $\varepsilon > 0$, 有 $n \in \mathbb{Z}_+$ 使得 $n > \dfrac{1}{\varepsilon}$, 即 $\dfrac{1}{n} < \varepsilon$. 因此, A 在集合 B 中稠密等价于: $\forall x \in B$, 以及 $n \geqslant 1$, 存在 $y \in B$ 使得 $|y - x| < \dfrac{1}{n}$.

现设 $x \in \mathbb{R}$, 则对任何 $n \geqslant 1$, 存在 $m \geqslant 1$ 使得 $\dfrac{m}{n} > |x|$. 即 $\dfrac{-m}{n} < x < \dfrac{m}{n}$. 因此, 可令 k 为满足 $\dfrac{k}{n} < x$ 的最大整数. 此时 $x \leqslant \dfrac{k+1}{n}$. 进而 $\left|x - \dfrac{k}{n}\right| < \dfrac{1}{n}$. 这表明 $\mathbb{Q}$ 在 $\mathbb{R}$ 中稠密.

1.2.9 $\mathbb{R}$ 中成立 Cauchy 准则

我们将基本列的概念拓广到实数情形. 对于 $x \in \mathbb{R}$, 称 $\{x_k\}$ 为 $\mathbb{R}$ 中的**基本列 (Cauchy 列)**, 如果: $\forall \varepsilon > 0$, 存在 $N \geqslant 1$, 使得当 $m, n \geqslant N$ 时, 成立 $|x_m - x_n| < \varepsilon$.

我们有如下的 **Cauchy 准则**.

定理 1.2.1 设 $\{x_n\}$ 是实数列, 则 $\{x_n\}$ 收敛的充分必要条件是它是 Cauchy 列.

---

① 在前述构造中, $\mathbb{R}$ 中的有理数集就是 $\mathbb{Q}^*$. 对于初学者, 这种把一个集合等同于一个数的思想似乎过于抽象. 其实, 类似的思想在我们的日常生活中就广泛地存在着, 典型的事例有把一个人名与一个人等同起来, 把一个学号与一个学生等同起来等.

证明 易证必要性. 下证充分性. 我们仍然采用之前实数构造过程中的记号. 由稠密性可得对任何 $n\geqslant 1$, 有有理数 p_n 使得 $|p_n^*-x_n|<\dfrac{1}{n^*}$, 则 $|p_n^*-p_m^*|\leqslant \dfrac{1}{n^*}+\dfrac{1}{m^*}+|x_n-x_m|$. 由此可得 $x:=\{p_n\}\in\mathbb{R}$. 易见 $\{p_n^*\}$ 收敛到 x, 进而 $\{x_n\}$ 收敛到 x. 因此, $\mathbb{R}$ 中成立 Cauchy 准则. □

1.2.10 实数系的唯一性

人们用多种方法建立了实数系, 那么不同的方法会不会构造出本质上不同的实数系来呢? 很幸运, 回答是否定的. 事实上, 设用其他方法建立了一个实数系 $(\mathbb{R}^*,\bigoplus,\bigotimes,\preceq)$, 即它满足实数系公理, 则 $(\mathbb{R}^*,\bigoplus,\bigotimes,\preceq)$ 必然与之前构造的实数系 $(\mathbb{R},+,\cdot,\leqslant)$ 序同构. 这样, $\mathbb{R}$ 中元素之间的四则运算、序关系与对应的元素在 $\mathbb{R}^*$ 中的四则运算、序关系完全一样. 所以可以把 $\mathbb{R}$ 和 $\mathbb{R}^*$ 看作是一样的.

定理 1.2.2 设 $(\mathbb{R}^*,\bigoplus,\bigotimes,\preceq)$ 满足实数系公理, 则 $\mathbb{R}^*$ 与 $\mathbb{R}$ 序同构.

证明 证明并不困难, 我们仅给出证明大纲.

首先, 我们有 $\mathbb{Q}$ 映到 $\mathbb{R}^*$ 中有理数域 $\mathbb{Q}^*$ 的序同构 T.

对于 $\mathbb{R}$ 中任意实数 x, 由稠密性, 可取到有理数列 $\{p_n\}$ 使得 $x=\lim\limits_{n\to+\infty}p_n$, 定义 $T(x)=\lim\limits_{n\to+\infty}T(p_n)$. 则易见 $T(x)$ 与有理数列 $\{p_n\}$ 的选取无关. 由此又可见当 x 为有理数时, $T(x)$ 不会与原先的定义矛盾.

易证 T 为单射, 且保序、保加法运算与乘法运算.

$$T(x+y)=T(x)\bigoplus T(y),\qquad \forall\, x,y\in\mathbb{R},$$

$$T(xy)=T(x)\bigotimes T(y),\qquad \forall\, x,y\in\mathbb{R}.$$

而对于 $x^*\in\mathbb{R}^*$, 有 $\mathbb{R}^*$ 中的有理数列 $\{p_n^*\}$ 收敛到 x^*. 此时 $T^{-1}(p_n^*)$ 为 $\mathbb{R}$ 中的 Cauchy 列, 因此, 它有极限 $x\in\mathbb{R}$. 进而可得 $T(x)=x^*$. 因此 T 是满射.

综上所述, T 是 $\mathbb{R}$ 到 $\mathbb{R}^*$ 的一个序同构. □

1.2.11 正数的 n 次方根, 无理数在 $\mathbb{R}$ 中的稠密性

对于 $a>0$, $n\geqslant 2$, 取 $x_0=1+a$, 定义 $x_{k+1}=\dfrac{(n-1)x_k}{n}+\dfrac{a}{nx_k^{n-1}}\,(k\geqslant 0)$. 我们有

$$\left(1-\frac{s}{n}\right)^n\geqslant\left(1-\frac{2s}{n}\right)\left(1-\frac{s}{n}\right)^{n-2}\geqslant\cdots\geqslant 1-s,\qquad \forall\, s\in[0,1].$$

则由 $x_0^n\geqslant a$, 得到 $x_1\leqslant\dfrac{(n-1)x_0}{n}+\dfrac{x_0}{n}=x_0$, 以及

$$x_1^n = x_0^n\left(1 - \frac{x_0^n - a}{nx_0^n}\right)^n \geqslant x_0^n\left(1 - \frac{x_0^n - a}{x_0^n}\right) = a.$$

一般地, 可以归纳证明 $\{x_k\}$ 是单调下降的正数列[①], 且满足 $x_k^n \geqslant a\,(k \geqslant 0)$.

于是, 由单调收敛定理可得 $\{x_k\}$ 有极限 (见定理 1.3.3). 设极限为 ξ, 则 $\xi \geqslant 0$, 由递推公式易得 $\xi^n = a$. 结合 $\xi \geqslant 0$ 得到 $\xi > 0$.

另一方面, 由乘法的保序性可得方程 $x^n = a$ 的正根至多只有一个. 因此, 方程 $x^n = a$ 的正根存在且唯一. 今后, 称该正根为 a 的 n 次方根. 记作 $\sqrt[n]{a}$ 或 $a^{\frac{1}{n}}$.

我们也可以利用上确界存在定理来证明 $a^{\frac{1}{n}}$ 的存在性进而定义指数函数与对数函数 (参见习题 1.3 第 16 题). 关于基本初等函数的定义, 亦请参见 1.5 节.

由于任何正有理数的平方不等于 2, 因此, $\sqrt{2}$ 是无理数. 进一步, 结合有理数在实数系中的稠密性易得无理数在实数系中的稠密性.

1.2.12　实数的十进制小数表示

对于实数 x, 易见集合 $\{n \in \mathbb{Z} | n \leqslant x\}$ 有最大值. 称 $[x] := \max\{n \in \mathbb{Z} | n \leqslant x\}$ 为 x 的**整数部分**, $\{x\} := x - [x]$ 为 x 的**小数部分**.

现在, 我们来引入**十进制小数**. 首先, 考虑 $x \geqslant 0$, 令 $m := [x]$, 而对于整数 $k \geqslant 1$, 令

$$a_k := [10^k x] - 10 * [10^{k-1} x],$$

称之为 x 的**十进制小数**的第 k 位小数. 此时, a_k 取值于 $0, 1, 2, \cdots, 9$, 且成立

$$x = \lim_{k \to +\infty} \left(m + \frac{a_1}{10} + \frac{a_2}{10^2} + \cdots + \frac{a_k}{10^k}\right). \tag{1.2.6}$$

我们记 $x = m.a_1a_2\cdots a_k\cdots$, 并称之为 x 的**十进制表示**. 而称 $-m.a_1a_2\cdots a_k\cdots$ 为 $-x$ 的十进制表示.

一般地, 若对某个 $k \geqslant 1$, 当 $j \geqslant k$ 时, 总有 $a_j = 0$, 则简记 $m.a_1a_2\cdots a_k\cdots$ 为 $m.a_1a_2\cdots a_{k-1}$. 相关实数称为有限小数.

若存在正整数 n, 以及某个 $k \geqslant 1$, 使得当 $j \geqslant k$ 时成立 $a_{j+n} = a_j$. 则记 $m.a_1a_2\cdots a_k\cdots = m.a_1\cdots a_{k-1}\dot{a}_k\dot{a}_{k+1}\cdots\dot{a}_{k+n-1}$ 并称 $a_ka_{k+1}\cdots a_{k+n-1}$ 为 (长为 n 的) **循环节**.

易证, 按上述方式给出实数的十进制小数表示时, 以 9 为循环节的情况不会发生.

另一方面, 若 m 为非负整数, a_k 取值于 $0, 1, 2, \cdots, 9$, 则按 (1.2.6) 可得到实数 x, 当不以 9 为循环节时, x 的小数表示即为 $m.a_1a_2\cdots a_k\cdots$. 而若 $m.a_1a_2\cdots a_k\cdots$ 以 9 为循环节, 则 x 是有限小数. 通常, 我们既允许 x 表示

① 为避免循环论证, 证明中不能随意使用算术几何平均不等式.

为有限小数, 也允许它表示为以 9 为循环节的循环小数. 即 (除 0 之外的) 有限小数会有两个不同的表示, 这在讨论中需要引起注意.

类似地, 对于正整数 $p \geqslant 2$, 可以给出实数的 p-进制表示.

1.2.13 广义实数系

有时候需要引入**广义实数系**, 它包含 $\mathbb{R}$ 中所有的元以及两个无穷大: 正无穷大 $+\infty$ 和负无穷大 $-\infty$. 规定

$$-\infty < x < +\infty, \quad \forall x \in \mathbb{R}.$$

对于广义实数系中的元 $a < b$, 记

$$(a,b) := \{x|a < x < b\}, \quad [a,b] := \{x|a \leqslant x \leqslant b\},$$
$$[a,b) := \{x|a \leqslant x < b\}, \quad (a,b] := \{x|a < x \leqslant b\}.$$

当这些集合不以 $-\infty, +\infty$ 为元素时称为**区间**: 当 a, b 有限时, 即 a, b 为实数时, 这些区间称为**有界区间**. 当 $a = -\infty$ 或 $b = +\infty$ 时称为**无界区间**. 除非特别说明, 在后文中, 区间中出现的 a, b 总是表示实数.

按上述记号, 可以用 $(-\infty, +\infty)$ 表示 $\mathbb{R}$, 用 $[-\infty, +\infty]$ 表示广义实数系. 广义实数系并不构成域, 但通常对于 $x, y, z \in \mathbb{R}$, $y > 0$, $z < 0$, 我们规定

$$x + (+\infty) = x - (-\infty) = +\infty,$$
$$x - (+\infty) = x + (-\infty) = -\infty,$$
$$y \cdot (+\infty) = z \cdot (-\infty) = +\infty,$$
$$y \cdot (-\infty) = z \cdot (+\infty) = -\infty.$$

进一步, 规定

$$\frac{1}{+\infty} = \frac{1}{-\infty} = 0,$$
$$(+\infty) + (+\infty) = (+\infty) - (-\infty) = +\infty,$$
$$(-\infty) + (-\infty) = (-\infty) - (+\infty) = -\infty,$$
$$(-\infty) \cdot (-\infty) = (+\infty) \cdot (+\infty) = +\infty,$$
$$(-\infty) \cdot (+\infty) = (+\infty) \cdot (-\infty) = -\infty.$$

但是 $(+\infty) + (-\infty)$, $+\infty - (+\infty)$, $0 \cdot (\pm\infty)$ 等无意义.

注 1.2.1 利用有理数域建立实数系后, 却发现我们竟然还没有定义什么是自然数. 定义自然数似乎比定义实数更考验人类的智慧. 它在数学史上, 曾经引

起了激烈的争论. 有兴趣的读者可以查阅英国数学家罗素 (Russell)、怀特黑德 (Whitehead) 和意大利数学家佩亚诺 (Peano) 的有关著作.

1.2.14　基数与可列

要更深刻地理解数学分析, 离不开对一些重要反例的理解. 这其中可列集时常起着重要的作用. 这一小节我们简单地介绍集合的基数、可列集、不可列集等概念和基本性质.

定义 1.2.1　设 E, F 是两个集合.

(i) 若存在 E 和 F 之间的双射 (即一一对应), 则称 E 和 F 有相同的**基数** (或**势**). 记作 $\overline{\overline{E}} = \overline{\overline{F}}$.

(ii) 若 $E = \varnothing$ 或者存在 $n \geqslant 1$ 使得 $\overline{\overline{E}} = \overline{\overline{\{1, 2, \cdots, n\}}}$, 则称 E 为**有限集**, 并记 $\overline{\overline{E}}$ 依次为 0 和 n.

(iii) 若 $\overline{\overline{E}} = \overline{\overline{\mathbb{N}}}$, 则称 E 为**可数集**或**可列集**, 其基数记为 $\aleph_0$, 读作“阿列夫零”.

(iv) 若 $\overline{\overline{E}} = \overline{\overline{\mathbb{R}}}$, 则称 E 具有**连续统**、**连续势**, 其基数记为 $\aleph$.

(v) 若存在 E 到 F 的单射, 则称 E 的基数小于等于 F 的基数, 记作 $\overline{\overline{E}} \leqslant \overline{\overline{F}}$ 或 $\overline{\overline{F}} \geqslant \overline{\overline{E}}$. 进一步, 若 $\overline{\overline{E}} \leqslant \overline{\overline{F}}$ 且 $\overline{\overline{E}} \neq \overline{\overline{F}}$, 则称 $\overline{\overline{E}} < \overline{\overline{F}}$ 或 $\overline{\overline{F}} > \overline{\overline{E}}$.

(vi) 若 $\overline{\overline{E}} \leqslant \aleph_0$, 则称 E 为**至多可数集**或**至多可列集**.

易见, 等势是一种等价关系. 首先, 容易证明如下重要的结果.

定理 1.2.3　可列个可列集的并是可列集.

证明　设对每个 $k \geqslant 1$, E_k 是一可列集:

$$E_k = \{a_{k1}, a_{k2}, a_{k3}, \cdots\}, \qquad k = 1, 2, 3, \cdots,$$

则可按照图 1.2.2 列出 $\bigcup\limits_{k=1}^{\infty} E_k$ 中所有元 (期间去除重复的元). 即得 $\bigcup\limits_{k=1}^{\infty} E_k$ 是可列集. □

我们称非零整系数多项式的零点为**代数数**, 称非代数数为**超越数**. 由上述定理, 易证整数集、有理数集、代数数集均为可列集.

如下的**伯恩斯坦 (Bernstein)**[①] **定理**, 是证明两个集合有相同基数的主要方法, 它表明基数具有**三歧性**: 对任何集合 E, F, 关系式

$$\overline{\overline{E}} < \overline{\overline{F}}, \quad \overline{\overline{E}} = \overline{\overline{F}}, \quad \overline{\overline{E}} > \overline{\overline{F}}$$

中, 有且只有一个成立.

① Bernstein, Felix, 1878 年 2 月 24 日—1956 年 12 月 3 日, 德国数学家.

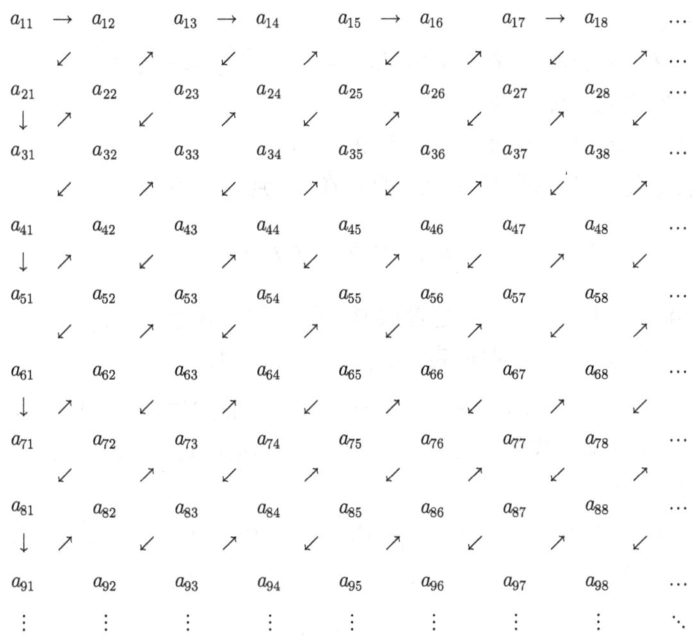

图 1.2.2

定理 1.2.4 设 $\overline{\overline{A}} \leqslant \overline{\overline{B}}$, $\overline{\overline{B}} \leqslant \overline{\overline{A}}$, 则 $\overline{\overline{A}} = \overline{\overline{B}}$.

证明 由假设, 存在 A 到 B 的一个子集 B_1 的双射 φ, 以及 B 到 A 的一个子集 A_1 的双射 ψ. 令 $A_0 = A$, 并对 $n \geqslant 0$ 定义 $A_{n+2} = \psi\big(\varphi(A_n)\big)$. 则 $\psi \circ \varphi : A_n \to A_{n+2}$ 为双射.

注意到 $\varphi(A) \subseteq B$, 我们得到 $A_2 = \psi\big(\varphi(A)\big) \subseteq \psi(B) = A_1$. 而由 $A_1 \subseteq A$ 得到 $A_3 \subseteq A_2$. 依次可得 $A_{n+1} \subseteq A_n$ 对任何 $n \geqslant 0$ 成立.

由于 $\psi \circ \varphi$ 是 A_n 到 A_{n+2} 的双射, 同时又是 A_n 的子集 A_{n+1} 到 A_{n+2} 的子集 A_{n+3} 的双射, 因此, $\psi \circ \varphi$ 也是 $A_n \setminus A_{n+1}$ 到 $A_{n+2} \setminus A_{n+3}$ 的双射.

注意到

$$A = \Big(\bigcap_{k=1}^{\infty} A_k\Big) \cup \big(A \setminus A_1\big) \cup \big(A_1 \setminus A_2\big) \cup \big(A_2 \setminus A_3\big) \cup \big(A_3 \setminus A_4\big) \cup \cdots,$$

$$A_1 = \Big(\bigcap_{k=1}^{\infty} A_k\Big) \cup \big(A_2 \setminus A_3\big) \cup \big(A_1 \setminus A_2\big) \cup \big(A_4 \setminus A_5\big) \cup \big(A_3 \setminus A_4\big) \cup \cdots,$$

我们可以给出 A 到 A_1 的双射:

$$f(x) := \begin{cases} x, & \text{如果 } x \in \Big(\bigcap\limits_{k=1}^{\infty} A_k\Big) \cup \Big(\bigcup\limits_{n=0}^{\infty} \big(A_{2n+1} \setminus A_{2n+2}\big)\Big), \\ \psi\big(\varphi(x)\big), & \text{如果 } x \in \bigcup\limits_{n=0}^{\infty} \big(A_{2n} \setminus A_{2n+1}\big). \end{cases}$$

所以 $\overline{\overline{A}} = \overline{\overline{A_1}} = \overline{\overline{B}}$. □

对于集合 E, 它的所有子集组成的集合 $\{F | F \subseteq E\}$ 称为 E 的幂集, 记作 2^E. 以下定理则表明基数没有上界.

定理 1.2.5　对任何集合 E, 成立 $\overline{\overline{2^E}} > \overline{\overline{E}}$.

证明　若结论不真, 则 $\overline{\overline{2^E}} = \overline{\overline{E}}$, 即存在 E 到 2^E 的双射 T. 定义

$$A := \{x \in E | x \notin T(x)\}.$$

令 $y = T^{-1}(A)$, 则无论 $y \in A$ 是否成立, 都会得出矛盾: 若 $y \in A$, 则根据定义, $y \notin T(y) = A$; 若 $y \notin A$, 则根据定义, $y \in T(y) = A$. □

注意到当 E 为有限集时, $\overline{\overline{2^E}} = 2^{\overline{\overline{E}}}$, 因此, 对一般的集合, 我们也用 $2^{\overline{\overline{E}}}$ 表示 $\overline{\overline{2^E}}$. 作为定理 1.2.5 的推论, 我们有 $2^{\aleph_0} > \aleph_0$. 利用 Bernstein 定理, 我们有如下定理.

定理 1.2.6　$\aleph = 2^{\aleph_0}$.

证明　易见 $\aleph \geqslant \overline{\overline{[0,1)}} \geqslant \overline{\overline{(0,1)}} = \aleph$. 对于 $[0,1)$ 中的点, 用二进制小数表示, 并规定不以 1 为循环节. 对于 $x = 0.a_1a_2a_3\cdots \in [0,1)$, 令

$$F(x) = \{n \in \mathbb{Z}_+ | a_n = 1\}.$$

则 $F : (0,1) \to 2^{\mathbb{Z}_+}$ 是单射, 从而 $\aleph \leqslant 2^{\aleph_0}$.

另一方面, 对于 $E \subseteq \mathbb{Z}_+$, 定义

$$a_n = \begin{cases} 1, & \text{如果 } n = 2m, m \in E, \\ 0, & \text{其他}, \end{cases}$$

并令

$$G(E) := 0.a_1a_2a_3\cdots$$

为一个二进制小数. 则 $G : 2^{\mathbb{Z}_+} \to [0,1)$ 是单射, 从而 $\aleph \geqslant 2^{\aleph_0}$.

于是由 Bernstein 定理, 得到 $\overline{\overline{[0,1)}} = 2^{\aleph_0}$. 即 $\aleph = 2^{\aleph_0}$. □

结合以上定理, 可得无理数和超越数的基数都是 $\aleph$, 它们是不可数的.

习　题　1.2

1. 若正有理数 p 满足 $p^2 < 2$, 则正有理数 r 满足 $(p+r)^2 < 2$ 当且仅当 $r < \dfrac{2-p^2}{2p+r}$. 验证取 $r = \dfrac{2-p^2}{5}$ 可满足上述要求.

2. 鲁丁 (Rudin) 在其《数学分析原理》一书中使用了变换

$$q = p + \frac{2-p^2}{p+2} = \frac{2+2p}{p+2}.$$

验证:

(i) 若 $p>0$, 且 $p^2<2$, 则 $q>p$ 且 $q^2<2$;

(ii) 若 $p>0$, 且 $p^2>2$, 则 $q<p$ 且 $q^2>2$.

3. 令

$$q=p+\frac{2-p^2}{ap+b}.$$

试求所有使这一变换具有第 2 题中性质 (i), (ii) 的所有有理数对 (a,b).

4. 若 $p^2=2q^2$, 验证 $2(p-q)^2=(2q-p)^2$ (附图). 并利用这一结果给出 $\sqrt{2}$ 是无理数的另一种证明.

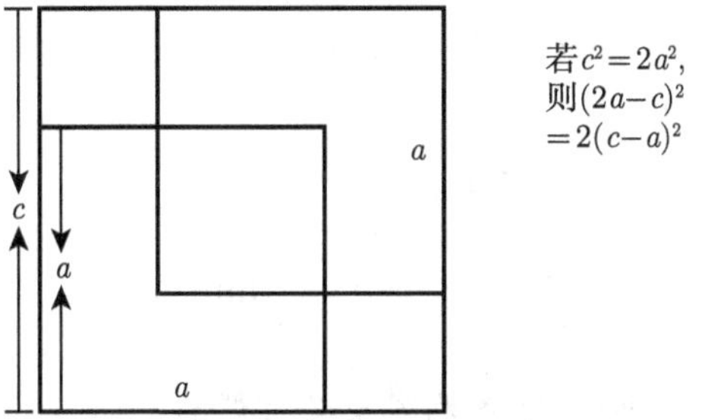

习题 4 附图

5. 我们把 $\mathbb{R}$ 中的元视为有理数的基本列. 设 $x=\{p_n\}\in\mathbb{R}$, 证明: $\{p_n^*\}$ 在 $\mathbb{R}$ 中收敛于 x.
6. 证明有理数集是可列集.
7. 证明代数数集是可列集.

1.3 实数系基本定理

本节介绍实数系的基本定理. 为完整起见, 我们重述定理 1.2.1 如下.

定理 1.3.1 (Cauchy 准则) 设 $\{x_n\}$ 是实数列, 则 $\{x_n\}$ 收敛的充分必要条件是它是 Cauchy 列.

如果利用 Dedekind 分割建立实数系, 则可以自然地得到实数系具备最小上界性. 具体地, 对于 $\mathbb{R}$ 的子集 E, 若存在 $\beta\in\mathbb{R}$, 使得

$$\alpha\leqslant\beta,\quad \forall\alpha\in E,$$

则称 β 为 E 的**上界**. 若 E 有最小上界 γ, 即 γ 满足: ① γ 是 E 的一个上界; ② 若 σ 是 E 的上界, 则 $\gamma\leqslant\sigma$. 以后称 γ 为 E 的**上确界**, 记作 $\sup E$.

类似地定义 E 的下界. 若 E 有最大下界, 则称之为 E 的**下确界**, 记作 $\inf E$.

我们有如下的**上确界存在定理**.

定理 1.3.2 (上确界存在定理) 任何非空的、上方有界的实数集都有上确界.

类似地, 有下确界存在定理.

定理 1.3.2′(下确界存在定理)　任何非空的、下方有界的实数集都有下确界.

若 E 没有上界, 记 $\sup E=+\infty$, 若 E 没有下界, 记 $\inf E=-\infty$. 对于空集, 规定 $\sup\varnothing=-\infty, \inf\varnothing=+\infty$.

实数系两种构造方式的等价性, 意味着定理 1.3.1 和定理 1.3.2 之间的等价性. 事实上, 不仅这两个定理是等价的, 实数系中还有其他 5 个与它们等价的基本定理.

定理 1.3.3 (单调收敛定理)　单调有界数列必有极限.

定理 1.3.4 (闭区间套定理)　设 $[a_n,b_n]$ 是一列闭区间, 满足

(1) $[a_1,b_1]\supseteq[a_2,b_2]\supseteq\cdots\supseteq[a_n,b_n]\supseteq\cdots$;

(2) $\lim\limits_{n\to+\infty}(b_n-a_n)=0$,

则 $[a_n,b_n]$ 有唯一的公共点 ξ. 事实上,

$$\lim_{n\to+\infty}a_n=\xi=\lim_{n\to+\infty}b_n.$$

定理 1.3.5 (聚点原则)　有界无穷集必有聚点[①].

定理 1.3.6 (波尔查诺–魏尔斯特拉斯 (Bolzano-Weierstrass) 定理、致密性定理)　有界点列必有收敛子列.

定理 1.3.7 (海涅–博雷尔 (Heine-Borel) 定理、有限覆盖定理)　若开集所组成的集族 $\mathscr{F}$ 覆盖一个闭区间 $[a,b]$, 则总可以从 $\mathscr{F}$ 中选出有限个开集, 使之覆盖 $[a,b]$.

上述定理的等价性可以按以下次序证明:

Cauchy 准则 $\Longrightarrow$ 闭区间套定理 $\Longrightarrow$ 上 (下) 确界存在定理 $\Longrightarrow$ 单调收敛定理 $\Longrightarrow$ 闭区间套定理 $\Longrightarrow$ 有限覆盖定理 $\Longrightarrow$ 聚点原则 $\Longrightarrow$ 致密性定理 $\Longrightarrow$ Cauchy 准则.

我们来证明其中的 "闭区间套定理 $\Longrightarrow$ 有限覆盖定理 $\Longrightarrow$ 聚点原则". 余下的证明留给读者.

闭区间套定理 $\Longrightarrow$ 有限覆盖定理

设闭区间 $[a,b]$ 被开集族 $\mathscr{F}=\{V_\alpha|\alpha\in I\}$ 覆盖, 即

$$[a,b]\subseteq\bigcup_{\alpha\in I}V_\alpha.$$

要利用闭区间套定理来证明存在 $\alpha_1,\alpha_2,\cdots,\alpha_n\in I$, 使得

---

① 设 $E\subseteq\mathbb{R}$, 称 $x\in\mathbb{R}$ 是 E 的聚点 (又称为极限点), 如果 $\forall\,\delta>0$, $(x-\delta,x+\delta)\cap E$ 是无限集. E 的聚点全体称为 E 的导集, 记作 E'.

$$[a,b] \subseteq \bigcup_{k=1}^{n} V_{\alpha_k}.$$

此时, 称 $[a,b]$ 可以被 ($\mathscr{F}$ 中的元) 有限覆盖.

现在用反证法. 设 $[a,b]$ 不能被有限覆盖. 记 $a_1 = a, b_1 = b$, 则由假设, 区间 $\left[a_1, \dfrac{a_1+b_1}{2}\right]$ 和 $\left[\dfrac{a_1+b_1}{2}, b_1\right]$ 中至少有一个不能被有限覆盖. 记该区间为 $[a_2, b_2]$, 则

$$[a_2, b_2] \subseteq [a_1, b_1], \quad b_2 - a_2 = \frac{b_1 - a_1}{2}.$$

一般地, 可以找到一列 $\{[a_n, b_n]\}$ 不能被有限覆盖, 且满足

$$[a_n, b_n] \subseteq [a_{n-1}, b_{n-1}], \quad b_n - a_n = \frac{b_1 - a_1}{2^{n-1}}.$$

这样, 由闭区间套定理, $\{[a_n, b_n]\}$ 有唯一的公共点 ξ. 由于 $\mathscr{F}$ 覆盖 $[a,b]$, $\xi \in [a,b]$, 因此, 存在 $\alpha \in I$ 使得 $\xi \in V_\alpha$. 由于 V_α 是开集, 故存在 $\delta > 0$, 使得

$$(\xi - \delta, \xi + \delta) \subseteq V_\alpha.$$

由于 $\lim\limits_{n\to+\infty}(b_n - a_n) = 0$, 所以, 对于足够大的 n, 成立 $b_n - a_n < \delta$. 此时,

$$[a_n, b_n] \subset (\xi - \delta, \xi + \delta) \subseteq V_\alpha.$$

这与 $[a_n, b_n]$ 不能被有限覆盖矛盾. 这样就证明了结论. □

有限覆盖定理 $\Longrightarrow$ 聚点原则

设 $E \subset \mathbb{R}$ 是一个有界无穷集. 下面利用有限覆盖定理来证明它一定有聚点①.

由有界性, 可设 $E \subseteq [a,b]$. 假如 E 没有聚点, 则 $[a,b]$ 中任何一点都不是 E 的聚点. 这样, $\forall x \in [a,b]$, $\exists \delta_x > 0$, 使得

$$(x - \delta_x, x + \delta_x) \cap E \subseteq \{x\}.$$

注意到

$$\bigcup_{x\in[a,b]} (x - \delta_x, x + \delta_x) \supseteq [a,b].$$

因而由有限覆盖定理, 知有 $x_1, x_2, \cdots, x_n \in [a,b]$, 使得

$$\bigcup_{k=1}^{n} (x_k - \delta_{x_k}, x_k + \delta_{x_k}) \supseteq [a,b] \supseteq E.$$

① 注意聚点不一定在 E 内.

由于每个 $(x-\delta_x, x+\delta_x)$ 中至多含有一个 E 中的点, 因而 E 为有限集. 这与假设矛盾. 这样就证明了结论. □

习 题 1.3

1. 下表穷举 7 个定理方便互推的关系图. 试给出由打钩框对应竖栏所列定理直接推出横栏所列定理的证明. 进一步, 考察未打钩框的情况.

	Cauchy 准则	闭区间套定理	确界存在定理	单调收敛定理	聚点原则	致密性定理	有限覆盖定理
Cauchy 准则		√					
闭区间套定理	√		√	√	√	√	√
确界存在定理		√		√			
单调收敛定理		√					
聚点原则	√	√		√		√	√
致密性定理	√	√		√	√		√
有限覆盖定理	√	√	√	√	√	√	

2. 设 $[a_n, b_n]$ 是一列闭区间, 满足 $[a_k, b_k] \supseteq [a_{k+1}, b_{k+1}]\,(k \geqslant 1)$. 证明 $D = \bigcap_{k=1}^{\infty} [a_k, b_k]$ 非空. 事实上 (这里的 $[a, a]$ 表示单点集 $\{a\}$),
$$D = [\lim_{n\to+\infty} a_n, \lim_{n\to+\infty} b_n].$$
3. 设 $E \subseteq \mathbb{R}$ 非空. 证明: 存在 $x_n \in E$ 使得 $\lim\limits_{n\to+\infty} x_n = \sup E$, 这里 $\sup E$ 有可能是 $+\infty$. 这样的数列 $\{x_n\}$ 称为 E 的**极大化序列**.
4. 试用多种方法证明有界闭区间上的连续函数有界.
5. 试用多种方法证明有界闭区间上的连续函数可以取到最大值和最小值.
6. 称 f 在集合 E 上局部有界[①], 是指 $\forall\, x_0 \in E$, 存在 $\delta > 0$ 以及 $M > 0$, 使得
$$|f(x)| \leqslant M, \quad \forall\, x \in \{y \in E \,\big|\, |y - x_0| < \delta\}.$$

① 一般地, 称某个性质在 E 上局部成立, 是指 $\forall\, x_0 \in E$, 存在 $\delta > 0$ 使得该性质在 $E \cap (x_0 - \delta, x_0 + \delta)$ 上成立.

试证: f 在 $\mathbb{R}$ 上局部有界当且仅当 f 在任何有界集上有界.

7. 证明 x 是 E 的聚点当且仅当 $\forall \delta>0, (x-\delta, x+\delta)\cap(E\setminus\{x\})\neq\varnothing$. 即 x 是 E 的聚点当且仅当在 x 的任一邻域内, E 含有异于 x 的点. 这一结论可以作为聚点的等价定义.
8. 设 f 在 (a,b) 内可导, 则存在 $(\alpha,\beta)\subset(a,b)$ 使得 f' 在 (α,β) 内有界.
9. 设 $\{x_n\}$ 是一列实数, 证明存在一列满足定理 1.3.4 条件的闭区间套 $\{[a_n,b_n]\}$, 使得对任何 $n\geqslant 1$, $x_n\notin[a_n,b_n]$.
10. 设 f 在 $(0,+\infty)$ 内连续, 且对任何 $a>0$, 有 $\lim\limits_{n\to+\infty} f(na)=0$. 证明: $\lim\limits_{x\to+\infty} f(x)=0$.
11. 设 f 在 $(0,+\infty)$ 内连续, 若对任何正无理数 a, 有 $\lim\limits_{n\to+\infty} f(na)=0$. 问是否有 $\lim\limits_{x\to+\infty} f(x)=0$.
12. 证明 Heine-Borel 有限覆盖定理更一般的形式: $\mathbb{R}$ 中的有界闭集的开覆盖都有有限子覆盖.
13. 证明比闭区间套定理更一般的**闭集套定理**: 设 $\{E_n\}$ 是 $\mathbb{R}$ 中的有界闭集列, 满足 $E_{n+1}\subseteq E_n\ (n\geqslant 1)$. 证明: $\bigcap\limits_{n\geqslant 1} E_n$ 非空. 进一步, 若 $\lim\limits_{n\to+\infty}\operatorname{diam} E_n=0$, 则 $\bigcap\limits_{n\geqslant 1} E_n$ 为单点集, 这里对于非空集 F, F 的**直径** $\operatorname{diam} F$ 定义为 $\sup\limits_{x,y\in F}|x-y|$.
14. 本节 7 个基本定理中 (以及第 12 题和第 13 题的结果), 哪些可以推广到高维情形? 试在高维情形叙述并证明这些定理.
15. 设有 $\mathbb{R}$ 的非空子集 $\{x_\alpha|\alpha\in I\}$ 和 $\{y_\alpha|\alpha\in I\}$, 其中 I 是一个指标集. 在广义实数系中①,

   (i) 证明 $\inf\limits_{\alpha\in I}(-x_\alpha)=-\sup\limits_{\alpha\in I} x_\alpha$;

   (ii) 证明: 对于以下不等式中每一个不等式, 只要该不等式两端都有意义, 就有

$$\inf_{\alpha\in I} x_\alpha+\inf_{\alpha\in I} y_\alpha\leqslant\inf_{\alpha\in I}(x_\alpha+y_\alpha)\leqslant\sup_{\alpha\in I} x_\alpha+\inf_{\alpha\in I} y_\alpha$$
$$\leqslant\sup_{\alpha\in I}(x_\alpha+y_\alpha)\leqslant\sup_{\alpha\in I} x_\alpha+\sup_{\alpha\in I} y_\alpha;$$

   (iii) 证明: 若 $x_\alpha>0\ (\forall\alpha\in I)$, 则若在此种情形规定 $\frac{1}{0}=+\infty$, 有

$$\sup_{\alpha\in I}\frac{1}{x_\alpha}=\frac{1}{\inf\limits_{\alpha\in I} x_\alpha};$$

   (iv) 若 $x_\alpha>0, y_\alpha>0\ (\forall\alpha\in I)$, 证明: 在广义实数系中, 对于以下不等式中每一个不等式, 只要该不等式两端都有意义, 就有

$$\inf_{\alpha\in I} x_\alpha\inf_{\alpha\in I} y_\alpha\leqslant\inf_{\alpha\in I}(x_\alpha y_\alpha)\leqslant\sup_{\alpha\in I} x_\alpha\inf_{\alpha\in I} y_\alpha$$
$$\leqslant\sup_{\alpha\in I}(x_\alpha y_\alpha)\leqslant\sup_{\alpha\in I} x_\alpha\sup_{\alpha\in I} y_\alpha.$$

① $\sup\limits_{\alpha\in I} x_\alpha$ 表示 $\sup\{x_\alpha|\alpha\in I\}$. 类似地, $\inf\limits_{\alpha\in I} x_\alpha$ 表示 $\inf\{x_\alpha|\alpha\in I\}$.

16. 设 $a>0, b\in\mathbb{R}$, 基于上确界存在定理定义 a^b 以及 ($a\neq 1$ 时) $\log_a b$ 并建立它们的基本性质:

(i) 对于 $n\geqslant 2$, 考虑集合 $E:=\{x>0 \mid x^n<a\}$. 说明 E 是非空有界集, 由上确界存在定理, 其上确界 $\beta=\sup E$ 存在. 直接证明 $\beta^n=a$.

(ii) 建立 $a^{\frac{1}{n}}$ 的基本性质.

(iii) 对于有理数 $q\in\mathbb{Q}$, 定义 a^q 并建立 a^q 的基本性质.

(iv) 对于 $a>1$, 定义 $f_a(b):=\sup\{a^q \mid q<b, q\in\mathbb{Q}\}$. 证明: $f_a(b)$ 适定并建立它的基本性质. 特别, 当 b 为有理数时, $f_a(b)=a^q$. 为此, 记 $f_a(b)$ 为 a^b.

(v) 对于一般的 $a>0$, 定义 a^b.

(vi) 对于 $a>0, a\neq 1$, 定义对数 $\log_a b$ 为方程 $a^x=b$ 的解. 试建立 $\log_a b$ 的基本性质.

17. 思考: 我们在证明本节 7 个定理的等价性时默认了哪些性质?

1.4* Dedekind 分割

这一节介绍 Dedekind 用分划 (分割) 来构造实数的方法. 这一构造法于 1872 年发表. 为把握关键点, 我们只给出主要框架, 而把一些细节留作习题.

1.4.1 分划的引入

称 $\alpha\subseteq\mathbb{Q}$ 为一个**分划**, 如果:

(1) $\alpha\neq\varnothing, \alpha\neq\mathbb{Q}$;

(2) 若 $p,q\in\mathbb{Q}, p<q, q\in\alpha$, 则 $p\in\alpha$;

(3) 若 $q\in\alpha$, 则存在 $p\in\mathbb{Q}, p>q$, 使得 $p\in\alpha$.

可以看到分划 α 把有理数集 $\mathbb{Q}$ 分成两部分: α 和它的余集 $\mathbb{Q}\setminus\alpha$. 余集给出了 α 的所有上界, 而 α 本身并不含有自身的上界.

下面我们用 p,q,r 等英文小写字母来表示有理数, 用 α,β,γ 等希腊小写字母表示分划, 所有分划组成的集合记为 $\mathbb{R}$.

1.4.2 在 $\mathbb{R}$ 中引入序

规定 $\alpha\leqslant\beta$ 为 $\alpha\subseteq\beta$. 则容易验证 $(\mathbb{R},\leqslant)$ 构成一个全序集.

如前面指出的那样, $\alpha=\beta$ 表示 α 和 β 这两个分划完全相同, 而 $\alpha<\beta$ 表示 $\alpha\leqslant\beta$ 且 $\alpha\neq\beta$, 这等价于 α 是 β 的真子集.

1.4.3 在 $\mathbb{R}$ 中引入加法

定义

$$\alpha+\beta=\{p+q \mid p\in\alpha, q\in\beta\},$$

则容易验证加法满足封闭性、结合律、交换律. 定义

$$0^*=\{p \mid p<0\},$$

则可以验证 0^* 即为零元:

$$\alpha + 0^* = \alpha, \quad \forall \alpha \in \mathbb{R}.$$

现在来构造负元. 对于 $\alpha \in \mathbb{R}$, 定义

$$\beta = \{p | 存在\ \ r > 0, 使得对任何\ \ q \in \alpha, 成立\ \ p + q + r < 0\}, \tag{1.4.1}$$

则易证 $\beta \in \mathbb{R}$, $\alpha + \beta \leqslant 0^*$. 下证 $0^* \leqslant \alpha + \beta$. 为此, 只要证明对于任何 $s < 0$, 存在 $p \in \alpha, q \in \beta$, 使得 $s \leqslant p + q$.

任取 $q_0 \in \alpha$, $p_0 \notin \alpha$, 则 $q_0 < p_0$. 由有理数的 Archimedes 性, 存在正整数 N 使得 $q_0 + N\left(\dfrac{-s}{2}\right) > p_0$. 从而

$$q_0 + N\left(\frac{-s}{2}\right) \notin \alpha.$$

由此可以找到 $p = q_0 + k\left(\dfrac{-s}{2}\right)$ 使得

$$p \in \alpha, \quad p + \frac{-s}{2} \notin \alpha.$$

于是对任何 $v \in \alpha$, 有

$$(-p + s) + v + \frac{-s}{2} < (-p + s) + p + \frac{-s}{2} + \frac{-s}{2} = 0,$$

从而 $-p + s \in \beta$. 这样 $s = (-p + s) + p \in \alpha + \beta$.

总之, 我们得到了 $\alpha + \beta = 0^*$. 这就证明了 β 是 α 的负元, 记为 $-\alpha$.

1.4.4 在 $\mathbb{R}$ 中引入乘法

乘法的定义要麻烦一些. 我们先在 $\mathbb{R}^+ = \{\alpha \in \mathbb{R} \big| \alpha > 0^*\}$ 中引入乘法. 对 $\alpha > 0^*$, $\beta > 0^*$ 定义

$$\alpha\beta := \{pq \big| p \in \alpha, q \in \beta, p > 0, q > 0\} \cup \{r \big| r \leqslant 0\},$$

则不难证明乘法在 $\mathbb{R}^+$ 中满足封闭性、结合律、交换律和分配律. 进一步, 令

$$1^* = \{p \big| p < 1\},$$

则 1^* 是乘法单位元:

$$\alpha \cdot 1^* = \alpha, \quad \forall \alpha > 0^*.$$

类似于负元的构造, 对于 $\alpha > 0^*$, 可以构造逆元:

$$\frac{1}{\alpha} := \{p > 0 | \exists r > 0, \text{使得} \forall q \in \alpha, q > 0 \text{ 有 } pq < 1 - r\} \cup \{r \big| r \leqslant 0\},$$

则类似负元的情形可以验证 $\frac{1}{\alpha}$ 是 α 的逆元:

$$\alpha \cdot \frac{1}{\alpha} = 1^*.$$

一般地, 定义

$$\alpha\beta = \begin{cases} \alpha\beta, & \text{如果 } \alpha > 0^*, \beta > 0^*, \\ 0^*, & \text{如果 } \alpha = 0^* \text{ 或 } \beta = 0^*, \\ -(-\alpha)\beta, & \text{如果 } \alpha < 0^*, \beta > 0^*, \\ -\alpha(-\beta), & \text{如果 } \alpha > 0^*, \beta < 0^*, \\ (-\alpha)(-\beta), & \text{如果 } \alpha < 0^*, \beta < 0^*, \end{cases}$$

则 $\mathbb{R}$ 中任意两个元的乘法得以定义. 容易验证封闭性、交换律、结合律成立. 下证分配律

$$\alpha(\beta + \gamma) = \alpha\beta + \alpha\gamma$$

成立. 这需要分情形加以讨论. 若 α 和 $\beta + \gamma$ 之一为 0^*, 则易见分配律成立. 其余情形都可以等价地化为 $\alpha > 0^*$ 且 $\beta + \gamma > 0^*$ 的情形. 这样, 结合分配律在 $\mathbb{R}^+$ 中成立, 只要证明 $\alpha > 0^*$, $\beta + \gamma > 0^*$, $\gamma < 0^*$ 时分配律成立即可. 由 $\mathbb{R}^+$ 中的结果, 可得

$$\alpha(\beta + \gamma) + \alpha(-\gamma) = \alpha(\beta + \gamma + (-\gamma)) = \alpha\beta.$$

从而

$$\alpha(\beta + \gamma) = \alpha\beta - \alpha(-\gamma) = \alpha\beta + \alpha\gamma,$$

即分配律成立.

1.4.5 $\mathbb{R}$ 是全序域

前面已经证明了 $\mathbb{R}$ 是一个全序集且是一个域. 显然, 由加法和乘法的定义立即可知 $\alpha, \beta \geqslant 0^*$ 蕴涵着

$$\alpha + \beta \geqslant 0^*, \quad \alpha\beta \geqslant 0^*,$$

因而 $\mathbb{R}$ 是一个全序域.

1.4.6 $\mathbb{R}$ 具有最小上界性

若 $\mathbb{R}$ 的非空子集 E 有上界, 即存在 $\beta \in \mathbb{R}$, 使得

$$\alpha \leqslant \beta, \quad \forall \alpha \in E,$$

则直接验证可知 $\gamma \equiv \bigcup\limits_{\alpha \in E} \alpha$ 是分划, 且为 E 的最小上界, 即上确界.

1.4.7 有理数域 $\mathbb{Q}$ 作为 $\mathbb{R}$ 的子集

对于 $q \in \mathbb{Q}$, 用 q^* 表示 $\mathbb{R}$ 中的元 $\{p|p < q\}$. 记 $\mathbb{Q}^* = \{q^*|q \in \mathbb{Q}\}$. 则 $T: q \mapsto q^*$ 建立了 $\mathbb{Q}$ 到 $\mathbb{Q}^*$ 之间的一个序同构:

(i) $(p+q)^* = p^* + q^*$;

(ii) $(pq)^* = p^*q^*$;

(iii) 若 $p \geqslant 0$, 则 $p^* \geqslant 0^*$.

这样, 对于四则运算来讲, 在 $\mathbb{Q}$ 中的元之间的运算、序关系与对应的元在 $\mathbb{Q}^*$ 中的运算、序关系完全一样 (结合 (iii) 和 (i) 可得, 若 $p \geqslant q$, 则 $p^* \geqslant q^*$). 从而在序同构的意义下, 可以将 $\mathbb{Q}^*$ 的元与 $\mathbb{Q}$ 中的元等同起来. 正是在这种意义下, 我们将 $\mathbb{Q}$ 看成是 $\mathbb{R}$ 的子集. 特别地, 以后就将 $0^*, 1^*$ 等用 $0, 1$ 等表示.

称 $\mathbb{R}$ 中不属于 $\mathbb{Q}^*$ 的元为无理分划, 称 $\mathbb{Q}^*$ 的元为有理分划. 今后, 则称它们为无理数和有理数.

1.4.8 $\mathbb{R}$ 的 Archimedes 性

$\mathbb{R}$ 的 Archimedes 性可由 $\mathbb{Q}$ 的 Archimedes 性得到. 对于任何 $\alpha > 0, \beta \in \mathbb{R}$, 由 $\alpha > 0$ 的定义可得 [①]存在 $q \in \mathbb{Q}_+$ 使得 $q < \alpha$, 其中 $\mathbb{Q}_+$ 表示正有理数集. 另外, 有 $p \in \mathbb{Q}$ 使得 $p > \beta$. 由有理数的 Archimedes 性, 存在正整数 n 使得 $nq > p$, 从而

$$n\alpha > nq > p > \beta,$$

即证实数的 Archimedes 性.

1.4.9 $\mathbb{Q}$ 在 $\mathbb{R}$ 中稠密

$\mathbb{Q}$ 在 $\mathbb{R}$ 中的稠密性其实已经在 1.4.3 小节中构造负元时用到. 对于任何 $\alpha \in \mathbb{R}$ 以及 $s \in \mathbb{Q}_+$, 要证明存在一个 $q \in \mathbb{Q}$, 使得

$$-s \leqslant \alpha - q \leqslant s.$$

可以取到 $p \in \mathbb{Q}$ 满足 $p \in \alpha$. 利用 Archimedes 性有正整数 n 使得 $ns \geqslant \alpha - p$. 设 k 为 $1, 2, \cdots, n$ 中满足 $ks \geqslant \alpha - p$ 的最小一个数, 则

① 严格说来, 得到的是 $q \in \alpha$ 或 $q^* < \alpha$.

$$p+(k-1)s<\alpha, \quad p+ks\geqslant\alpha.$$

易见 $q=p+ks$ 满足要求.

注 1.4.1 对于给定的 α, 设 β 由 (1.4.1) 式定义, 则关于 $0^*\leqslant\alpha+\beta$ 的证明也可以按如下方法进行. 这种证明虽然没有那么简捷, 但对很多读者来说, 这种证明可能更自然, 其思路就是对于任何 $s<0$, 去寻找与 α 和 β 的"最小上界"非常接近的两个有理数. 利用分划的定义和有理数的 Archimedes 性, 可以证明存在 p,q 使得

$$p\in\alpha, \quad p+\frac{-s}{2}\notin\alpha,$$

$$q\in\beta, \quad q+\frac{-s}{4}\notin\beta.$$

按照现在大家熟知的语言, 这相当于说可以找到有理数 $p\in\left(\alpha-\frac{s}{2},\alpha\right)$ 以及有理数 $q\in\left(\beta-\frac{s}{4},\beta\right)$.

由 β 的定义可知, 对于 $r=\frac{-s}{4}>0$, 存在 $v\in\alpha$, 使得 $\left(q+\frac{-s}{4}\right)+v+r\geqslant 0$, 即 $q\geqslant\frac{s}{2}-v$. 而由 $p+\frac{-s}{2}\notin\alpha$ 知 $p+\frac{-s}{2}>v$. 于是

$$p+q\geqslant p+\frac{s}{2}-v>s.$$

这就证明了 $s\in\alpha+\beta$. 因而 $0^*\leqslant\alpha+\beta$.

习 题 1.4

1. 验证 $(\mathbb{R},\leqslant)$ 是一个全序集.
2. 若 $E\subset\mathbb{R}$ 非空有上界, 验证 $\gamma\equiv\bigcup\limits_{\alpha\in E}\alpha$ 是一个分划.
3. 证明: α 是无理分划当且仅当 $\mathbb{Q}\setminus\alpha$ 中没有最小元.

1.5* 指数函数、对数函数与三角函数的定义

建立实数系后, 我们发现那些习以为常的基本初等函数需要一个严格的定义. 本节中, 我们对此作一介绍和讨论.

首先, 可以用多种的方法来定义各个基本初等函数.

对于幂函数、指数函数以及对数函数的定义. 一条比较自然的路径是先建立正数的 n 次方根的存在唯一性. 这可以利用上确界存在定理证明 $\beta\equiv\sup\{x>0|$

$x^n < a\}$ 满足 $\beta^n = a$, 也可以取 $x_0 = 1 + a$, 利用迭代 $x_{k+1} = \dfrac{(n-1)x_k}{n} + \dfrac{a}{nx_k^{n-1}}\ (k \geqslant 0)$ 得到数列 $\{x_k\}$ 的极限为 $x^n = a$ 的唯一解.

在此基础上, 引入正数的有理指数次幂并建立相关性质. 然后利用上确界存在定理引入实指数次幂并建立相关性质. 最后, 利用反函数给出对数函数的定义及相关性质.

对于三角函数以及反三角函数, 从三角函数中的角度采用来自于几何的弧度而言, 要定义三角函数以及反三角函数就避不开定义/计算单位圆周上圆弧的长度. 而这就涉及定积分. 一个可行的途径是先定义 arccos. 平面直角坐标系中, 单位圆的上半圆周可以表示为 $y = \sqrt{1-x^2}\,(x \in [-1,1])$. 对于上半圆周上一点 $(x, \sqrt{1-x^2})\ (x \in [-1,1])$, 定义 $\arccos x$ 为 $(1,0)$ 点沿单位圆周逆时针转到该点的圆弧的长度. 在 $[0,\pi]$ 上, 可定义 arccos 的反函数 cos. 进一步, 依次定义其他三角函数和反三角函数并拓展它们的定义.

以上定义方式自然, 但过程比较繁琐. 在如下的讨论中, 我们利用复级数 $\sum\limits_{n=0}^{\infty} \dfrac{z^n}{n!}$ 以及简谐振动方程来定义指数函数与三角函数, 进而给出所有基本初等函数的严格定义.

1.5.1 复指数函数

对于 $z \in \mathbb{C}$, 定义

$$\exp(z) := \sum_{n=0}^{\infty} \frac{z^n}{n!}. \tag{1.5.1}$$

易见级数 $\sum\limits_{n=0}^{\infty} \dfrac{z^n}{n!}$ 绝对收敛, 从而上述定义是适定的. 进一步, 利用绝对收敛级数 Cauchy 乘积的性质, 可得

定理 1.5.1 (i) 对于 $z_1, z_2 \in \mathbb{C}$, 有 $\exp(z_1 + z_2) = \exp(z_1)\exp(z_2)$.

(ii) 对于 $z \in \mathbb{C}, n \in \mathbb{Z}$, 有 $(\exp(z))^n = \exp(nz)$.

由于上述定理, 我们也记 $\exp(z)$ 为 e^z, 其中 $\mathrm{e} = \exp(1)$. 若 f 有 n 阶导数, P 是 n 次多项式

$$P(t) = a_0 t^n + a_1 t^{n-1} + \cdots + a_{n-1} t + a_n,$$

则定义

$$P(D)f(x) := a_0 f^{(n)}(x) + a_1 f^{(n-1)}(x) + \cdots + a_{n-1} f'(x) + a_n f(x). \tag{1.5.2}$$

我们可以建立如下性质.

定理 1.5.2 (i) 对任何 $z_0 \in \mathbb{C}$, $\lim\limits_{z \to z_0} \mathrm{e}^z = \mathrm{e}^{z_0}$.

(ii) 对任何 $\lambda \in \mathbb{C}$, $\dfrac{\mathrm{d}}{\mathrm{d}x}\mathrm{e}^{\lambda x} = \lambda \mathrm{e}^{\lambda x}$. 特别 $\dfrac{\mathrm{d}}{\mathrm{d}x}\mathrm{e}^x = \mathrm{e}^x$.

(iii) 若 P 是 n 次多项式, f 是区间 I 上有 n 阶导数的函数, 则

$$P(D)\big(\mathrm{e}^{\lambda x} f(x)\big) = \mathrm{e}^{\lambda x} P(D+\lambda) f(x). \tag{1.5.3}$$

证明 (i) 当 $|z - z_0| \leqslant 1$ 时,

$$|\mathrm{e}^z - \mathrm{e}^{z_0}| = |\mathrm{e}^{z_0}|\big|\mathrm{e}^{z-z_0} - 1\big| \leqslant |\mathrm{e}^{z_0}| \sum_{n=1}^{\infty} \frac{|z - z_0|^n}{n!} \leqslant |\mathrm{e}^{z_0}|\,|z - z_0| \sum_{n=1}^{\infty} \frac{1}{n!}.$$

令 $z \to z_0$ 即得结论.

(ii) 当 $0 < |\Delta x| < 1$ 时, 类似地有

$$\left|\frac{\mathrm{e}^{\lambda(x+\Delta x)} - \mathrm{e}^{\lambda x}}{\Delta x} - \lambda \mathrm{e}^{\lambda x}\right| = |\mathrm{e}^{\lambda x}| \left|\sum_{n=2}^{\infty} \frac{\lambda^n (\Delta x)^{n-1}}{n!}\right| \leqslant |\mathrm{e}^{\lambda x}|\,\mathrm{e}^{|\lambda|}\,|\Delta x|.$$

上式中令 $\Delta x \to 0$ 即得 $\dfrac{\mathrm{d}}{\mathrm{d}x}\mathrm{e}^{\lambda x} = \lambda \mathrm{e}^{\lambda x}$.

(iii) 由 (ii) 直接计算可得

$$D\big(\mathrm{e}^{\lambda x} f(x)\big) = \lambda \mathrm{e}^{\lambda x} f(x) + \mathrm{e}^{\lambda x} D f(x) = \mathrm{e}^{\lambda x}(D+\lambda) f(x).$$

进而可得对于任何 $1 \leqslant k \leqslant n$ 成立

$$D^k\big(\mathrm{e}^{\lambda x} f(x)\big) = \mathrm{e}^{\lambda x}(D+\lambda)^k f(x).$$

由此立即得到 (1.5.3) 成立. □

1.5.2 指数函数、对数函数和幂函数

易见当 $x > 0$ 时, $\mathrm{e}^x > 1$, 进而 $\mathrm{e}^{-x} = \dfrac{1}{\mathrm{e}^x} \in (0,1)$. 根据定义式 (1.5.1), 又易见 $\lim\limits_{x \to +\infty} \mathrm{e}^x = +\infty$. 进而 $\lim\limits_{x \to -\infty} \mathrm{e}^x = 0$. 由此易得 e^x 在 $\mathbb{R}$ 上严格单增, 且值域为 $(0, +\infty)$. 记 exp 的反函数为 ln, 则 ln 的定义域为 $(0, +\infty)$, 值域为 $\mathbb{R}$, $\ln 1 = 0, \ln \mathrm{e} = 1$. 利用反函数求导公式, 立即有

$$(\ln x)' = \frac{1}{x}, \qquad x \in \mathbb{R}. \tag{1.5.4}$$

由此又可得

$$\lim_{x\to 0}\frac{\ln(1+x)}{x}=1, \tag{1.5.5}$$

进而

$$\lim_{x\to 0}(1+x)^{\frac{1}{x}}=\mathrm{e}. \tag{1.5.6}$$

对于 $a>0, a\neq 1$, 定义以 a 为底数的**指数函数**为

$$a^x:=\mathrm{e}^{x\ln a}, \qquad x\in\mathbb{R}. \tag{1.5.7}$$

则该定义与 $a=\mathrm{e}$ 和 x 为整数情形时的已有记号不产生矛盾. (1.5.7) 中的 x 称为指数.

定义以 a 为底数的**对数函数**为

$$\log_a x:=\frac{\ln x}{\ln a}, \qquad x>0. \tag{1.5.8}$$

则 $\ln x$ 即为 $\log_{\mathrm{e}} x$, 称为**自然对数函数**. (1.5.8) 中的 x 称为**真数**.

最后, 固定指数函数中的指数而让底数变化, 就得到**幂函数**. 利用复合函数求导可得

$$\begin{aligned}(x^\alpha)'&=\left(\mathrm{e}^{\alpha\ln x}\right)'=\mathrm{e}^{\alpha\ln x}\left(\alpha\ln x\right)'\\&=\mathrm{e}^{\alpha\ln x}\frac{\alpha}{x}=\alpha x^{\alpha-1}, \qquad x>0.\end{aligned}$$

我们鼓励读者在定义的基础上建立这些函数的基本性质.

注 1.5.1 在第一版中, 我们介绍了另一条简捷的途径: 用积分定义自然对数

$$\ln x:=\int_1^x\frac{1}{t}\,\mathrm{d}t, \qquad x>0. \tag{1.5.9}$$

然后定义 exp 为 ln 的反函数.

1.5.3 正弦函数和余弦函数

我们将基于物理意义, 用微分方程法定义正弦和余弦函数, 并借助于复指数函数给出这两种函数的存在性. 在此基础上, 可以进一步引入其他三角函数以及反三角函数.

考虑在一直线段上做简谐振动的质点. 设在 t 时刻, 质点离开平衡位置的位移是 $x(t)$, 其受到的力与位移成反比例关系, 为 $-kx(t)$, 其中 k 是一个正常量. 则有 $mx''(t)=-kx(t)$, 其中 m 为质点的质量. 特别, 我们考虑以下两个方程:

$$x''(t)+x(t)=0, \quad x(0)=0, \quad x'(0)=1, \tag{1.5.10}$$

$$x''(t)+x(t)=0,\quad x(0)=1,\quad x'(0)=0. \tag{1.5.11}$$

我们称方程 (1.5.10) 的解为**正弦函数**, 记作 sin, 称方程 (1.5.11) 的解为**余弦函数**, 记作 cos. 在不引起误解的情况下, $\sin(t),\cos(t)$ 通常简记为 $\sin t,\cos t$.

对于 $t\in\mathbb{R}$, 记

$$\varphi(t):=\operatorname{Im}\mathrm{e}^{\mathrm{i}t}=\frac{\mathrm{e}^{\mathrm{i}t}-\mathrm{e}^{-\mathrm{i}t}}{2\mathrm{i}},\quad \psi(t):=\operatorname{Re}\mathrm{e}^{\mathrm{i}t}=\frac{\mathrm{e}^{\mathrm{i}t}+\mathrm{e}^{-\mathrm{i}t}}{2}. \tag{1.5.12}$$

则 φ 为实的奇函数, ψ 为实的偶函数. 进一步, 直接利用 (1.5.12) 计算得到

$$\varphi^2(t)+\psi^2(t)=1,\qquad \forall\, t\in\mathbb{R}, \tag{1.5.13}$$

$$\varphi'(t)=\psi(t),\quad \varphi(0)=0,\qquad \forall\, t\in\mathbb{R}, \tag{1.5.14}$$

$$\psi'(t)=-\varphi(t),\quad \psi(0)=1,\qquad \forall\, t\in\mathbb{R}. \tag{1.5.15}$$

我们有如下定理.

定理 1.5.3 方程 (1.5.10) 有唯一解 $x=\varphi(t)$, 方程 (1.5.11) 有唯一解 $x=\psi(t)$. 即

$$\sin t=\frac{\mathrm{e}^{\mathrm{i}t}-\mathrm{e}^{-\mathrm{i}t}}{2\mathrm{i}},\qquad \forall\, t\in\mathbb{R}, \tag{1.5.16}$$

$$\cos t=\frac{\mathrm{e}^{\mathrm{i}t}+\mathrm{e}^{-\mathrm{i}t}}{2},\qquad \forall\, t\in\mathbb{R}. \tag{1.5.17}$$

证明 由 (1.5.14)—(1.5.15), $x=\varphi(t)$ 是方程 (1.5.10) 的解.

另一方面, 若 $x=f(t)$ 是方程 (1.5.10) 的解, 令 $F(t):=\varphi(t)-f(t)$, 则

$$F''(t)+F(t)=0,\quad F(0)=F'(0)=0.$$

考虑 $G(t):=\left|F'(t)\right|^2+\left|F(t)\right|^2$. 则 $G(0)=0$,

$$G'(t)=2F'(t)\big(F''(t)+F(t)\big)=0.$$

因此, $G(t)\equiv 0$, 得到 $F(t)\equiv 0$. 即 $f(t)\equiv\varphi(t)$. 总之, $x=\varphi(t)$ 是方程 (1.5.10) 的唯一解.

同理可证, $x=\psi(t)$ 是方程 (1.5.11) 的唯一解. □

注 1.5.2 定理证明中, 自然地得到了方程 (1.5.10) 和 (1.5.11) 的解的唯一性. 但定理采用验证的方法说明了 $\sin=\varphi$ 以及 $\cos=\psi$, φ,ψ 的出现就显得不是那么自然. 事实上, 我们也可以比较自然地推导出这两个关系式.

设 (1.5.10) 和 (1.5.11) 有解存在, 为增加可读性, 记之为 u 和 v. 作为方程 (1.5.10) 的解, u 有两阶导数. 于是, 由 $u''=-u$ 得到 u 有四阶导数. 归纳可证 u

是任意阶可导的. 进一步, 在等式 $u''+u=0$ 两边同乘以 u' 可得 $\big((u')^2+u^2\big)'=0$. 进而得到 $\big(u'\big)^2+u^2\equiv 1$. 因此, $u'(0)=1$ 是 u' 的最大值, 从而有 $u''(0)=0$. 由此可见 u' 是方程 (1.5.11) 的解. 由唯一性, 得到 $v=u'$. 于是又有 $u=-u''=-v'$. 归纳可得: 对于 $n\geqslant 0$, 有 $u^{(2n+1)}=v^{(2n)}=(-1)^n v$, $u^{(2n)}=-v^{(2n+1)}=(-1)^n u$, 进而 $|u^{(n)}|^2+|v^{(n)}|^2=1$. 因此, u,v 在 $\mathbb{R}$ 中分别等于它们的麦克劳林 (Maclaurin) 级数:

$$u(t)=\sum_{n=0}^{\infty}\frac{u^{(n)}(0)}{n!}t^n=\sum_{n=0}^{\infty}\frac{(-1)^n}{(2n+1)!}t^{2n+1}=\operatorname{Im}\mathrm{e}^{\mathrm{i}t}=\varphi(t),\qquad t\in\mathbb{R},$$

$$v(t)=\sum_{n=0}^{\infty}\frac{v^{(n)}(0)}{n!}t^n=\sum_{n=0}^{\infty}\frac{(-1)^n}{(2n)!}t^{2n}=\operatorname{Re}\mathrm{e}^{\mathrm{i}t}=\psi(t),\qquad t\in\mathbb{R}.$$

由 (1.5.13)—(1.5.17), 我们立即有如下公式.

欧拉 (Euler) 公式:

$$\mathrm{e}^{\mathrm{i}t}=\cos t+\mathrm{i}\sin t,\qquad \forall\, t\in\mathbb{R}. \tag{1.5.18}$$

Pythagoras 恒等式:

$$\sin^2 t+\cos^2 t=1,\qquad \forall\, t\in\mathbb{R}, \tag{1.5.19}$$

求导公式:

$$(\sin t)'=\cos t,\quad (\cos t)'=-\sin t,\qquad \forall\, t\in\mathbb{R}, \tag{1.5.20}$$

奇偶性:

$$\sin(-t)=-\sin t,\quad \cos(-t)=\cos t,\qquad \forall\, t\in\mathbb{R}, \tag{1.5.21}$$

幂级数表示:

$$\sin t=\sum_{n=0}^{\infty}\frac{(-1)^n}{(2n+1)!}t^{2n+1},\quad \cos t=\sum_{n=0}^{\infty}\frac{(-1)^n}{(2n)!}t^{2n},\qquad \forall\, t\in\mathbb{R}. \tag{1.5.22}$$

进一步, 由等式

$$(\cos\alpha+\mathrm{i}\sin\alpha)(\cos\beta+\mathrm{i}\sin\beta)=\cos(\alpha+\beta)+\mathrm{i}\sin(\alpha+\beta),\qquad \forall\,\alpha,\beta\in\mathbb{R} \tag{1.5.23}$$

立即得到和角公式

$$\sin(\alpha+\beta)=\sin\alpha\cos\beta+\cos\alpha\sin\beta,\qquad \forall\,\alpha,\beta\in\mathbb{R}, \tag{1.5.24}$$

$$\cos(\alpha+\beta)=\cos\alpha\cos\beta-\sin\alpha\sin\beta,\qquad \forall\,\alpha,\beta\in\mathbb{R}. \tag{1.5.25}$$

同样, 可建立倍角公式、和差化积公式和积化和差公式等.

接下来, 我们来证明 sin, cos 是周期函数. 为此, 首先来证明 cos 在 $(0,2)$ 内有零点. 由 $\cos 0=1$ 以及

$$\begin{aligned}\cos 2&=\sum_{n=0}^{\infty}\frac{(-1)^n 2^{2n}}{(2n)!}=1-\frac{2^2}{2!}+\frac{2^4}{4!}-\sum_{k=1}^{\infty}\Big(\frac{2^{4k+2}}{(4k+2)!}-\frac{2^{4k+4}}{(4k+4)!}\Big)\\&=-\frac{1}{3}-\sum_{k=1}^{\infty}\frac{2^{4k+2}}{(4k+2)!}\Big(1-\frac{4}{(4k+4)(4k+3)}\Big)<0,\end{aligned}$$

结合介值定理, 可得 $\beta>0$ 使 $\cos\beta=0$. 此时, 由倍角公式, $\sin 2\beta=0$. 即 2β 是 sin 的正零点. 而由 $\sin 0=0$ 以及 $\sin' 0=1$ 可得, 存在 $\delta>0$ 使得 sin 在 $(0,\delta)$ 内为正. 因此, sin 有最小正零点, 设为 π. 结合介值定理可得 sin 在 $(0,\pi)$ 内恒正.

也可以不借助于幂级数表达式 (1.5.22) 而利用 (1.5.19)—(1.5.20) 来得到 cos 有正零点, 从而 sin 有正零点. 具体地, 若 cos 没有正零点, 则 cos 在 $(0,+\infty)$ 上恒正, 从而 sin 在 $(0,+\infty)$ 严格单增. 这样 $\forall t\geqslant 1$, 有 $\sin t\geqslant\sin 1>0$, 进而 $\cos t-\cos 1\leqslant-(t-1)\sin 1$. 这样, 对于 $t>1+\dfrac{1}{\sin 1}$ 就有 $\cos t<0$, 得到矛盾.

由 (1.5.19), $\cos\pi=\pm1$. 即 $\mathrm{e}^{\mathrm{i}\pi}=\pm1$. 进而 $\mathrm{e}^{2\pi\mathrm{i}}=1$. 特别, 对任何 $t\in\mathbb{R}$, 有 $\mathrm{e}^{\mathrm{i}(t+2\pi)}=\mathrm{e}^{\mathrm{i}t}$. 即得 2π 是 sin, cos 的正周期.

由 sin 在 $(0,\pi)$ 内恒正可得 sin 有最小正周期, 且最小正周期只能是 π 或 2π. 又由于 sin 是奇函数, sin 在 $(-\pi,0)$ 内为负. 因此, sin 的最小正周期必然是 2π.

结合 $\sin t=-(\cos t)'$ 可得 cos 的最小正周期不小于 2π. 因此 cos 的最小正周期也是 2π.

另一方面, 由 $\big(\mathrm{e}^{\mathrm{i}\frac{\pi}{2}}\big)^2=\mathrm{e}^{\mathrm{i}\pi}=-1$ 可得 $\mathrm{e}^{\mathrm{i}\frac{\pi}{2}}=\pm\mathrm{i}$. 因此, $\sin\dfrac{\pi}{2}=\pm1$. 结合 sin 在 $(0,\pi)$ 内恒正得到 $\sin\dfrac{\pi}{2}=1$. 即 $\mathrm{e}^{\mathrm{i}\frac{\pi}{2}}=\mathrm{i}$.

由等式 $\mathrm{e}^{\mathrm{i}(\pi\pm t)}=\mathrm{e}^{\mathrm{i}\pi}\mathrm{e}^{\pm\mathrm{i}t}=-\mathrm{e}^{\pm\mathrm{i}t}$ 得到

$$\sin(\pi\pm t)=\mp\sin t,\qquad \forall\,t\in\mathbb{R}, \tag{1.5.26}$$

$$\cos(\pi\pm t)=-\cos t,\qquad \forall\,t\in\mathbb{R}. \tag{1.5.27}$$

由等式 $\mathrm{e}^{\mathrm{i}(\frac{\pi}{2}\pm t)}=\mathrm{i}\mathrm{e}^{\pm\mathrm{i}t}$ 得到

$$\sin\Big(\frac{\pi}{2}\pm t\Big)=\cos t,\qquad \forall\,t\in\mathbb{R}, \tag{1.5.28}$$

$$\cos\Big(\frac{\pi}{2}\pm t\Big)=\mp\sin t,\qquad \forall\,t\in\mathbb{R}. \tag{1.5.29}$$

至此, 我们建立了正弦和余弦函数的基础性质. 其他基本性质可以由这些性质推导而来. 关于 π 与单位圆周的周长 (以及圆周率) 的关系参见习题 1.5 第 2 题. 关于夹角的定义以及三角形的余弦定理、正弦定理等, 参见习题 1.5 第 3 和 4 题.

最后, 利用 $(\sin t)' = \cos t$, 我们有

$$\lim_{t\to 0}\frac{\sin t}{t} = 1. \tag{1.5.30}$$

习 题 1.5

解答本节的习题时, 关于三角函数的性质, 应该只基于本节建立的结果.

1. 定义其他三角函数和反三角函数, 并建立它们的基本性质.
2. 平面上单位圆周的参数方程可以写为 $x=\cos t$, $y=\sin t\,(t\in[0,2\pi))$. 证明: 任取 $\varepsilon>0$, 存在 $\delta>0$, 使得对任何 $0=\theta_0<\theta_1<\cdots<\theta_{m+1}=2\pi$, 只要 $\max\limits_{0\leqslant k\leqslant m}\big(\theta_{k+1}-\theta_k\big)<\delta$, 就有
$$0<2\pi-\sum_{k=0}^{m}\sqrt{\big(\cos\theta_{k+1}-\cos\theta_k\big)^2+\big(\sin\theta_{k+1}-\sin\theta_k\big)^2}<\varepsilon.$$
3. 设 $n\geqslant 2$, $P_k(x_{1,k},x_{2,k},\cdots,x_{n,k})\,(k=0,1,2)$ 为 $\mathbb{R}^n$ 中三个不同的点. 定义 P_0P_1 与 P_0P_2 的夹角为
$$\arccos\frac{\overrightarrow{P_0P_1}\cdot\overrightarrow{P_0P_2}}{|P_0P_1|\cdot|P_0P_2|}=\arccos\frac{\sum\limits_{j=1}^{n}(x_{j,1}-x_{j,0})(x_{j,2}-x_{j,0})}{\sqrt{\sum\limits_{j=1}^{n}(x_{j,1}-x_{j,0})^2}\sqrt{\sum\limits_{j=1}^{n}(x_{j,2}-x_{j,0})^2}}.$$
试建立三角形的余弦定理, 正弦定理, 勾股定理.
4. 证明三角形内角和为 π.

线上课堂

第一次数学危机

实数系公理及相关理解

利用基本列构造实数

基本初等函数的定义

第 2 章　极限与连续

极限在数学分析课程中起着非常关键的作用. 一定程度上, 学习数学分析就是一个对极限概念逐步深入理解的过程. 从自以为懂到真正理解, 从对单个极限的理解到对一致收敛性和多个极限, 尤其是对嵌套的极限的理解, 无不意味着本身分析素养的擢升.

本章涉及的极限和连续性, 主要是单个极限的问题.

首先, 我们对函数记号做一些说明. 在数学分析中, 通常根据上下文, 用 $f(x)$ 来表示函数 f 并不至于引起误解. 在某些场合, 也有其好处. 但毕竟用 $f(x)$ 来表示函数容易引起混淆. 因此宜尽量避免这种不严谨的写法. 为强调 f 是一个函数, 可采用 $f(\cdot)$ 这一记号. 又如, 对于 $f: E\times F\to\mathbb{R}$, 可以用 $f(x,\cdot)$ 表示函数 $y\mapsto f(x,y)$, 而 $f(\cdot,y)$ 表示函数 $x\mapsto f(x,y)$.

2.1　极 限 定 义

本节将回顾极限定义, 还将利用极限定义简单地介绍否定陈述的数学表示.

极限定义的精确描述一般归功于魏尔斯特拉斯 (Weierstrass)[①], 以函数极限为例, $\lim\limits_{x\to x_0} f(x)=A$ 的数学描述 (常称为 "ε-δ **语言**") 为

$$\forall\,\varepsilon>0,\ \exists\,\delta>0,\ \text{当}\ 0<|x-x_0|<\delta\ \text{时, 有}\ |f(x)-A|<\varepsilon. \tag{2.1.1}$$

而数列极限 $\lim\limits_{n\to+\infty} a_n=A$ 的数学描述为

$$\forall\,\varepsilon>0,\ \exists\,N>0,\ \text{当}\ n\geqslant N\ \text{时, 有}\ |a_n-A|<\varepsilon. \tag{2.1.2}$$

在运用中, 经常需要改变极限定义的表达形式. 认识到怎样的表达与原始的极限定义等价, 也反映了对极限的理解程度. 举例来说, 可以将极限定义改写为如下形式: 设 $M, L>0$ 为两个给定的常数, 则 $\lim\limits_{x\to x_0} f(x)=A$ 可定义为

$$\forall\,\varepsilon>0,\ \exists\,\delta>0,\ \text{当}\ 0<|x-x_0|<L\delta\ \text{时, 有}\ |f(x)-A|\leqslant M\varepsilon.$$

在此鼓励读者写出其他便于应用的等价定义.

---

① 应坚刚教授发现, 雅各布 • 伯努利 (Jakob Bernoulli) 在证明大数定理时, 就已经采用了 "ε-N 语言". 相关证明出现于 Bernoulli 的著作 *The Art of Conjecture* 中. 该著作在 Bernoulli 去世后, 于 1713 年出版.

在书写中, $\forall$, $\exists$ 等符号的先后位置是很重要的. 例如, 在上面的极限定义中, $\forall$ 和 $\exists$ 的位置是不能交换的. 讲 "对于任意的 $\varepsilon > 0$" 时, ε 是**任意**一个大于 0 的数, 它有任意性, 但是它也有确定性. 比如, 经常会看到人们使用另一种写法: "对于任意给定的 $\varepsilon > 0$". 可以这样理解, 在 (2.1.1) 式中, 在 ε 第一次出现以前, 即句子 "$\forall \varepsilon > 0$" 之前, ε 是没有确定的, 但是一旦它出现过了, 也就是在 "$\forall \varepsilon > 0$" 之后, 它就是固定的一个数. 因此, 后面出现的 "$\exists \delta > 0$" 是在 ε 已经固定的前提下找到的. 换言之, δ 依赖于这个已经固定的 ε. 如果把两个句子互换位置, 写成

$$\exists \delta > 0, \forall \varepsilon > 0, \text{当} 0 < |x - x_0| < \delta \text{时, 有} |f(x) - A| < \varepsilon. \tag{2.1.3}$$

则表示这样的 δ 与 $\varepsilon > 0$ 的选取无关. 因此, (2.1.3) 式事实上就意味着 f 在 $(x_0 - \delta, x_0) \cup (x_0, x_0 + \delta)$ 内恒为 A.

再以函数在区间 (a, b) 内连续为例, 其定义为

$$\forall x \in (a, b), \forall \varepsilon > 0, \exists \delta > 0, \text{当} |y - x| < \delta \text{时, 有} |f(y) - f(x)| < \varepsilon, \tag{2.1.4}$$

其中, 在 "$\forall x \in (a, b), \forall \varepsilon > 0$" 之前, x, ε 是不确定的, 但在它们之后, 就是确定的, 所以后面的 δ 既依赖于前面给定的 x, 又依赖于给定的 ε. 如果是

$$\forall \varepsilon > 0, \exists \delta > 0, \forall x \in (a, b), \text{当} |y - x| < \delta \text{时, 有} |f(y) - f(x)| < \varepsilon. \tag{2.1.5}$$

则 δ 只依赖于 ε 而不依赖于 $x \in (a, b)$, 这就变成 "f 在 (a, b) 内一致连续" 了. 容易证明 $f(x) = \dfrac{1}{x}$ 在 $(0, 1)$ 内连续但不一致连续 (参见 2.4 节).

当然, 在 (2.1.4) 式中, 调换 $\forall x \in (a, b)$ 和 $\forall \varepsilon > 0$ 的位置并不影响语句的含义. 但将 "$\forall x \in (a, b)$" 放在前面更为可取, 因为这时候后面的语句表示的就是 f 在 x 处连续.

另外, 在 "$\exists \delta > 0$" 这个语句中, δ 其实也有一定的随意性. 例如, 在上面的各个表述中, 都可以把 δ 取得更小一点而不影响整个语句的含义. 而把其中的 "$\exists \delta > 0$" 换成 "$\exists \delta \in (0, 1)$" 本质上是一样的. 但是, 在 "$\delta > 0$" 这个句子以后, δ 就是确定的了.

鉴于上述原因, 在同一个证明中, 无论是 "$\forall \varepsilon > 0$" 还是 "$\exists \delta > 0$" 都至多只能出现一次. 若证明中需要多次引用极限定义而用到 ε, 在第二次引用时, 可以采用 "对于上述 ε", 而 "$\exists \delta > 0$" 出现一次之后, 类似的存在性应该用 "$\exists \tilde{\delta} > 0$" 之类的语句.

接下来, 我们考虑如何否定一个数学陈述. 数学上常见的陈述可以抽象成两种形式:

$$\forall \alpha \in I, \quad A_\alpha \text{成立} \tag{2.1.6}$$

和

$$\exists\,\alpha\in I,\quad A_\alpha\text{ 成立},\tag{2.1.7}$$

其中 I 表示一个集合, A_α 表示与 α 有关的一个陈述. 注意到 A_α 不成立可以表示为 A_α 的否定成立, 因而不需要单独讨论

$$\forall\,\alpha\in I,\quad A_\alpha\text{ 不成立}$$

和

$$\exists\,\alpha\in I,\quad A_\alpha\text{ 不成立}$$

这两种表述形式.

对于 (2.1.6) 式, 要否定它, 必须且只需 (至少) 有一个 $\alpha\in I$ 使得 A_α 不成立, 因而 (2.1.6) 式的否定陈述为

$$\exists\,\alpha\in I,\quad A_\alpha\text{ 不成立}.\tag{2.1.8}$$

而对于 (2.1.7) 式, 要否定它, 必须对所有的 $\alpha\in I$, A_α 不成立, 因而 (2.1.7) 式的否定陈述为

$$\forall\,\alpha\in I,\quad A_\alpha\text{ 不成立}.\tag{2.1.9}$$

至于 (2.1.8) 式和 (2.1.9) 式中的 "A_α 不成立", 即 A_α 的否定, 可以反复运用上述模式来叙述.

一般地, 可以总结出这样一条规律, 对于一个用符号 "$\forall$", "$\exists$" 来陈述的命题, 其否命题可以通过将 "$\forall$" 改为 "$\exists$", 而将 "$\exists$" 改为 "$\forall$" 得到, 同时命题中作为结论的陈述语句应该加以否定 (如小于符号应改为大于等于符号, 属于符号应改为不属于符号等), 作为条件的陈述语句不变.

以极限的 "ε-δ 语言" 为例, (2.1.1) 式的否定, 即 $\lim\limits_{x\to x_0}f(x)\neq A$ 可以表示为①

$$\exists\,\varepsilon>0,\forall\,\delta>0,\exists\,x\in(x_0-\delta,x_0+\delta)\setminus\{x_0\},\text{ 使得 }|f(x)-A|\geqslant\varepsilon.\tag{2.1.10}$$

可以看到将 (2.1.1) 式中的 $\forall$ 改成了 $\exists$, 而将 $\exists$ 改成了 $\forall$. 另外, "当 $0<|x-x_0|<\delta$" 是作为条件出现的, 在写否定陈述时, 除了把 "当" (它所起的作用就是 $\forall$) 改成 $\exists$, 后面的条件语句没有改变, 所以这部分被改成了 "$\exists\,x,0<|x-x_0|<\delta$" (即 "$\exists\,x\in(x_0-\delta,x_0+\delta)\setminus\{x_0\}$"). 最后, (2.1.1) 式中的 $|f(x)-A|<\varepsilon$ 是作为结论出现的, 在改成否定语句时, 需要将它否定而改成 $|f(x)-A|\geqslant\varepsilon$.

顺便指出, 符号 "$\forall$" 的含义即为 "对于任意", 因此 "对于 $\forall$" 这样的写法是不可取的.

---

① 严格说来, 如不加特别说明, 这里写成 "$\lim\limits_{x\to x_0}f(x)\neq A$" 会产生歧义. 因为它可能被理解为 "$\lim\limits_{x\to x_0}f(x)$ 存在但不等于 A". 而事实上, 我们这里表示的是 "$\lim\limits_{x\to x_0}f(x)$ 不存在或存在但不等于 A".

函数的连续性是一个非常重要的概念. 在一元函数情形, 通常遇到的问题中, 所涉及的连续性概念及其基本性质已经在高等数学课程中有清楚的介绍, 本书对此不再重复. 一些重要的性质将以习题形式请读者回顾. 当遇到较为复杂的情形时, 则需要对于连续性有一个新的认识. 相关讨论请参见第 6 章. 现以利用**摄动法**的下例结束本节.

例 2.1.1 设 A, B 是两个 n 阶方阵, 满足 $AB = BA$, 证明:

$$\det\begin{pmatrix} A & -B \\ B & A \end{pmatrix} = \det(A^2 + B^2). \tag{2.1.11}$$

证明 我们有

$$\begin{pmatrix} I & O \\ -B & A \end{pmatrix}\begin{pmatrix} A & -B \\ B & A \end{pmatrix} = \begin{pmatrix} A & -B \\ O & A^2 + B^2 \end{pmatrix}.$$

从而

$$\det(A)\det\begin{pmatrix} A & -B \\ B & A \end{pmatrix} = \det(A)\det(A^2 + B^2).$$

于是, 若 A 非异, 则 (2.1.11) 式成立.

一般地, 由于 A 的特征值的个数是 n 个 (重特征值按重数计算个数), 因此有 $\delta > 0$ 使得当 $s \in (0, \delta)$ 时, s 不是 A 的特征值, 从而 $A - sI$ 非异. 这样,

$$\det\begin{pmatrix} A - sI & -B \\ B & A - sI \end{pmatrix} = \det((A - sI)^2 + B^2), \quad \forall s \in (0, \delta). \tag{2.1.12}$$

利用连续性, 在上式中令 $s \to 0^+$ 即得 (2.1.11) 式. □

习 题 2.1

1. 试用 ε-δ 语言写出你认为常用的函数极限定义的其他等价形式.
2. 试写出数列极限 Cauchy 准则的否定语句.
3. 试写出 f 在点 $x_0 \in (a, b)$ 不连续的 ε-δ 语言.
4. 证明 **Heine 定理**: $\lim\limits_{x \to x_0} f(x) = A$ 当且仅当对于任何趋于 x_0 但不取值 x_0 的数列 $\{x_n\}$, 有
$$\lim_{n \to +\infty} f(x_n) = A.$$
5. 设 f 在 $(0, +\infty)$ 内连续, 且满足条件: $f(x^2) = f(x)$ $(\forall x > 0)$. 证明: f 在 $(0, +\infty)$ 内为一常数.

6. 是否存在 $\mathbb{R}$ 上的连续函数 f 使得 $f(f(x)) = \dfrac{1}{4^x}$?

提示: 考察 f 的单调性.

7. 设 $x_n \neq 0$, $\lim\limits_{n\to+\infty} x_n = a$. 请问 $\lim\limits_{n\to+\infty} \dfrac{x_{n+1}}{x_n}$ 是什么?

8. 设 φ, ψ 是定义在 $\mathbb{R}$ 上的周期函数, $\lim\limits_{x\to+\infty} (\varphi(x) - \psi(x)) = 0$. 证明: $\varphi \equiv \psi$.

9. 设 f 是定义在区间 (a,b) 内的函数, 其中 a 和 b 分别可以是 $-\infty$ 和 $+\infty$. 证明下述陈述是等价的:

(i) f 在 (a,b) 内连续;

(ii) 对任何 $\alpha < \beta$, 集合 $\{x \in (a,b) | \alpha < f(x) < \beta\}$ 是开集;

(iii) 对 $\mathbb{R}$ 的任何开子集 U, 集合 $\{x \in (a,b) | f(x) \in U\}$ 是开集.

10. 设 A, B 均为 n 阶方阵, 证明:

$$\det \begin{pmatrix} A & B \\ B & A \end{pmatrix} = \det(A+B)\det(A-B).$$

11. 设 A, B 是 n 阶方阵, 证明: $(AB)^* = B^*A^*$, 其中 C^* 表示方阵 C 的伴随矩阵.

12. 设 A 为 n 阶实方阵, 按以下方式证明存在 $\delta > 0$ 使得当 $0 < |s| < \delta$ 时, $A + \operatorname{diag}(s, s^2, \cdots, s^n)$ 没有重特征根, 其中 $\operatorname{diag}(\alpha_1, \alpha_2, \cdots, \alpha_n)$ 表示主对角线上元素为 $\alpha_1, \alpha_2, \cdots, \alpha_n$ 的对角矩阵:

(i) 若有理函数 (即两个多项式的商) P 不恒为零, 则存在 $\delta_0 > 0$ 使得当 $0 < |s| < \delta_0$ 时, $P(s) \neq 0$.

(ii) 设 f 为 A 的特征多项式, 则 A 有重根 (含重虚根) 当且仅当 $f(\lambda) = f'(\lambda) = 0$ 有解.

(iii) 存在多项式 Q, 使得 $A + \operatorname{diag}(s, s^2, \cdots, s^n)$ 有重特征根当且仅当 $Q(s) = 0$.

(iv) 当 s 足够大时, $A + \operatorname{diag}(s, s^2, \cdots, s^n)$ 的特征根都为实单根. 进而, 上述 $Q(s)$ 不恒等于 0.

(v) 存在 $\delta > 0$ 使得当 $0 < |s| < \delta$ 时, $A + \operatorname{diag}(s, s^2, \cdots, s^n)$ 没有重特征根.

13. 设 f, g, h 为 $\mathbb{R}$ 上的周期函数, 满足 $\lim\limits_{x\to+\infty} \big(f(x) + g(x) + h(x)\big) = 0$. 问是否有 $f + g + h \equiv 0$?

2.2 数列收敛准则及其应用

在研究数列或函数的极限时, 常常会用到 Cauchy 准则、单调收敛定理、Bolzano-Weierstrass 定理、闭区间套定理以及下面的夹逼准则. 有时候, 也会直接利用极限的定义来研究极限. 本节将介绍一些相关的例子.

本节的有些内容在高等数学课程中已经涉及, 对于这些内容, 读者应多注意计算和证明中推理的严密性.

定理 2.2.1 (夹逼准则) 若 $x_n \leqslant z_n \leqslant y_n$ $(n = 1, 2, \cdots)$, 而

$$\lim_{n\to+\infty} x_n = \lim_{n\to+\infty} y_n = a,$$

则

$$\lim_{n\to+\infty} z_n = a,$$

其中 $-\infty \leqslant a \leqslant +\infty$.

我们将定理的证明留给读者.

例 2.2.1　计算

$$\lim_{n\to+\infty} n\left(\frac{1}{n^2+\pi}+\frac{1}{n^2+2\pi}+\cdots+\frac{1}{n^2+n\pi}\right).$$

解　记

$$a_n = n\left(\frac{1}{n^2+\pi}+\frac{1}{n^2+2\pi}+\cdots+\frac{1}{n^2+n\pi}\right),$$

则

$$\frac{n^2}{n^2+n\pi} \leqslant a_n \leqslant \frac{n^2}{n^2+\pi}.$$

由于

$$\lim_{n\to+\infty}\frac{n^2}{n^2+n\pi} = \lim_{n\to+\infty}\frac{n^2}{n^2+\pi} = 1,$$

于是由夹逼准则得

$$\lim_{n\to+\infty} n\left(\frac{1}{n^2+\pi}+\frac{1}{n^2+2\pi}+\cdots+\frac{1}{n^2+n\pi}\right) = 1.$$

下面两个例题将展示如何直接利用极限定义来解决问题.

例 2.2.2　设 $\lim\limits_{n\to+\infty} a_n = 0$. 证明:

$$\lim_{n\to+\infty}\frac{a_1+a_2+\cdots+a_n}{n} = 0.$$

证明　本例是后面将要提到的施托尔茨 (Stolz) 定理的一个推论——Cauchy 定理 (推论 2.5.1) 的特例. 因而本例主要为初学者而设, 是为了锻炼学生运用极限定义的能力. 所以将直接证明结论. 事实上, Stolz 定理的证明与本例的证明没有太大区别.

由题设, $\forall \varepsilon > 0$, $\exists N_1 > 0$, 当 $n > N_1$ 时, $|a_n| \leqslant \varepsilon$. 于是

$$\left|\frac{a_1+a_2+\cdots+a_n}{n}\right| \leqslant \frac{1}{n}\sum_{k=1}^{N_1}|a_k| + \frac{1}{n}\sum_{k=N_1+1}^{n}|a_k|$$

$$\leqslant \frac{1}{n}\sum_{k=1}^{N_1}|a_k| + \varepsilon. \tag{2.2.1}$$

取[1]

$$N = N_1 + \left[\frac{1}{\varepsilon}\sum_{k=1}^{N_1}|a_k|\right],$$

其中 $[x]$ 表示 x 的整数部分, 则当 $n > N$ 时,

$$\left|\frac{a_1 + a_2 + \cdots + a_n}{n}\right| \leqslant 2\varepsilon,$$

所以由极限定义即得

$$\lim_{n\to+\infty}\frac{a_1 + a_2 + \cdots + a_n}{n} = 0.$$ □

例 2.2.3 利用 $\lim\limits_{x\to0}\dfrac{\sin x}{x} = 1$, 求

$$\lim_{n\to+\infty}\left(\sin\frac{1}{n^2} + \sin\frac{3}{n^2} + \cdots + \sin\frac{2n-1}{n^2}\right).$$

解 因为 $\lim\limits_{x\to0}\dfrac{\sin x}{x} = 1$, 所以 $\forall\varepsilon > 0$, $\exists\delta > 0$, 使得当 $0 < |x| < \delta$ 时,

$$\left|\frac{\sin x}{x} - 1\right| < \varepsilon,$$

即 $|\sin x - x| < \varepsilon|x|$. 因此, 取 $N = \left[\dfrac{2}{\delta}\right] + 1$, 则当 $n > N$ 时, 由于

$$0 < \frac{1}{n^2} < \frac{3}{n^2} < \cdots < \frac{2n-1}{n^2} < \frac{2}{n} < \delta,$$

有

$$\left|\sin\frac{2k-1}{n^2} - \frac{2k-1}{n^2}\right| < \frac{2k-1}{n^2}\varepsilon, \quad k = 1, 2, \cdots, n,$$

从而

$$\left|\sum_{k=1}^{n}\left(\sin\frac{2k-1}{n^2} - \frac{2k-1}{n^2}\right)\right| \leqslant \sum_{k=1}^{n}\left|\sin\frac{2k-1}{n^2} - \frac{2k-1}{n^2}\right|$$

---

① 自然, 取 $N = \max\left(N_1, \left[\frac{1}{\varepsilon}\sum\limits_{k=1}^{N_1}|a_k|\right]\right)$ 就够. 但我们只要给出一个可用的 N 就可以.

$$< \sum_{k=1}^{n} \frac{2k-1}{n^2} \varepsilon = \varepsilon,$$

即

$$\left| \sum_{k=1}^{n} \sin \frac{2k-1}{n^2} - 1 \right| < \varepsilon.$$

于是

$$\lim_{n \to +\infty} \left(\sin \frac{1}{n^2} + \sin \frac{3}{n^2} + \cdots + \sin \frac{2n-1}{n^2} \right) = 1.$$

例 2.2.4 考虑调和级数的部分和

$$x_n = 1 + \frac{1}{2} + \frac{1}{3} + \cdots + \frac{1}{n},$$

证明: $\lim\limits_{n \to +\infty} x_n = +\infty$.

证明 这是用 Cauchy 准则证明数列发散的典型例题. 易见 $\{x_n\}$ 单调增加, 所以只需证明 $\{x_n\}$ 发散. 注意到

$$x_{2n} - x_n = \frac{1}{n+1} + \frac{1}{n+2} + \cdots + \frac{1}{2n} \geqslant n \cdot \frac{1}{2n} = \frac{1}{2}.$$

取 $\varepsilon_0 = \frac{1}{2}$, 则 $\forall N > 0$, 取 $n = N+1, m = 2n$, 总有

$$x_{2n} - x_n \geqslant \varepsilon_0.$$

这样, 根据 Cauchy 准则, $\{x_n\}$ 发散. 这就证明了结论. □

下面的例子是所谓 "**压缩映象原理**" 的特例, 压缩映象原理在研究各类方程解的存在唯一性时有重要的应用. 例题中数列极限的存在性一般由 Cauchy 准则得到. 用例题的证明方法可以很容易地把结论推广到更抽象的情形.

例 2.2.5 若 $f:[a,b] \to [a,b]$ 满足

$$|f(x) - f(y)| \leqslant K|x-y|, \qquad \forall x, y \in [a,b], \tag{2.2.2}$$

其中 $K \in (0,1)$ 为一给定常数. 任取 $t \in [a,b]$, 定义

$$f_1(t) = f(t), \quad \cdots, \quad f_{n+1}(t) = f\big(f_n(t)\big), \quad \cdots,$$

则 $\{f_n(t)\}$ 收敛于 $f(x) = x$ 的唯一根.

证明 本例需要证明三件事：一是 $\{f_n(t)\}$ 收敛；二是 $\{f_n(t)\}$ 的极限是 $f(x)=x$ 的根；三是 $f(x)=x$ 的根唯一.

我们有

$$\begin{aligned}\left|f_{n+1}(t)-f_n(t)\right| &= \left|f[f_n(t)]-f[f_{n-1}(t)]\right| \\ &\leqslant K\left|f_n(t)-f_{n-1}(t)\right| \leqslant \cdots \leqslant K^n\left|f_1(t)-t\right|.\end{aligned}$$

由此不难看到, $\forall m>n\geqslant 1$,

$$\left|f_m(t)-f_n(t)\right| \leqslant \sum_{k=n}^{m-1}\left|f_{k+1}(t)-f_k(t)\right| \leqslant \frac{K^n}{1-K}\left|f_1(t)-t\right|.$$

于是由 $K\in(0,1)$ 可得 $\{f_n(t)\}$ 是一个 Cauchy 列. 从而它有极限, 设为 ξ.

下面证 $f(\xi)=\xi$. 为此, 注意到 (2.2.2) 式蕴涵着 f 的连续性, 于是由 $f_n(t)=f[f_{n-1}(t)]$ 立即可得①

$$\xi=\lim_{n\to+\infty}f_n(t)=\lim_{n\to+\infty}f[f_{n-1}(t)]=f[\lim_{n\to+\infty}f_{n-1}(t)]=f(\xi).$$

再证 $f(x)=x$ 解的唯一性. 设 $f(\zeta)=\zeta$, 只要证明 ζ 与前述 ξ 相等即可. 这可以由

$$|\zeta-\xi|=|f(\zeta)-f(\xi)|\leqslant K|\zeta-\xi|$$

以及 $K\in(0,1)$ 得到. □

在极限的存在性证明中, 单调收敛定理是一个应用非常频繁的定理, 下面举两个例子说明其应用. 下例的极限涉及的是所谓的 **Euler 常数**.

例 2.2.6 设 $n\geqslant 2$,

$$\begin{aligned}a_n &= 1+\frac{1}{2}+\frac{1}{3}+\cdots+\frac{1}{n-1}-\ln n,\\ b_n &= 1+\frac{1}{2}+\frac{1}{3}+\cdots+\frac{1}{n}-\ln n.\end{aligned}$$

证明: 数列 $\{a_n\}$ 和 $\{b_n\}$ 都收敛, 且

$$\lim_{n\to+\infty}a_n=\lim_{n\to+\infty}b_n.$$

以上极限称为 Euler 常数, 常记为 γ, 其值约为 0.577215, 但迄今为止, 人们还不知道它是不是无理数.

---

① 函数在 x_0 连续可以理解为在 x_0 点求极限和求函数值这两种运算可以交换次序: $\lim\limits_{x\to x_0}f(x)=f(\lim\limits_{x\to x_0}x)$.

证明 先来考察 $\{a_n\}$ 和 $\{b_n\}$ 的单调性. 易见

$$\begin{aligned}a_{n+1}-a_n &= \frac{1}{n}-\ln(n+1)+\ln n\\ &= \frac{1}{n}-\int_n^{n+1}\frac{1}{x}\,\mathrm{d}x \geqslant 0,\end{aligned}$$

即 $\{a_n\}$ 单调增加.

类似地, 有

$$\begin{aligned}b_{n+1}-b_n &= \frac{1}{n+1}-\ln(n+1)+\ln n\\ &= \frac{1}{n+1}-\int_n^{n+1}\frac{1}{x}\,\mathrm{d}x \leqslant 0,\end{aligned}$$

即 $\{b_n\}$ 单调减少.

另外, 注意到总有 $a_n \leqslant b_n$ $(n=2,3,\cdots)$, 有

$$a_2 \leqslant \cdots \leqslant a_n \leqslant b_n \leqslant \cdots \leqslant b_2.$$

从而 $\{a_n\}$ 和 $\{b_n\}$ 均为单调有界列. 由单调收敛定理即知它们的极限存在. 而由 $b_n = a_n + \dfrac{1}{n}$ 又可得它们的极限相等. □

在下面的例子中, 将遇到数列本身不一定单调, 而数列的偶数项和奇数项都分别单调的情形. 这在单调收敛定理的运用中是相当有趣和具有代表性的.

例 2.2.7 设 $c \geqslant -3$, 有

$$x_1=\frac{c}{2},\quad x_{n+1}=\frac{c}{2}+\frac{x_n^2}{2},\quad n=1,2,3,\cdots.$$

问 c 为何值时, $\{x_n\}$ 收敛, 极限是什么?

解 首先, 若 $\{x_n\}$ 极限存在, 设为 ξ, 则

$$\xi=\frac{c}{2}+\frac{\xi^2}{2}.$$

从而 $1-c\geqslant 0$, 且 $\xi = 1\pm\sqrt{1-c}$. 这样便有

(i) 当 $c>1$ 时, $\{x_n\}$ 发散.

(ii) 当 $c=0$ 时, $\{x_n\}$ 恒为 0, 从而它收敛到 0.

(iii) 当 $c\in(0,1]$ 时, 可以归纳地证明 $0<x_n\leqslant 1$ $(n=1,2,\cdots)$. 进一步,

$$x_{n+1}-x_n=(x_n-x_{n-1})\frac{x_n+x_{n-1}}{2},\quad n=2,3,\cdots.$$

由此立即可得 $\{x_n\}$ 单调. 于是由单调收敛定理, $\{x_n\}$ 收敛. 由于其极限小于等于 1, 有

$$\lim_{n\to+\infty} x_n = 1-\sqrt{1-c}.$$

(iv) 当 $c\in[-3,0)$ 时, 则可以归纳地证明 $\frac{c}{2}\leqslant x_n<0\ (n=1,2,\cdots)$. 从而, 由

$$x_{n+2}-x_n=(x_n-x_{n-2})\frac{x_{n+1}+x_{n-1}}{2}\frac{x_n+x_{n-2}}{2},\quad n=3,4,\cdots$$

又可得到 $\{x_{2n}\}$ 和 $\{x_{2n+1}\}$ 的单调性. 由单调收敛定理, $\{x_{2n}\}$ 和 $\{x_{2n+1}\}$ 收敛, 设它们的极限依次为 a 和 b. 则由递推公式可得

$$a=\frac{c}{2}+\frac{b^2}{2},\quad b=\frac{c}{2}+\frac{a^2}{2}. \tag{2.2.3}$$

两式相减可得

$$(a-b)(2+a+b)=0.$$

若 $a+b+2\neq 0$, 则 $a=b$.

若 $a+b+2=0$, 则代入 (2.2.3) 式又有 $b^2+2b+4+c=0$. 上式当 $c>-3$ 时不可能成立, 而当 $c=-3$ 时得出 $b=a=-1$.

这样, 在 $c\in[-3,0)$ 时, 总有 $a=b$ 成立, 所以 $\{x_n\}$ 收敛. 由于 $\{x_n\}$ 非正, 我们有

$$\lim_{n\to+\infty} x_n = 1-\sqrt{1-c}.$$

总之, 当 $c>1$ 时, $\{x_n\}$ 发散; 而当 $c\in[-3,1]$ 时, $\{x_n\}$ 收敛到 $1-\sqrt{1-c}$.

例 2.2.8 设 f_n 在 $[a,b]$ 上连续 $(n=1,2,\cdots)$, 且对固定的 $x\in[a,b]$, $\{f_n(x)\}$ 有界. 证明: 存在 $[a,b]$ 的一个子区间, 在其中 $\{f_n\}$ 一致有界.

证明 处理这类问题, 反证法是首选. 反设 $\{f_n\}$ 在 $[a,b]$ 的任何子区间上不一致有界. 则特别地, $\{f_n\}$ 在 $[a,b]$ 上不一致有界. 所以存在 n_1 以及 $x_1\in[a,b]$ 使得

$$|f_{n_1}(x_1)|>1.$$

由 f_{n_1} 的连续性, 存在包含 x_1 的一个子区间 $[a_1,b_1]\subset[a,b]$, 使得

$$|f_{n_1}(x)|>1,\quad \forall x\in[a_1,b_1].$$

对于固定的 n, 由于 f_n 是连续的, 从而在 $[a,b]$ 上是有界的. 特别地,

$$f_1,\ f_2,\ \cdots,\ f_{n_1}$$

在 $[a_1,b_1]$ 上一致有界. 于是由假设,

$$f_{n_1+1},\ f_{n_1+2},\ \cdots$$

在 $[a_1,b_1]$ 上不一致有界. 这样又有 $n_2>n_1$ 以及 $x_2\in[a_1,b_1]$, 使得

$$|f_{n_2}(x_2)|>2.$$

从而又有 $[a_1,b_1]$ 的包含 x_2 的一个子区间 $[a_2,b_2]$, 使得

$$|f_{n_2}(x)|>2,\quad \forall x\in[a_2,b_2].$$

一般地, 有 $n_1<n_2<\cdots$ 以及

$$[a,b]\supset[a_1,b_1]\supset[a_2,b_2]\supset\cdots$$

满足

$$|f_{n_k}(x)|>k,\quad \forall x\in[a_k,b_k].$$

这样, 记

$$E:=\bigcap_{k=1}^{\infty}[a_k,b_k]=\{x|\lim_{k\to+\infty}a_k\leqslant x\leqslant\lim_{k\to+\infty}b_k\},$$

则 E 非空, 且

$$|f_{n_k}(x)|>k,\quad \forall x\in E,k=1,2,\cdots.$$

所以 $\{f_{n_k}(x)\}$ 对于任何 $x\in E$ 都是无界的, 特别地, $\{f_n(x)\}$ 对于任何 $x\in E$ 都是无界的, 这与题设矛盾.

因此, 一定存在 $[a,b]$ 的一个子区间, 使得 $\{f_n\}$ 在该子区间一致有界. □

例 2.2.9 设数列 $\{x_n\}$ 满足

$$x_n-x_n^2=\sin\left(x_n-\frac{1}{n}\right),\quad n=1,2,\cdots. \tag{2.2.4}$$

证明:

$$\lim_{n\to+\infty}x_n=0.$$

证明 不难看到, 对于每个 $n=1,2,\cdots$, 满足 (2.2.4) 式的 x_n 是存在的, 但不一定唯一. 下面, 用反证法结合 Bolzano-Weierstrass 定理来证明数列的收敛性, 其基本思想在分析学中是非常重要的.

假设结论不真, 则有 $\varepsilon_0>0$ 以及 $\{x_n\}$ 的子列 $\{x_{n_k}\}$, 使得

$$|x_{n_k}|\geqslant\varepsilon_0,\quad k=1,2,\cdots. \tag{2.2.5}$$

另外, 由 (2.2.4) 式可得到 $\{x_n\}$ 有界, 从而 $\{x_{n_k}\}$ 有界. 于是由 Bolzano-Weierstrass 定理, $\{x_{n_k}\}$ 有收敛子列. 不妨设 $\{x_{n_k}\}$ 本身收敛, 并设极限为 ξ.

由 (2.2.4) 式可得

$$\xi-\xi^2=\sin\xi. \tag{2.2.6}$$

令

$$F(x)=x^2-x+\sin x,$$

则 $F'(0)=0$ 且

$$F''(x)=2-\sin x>0.$$

因此, $x=0$ 是 F 唯一的最小值点. 由于 $F(0)=0$, 因此方程 (2.2.6) 的解唯一, 即 $\xi=0$. 这与 (2.2.5) 式矛盾. □

下面要介绍的例题与所谓的**上 (下) 半连续性**有关.

定义 2.2.1 称 $f:[a,b]\to[-\infty,+\infty)$ 是**上半连续的**, 如果 $\forall x\in[a,b]$, $\varepsilon>0$, $\exists\,\delta>0$, 使得 $f(t)\leqslant f(x)+\varepsilon$ 对任何 $t\in(x-\delta,x+\delta)$ 成立[①].

上半连续性是很重要的概念, 不难看到一个只取有限值的函数 f 在 $[a,b]$ 上上半连续当且仅当

$$\varlimsup_{y\to x}f(y)\leqslant f(x),\quad \forall\,x\in[a,b].$$

值得注意的是, 在定义 2.2.1 中, 我们允许连续函数取值 $-\infty$, 但不关心恒取 $-\infty$ 的上半连续函数.

一个上半连续函数的简单例子是

$$g(x)=\begin{cases}1, & x=0,\\ 0, & x\neq 0.\end{cases}$$

注意在函数的间断点 0 处, $(0,g(0))$ 点处于函数图像的上方.

读者可以类似地给出下半连续的定义和例子.

下题的结论是上半连续性之所以重要的一个原因.

例 2.2.10 设 f 是 $[a,b]$ 上的上半连续函数. 证明: f 在 $[a,b]$ 上可以取到上确界.

① 一般来说, 在没有特别说明的时候, 这里的 x,t 总是指在 $[a,b]$ 中取值, 也即 $(x-\delta,x+\delta)$ 事实上应该用 $(x-\delta,x+\delta)\cap[a,b]$ 代替. 同样, 在考虑极限时, 总是在左端点 a 考虑右极限, 在右端点 b 考虑左极限.

证明 取 $x_n \in [a,b]$ 满足

$$\lim_{n\to+\infty} f(x_n) = \sup_{x\in[a,b]} f(x).$$

由上确界的定义, 易见这样的序列 $\{x_n\}$ 总是存在的.

由于 $\{x_n\}$ 有界, 所以由 Bolzano-Weierstrass 定理, 存在它的子列 $\{x_{n_k}\}$ 收敛, 设其极限为 ξ. 则 $\xi \in [a,b]$, 且 $f(\xi)$ 就是 f 在 $[a,b]$ 上的最大值. 为此, 不妨设 $x_{n_k} \neq \xi$, 则

$$f(\xi) \geqslant \varlimsup_{x\to\xi} f(x) \geqslant \varlimsup_{k\to+\infty} f(x_{n_k}) = \sup_{x\in[a,b]} f(x).$$

结论得证. □

习 题 2.2

1. 写出其他类型极限的夹逼准则.
2. 推广例 2.2.3.
3. 在例 2.2.5 中, 如果去除 $K \in (0,1)$ 的限制, 情况又将如何?
4. 设 f 在 $\mathbb{R}$ 上有界、可导且 $|f'| < 1$. 设 $x_0 \in \mathbb{R}$, $x_{n+1} = f(x_n)$ $(n \geqslant 0)$. 证明 $\{x_n\}$ 收敛.
5. 设 $a_1 > b_1 > 0$ 是两个已知数. 定义

$$a_{n+1} = \frac{a_n + b_n}{2}, \quad b_{n+1} = \frac{2a_nb_n}{a_n + b_n}, \quad n = 1, 2, \cdots.$$

求证: $\{a_n\}$, $\{b_n\}$ 收敛, 且

$$\lim_{n\to+\infty} a_n = \lim_{n\to+\infty} b_n.$$

该极限称为 a_1, b_1 的**算术–调和平均值**.

6. 求

$$\lim_{n\to+\infty} \overbrace{\sqrt{1+\sqrt{1+\sqrt{1+\cdots+\sqrt{1}}}}}^{n\text{重}}.$$

7. 设有数列 $\{a_n\}$ 满足 $a_n > 0$ $(n = 1, 2, \cdots)$. 令

$$t_n = \sqrt{a_1 + \sqrt{a_2 + \sqrt{a_3 + \cdots + \sqrt{a_n}}}}, \quad n = 1, 2, \cdots.$$

证明: $\{t_n\}$ 收敛与否由

$$\alpha := \varlimsup_{n\to+\infty} \frac{\ln\ln a_n}{n}$$

判定: 当 $\alpha < \ln 2$ 时, 收敛; 当 $\alpha > \ln 2$ 时, 发散; 当 $\alpha = \ln 2$ 时, 失效, 其中规定 $a_n \leqslant 1$ 时, $\ln\ln a_n = -\infty$.

8. 设 $A > 0$, $x_1 > 0$, $x_{n+1} = \frac{1}{2}\left(x_n + \frac{A}{x_n}\right)$. 证明 $\lim\limits_{n\to+\infty} x_n$ 存在, 并求此极限.

9. 试对

$$\sqrt[r]{a_1 + \sqrt[r]{a_2 + \sqrt[r]{a_3 + \cdots + \sqrt[r]{a_n}}}}$$

进行类似第 7 题的讨论.

10. 试证 $\lim\limits_{n\to+\infty}\left(\sum\limits_{k=2}^{n}\frac{1}{k\ln k} - \ln\ln n\right)$ 存在.

11. 两个正数 a, b 间常用的平均还包括几何平均 $\sqrt{ab}$. 事实上, 算术平均、几何平均以及调和平均等都可以归入以下的幂平均 ($p = 0$ 时取极限):

$$M_p(a,b) = \left(\frac{a^p + b^p}{2}\right)^{\frac{1}{p}}, \quad -\infty < p < +\infty.$$

可以看到算术平均对应于 $p = 1$, 调和平均对应于 $p = -1$, 而几何平均对应于 $p = 0$. 试对更一般的平均 (幂平均甚至其他的平均) 进行类似第 5 题的讨论.

12. 下列结果给出了在计算机上计算数 c 的倒数的格式:

(i) 设 $0 < x_0 < 1$. 定义

$$x_{n+1} = x_n(2 - x_n), \quad n = 1, 2, 3, \cdots.$$

证明: $\lim\limits_{n\to\infty} x_n = 1$;

(ii) 设 c 是任一正数, 在 (i) 中取 $x_n = cy_n$ 得 $y_{n+1} = y_n(2 - cy_n)$. 假如 $0 < y_0 < \frac{1}{c}$, 则 $\lim\limits_{n\to+\infty} y_n = \frac{1}{c}$.

13. 设 $x_n, y_n \geqslant 0$. 满足

$$\begin{cases} x_n^{\frac{2n+1}{n}} + x_n + y_n = 1 + \frac{1}{n}, \\ y_n^{\frac{n+2}{n}} + 4x_n + 3y_n = 4 - \frac{1}{n}. \end{cases}$$

证明 $\{x_n\}, \{y_n\}$ 收敛并求极限.

14. 试用多种方式证明**介值定理**: 设 f 在 $[a, b]$ 上连续, $f(a) < \eta < f(b)$, 则存在 $\xi \in (a, b)$ 使得 $f(\xi) = \eta$.

15. 设函数 f 在区间 $(x_0, +\infty)$ 上连续并有界. 证明: 对任何实数 T, 可求得趋于 $+\infty$ 的序列 $\{x_n\}$ 使得

$$\lim_{n\to+\infty}(f(x_n + T) - f(x_n)) = 0.$$

16. 证明: 对任何 x, y 成立 $f(x+y) = f(x) + f(y)$ 的连续函数, 必为齐次线性函数.

17. 在第 16 题中, f 的连续性可以用 f 在 0 点的连续性来代替. 进一步, 证明: f 的连续性用局部有界性代替时, 结论仍然成立.

18. $\mathbb{R}$ 上的实值函数 f 满足 $f(x+y) = f(x)f(y)$, 若 f 局部有界, 证明: 存在常数 A, 使得

$$f(x) = A^x, \quad \forall x \in \mathbb{R}.$$

19. 若上一题中的 f 是取复值的函数, 情况又如何?
类似地, 若 f 的取值为方阵, 结论如何?
20. 设 $0 < q_n < 1$, $(1-q_n)q_{n+1} > \dfrac{1}{4}$ $(n=1,2,\cdots)$. 证明: $\lim\limits_{n\to+\infty} q_n = \dfrac{1}{2}$.
21. 设 f,g 在闭区间 $[a,b]$ 上连续, 且存在 $x_n \in [a,b]$, 使得

$$f(x_n) = g(x_{n+1}), \quad \forall n = 1,2,\cdots.$$

证明: 存在 $\xi \in [a,b]$ 使得, $f(\xi) = g(\xi)$.
22. 证明不存在 $\mathbb{R}$ 上的连续函数 f 使得对任何 $\alpha \in \mathbb{R}$, 方程 $f(x) = \alpha$ 恰好有两个根.
23. 设 n 为正整数, f 在 $[0,n]$ 上连续, 且 $f(0) = f(n)$. 证明存在 n 组不同的 $\{x,y\}$ 使得 $f(x) = f(y)$ 且 $x-y$ 为非零整数.
24. 设定义在区间 $[a,b]$ 内的函数 f 具有介值性. 证明 f 在 $[a,b]$ 上连续当且仅当对任何有理数 q, $\{x\in[a,b] | f(x) = q\}$ 是闭集.
25. 构造 $[a,b]$ 上的连续函数列 $\{f_n\}$, 使得对每个 $x \in [a,b]$, 数列 $\{f_n(x)\}$ 有界, 但 $\{f_n\}$ 在 $[a,b]$ 上非一致有界.
26. 思考: 讨论例 2.2.7 在 $c < -3$ 时的情况.
27. 思考: 若 $\mathbb{R}$ 上的函数 f 满足 $f(x+y) = f(x) + f(y)\,(\forall x,y \in \mathbb{R})$, 在什么条件下可以保证 f 是齐次线性函数?

2.3 上、下极限及其应用

在有关极限的计算、证明中, 利用上、下极限往往能使问题迎刃而解. 在一些非本质的问题上, 往往也能起到简化叙述的效果.

以数列极限为例, 对于数列 $\{a_n\}$, 其上、下极限依次定义为

$$\overline{\lim_{n\to+\infty}}\, a_n := \lim_{n\to+\infty} \sup_{k\geqslant n} a_k, \qquad \underline{\lim_{n\to+\infty}}\, a_n := \lim_{n\to+\infty} \inf_{k\geqslant n} a_k.$$

为方便起见, 我们在广义实数系中考虑上、下极限. 易见, $\{\sup\limits_{k\geqslant n} a_k\}$ 和 $\{\inf\limits_{k\geqslant n} a_k\}$ 都是单调的. 特别是, 前者单调递减, 后者单调递增. 这样, 在广义实数系中, 上、下极限总是有意义. 由于

$$\sup_{k\geqslant n} a_k \geqslant a_n \geqslant \inf_{k\geqslant n} a_k, \quad n = 1,2,\cdots,$$

利用夹逼准则不难看到:

定理 2.3.1 对于实数列 $\{a_n\}$, $\lim\limits_{n\to+\infty} a_n = \ell$ 当且仅当

$$\overline{\lim_{n\to+\infty}}\, a_n = \underline{\lim_{n\to+\infty}}\, a_n = \ell,$$

其中 ℓ 可以是 $-\infty$、有限数以及 $+\infty$.

这样, 利用定理 2.3.1, 要考虑数列极限存在与否, 只要考察其上、下极限是否相等并有限. 由于上、下极限在广义实数系中总是有意义, 我们有望通过它们满足的方程或不等式来研究它们的性质. 对于一些事先不知道极限是否存在的数列, 可以先研究它们的上、下极限, 而避免直接讨论极限的存在性.

上、下极限有一些很自然的性质.

命题 2.3.1 设 $\{a_n\}$ 为一实数列. 则

(i) $\overline{\lim\limits_{n\to+\infty}} a_n \geqslant \underline{\lim\limits_{n\to+\infty}} a_n$;

(ii) $\overline{\lim\limits_{n\to+\infty}} a_n = \inf\limits_n \sup\limits_{k\geqslant n} a_k$, $\underline{\lim\limits_{n\to+\infty}} a_n = \sup\limits_n \inf\limits_{k\geqslant n} a_k$;

(iii) 设 $\{a_{n_k}\}$ 为 $\{a_n\}$ 的一个子列, 则

$$\overline{\lim_{n\to+\infty}} a_n \geqslant \overline{\lim_{k\to+\infty}} a_{n_k}, \quad \underline{\lim_{n\to+\infty}} a_n \leqslant \underline{\lim_{k\to+\infty}} a_{n_k};$$

(iv) 存在 $\{a_n\}$ 的子列 $\{a_{n_k}\}$ 和子列 $\{a_{m_k}\}$ 使得

$$\overline{\lim_{n\to+\infty}} a_n = \lim_{k\to+\infty} a_{n_k}, \quad \underline{\lim_{n\to+\infty}} a_n = \lim_{k\to+\infty} a_{m_k}.$$

从命题 2.3.1 的 (iii)—(iv) 可以看到, 数列的上极限就是其子列极限的 "最大值", 而下极限则是子列极限的 "最小值". 认识到这一点对理解上、下极限有很大帮助. 另一方面, 也可以看到, (iv) 的结果蕴含了 Bolzano-Weierstrass 定理.

类似于习题 1.3 第 15 题中描述的上下确界的性质, 我们有下列命题:

命题 2.3.2 设有实数列 $\{a_n\}$, $\{b_n\}$. 则

(i) $\overline{\lim\limits_{n\to+\infty}} (-a_n) = -\underline{\lim\limits_{n\to+\infty}} a_n$.

(ii) 对于以下不等式中每一个不等式, 只要该不等式两端在广义实数系中都有意义, 就有

$$\begin{aligned}\underline{\lim_{n\to+\infty}} a_n + \underline{\lim_{n\to+\infty}} b_n &\leqslant \underline{\lim_{n\to+\infty}} (a_n+b_n)\\ &\leqslant \underline{\lim_{n\to+\infty}} a_n + \overline{\lim_{n\to+\infty}} b_n \leqslant \overline{\lim_{n\to+\infty}} (a_n+b_n)\\ &\leqslant \overline{\lim_{n\to+\infty}} a_n + \overline{\lim_{n\to+\infty}} b_n.\end{aligned}$$

(iii) 若 $\lim\limits_{n\to+\infty} a_n$ 存在, 则

$$\underline{\lim_{n\to+\infty}} (a_n+b_n) = \lim_{n\to+\infty} a_n + \underline{\lim_{n\to+\infty}} b_n,$$

$$\overline{\lim_{n\to+\infty}}(a_n+b_n)=\lim_{n\to+\infty}a_n+\overline{\lim_{n\to+\infty}}b_n.$$

(iv) 若 $a_n>0\ (n=1,2,\cdots)$, 规定 $\dfrac{1}{0}=+\infty$, 则有

$$\overline{\lim_{n\to+\infty}}\frac{1}{a_n}=\frac{1}{\underline{\lim}_{n\to+\infty}a_n}.$$

(v) 若 $a_n>0,\ b_n>0\ (n=1,2,\cdots)$, 则对于以下不等式中每一个不等式, 只要该不等式两端在广义实数系中都有意义, 就有

$$\begin{aligned}\underline{\lim}_{n\to+\infty}a_n\ \underline{\lim}_{n\to+\infty}b_n&\leqslant\underline{\lim}_{n\to+\infty}(a_nb_n)\\&\leqslant\underline{\lim}_{n\to+\infty}a_n\ \overline{\lim_{n\to+\infty}}b_n\leqslant\overline{\lim_{n\to+\infty}}(a_nb_n)\\&\leqslant\overline{\lim_{n\to+\infty}}a_n\ \overline{\lim_{n\to+\infty}}b_n.\end{aligned}$$

(vi) 若 $a_n>0,\ b_n>0\ (n=1,2,\cdots)$, 且 $\lim\limits_{n\to+\infty}a_n$ 存在. 则当以下等式的右端在广义实数系中有意义时, 成立

$$\underline{\lim}_{n\to+\infty}(a_nb_n)=\lim_{n\to+\infty}a_n\ \underline{\lim}_{n\to+\infty}b_n,$$

$$\overline{\lim_{n\to+\infty}}(a_nb_n)=\lim_{n\to+\infty}a_n\ \overline{\lim_{n\to+\infty}}b_n.$$

特别地, 上两式当 $\lim\limits_{n\to+\infty}a_n$ 为正时成立.

上面这些结果都很自然, 读者需要注意的是一些例外情形[1] 以及应把这些结果变成自己的一种直觉.

例 2.3.1　运用上下极限, 在一些证明中可以简化叙述过程. 例如, 在例 2.2.2 中, 可以对 (2.2.1) 式关于 $n\to+\infty$ 取上极限得到

$$\overline{\lim_{n\to+\infty}}\left|\frac{a_1+a_2+\cdots+a_n}{n}\right|\leqslant\varepsilon.$$

从而由 ε 的任意性得到

$$\overline{\lim_{n\to+\infty}}\left|\frac{a_1+a_2+\cdots+a_n}{n}\right|=0,$$

---

[1] 例如, 出现 $+\infty+(-\infty)$ 或 $0\cdot(+\infty)$ 等.

此即

$$\lim_{n\to+\infty}\frac{a_1+a_2+\cdots+a_n}{n}=0.$$

例 2.3.2 设正数序列 $\{x_n\}$ 满足

$$x_{n+2}\leqslant\frac{x_{n+1}+x_n}{2},\quad n=1,2,\cdots.$$

求证 $\lim\limits_{n\to+\infty}x_n$ 存在.

证明 易见 $0<x_n\leqslant\max\{x_1,x_2\}$ $(n=1,2,\cdots)$. 于是

$$L:=\overline{\lim_{n\to+\infty}}x_n\in[0,+\infty).$$

从而对于任意的 $\varepsilon>0$, 存在 $N>0$, 使得当 $n\geqslant N$ 时,

$$x_n\leqslant L+\varepsilon.$$

可以断言

$$x_n\geqslant L-3\varepsilon,\quad \forall n\geqslant N+1.$$

否则, 存在 $m\geqslant N+1$ 满足 $x_m<L-3\varepsilon$. 这样就有

$$x_{m+1}\leqslant\frac{x_m+x_{m-1}}{2}\leqslant\frac{L-3\varepsilon+L+\varepsilon}{2}=L-\varepsilon.$$

由此立即可得

$$x_n\leqslant\max(x_m,x_{m+1})\leqslant L-\varepsilon,\quad \forall n\geqslant m+1.$$

这与 L 为 $\{x_n\}$ 的上极限矛盾. 从而

$$L-3\varepsilon\leqslant x_n\leqslant L+\varepsilon,\quad \forall n\geqslant N+1,$$

所以

$$\lim_{n\to+\infty}x_n=L.$$ □

关于本例的其他解法, 参见习题 2.3 第 4 题和例 2.5.2.

例 2.3.3 设 $0<q<1$, 设 $\{a_n\}$, $\{b_n\}$ 满足

$$a_n=b_n-qa_{n+1},\quad n=1,2,\cdots,$$

且 $\{a_n\}$, $\{b_n\}$ 有界. 求证: $\lim\limits_{n\to+\infty}b_n$ 存在的充要条件是 $\lim\limits_{n\to+\infty}a_n$ 存在.

证明 充分性显然. 下证必要性. 假设 $\{b_n\}$ 收敛. 由于 $\{a_n\}$ 有界, 所以

$$L := \varlimsup_{n\to+\infty} a_n, \quad \ell := \varliminf_{n\to+\infty} a_n$$

有限.

另外, 对题中递推公式两边分别取上极限和下极限可得

$$L = \lim_{n\to+\infty} b_n - q\ell,$$

$$\ell = \lim_{n\to+\infty} b_n - qL.$$

两式相减得

$$L - \ell = q(L - \ell).$$

由于 $q \in (0,1)$, 所以 $L = \ell$. 即 $\{a_n\}$ 收敛. □

例 2.3.4 设 $\{x_n\}$ 满足

$$0 \leqslant x_{m+n} \leqslant x_m \cdot x_n, \quad \forall m,n \geqslant 1.$$

证明 $\{\sqrt[n]{x_n}\}$ 的极限存在.

证明 容易得到

$$0 \leqslant x_n \leqslant x_1^n, \quad \forall n \geqslant 1.$$

从而

$$0 \leqslant L := \varlimsup_{n\to+\infty} \sqrt[n]{x_n} < +\infty.$$

可以断言

$$\sqrt[n]{x_n} \geqslant L, \quad \forall n \geqslant 1. \tag{2.3.1}$$

不妨设 $x_1 > 0$. 固定 $m \geqslant 1$, 对于任何 n, 有分解

$$n = k_n m + \ell_n,$$

其中 k_n, ℓ_n 均为整数, $0 \leqslant \ell_n \leqslant m-1$. 则 k_n, ℓ_n 由 n (及 m) 唯一确定, 且当 $n \to +\infty$ 时,

$$\frac{k_n}{n} \to \frac{1}{m}, \quad \frac{\ell_n}{n} \to 0.$$

由假设条件, 可得 $x_n \leqslant x_m^{k_n} x_1^{\ell_n}$. 从而

$$L = \varlimsup_{n\to+\infty} \sqrt[n]{x_n} \leqslant \lim_{n\to+\infty} x_m^{\frac{k_n}{n}} x_1^{\frac{\ell_n}{n}} = x_m^{\frac{1}{m}}.$$

这样, (2.3.1) 式成立. 从而又有

$$\varliminf_{n\to+\infty} \sqrt[n]{x_n} \geqslant L.$$

这就证明了

$$\varliminf_{n\to+\infty} \sqrt[n]{x_n} = \varlimsup_{n\to+\infty} \sqrt[n]{x_n},$$

即 $\{\sqrt[n]{x_n}\}$ 收敛. □

例 2.3.5 设[①] $f, \varphi \in C[a,b]$, 且 $f > 0$, $\varphi > 0$. 证明

(i)

$$\lim_{n\to+\infty} \sqrt[n]{\int_a^b \varphi(x) f^n(x) \mathrm{d}x} = \max_{x\in[a,b]} f(x) := M; \tag{2.3.2}$$

(ii)

$$\lim_{n\to+\infty} \frac{\displaystyle\int_a^b \varphi(x) f^{n+1}(x) \mathrm{d}x}{\displaystyle\int_a^b \varphi(x) f^n(x)\, \mathrm{d}x} = M. \tag{2.3.3}$$

证明 记 $I_n := \displaystyle\int_a^b \varphi(x) f^n(x)\, \mathrm{d}x\, (n \geqslant 1)$. 用 $\{f \in E\}$ 表示集合 $\{x \in [a,b] | f(x) \in E\}$.

(i) 我们有

$$\varlimsup_{n\to+\infty} \sqrt[n]{I_n} \leqslant \varlimsup_{n\to+\infty} \sqrt[n]{\int_a^b M^n \varphi(x)\, \mathrm{d}x} = M. \tag{2.3.4}$$

另外, 由连续函数的性质, 存在 $x_0 \in [a,b]$ 使得 $f(x_0) = M$. 于是 $\forall \varepsilon \in (0, M)$, $\exists \delta > 0$, 使得当

$$x \in J := (x_0 - \delta, x_0 + \delta) \cap [a,b]$$

时, 有 $f(x) > M - \varepsilon$. 这样, 有

$$\varliminf_{n\to+\infty} \sqrt[n]{I_n} \geqslant \varliminf_{n\to+\infty} \sqrt[n]{\int_J (M-\varepsilon)^n \varphi(x)\, \mathrm{d}x} = M - \varepsilon.$$

于是, 由 $\varepsilon > 0$ 的任意性得到

$$\varliminf_{n\to+\infty} \sqrt[n]{I_n} \geqslant M.$$

① 对于区间 I, $C(I)$ 表示 I 上连续函数全体, $C^k(I)$ 表示 I 上 k 阶导数连续的函数全体, $C^\infty(I)$ 表示 I 上任意阶导数连续的函数全体.

结合 (2.3.4) 式, 即知 (2.3.2) 式成立.

(ii) 类似 (2.3.4) 式, 易见

$$\varlimsup_{n\to+\infty}\frac{I_{n+1}}{I_n}\leqslant M. \tag{2.3.5}$$

另外, $\forall\varepsilon\in(0,M)$, 当 $n\to+\infty$ 时,

$$\begin{aligned}\frac{\displaystyle\int_{\{f<M-\varepsilon\}}\varphi(x)f^n(x)\,\mathrm{d}x}{I_n}&\leqslant\frac{\displaystyle\int_{\{f<M-\varepsilon\}}\varphi(x)f^n(x)\,\mathrm{d}x}{\displaystyle\int_{\{f\geqslant M-\frac{\varepsilon}{2}\}}\varphi(x)f^n(x)\,\mathrm{d}x}\\&\leqslant\frac{(M-\varepsilon)^n\displaystyle\int_{\{f<M-\varepsilon\}}\varphi(x)\,\mathrm{d}x}{\left(M-\dfrac{\varepsilon}{2}\right)^n\displaystyle\int_{\{f\geqslant M-\frac{\varepsilon}{2}\}}\varphi(x)\,\mathrm{d}x}\to 0.\end{aligned}$$

从而可得

$$\lim_{n\to+\infty}\frac{\displaystyle\int_{\{f\geqslant M-\varepsilon\}}\varphi(x)f^n(x)\,\mathrm{d}x}{I_n}=1.$$

于是,

$$\begin{aligned}\varliminf_{n\to+\infty}\frac{I_{n+1}}{I_n}&=\varliminf_{n\to+\infty}\frac{I_{n+1}}{\displaystyle\int_{\{f\geqslant M-\varepsilon\}}\varphi(x)f^n(x)\,\mathrm{d}x}\\&\geqslant M-\varepsilon.\end{aligned}$$

这样, 由 $\varepsilon>0$ 的任意性得到

$$\varliminf_{n\to+\infty}\frac{I_{n+1}}{I_n}\geqslant M.$$

结合 (2.3.5) 式, 即知 (2.3.3) 式成立. □

注 2.3.1 严格说来, (ii) 的证明中, 积分 $\displaystyle\int_{\{f<M-\varepsilon\}}\varphi(x)f^n(x)\,\mathrm{d}x$ 等需要在勒贝格 (Lebesgue) 积分意义下来理解. 这是因为, 对于常数 $c\neq 0$, 我们可以构造出 $[a,b]$ 上的连续函数 g 使得 g_c 在 $[a,b]$ 上不是黎曼 (Riemann) 可积的, 其中

$$g_c(x)=\begin{cases}g(x), & \text{如果 } g(x)\geqslant c,\\ 0, & \text{如果 } g(x)<0,\end{cases}\qquad x\in[a,b].$$

作为补救, 对于 $\varepsilon \in (0, M)$, 可以引入 $f_\varepsilon = \max\{f, M-\varepsilon\}$. 则 f_ε Riemann 可积, 且类似可证

$$\begin{aligned}\varliminf_{n\to+\infty} \frac{I_{n+1}}{I_n} &= \varliminf_{n\to+\infty} \frac{\displaystyle\int_a^b \varphi(x) f_\varepsilon^{n+1}(x)\,\mathrm{d}x}{I_n} \\ &\geqslant M-\varepsilon.\end{aligned}$$

进而得到结论.

注 2.3.2 我们也可以利用柯西–施瓦茨 (Cauchy-Schwarz) 不等式得到

$$\frac{I_{n+1}}{I_n} \leqslant \frac{I_{n+2}}{I_{n+1}}, \qquad \forall\, n \geqslant 1.$$

从而 $\lim\limits_{n\to+\infty} \dfrac{I_{n+1}}{I_n}$ 存在. 而由 Stolz 定理以及指数函数的连续性, 对于正数列 $\{a_n\}$, 可以由 $\lim\limits_{n\to+\infty} \dfrac{a_{n+1}}{a_n} = \ell \in [0, +\infty]$ 得到 $\lim\limits_{n\to+\infty} \sqrt[n]{a_n} = \ell$. 这样, 结合第 (i) 小题的结论可得第 (ii) 小题的结论.

习　题　2.3

1. 证明命题 2.3.1 的 (iv).
2. 若 $x_n > 0$ $(n = 1, 2, \cdots)$, 且

$$\varlimsup_{n\to+\infty} x_n \cdot \varlimsup_{n\to+\infty} \frac{1}{x_n} = 1.$$

证明序列 $\{x_n\}$ 是收敛的.

3. 推广例 2.3.2.
4. 对于例 2.3.2 中的数列 $\{x_n\}$, 易见 $\{2x_{n+1} + x_n\}$ 单调有界. 记 $\lim\limits_{n\to+\infty} (2x_{n+1} + x_n) = 3A$. 试避开直接利用例 2.3.2 的结论, 用其他方法证明 $\varlimsup\limits_{n\to+\infty} x_n = A = \varliminf\limits_{n\to+\infty} x_n$.
5. 设 $\{x_n\}$, $\{y_n\}$ 满足

$$y_n = \sqrt{x_n + \sqrt{x_{n-1} + \cdots + \sqrt{x_1}}} = \sqrt{x_n + y_{n-1}}, \quad n = 1, 2, 3, \cdots,$$

其中 $x_n > 0$, $y_0 = 0$. 求证: $\lim\limits_{n\to+\infty} x_n$ 存在的充要条件是 $\lim\limits_{n\to+\infty} y_n$ 存在.

6. 设 $x_1 > 0$, $x_{n+1} = 1 + \dfrac{1}{x_n}$ $(n = 1, 2, \cdots)$. 证明: $\lim\limits_{n\to+\infty} x_n$ 存在.
7. 仿上述第 6 题, 想一些类似的问题并解答.
8. 举例说明, 在例 2.3.4 中, $\{\sqrt[n]{x_n}\}$ 可以没有单调性.

9. 设 $\{a_n\}$ 满足

$$a_m + a_n - 1 \leqslant a_{m+n} \leqslant a_m + a_n + 1, \quad \forall m, n \geqslant 1.$$

求证:

(i) $\lim\limits_{n\to+\infty} \dfrac{a_n}{n}$ 存在;

(ii) 设 $\lim\limits_{n\to+\infty} \dfrac{a_n}{n} = q$, 则 $nq - 1 \leqslant a_n \leqslant nq + 1$.

10. 设 $x_{n+1} = \cos x_n$, $n = 0, 1, 2, \cdots$.

(i) 利用上下极限证明 $\{x_n\}$ 收敛到 $x = \cos x$ 的解;

(ii) 利用 $\{x_{2n}\}$ 和 $\{x_{2n+1}\}$ 的单调有界性证明 $\{x_n\}$ 收敛到 $x = \cos x$ 的解;

(iii) 利用 $\{x_n\}$ 是 Cauchy 列来证明 $\{x_n\}$ 收敛到 $x = \cos x$ 的解.

11. 设 $r \in (0, 1)$, $x_0 = 0$,

$$x_{n+1} = r(1 - x_n^2), \quad n = 0, 1, 2, \cdots.$$

试研究 $\{x_n\}$ 的敛散性.

12. 计算极限 $\lim\limits_{n\to+\infty} \dfrac{\displaystyle\int_0^{\frac{\pi}{2}} \sin^n x \cdot \ln x \, \mathrm{d}x}{\displaystyle\int_0^{\frac{\pi}{2}} \sin^n x \, \mathrm{d}x}$.

13. 证明:

$$\text{(i)} \quad \lim_{n\to+\infty} \int_0^{\frac{\pi}{2}} \sin^n x \, \mathrm{d}x = 0; \quad \text{(ii)} \quad \lim_{n\to+\infty} \int_0^{\frac{\pi}{2}} \sin x^n \, \mathrm{d}x = 0.$$

14. 计算下列极限.

(i) $\lim\limits_{n\to+\infty} \dfrac{\displaystyle\int_0^1 (1-x)^n (1-2x)^n \, \mathrm{d}x}{\displaystyle\int_0^1 (1-3x)^n (1-x)^n \, \mathrm{d}x}$; (ii) $\lim\limits_{n\to+\infty} \dfrac{\displaystyle\int_0^1 x^{-n} \ln^n (1+x) \, \mathrm{d}x}{\displaystyle\int_0^1 x^{1-n} \sin^n x \, \mathrm{d}x}$;

(iii) $\lim\limits_{n\to+\infty} \dfrac{\displaystyle\int_0^1 x^{-n} \ln^n (1+x) \, \mathrm{d}x}{\displaystyle\int_0^1 x^{-n} \sin^n x \, \mathrm{d}x}$; (iv) $\lim\limits_{n\to+\infty} \dfrac{\displaystyle\int_0^1 x^{-n} \arctan^n x \, \mathrm{d}x}{\displaystyle\int_0^1 x^{-n} \sin^n x \, \mathrm{d}x}$.

15. 计算极限 $\lim\limits_{n\to+\infty} \dfrac{\displaystyle\int_{-1}^1 (1 - x + 3x^2 + x^3)^n \mathrm{e}^x \, \mathrm{d}x}{\displaystyle\int_{-1}^1 (1 - x + 3x^2 + x^3)^n \, \mathrm{d}x}$.

16. 在上一题中, 将 e^x 换成在 $[-1, 1]$ 上绝对可积, 且在 $-1, 1$ 处连续的函数 φ, 结论如何?

17. 思考: 例 2.3.3 中 $q \notin (0, 1)$ 时, 结论会怎样?

18. 思考: 例 2.3.4 和上述第 8 题怎样推广?

19. 思考: 引入 Lebesgue 积分后, 例 2.3.5 可以做怎样的改造?

2.4 函数的一致连续性和函数列的一致收敛性

在一致连续性和一致收敛性概念的要求上, 数学分析课程与高等数学课程之间存在着明显的区别. 一致连续性和一致收敛性的重要作用主要体现在理论研究中. 本节将介绍这两个概念及其性质.

设 (a,b) 是一个开区间, 函数 f 在 (a,b) 内连续是指 $\forall \varepsilon > 0$, $\forall x \in (a,b)$, $\exists \delta > 0$, 使得 $\forall y \in (a,b)$, 若 $|y-x| < \delta$, 就成立

$$|f(y) - f(x)| < \varepsilon, \tag{2.4.1}$$

其中 δ 既依赖于 ε, 又依赖于 x. 如果 $\forall \varepsilon > 0$, 可以找到不依赖于 $x \in (a,b)$ 的 $\delta > 0$ 使得当 $y \in (a,b)$, 且 $|y-x| < \delta$ 时, (2.4.1) 式成立, 则称 f 在 (a,b) 内一致连续. 具体地, 就是下述定义:

定义 2.4.1 设 f 是定义在 (a,b) 内的函数, 若 $\forall \varepsilon > 0$, $\exists \delta > 0$, 使得 $\forall x \in (a,b)$, $\forall y \in (a,b)$, 若 $|y-x| < \delta$, 就成立 (2.4.1) 式, 则称 f 在 (a,b) 内**一致连续**.

比较 "f 在 (a,b) 内连续" 和 "f 在 (a,b) 内一致连续" 的 ε-δ 语言, 可以看到两者的区别 "仅" 在语句 "$\forall x \in (a,b)$" 和 "$\exists \delta > 0$" 位置的先后. "$\exists \delta > 0$" 在后意味着 δ 与 x 有关, "$\exists \delta > 0$" 在前则意味着 δ 与 x 无关. 两者的区别其实不小.

根据我们的教学经验, 学生对于把握一致连续性概念存在一定的困难. 下面的等价定义对于把握一致连续性是有帮助的.

定义 2.4.1′ 设 f 是定义在 (a,b) 内的函数, 若

$$\lim_{\delta \to 0+} \sup_{\substack{x,y \in (a,b) \\ |x-y| < \delta}} |f(x) - f(y)| = 0, \tag{2.4.2}$$

则称 f 在 (a,b) 内一致连续.

类似地, 可以对定义在更一般的区间 I(有限或无限; 开、闭或半开半闭) 上的函数 f 定义它在 I 上的一致连续性. 甚至 I 可以是更一般的集合.

例 2.4.1 考察函数 $f(x) = \sqrt{x}$ 在区间 $[0,+\infty)$ 上的一致连续性.

解 易见对于任意的 $a, b \geqslant 0$, 成立

$$\sqrt{a+b} \leqslant \sqrt{a} + \sqrt{b}.$$

从而对任何 $\delta > 0$,

$$\sup_{\substack{x,y \in [0,+\infty) \\ |x-y| < \delta}} |f(x) - f(y)| = \sup_{\substack{x,y \in [0,+\infty) \\ |x-y| < \delta}} |\sqrt{x} - \sqrt{y}| = \sup_{\substack{x,y \in [0,+\infty) \\ x \leqslant y < x+\delta}} (\sqrt{y} - \sqrt{x})$$

$$\leqslant \sup_{\substack{x,y\in[0,+\infty)\\ x\leqslant y<x+\delta}} \sqrt{y-x}=\sqrt{\delta}.$$

因此

$$\lim_{\delta\to0^+}\sup_{\substack{x,y\in[0,+\infty)\\ |x-y|<\delta}}|f(x)-f(y)|=0.$$

即 f 在 $[0,+\infty)$ 上一致连续.

例 2.4.2　考察函数 $f(x)=\dfrac{1}{x}$ 在区间 $(0,1)$ 内的一致连续性.

解　$\forall\, x,y>0$,

$$|f(x)-f(y)|=\left|\frac{1}{x}-\frac{1}{y}\right|=\frac{|x-y|}{xy}.$$

因此, 对于 $\delta\in(0,1)$,

$$\sup_{\substack{x,y\in(0,1)\\ |x-y|<\delta}}|f(x)-f(y)|=\sup_{\substack{x,y\in(0,1)\\ |x-y|<\delta}}\frac{|x-y|}{xy}\geqslant\sup_{\substack{x\in(0,1)\\ |x-\delta|<\delta}}\frac{|x-\delta|}{x\delta}=+\infty.$$

这样

$$\lim_{\delta\to0^+}\sup_{\substack{x,y\in(0,1)\\ |x-y|<\delta}}|f(x)-f(y)|=+\infty.$$

即 f 在 $(0,1)$ 内非一致连续.

从 (2.4.2) 式可以看到, 若 f 在 I 上一致连续, 则函数

$$\omega(r):=\sup_{\substack{x,y\in I\\ |x-y|\leqslant r}}|f(x)-f(y)|,\quad r\geqslant0$$

是 $[0,+\infty)$ 上的非负单增函数, 满足

$$\lim_{r\to0^+}\omega(r)=\omega(0)=0. \tag{2.4.3}$$

进一步, ω 还满足次可加性

$$\omega(r+s)\leqslant\omega(r)+\omega(s),\qquad \forall\, r,s>0. \tag{2.4.4}$$

因此, ω 在 $[0,+\infty)$ 上连续. 称 ω 为 f 在 I 上的**连续模**. 更一般地, 把 $[0,+\infty)$ 上满足 (2.4.3) 式和 (2.4.4) 式的非负单增函数称为一个连续模①. 今后将会看到, 利用函数的连续模可以给我们的叙述带来很大方便.

① 不难看到, 连续模 ω 在 $[0,+\infty)$ 上的连续模就是它自己.

易见, 若 ω 为 f 在 I 上的连续模, 则

$$|f(x)-f(y)| \leqslant \omega(|x-y|), \quad \forall x,y\in I. \tag{2.4.5}$$

事实上, 存在连续模 ω 使 (2.4.5) 式成立等价于 f 在 I 上一致连续.

连续模的概念自然地可以推广到高维情形. 但此时, 对于 $E\subseteq\mathbb{R}^n$ 上一致连续的函数 f, 若 E 不是凸集, 则

$$\omega_0(r):=\sup_{\substack{\boldsymbol{x},\boldsymbol{y}\in E\\ |\boldsymbol{x}-\boldsymbol{y}|\leqslant r}}|f(\boldsymbol{x})-f(\boldsymbol{y})|, \quad r\geqslant 0$$

可能不连续, 以及可能不满足次可加性. 但可以证明, 存在非负单增的连续函数 $\omega:[0,+\infty)\to[0,+\infty)$, 满足次可加性, $\omega(0)=0$, 以及 $\omega_0(\cdot)\leqslant\omega(\cdot)$. 具体构造方法参见习题 4.3 第 18 题.

关于一致连续性的一个非常重要的结果是有界闭区间上连续函数的一致连续性.

定理 2.4.1 设 f 在有界闭区间 $[a,b]$ 上连续, 则它在 $[a,b]$ 上一致连续.

证明 下面用两种方法证明这一结论, 以此增加运用基本定理的机会.

证法 I 我们用 Borel 有限覆盖定理来证明结论. 任取 $\varepsilon>0$. 由 f 的连续性, $\forall x\in[a,b]$, 存在 $\delta_x>0$, 使得

$$|f(y)-f(x)|\leqslant\varepsilon, \quad \forall y\in[a,b]\cap(x-\delta_x,x+\delta_x).$$

由于①

$$\bigcup_{x\in[a,b]}\left(x-\frac{\delta_x}{3},x+\frac{\delta_x}{3}\right)\supseteq[a,b],$$

由有限覆盖定理, 存在有限个 $x_1,x_2,\cdots,x_m\in[a,b]$, 使得

$$\bigcup_{k=1}^{m}\left(x_k-\frac{1}{3}\delta_{x_k},x_k+\frac{1}{3}\delta_{x_k}\right)\supseteq[a,b]. \tag{2.4.6}$$

取 $\delta=\dfrac{1}{3}\min\limits_{1\leqslant k\leqslant m}\delta_{x_k}>0$, 设 $|y-x|\leqslant\delta$, 且 $x,y\in[a,b]$. 由 (2.4.6) 式, 必有 $k\in\{1,2,\cdots,m\}$, 使得

$$x\in\left(x_k-\frac{1}{3}\delta_{x_k},x_k+\frac{1}{3}\delta_{x_k}\right).$$

① 这里不是直接用 $(x-\delta_x,x+\delta_x)$ 这样的区间来覆盖 $[a,b]$ 是一种证明中常用的技术性处理方法.

结合

$$|y-x|\leqslant\delta\leqslant\frac{1}{3}\delta_{x_k}$$

可得

$$|y-x_k|<\delta_{x_k}.$$

从而

$$|f(y)-f(x)|\leqslant|f(y)-f(x_k)|+|f(x)-f(x_k)|\leqslant 2\varepsilon,$$

即

$$\sup_{\substack{x,y\in[a,b]\\|x-y|\leqslant\delta}}|f(y)-f(x)|\leqslant 2\varepsilon.$$

这就证明了 f 在 $[a,b]$ 上一致连续.

证法 II 现在用 Bolzano-Weierstrass 定理来证明结论. 假设结论不真. 则存在 $\varepsilon_0>0$ 以及 $[a,b]$ 中的点列 $\{x_n\}$, $\{y_n\}$ 满足

$$|f(x_n)-f(y_n)|\geqslant\varepsilon_0,\quad\forall n\geqslant 1\tag{2.4.7}$$

以及

$$\lim_{n\to+\infty}|x_n-y_n|=0.\tag{2.4.8}$$

由于 $\{x_n\}$ 是有界点列, 因此由 Bolzano-Weierstrass 定理, 它有收敛子列. 不妨设它本身收敛, 记极限为 $\bar{x}$. 则 $\bar{x}\in[a,b]$. 由 (2.4.8) 式又可得 $\{y_n\}$ 收敛于 $\bar{x}$. 在 (2.4.7) 式中令 $n\to+\infty$ 并利用 f 在 $\bar{x}$ 的连续性, 得到 $0\geqslant\varepsilon_0$. 矛盾.

因此反设不真. 即定理结论成立. □

接下来介绍函数列的一致收敛性.

定义 2.4.2 设 $\{f_n\}$ 是定义在 $I\subseteq\mathbb{R}$ 上的函数列, f 为 I 上的函数. 若 $\forall\varepsilon>0$, $\exists N>0$, 使得当 $n>N$ 时, $\forall x\in I$, 成立

$$|f_n(x)-f(x)|\leqslant\varepsilon,\tag{2.4.9}$$

则称 $\{f_n\}$ 在 I 上**一致收敛**于 f.

类似于定义 2.4.1′, 可以有如下的等价定义:

定义 2.4.2′ 设 $\{f_n\}$ 是定义在 $I\subseteq\mathbb{R}$ 上的函数列, f 为 I 上的函数. 若

$$\lim_{n\to+\infty}\sup_{x\in I}|f_n(x)-f(x)|=0,\tag{2.4.10}$$

则称 $\{f_n\}$ 在 I 上一致收敛于 f.

例 2.4.3 考虑 $(0,+\infty)$ 内函数列 $\left\{\dfrac{1}{nx}\right\}$ 的一致收敛性.

解 易见

$$\lim_{n\to+\infty}\frac{1}{nx}=0,\quad \forall\, x\in(0,+\infty),$$

但

$$\sup_{x\in(0,+\infty)}\left|\frac{1}{nx}-0\right|=+\infty,$$

因此

$$\lim_{n\to+\infty}\sup_{x\in(0,+\infty)}\left|\frac{1}{nx}-0\right|=+\infty\neq 0.$$

所以, 函数列 $\left\{\dfrac{1}{nx}\right\}$ 在 $(0,+\infty)$ 上非一致收敛①.

例 2.4.4 设可微函数列 $\{f_n\}$ 在 $[a,b]$ 上收敛, 且 $|f_n'|\leqslant M<+\infty\,(\forall\, n\geqslant 1)$. 试证: $\{f_n\}$ 一致收敛.

证明 所谓 $\{f_n\}$ 在 $[a,b]$ 上一致收敛, 如果用 Cauchy 准则写出来就是: $\forall\,\varepsilon>0$, 存在 $N>0$, 使得当 $n,m>N$ 时,

$$|f_m(x)-f_n(x)|<\varepsilon,\quad \forall\, x\in[a,b].$$

也就是

$$\lim_{\substack{m\to+\infty\\ n\to+\infty}}\sup_{x\in[a,b]}|f_m(x)-f_n(x)|=0. \tag{2.4.11}$$

由题设, 对于任何正整数 K, 有

$$\begin{aligned}
&|f_m(x)-f_n(x)|\\
\leqslant&\left|f_m(x)-f_m\left(a+\frac{j(b-a)}{K}\right)\right|+\left|f_n\left(a+\frac{j(b-a)}{K}\right)-f_n(x)\right|\\
&+\left|f_m\left(a+\frac{j(b-a)}{K}\right)-f_n\left(a+\frac{j(b-a)}{K}\right)\right|\\
\leqslant& 2M\left|x-\left(a+\frac{j(b-a)}{K}\right)\right|\\
&+\sum_{k=1}^{K}\left|f_m\left(a+\frac{k(b-a)}{K}\right)-f_n\left(a+\frac{k(b-a)}{K}\right)\right|,
\end{aligned}$$

① 易见, 函数列一致收敛到某个函数, 则它一定逐点收敛到该函数.

$$\forall\, x \in [a,b],\ j = 1,2,\cdots,K.$$

从而, 对上述不等式两边关于 j 取最小值得到

$$\begin{aligned}&|f_m(x) - f_n(x)|\\ \leqslant\ & \frac{2M(b-a)}{K} + \sum_{k=1}^{K}\left|f_m\left(a+\frac{k(b-a)}{K}\right) - f_n\left(a+\frac{k(b-a)}{K}\right)\right|, \quad \forall\, x \in [a,b].\end{aligned}$$

于是

$$\varlimsup_{\substack{m\to+\infty\\ n\to+\infty}} \sup_{x\in[a,b]} |f_m(x) - f_n(x)| \leqslant \frac{2M(b-a)}{K}.$$

令 $K \to +\infty$, 即得

$$\varlimsup_{\substack{m\to+\infty\\ n\to+\infty}} \sup_{x\in[a,b]} |f_m(x) - f_n(x)| \leqslant 0.$$

即 (2.4.11) 式成立. 这就证明了结论. □

函数列的一致收敛性与函数列极限的连续性、可微性和可积性等密切相关. 我们有以下定理:

定理 2.4.2 设闭区间 $[a,b]$ 上的连续函数列 $\{f_n\}$ 一致收敛到 f, 则 f 在 $[a,b]$ 上连续. 进一步, 成立

$$\int_a^b f(x)\,\mathrm{d}x = \lim_{n\to+\infty} \int_a^b f_n(x)\,\mathrm{d}x. \tag{2.4.12}$$

证明 固定 $x_0 \in [a,b]$, 任取 $x \in [a,b]$. 则

$$\begin{aligned}&|f(x) - f(x_0)|\\ \leqslant\ & |f(x) - f_n(x)| + |f_n(x) - f_n(x_0)| + |f_n(x_0) - f(x_0)|\\ \leqslant\ & 2\sup_{t\in[a,b]} |f_n(t) - f(t)| + |f_n(x) - f_n(x_0)|, \quad \forall\, n \geqslant 1.\end{aligned}$$

上式中令 x 趋于 x_0 (当 x_0 为端点时只考虑相应的单侧极限), 可得

$$\varlimsup_{x\to x_0} |f(x) - f(x_0)| \leqslant 2\sup_{t\in[a,b]} |f_n(t) - f(t)|, \quad \forall\, n \geqslant 1.$$

再在上式中令 n 趋于正无穷大, 并利用 $\{f_n\}$ 一致收敛到 f, 即得

$$\varlimsup_{x\to x_0} |f(x) - f(x_0)| \leqslant 0,$$

即 f 在 x_0 连续. 从而 f 在 $[a,b]$ 上连续.

进一步, 有

$$\left|\int_a^b f_n(x)\,\mathrm{d}x-\int_a^b f(x)\,\mathrm{d}x\right|\leqslant\int_a^b\big|f_n(x)-f(x)\big|\,\mathrm{d}x$$
$$\leqslant(b-a)\sup_{x\in[a,b]}\big|f_n(x)-f(x)\big|,\qquad\forall\, n\geqslant 1.$$

由一致收敛性立即得到 (2.4.12) 式. □

关于可微性, 我们有如下定理.

定理 2.4.3 设闭区间 $[a,b]$ 上的连续可微函数列 $\{f_n\}$ 收敛到 f, $\{f_n'\}$ 一致收敛, 则 f 在 $[a,b]$ 上连续可微, 且

$$f'(x)=\lim_{n\to+\infty}f_n'(x),\qquad\forall\, x\in[a,b].\tag{2.4.13}$$

证明 设 $\{f_n'\}$ 一致收敛到 g, 则由定理 2.4.2, g 连续, 且

$$\int_a^x g(t)\,\mathrm{d}t=\lim_{n\to+\infty}\int_a^x f_n'(t)\,\mathrm{d}t$$
$$=\lim_{n\to+\infty}\big(f_n(x)-f_n(a)\big)=f(x)-f(a),\qquad\forall\, x\in[a,b].$$

由此即得 f 可微, $f'=g$, 即 (2.4.13) 成立. □

定理 2.4.2 中 f 的连续性意味着: 关于变量 x 求极限与关于 n 求极限可以交换次序, 即定理的结论可以表示为

$$\lim_{x\to x_0}\lim_{n\to+\infty}f_n(x)=\lim_{n\to+\infty}\lim_{x\to x_0}f_n(x),\qquad\forall\, x_0\in[a,b].\tag{2.4.14}$$

式 (2.4.12) 相当于积分与极限次序可交换, 它可以写成以下形式:

$$\int_a^b\lim_{n\to+\infty}f_n(x)\,\mathrm{d}x=\lim_{n\to+\infty}\int_a^b f_n(x)\,\mathrm{d}x.\tag{2.4.15}$$

而 (2.4.13) 式相当于求导和求极限次序可交换:

$$\frac{\mathrm{d}}{\mathrm{d}x}\lim_{n\to+\infty}f_n(x)=\lim_{n\to+\infty}\frac{\mathrm{d}}{\mathrm{d}x}f_n(x),\qquad\forall\, x\in[a,b].\tag{2.4.16}$$

以后将会看到, 在 $\{f_n\}$ 一致收敛的情况下, 要使 (2.4.15) 式成立, 并不需要假设 $\{f_n\}$ 是连续函数列. 事实上, 只要 $\{f_n\}$ 在 $[a,b]$ 上可积就可以, 这里的积分

甚至可以是反常积分 (参见定理 4.1.4). 更深刻的结果表明, 甚至不需要假设 $\{f_n\}$ 收敛到 f 是一致的, 有关结果将在 4.6 节中加以介绍.

另外, 仔细观察定理的证明过程, 对固定的 x_0, 要得到 (2.4.14) 式, 我们并没有用到 $\{f_n\}$ 在整个区间上的连续性. 更精细地, 有以下定理:

定理 2.4.4 设函数列 $\{f_n\}$ 在 (a,b) 内一致收敛, 对每个 $n\geqslant 1$, $\lim\limits_{x\to a^+} f_n(x)$ 存在, 则 $\lim\limits_{n\to+\infty}\lim\limits_{x\to a^+} f_n(x)$ 收敛, 且

$$\lim_{n\to+\infty}\lim_{x\to a^+} f_n(x)=\lim_{x\to a^+}\lim_{n\to+\infty} f_n(x). \tag{2.4.17}$$

定理的详细证明留给读者自己完成.

相应于函数列极限的微分, 我们有定理 2.4.5.

定理 2.4.5 设区间 $[a,b]$ 上的可微函数列 $\{f_n\}$ 收敛到 f, 而 $\{f_n'\}$ 在 $[a,b]$ 上一致收敛, 则 $\{f_n\}$ 一致收敛, f 在 $[a,b]$ 上可微, 且

$$\lim_{n\to+\infty} f_n'(x)=f'(x),\quad \forall x\in[a,b], \tag{2.4.18}$$

亦即

$$\lim_{n\to+\infty}\left(\frac{\mathrm{d}}{\mathrm{d}x}f_n(x)\right)=\frac{\mathrm{d}}{\mathrm{d}x}\left(\lim_{n\to+\infty} f_n(x)\right),\quad \forall x\in[a,b]. \tag{2.4.19}$$

证明 记

$$F_n(h)=\frac{f_n(a+h)-f_n(a)}{h},\quad h\in(0,b-a].$$

则由中值定理,

$$\begin{aligned}|F_m(h)-F_n(h)|&=\left|\frac{(f_m(a+h)-f_n(a+h))-(f_m(a)-f_n(a))}{h}\right|\\&=|f_m'(a+\theta h)-f_n'(a+\theta h)|\leqslant\sup_{x\in[a,b]}|f_m'(x)-f_n'(x)|.\end{aligned}$$

于是由 $\{f_n'\}$ 的一致收敛性, 可得 $\{F_n(h)\}$ 关于 $h\in(0,b-a]$ 一致收敛. 进而可得 $\{f_n\}$ 一致收敛.

注意到对每个 $n\geqslant 1$, $\lim\limits_{h\to 0^+} F_n(h)$ 存在, 由定理 2.4.4,

$$\begin{aligned}\lim_{n\to+\infty} f_n'(a)&=\lim_{n\to+\infty}\lim_{h\to 0^+} F_n(h)\\&=\lim_{h\to 0^+}\lim_{n\to+\infty} F_n(h)=\lim_{h\to 0^+}\frac{f(a+h)-f(a)}{h}.\end{aligned}$$

即 (2.4.18) 式在 a 点成立. 同理可证 (2.4.18) 式在整个 $[a,b]$ 上成立. □

注 2.4.1 容易证明, 当 $\{f_n'\}$ 在 $[a,b]$ 上一致收敛时, $\{f_n\}$ 在 $[a,b]$ 上某一点收敛就蕴涵着 $\{f_n\}$ 在 $[a,b]$ 上一致收敛.

习 题 2.4

1. 试写出 f 在区间 (a,b) 内不一致连续的 ε-δ 语言.
2. 证明: 函数 f 在 I 上一致连续的充分必要条件是存在连续模 ω 使得 (2.4.5) 式成立.
3. 试写出函数列一致收敛的 Cauchy 准则, 进一步, 试用类似 (2.4.10) 式的方式写出 Cauchy 准则.
4. 试给出定理 2.4.4 的详细证明.
5. 证明函数列 $\{f_n\}$ 在 I 上一致收敛等价于以下任一条:

   (i) $\lim\limits_{\substack{m\to+\infty\\ n\to+\infty}} \sup\limits_{x\in I} |f_m(x)-f_n(x)|=0$.

   (ii) $\lim\limits_{N\to+\infty} \sup\limits_{m,n\geqslant N} \sup\limits_{x\in I} |f_m(x)-f_n(x)|=0$.

   (iii) $\lim\limits_{n\to+\infty} \sup\limits_{m\geqslant n} \sup\limits_{x\in I} |f_m(x)-f_n(x)|=0$.

6. 设 f 在 $\mathbb{R}$ 上一致连续. 证明: 存在常数 a,b 使得对任何 $x\in\mathbb{R}$, 有 $|f(x)|\leqslant a|x|+b$.
7. 设 f 在 $\mathbb{R}$ 上连续, φ 是 $\mathbb{R}$ 上连续的周期函数. 若 $\lim\limits_{x\to\infty}\big(f(x)-\varphi(x)\big)=0$, 证明: f 在 $\mathbb{R}$ 上一致连续.
8. 设 f,g 和 h 均在 $\mathbb{R}$ 上一致连续, 其中 $h(x)=xf(x)\,(x\in\mathbb{R})$. 证明: fg 在 $\mathbb{R}$ 上一致连续.
9. 证明: $f(x)=\sin^2 x+\sin x^2$ 不是周期函数.
10. 设函数 $f\in C^\infty(\mathbb{R})$. 而且 $\forall x\in\mathbb{R}$, $n\geqslant 1$, 有

$$|f^{(n)}(x)-f^{(n-1)}(x)|<\frac{1}{n^2}.$$

   证明:

$$\lim_{n\to+\infty} f^{(n)}(x)=C\mathrm{e}^x,$$

   其中 C 为一常数.

11. 设 $\{f_n\}$ 在 $[a,b]$ 上一致有界, 即存在常数 $M>0$, 使得

$$|f_n(x)|\leqslant M,\quad \forall x\in[a,b], n\geqslant 1,$$

   且**等度连续**, 即有连续模 ω, 使得

$$|f_n(x)-f_n(y)|\leqslant\omega(|x-y|),\quad \forall x,y\in[a,b], n=1,2,\cdots.$$

   证明: 存在 $\{f_n\}$ 的子列在 $[a,b]$ 上一致收敛.

12. 设 f 在 $\mathbb{R}$ 上连续, 且 $\lim\limits_{x\to\infty}\big(f(x+1)-f(x)\big)=0$. 问 f 是否一致连续.

2.5 Stolz 定理、L'Hospital 法则、Toeplitz 定理

学过微积分的同学都非常熟悉洛必达 (L'Hospital) 法则. 在计算不定型的极限时, L'Hospital 法则在应用上是如此方便有效, 以至于很多同学经常不假思索地运用它. 与 L'Hospital 法则相对应的有一个施托尔茨–切萨罗 (Stolz-Cesáro) 定理 (简称 Stolz 定理), 用于处理离散情形不定型的极限, 人们常常将它比作离散情形的 L'Hospital 法则. 本节我们将介绍这一类结果.

定理 2.5.1 (Stolz-Cesáro 定理) 设 $\{x_n\}$ 和 $\{y_n\}$ 是两个实数列. 若

(i) $\{y_n\}$ 严格单增;

(ii) $\lim\limits_{n\to+\infty} y_n = +\infty$;

(iii) $\lim\limits_{n\to+\infty} \dfrac{x_{n+1}-x_n}{y_{n+1}-y_n} = \ell$,

则

$$\lim_{n\to+\infty} \frac{x_n}{y_n} = \ell,$$

其中 ℓ 可以是有限数、$+\infty$ 或 $-\infty$.

证明 以 ℓ 为有限数时的情形证明定理. 由 (ii) 不妨设 $y_n > 0$.

由 (iii), $\forall \varepsilon > 0$, $\exists N > 0$, 使得

$$\left|\frac{x_{n+1}-x_n}{y_{n+1}-y_n} - \ell\right| \leqslant \varepsilon, \quad \forall n \geqslant N,$$

即

$$|(x_{n+1}-x_n) - \ell(y_{n+1}-y_n)| \leqslant \varepsilon(y_{n+1}-y_n), \quad \forall n \geqslant N.$$

从而

$$|x_n - x_N - \ell(y_n - y_N)| \leqslant \varepsilon(y_n - y_N), \quad \forall n \geqslant N.$$

于是

$$|x_n - \ell y_n| \leqslant |x_N - \ell y_N| + \varepsilon(y_n - y_N), \quad \forall n \geqslant N.$$

两边除以 y_n 得到

$$\left|\frac{x_n}{y_n} - \ell\right| \leqslant \frac{|x_N - \ell y_N|}{y_n} + \varepsilon\frac{y_n - y_N}{y_n}, \quad \forall n \geqslant N.$$

上式两边关于 n 取上极限, 得

$$\varlimsup_{n\to+\infty} \left|\frac{x_n}{y_n} - \ell\right| \leqslant \varepsilon.$$

由 $\varepsilon > 0$ 的任意性得到

$$\overline{\lim_{n\to+\infty}}\left|\frac{x_n}{y_n}-\ell\right|=0,$$

此即

$$\lim_{n\to+\infty}\frac{x_n}{y_n}=\ell.$$

□

推论 2.5.1 (Cauchy 定理) 设 $\lim_{n\to+\infty}(x_{n+1}-x_n)=A$, 则 $\lim_{n\to+\infty}\frac{x_n}{n}=A$.

推论 2.5.2 设正数列 $\{x_n\}$ 满足 $\lim_{n\to+\infty}\frac{x_{n+1}}{x_n}=\ell$, 则 $\lim_{n\to+\infty}\sqrt[n]{x_n}=\ell$.

定理 2.5.2 (L'Hospital 法则)

(i) 设函数 f, g 在 a 点附近 (除 a 点外) 处处可微, 且 g' 恒不为零,

$$\lim_{x\to a}f(x)=\lim_{x\to a}g(x)=0.$$

若 $\lim_{x\to a}\frac{f'(x)}{g'(x)}=\ell$, 则 $\lim_{x\to a}\frac{f(x)}{g(x)}=\ell$.

(ii) 设函数 f, g 在 a 点附近 (除 a 点外) 处处可微, 且 g' 恒不为零,

$$\lim_{x\to a}g(x)=+\infty.$$

若 $\lim_{x\to a}\frac{f'(x)}{g'(x)}=\ell$, 则 $\lim_{x\to a}\frac{f(x)}{g(x)}=\ell$.

(iii) 设函数 f, g 在 $(A,+\infty)$ 可微, 且 g' 恒不为零,

$$\lim_{x\to+\infty}f(x)=\lim_{x\to+\infty}g(x)=0.$$

若 $\lim_{x\to+\infty}\frac{f'(x)}{g'(x)}=\ell$, 则 $\lim_{x\to+\infty}\frac{f(x)}{g(x)}=\ell$.

(iv) 设函数 f, g 在 $(A,+\infty)$ 可微, 且 g' 恒不为零,

$$\lim_{x\to+\infty}g(x)=+\infty.$$

若 $\lim_{x\to+\infty}\frac{f'(x)}{g'(x)}=\ell$, 则 $\lim_{x\to+\infty}\frac{f(x)}{g(x)}=\ell$.

其中 ℓ 可以是有限数、$+\infty$, $-\infty$ 或 ∞①.

① 即绝对值的极限为 $+\infty$.

注 2.5.1 L'Hospital 法则或 Stolz 定理关注的是不定型的极限, 即 $\dfrac{0}{0}$ 型的或 $\dfrac{\infty}{\infty}$ 型的极限. 因而早期 L'Hospital 法则或 Stolz 定理的叙述中, 对于 $\dfrac{\infty}{\infty}$ 型的极限问题, 总是要求分子也趋于无穷. 但事实上, 这个条件是可以省略的.

注 2.5.2 无论是 L'Hospital 法则还是 Stolz 定理, 都是法则使用以后极限的存在性 (或为无穷大) 保证了法则使用前极限的存在性 (或为无穷大). **所以利用 L'Hospital 法则或 Stolz 定理计算极限, 都既是一种计算, 又是一种极限存在性的证明.**

除 $\dfrac{0}{0}$ 型和 $\dfrac{\infty}{\infty}$ 型以外, 还有一些其他类型的不定型. 究竟哪些是不定型, 我们把它留作习题.

注 2.5.3 L'Hospital 法则应该是瑞士数学家约翰 • 伯努利 (John Bernoulli) 的成果.

注 2.5.4 在 Stolz 定理中的 ℓ 可以是 $+\infty$ 或 $-\infty$, 但不能是 ∞. 然而在 L'Hospital 法则中, ℓ 可以是 ∞. 但事实上, 对于单侧极限情形, 此时的 ∞ 必然是 $+\infty$ 或 $-\infty$.

作为 Stolz 定理的推广, 我们有定理 2.5.3.

定理 2.5.3 (特普利茨 (Toeplitz) 定理) 设无穷三角矩阵 $(t_{nm})_{n\geqslant m}$:

$$\begin{array}{llll} t_{11} & & & \\ t_{21} & t_{22} & & \\ t_{31} & t_{32} & t_{33} & \\ \cdots & \cdots & \cdots & \cdots \end{array}$$

满足下列条件:

(i) 每一列元趋于零, 即 $\lim\limits_{n\to+\infty} t_{nm}=0$;

(ii) 各行元素的绝对值之和有界, 即 $\forall n\in\mathbb{N}$,

$$|t_{n1}|+|t_{n2}|+\cdots+|t_{nn}|\leqslant K<+\infty.$$

则:

(i) 若数列 x_n 收敛于 0, $y_n=t_{n1}x_1+\cdots+t_{nn}x_n$, 我们有

$$\lim_{n\to+\infty} y_n=0;$$

(ii) 记 $T_n=t_{n1}+t_{n2}+\cdots+t_{nn}$. 若 $\lim\limits_{n\to+\infty} T_n=1$, 且 $\lim\limits_{n\to+\infty} x_n=a$ 有限, 则

$$\lim_{n\to+\infty} y_n=a.$$

例 2.5.1 设 $0 < x_1 < 1, x_{n+1} = x_n(1-x_n)$ $(n = 1,2,3,\cdots)$. 试证: $\lim\limits_{n\to+\infty} nx_n = 1$.

证明 首先易见 $0 < x_n < 1$ $(n = 1,2,3,\cdots)$. 进一步有

$$x_{n+1} = x_n(1-x_n) < x_n, \quad n = 1,2,\cdots.$$

从而 $\{x_n\}$ 单调减少且有界. 设其极限为 A. 由递推公式, $A = A(1-A)$. 从而 $A = 0$, 即 $\lim\limits_{n\to+\infty} x_n = 0$.

利用 Stolz 定理可以同时得到数列 $\{nx_n\}$ 极限的存在性和极限值. 我们有

$$\begin{aligned}\lim_{n\to+\infty}\frac{x_n^{-1}}{n} &= \lim_{n\to+\infty}\left(x_{n+1}^{-1} - x_n^{-1}\right)\\ &= \lim_{n\to+\infty}\frac{x_n - x_{n+1}}{x_n x_{n+1}} = \lim_{n\to+\infty}\frac{x_n^2}{x_n^2(1-x_n)} = 1.\end{aligned}$$

这就得到了结论. □

例 2.5.2 若 $\{2x_n + x_{n-1}\}$ 收敛, 试证 $\{x_n\}$ 收敛.

证明 不妨设 $\{2x_n + x_{n-1}\}$ 收敛于 0. 令

$$y_n = 2x_{n+1} + x_n, \quad n = 1,2,\cdots,$$

$$t_{nm} = \frac{(-1)^{n-m}}{2^{n-m+1}}, \quad n = 1,2,\cdots, m = 1,2,\cdots,n,$$

则由 Toeplitz 定理

$$\begin{aligned}&\lim_{n\to+\infty}\left(x_{n+1} + \frac{(-1)^{n-1}}{2^n}x_1\right)\\ &= \lim_{n\to+\infty}\left(t_{n1}y_1 + t_{n2}y_2 + \cdots + t_{nn}y_n\right) = 0.\end{aligned}$$

由此即得 $\{x_n\}$ 收敛于 0. □

易见, 上例中, 在 $\{2x_n + x_{n-1}\}$ 收敛于 0 的前提下, 也可以对 $\lim\limits_{n\to+\infty}\dfrac{(-2)^n x_n}{2^n}$ 使用 Stolz 定理得到结论.

类似于例 2.5.1, 用下例来进一步说明 L'Hospital 法则所兼具的证明功能.

例 2.5.3 设函数 f 在 $[A, +\infty)$ 上可导, 且

$$\lim_{x\to+\infty}(f(x) + f'(x)) = \ell.$$

求证: $\lim\limits_{x\to+\infty} f(x) = \ell$.

证明 由 L'Hospital 法则, 立即可得

$$\begin{aligned}\lim_{x\to+\infty} f(x) &= \lim_{x\to+\infty}\frac{e^x f(x)}{e^x} = \lim_{x\to+\infty}\frac{e^x f(x)+e^x f'(x)}{e^x}\\ &= \lim_{x\to+\infty}(f(x)+f'(x)) = \ell.\end{aligned}$$

□

在运用 L'Hospital 法则进行计算时, 结合等价关系并作适当的化简、代换是非常重要的. 在这个过程中, 请大家注意下面这些极限:

$$\begin{aligned}&\lim_{x\to0}\frac{\sin x}{x}=1,\\ &\lim_{x\to0}\frac{\ln(1+x)}{x}=1,\\ &\lim_{x\to0}\frac{(1+x)^\alpha-1}{x}=\alpha,\quad \forall\,\alpha\in\mathbb{R},\\ &\lim_{x\to0^+}x^\alpha\ln x=0,\quad \forall\,\alpha>0,\\ &\lim_{x\to+\infty}\frac{x^\alpha}{e^x}=0,\quad \forall\,\alpha\in\mathbb{R}.\end{aligned}$$

例 2.5.4 求极限 $\lim\limits_{x\to+\infty} e^{\sqrt{x}}\left(1-\dfrac{1}{\sqrt{x}}\right)^x$.

解 考虑

$$\ln\left[e^{\sqrt{x}}\left(1-\frac{1}{\sqrt{x}}\right)^x\right]=\sqrt{x}+x\ln\left(1-\frac{1}{\sqrt{x}}\right),$$

有

$$\begin{aligned}\lim_{x\to+\infty}\left(\sqrt{x}+x\ln\left(1-\frac{1}{\sqrt{x}}\right)\right) &= \lim_{x\to+\infty}\left(x+x^2\ln\left(1-\frac{1}{x}\right)\right)\\ &= \lim_{x\to0^+}\frac{x+\ln(1-x)}{x^2}=\lim_{x\to0^+}\frac{1-\dfrac{1}{1-x}}{2x}=-\frac{1}{2},\end{aligned}$$

其中得到第三个等式时使用了 L'Hospital 法则, 所以

$$\lim_{x\to+\infty} e^{\sqrt{x}}\left(1-\frac{1}{\sqrt{x}}\right)^x = e^{-\frac{1}{2}}.$$

例 2.5.5 求 $\lim\limits_{x\to0}\dfrac{\tan x - x}{x\sin^2 x}$.

解

$$\lim_{x\to 0}\frac{\tan x - x}{x\sin^2 x}$$

$$=\lim_{x\to 0}\frac{\tan x - x}{x^3} \qquad (\sin x \sim x)$$

$$=\lim_{x\to 0}\frac{\sec^2 x - 1}{3x^2} \qquad (\text{L'Hospital 法则})$$

$$=\lim_{x\to 0}\frac{\tan^2 x}{3x^2} \qquad (\text{整理})$$

$$=\frac{1}{3}.$$

例 2.5.6 求 $\lim\limits_{x\to 0}\dfrac{(1+x)^{\frac{1}{x}}-\mathrm{e}}{x}$.

解法 I

$$\lim_{x\to 0}\frac{(1+x)^{\frac{1}{x}}-\mathrm{e}}{x}$$

$$=\lim_{x\to 0}\frac{\mathrm{e}^{\frac{\ln(1+x)}{x}}-\mathrm{e}}{x} \qquad (\text{整理})$$

$$=\lim_{x\to 0}\frac{\dfrac{x}{1+x}-\ln(1+x)}{x^2}\mathrm{e}^{\frac{\ln(1+x)}{x}} \qquad (\text{L'Hospital 法则})$$

$$=\lim_{x\to 0}\frac{x-(1+x)\ln(1+x)}{x^2(1+x)}\mathrm{e}^{\frac{\ln(1+x)}{x}} \qquad (\text{整理})$$

$$=\lim_{x\to 0}\frac{x-(1+x)\ln(1+x)}{x^2}\,\mathrm{e} \qquad (\text{化简})$$

$$=\lim_{x\to 0}\frac{1-\ln(1+x)-1}{2x}\,\mathrm{e} \qquad (\text{L'Hospital 法则})$$

$$=-\frac{\mathrm{e}}{2}. \qquad (\ln(1+x)\sim x)$$

解法 II 也可以先利用等价关系.

$$\lim_{x\to 0}\frac{(1+x)^{\frac{1}{x}}-\mathrm{c}}{x}$$

$$=\lim_{x\to 0}\frac{\mathrm{e}^{\frac{\ln(1+x)}{x}}-\mathrm{e}}{x} \qquad (\text{整理})$$

$$=\lim_{x\to 0}\left(\mathrm{e}^{\frac{\ln(1+x)}{x}-1}-1\right)\frac{\mathrm{e}}{x} \qquad (\text{整理})$$

$$=\lim_{x\to 0}\left(\frac{\ln(1+x)}{x}-1\right)\frac{\mathrm{e}}{x} \qquad (y\to 0\text{ 时, }\mathrm{e}^y-1\sim y)$$

$$= \lim_{x\to 0}\frac{\ln(1+x)-x}{x^2}\mathrm{e} \qquad (整理)$$

$$= \lim_{x\to 0}\frac{\dfrac{1}{1+x}-1}{2x}\mathrm{e} \qquad (\text{L'Hospital 法则})$$

$$= -\frac{\mathrm{e}}{2}.$$

对于含有多个复合函数的极限, 时常, 利用中值定理以及变量代换可以显著地减少计算量.

例 2.5.7 求 $\lim\limits_{x\to 0}\dfrac{\arctan(1+\tan\arcsin x)-\arctan(1+x)}{x^3}$.

解

$$\begin{aligned}
&\lim_{x\to 0}\frac{\arctan(1+\tan\arcsin x)-\arctan(1+x)}{x^3}\\
=&\frac{1}{1+1^2}\lim_{x\to 0}\frac{\tan\arcsin x-x}{x^3}\\
=&\frac{1}{2}\lim_{x\to 0}\frac{\tan x-\sin x}{x^3}\\
=&\frac{1}{2}\lim_{x\to 0}\frac{1-\cos x}{x^2}\\
=&\frac{1}{2}\lim_{x\to 0}\frac{\sin x}{2x}=\frac{1}{4}.
\end{aligned}$$

在以上计算过程中, 前两个等式是关键. 为说明第一个等式成立, 令 $F(x)=\arctan x$, 则对于 $x\neq 0$, 由中值定理, 有 $\theta_x\in(0,1)$ 使得

$$\begin{aligned}
&\frac{\arctan(1+\tan\arcsin x)-\arctan(1+x)}{x^3}\\
&= F'\big(1+\tan\arcsin x+\theta(\tan\arcsin x-x)\big)\frac{\tan\arcsin x-x}{x^3}.
\end{aligned}$$

由此易见第一个等式成立. 而对于第二个等式, 我们可以推导如下:

$$\begin{aligned}
&\lim_{x\to 0}\frac{\tan\arcsin x-x}{x^3}\\
=&\lim_{t\to 0}\frac{\tan t-\sin t}{\sin^3 t}\\
=&\lim_{x\to 0}\frac{\tan x-\sin x}{x^3}.
\end{aligned}$$

下面是 Stolz 定理和 L'Hospital 法则的一些推广结论. 请读者自行证明这些结论.

定理 2.5.4 设 $\lim\limits_{n\to+\infty} a_n = \lim\limits_{n\to+\infty} b_n = 0$, $\{b_n\}$ 严格单调减少, 则若

$$\lim_{n\to+\infty} \frac{a_n - a_{n+1}}{b_n - b_{n+1}} = \ell,$$

有

$$\lim_{n\to+\infty} \frac{a_n}{b_n} = \ell,$$

其中 ℓ 为有限数、$+\infty$ 或 $-\infty$.

定理 2.5.5 设 f, g 定义于 $(a,+\infty)$ 内, f, g 在每一个有限区域 (a,b) 内有界, 且对任何 $x > a$, 有 $g(x+1) > g(x)$, $\lim\limits_{x\to+\infty} g(x) = +\infty$. 若

$$\lim_{x\to+\infty} \frac{f(x+1) - f(x)}{g(x+1) - g(x)} = \ell,$$

则 $\lim\limits_{x\to+\infty} \dfrac{f(x)}{g(x)} = \ell$, 其中 ℓ 为有限数、$+\infty$ 或 $-\infty$.

推论 2.5.3 设 f 定义于 $(a,+\infty)$ 内, 在每一个有限区域 (a,b) 内有界,

(i) 若 $\lim\limits_{x\to+\infty} (f(x+1) - f(x)) = \ell$, 则 $\lim\limits_{x\to+\infty} \dfrac{f(x)}{x} = \ell$;

(ii) 若 $f > 0$, $\lim\limits_{x\to+\infty} \dfrac{f(x+1)}{f(x)} = \ell$, 则 $\lim\limits_{x\to+\infty} (f(x))^{\frac{1}{x}} = \ell$, 其中 $f(x) \geqslant c > 0$;

(iii) 若 $\lim\limits_{x\to+\infty} \dfrac{f(x+1) - f(x)}{x^n} = \ell$, 则 $\lim\limits_{x\to+\infty} \dfrac{f(x)}{x^{n+1}} = \dfrac{\ell}{n+1}$,

其中 ℓ 为有限数、$+\infty$ 或 $-\infty$.

利用上下极限将 Stolz 定理以及 L'Hospital 法则作类似如下的定理 2.5.6 和定理 2.5.7 的推广, 不仅可以对 Stolz 定理以及 L'Hospital 法则有更深刻的理解, 在实际运用中, 这些推广结果也是非常有价值的.

定理 2.5.6 设 $\{x_n\}$ 和 $\{y_n\}$ 是两个实数列, $\{y_n\}$ 严格单增, 且 $\lim\limits_{n\to+\infty} y_n = +\infty$. 则

$$\varliminf_{n\to+\infty} \frac{x_{n+1} - x_n}{y_{n+1} - y_n} \leqslant \varliminf_{n\to+\infty} \frac{x_n}{y_n} \leqslant \varlimsup_{n\to+\infty} \frac{x_n}{y_n} \leqslant \varlimsup_{n\to+\infty} \frac{x_{n+1} - x_n}{y_{n+1} - y_n}. \tag{2.5.1}$$

证明 对任何 $n > m \geqslant 1$, 易见

$$\inf_{k\geqslant m} \frac{x_{k+1} - x_k}{y_{k+1} - y_k} \leqslant \frac{x_n - x_m}{y_n - y_m} \leqslant \sup_{k\geqslant m} \frac{x_{k+1} - x_k}{y_{k+1} - y_k}.$$

在上式中固定 m, 令 $n\to+\infty$, 得到

$$\inf_{k\geqslant m}\frac{x_{k+1}-x_k}{y_{k+1}-y_k}\leqslant\varliminf_{n\to+\infty}\frac{x_n}{y_n}\leqslant\varlimsup_{n\to+\infty}\frac{x_n}{y_n}\leqslant\sup_{k\geqslant m}\frac{x_{k+1}-x_k}{y_{k+1}-y_k}.$$

再在上式中令 $m\to+\infty$ 即得到 (2.5.1). □

定理 2.5.7 设 f, g 在 (a,b) 内可微, 满足

(i) $\forall x\in(a,b)$, $g'(x)\neq 0$.

(ii) $\lim\limits_{x\to a^+}g(x)=+\infty$.

则

$$\varliminf_{x\to a^+}\frac{f'(x)}{g'(x)}\leqslant\varliminf_{x\to a^+}\frac{f(x)}{g(x)}\leqslant\varlimsup_{x\to a^+}\frac{f(x)}{g(x)}\leqslant\varlimsup_{x\to a^+}\frac{f'(x)}{g'(x)}.\tag{2.5.2}$$

证明 对于 $a<x<y<b$, 由 Cauchy 准则, 有 $\xi\in(x,y)$ 使得

$$\frac{f(x)-f(y)}{g(x)-g(y)}=\frac{f'(\xi)}{g'(\xi)}.$$

从而

$$\inf_{t\in(a,y)}\frac{f'(t)}{g'(t)}\leqslant\frac{f(x)-f(y)}{g(x)-g(y)}\leqslant\sup_{t\in(a,y)}\frac{f'(t)}{g'(t)}.$$

上式中令 $x\to a^+$ 可得

$$\inf_{t\in(a,y)}\frac{f'(t)}{g'(t)}\leqslant\varliminf_{x\to a^+}\frac{f(x)}{g(x)}\leqslant\varlimsup_{x\to a^+}\frac{f(x)}{g(x)}\leqslant\sup_{t\in(a,y)}\frac{f'(t)}{g'(t)},\qquad\forall y\in(a,b).$$

再令 $y\to a^+$ 即得 (2.5.2). □

下例中的结果, 在很多场合都会遇到. 我们借此例说明化简在研究中的重要性.

例 2.5.8 设 $\lim\limits_{n\to+\infty}a_n=a$, $\lim\limits_{n\to+\infty}b_n=b$. 证明:

$$\lim_{n\to+\infty}\frac{a_1b_n+a_2b_{n-1}+\cdots+a_nb_1}{n}=ab.\tag{2.5.3}$$

证明 我们来看看原问题能否简化为 $a=0$ 以及/或 $b=0$ 的特殊情形. 为此, 记 $a_n=\alpha_n+a$, $b_n=\beta_n+b$, 则

$$\frac{a_1b_n+a_2b_{n-1}+\cdots+a_nb_1}{n}$$

$$= \frac{a(b_n + b_{n-1} + \cdots + b_1)}{n} + \frac{\alpha_1 b_n + \alpha_2 b_{n-1} + \cdots + \alpha_n b_1}{n}. \tag{2.5.4}$$

若 (2.5.3) 成立, 则作为其特例, 成立

$$\lim_{n\to+\infty} \frac{a(b_n + b_{n-1} + \cdots + b_1)}{n} = ab \tag{2.5.5}$$

以及

$$\lim_{n\to+\infty} \frac{\alpha_1 b_n + \alpha_2 b_{n-1} + \cdots + \alpha_n b_1}{n} = 0. \tag{2.5.6}$$

另一方面, 若 (2.5.5) 与 (2.5.6) 式成立, 则 (2.5.3) 成立.

由 Stolz 公式立即可得 (2.5.5). 这样, 证明的关键就转化为证明 (2.5.6) 式. 由于 (2.5.6) 是 (2.5.3) 的特例, 以上化简确实简化了原问题, 同时表明该转换至少没有引向错误的解题方向.

具体地, 利用

$$\left|\frac{\alpha_1 b_n + \alpha_2 b_{n-1} + \cdots + \alpha_n b_1}{n}\right| \leqslant \frac{|\alpha_1| + |\alpha_2| + \cdots + |\alpha_n|}{n} \sup_{k\geqslant 1} |b_k|,$$

Stolz 公式以及夹逼准则, 可得 (2.5.6). 进而得到 (2.5.3) 式.

以上证明表明, 我们只要把问题化简到 $a = 0$ 的情形就足够了. □

习 题 2.5

1. 计算以下极限:

   (i) $\displaystyle\lim_{n\to+\infty} \frac{1}{n^5} \sum_{k=1}^{n} (2k-1)^4$; (ii) $\displaystyle\lim_{n\to+\infty} n^2 \sum_{k=n}^{2n} k^{-3}$;

   (iii) $\displaystyle\lim_{n\to+\infty} \left(\frac{n!}{n^n}\right)^{\frac{1}{n}}$; (iv) $\displaystyle\lim_{n\to+\infty} \frac{1}{n^2} \sum_{k=0}^{n} \ln \mathrm{C}_n^k$.

2. 证明 Toeplitz 定理.
3. 说明 Toeplitz 定理是 Stolz 定理的推广 (ℓ 有限情形).
4. 设 $0 < x_0 < \pi$, $x_{n+1} = \sin x_n$ $(n = 0, 1, 2, \cdots)$. 试证: $\displaystyle\lim_{n\to+\infty} \sqrt{n} x_n = \sqrt{3}$.
5. 设 $a > 0, b > 0$. 求证: $\displaystyle\lim_{n\to+\infty} \left(\frac{\sqrt[n]{a} + \sqrt[n]{b}}{2}\right)^n = \sqrt{ab}$.
6. 设 $x_1 = a$, $x_2 = b$, $x_{n+2} = \dfrac{1}{2}(x_n + x_{n+1})$ $(n = 1, 2, \cdots)$. 试证明 $\{x_n\}$ 收敛, 并求其极限.
7. 试利用反证法证明例 2.5.2 的结论.
8. 设 a 和 d 是给定的正数. 对于 $n = 1, 2, 3, \cdots$, 由等差数列 $a, a+d, \cdots, a+(n-1)d$ 形成算术平均 A_n 和几何平均 G_n. 试求 $\displaystyle\lim_{n\to+\infty} \frac{G_n}{A_n}$.

9. 设函数 f 在 $[A,+\infty)$ 上有界, 可导, 且 $\lim\limits_{x\to+\infty} f'(x)=b$. 求证: $b=0$.

10. 设 $\{x_n\}$ 满足 $\lim\limits_{n\to+\infty} x_n\sum\limits_{k=1}^{n} x_k^2=1$. 证明: $\lim\limits_{n\to+\infty} \sqrt[3]{3n}\,x_n=1$.

11. 证明推论 2.5.2. 特别, 在例 2.3.5 中, (i) 是 (ii) 的推论.

12. 分别以 $0,1,\infty$ 表示极限为 $0,1,\infty$ 的变量, 试判断下列哪些表达式是不定型:

$$0\cdot\infty,\quad 0^0,\quad 0^1,\quad 0^\infty,\quad 1^0,\quad 1^1,\quad 1^\infty,\quad \infty^0,\quad \infty^1,\quad \infty^\infty.$$

13. 设 $\lim\limits_{x\to0} f(x)=0$, $\lim\limits_{x\to0}\dfrac{f(2x)-f(x)}{x}=0$. 证明 $\lim\limits_{x\to0}\dfrac{f(x)}{x}=0$.

14. 考察下列极限:

(i) $\lim\limits_{x\to0}\dfrac{\sin x}{x}$;

(ii) $\lim\limits_{x\to\infty}\dfrac{\sin x}{x}$;

(iii) $\lim\limits_{x\to0} x\sin\dfrac{1}{x}$;

(iv) $\lim\limits_{x\to\infty} x\sin\dfrac{1}{x}$;

(v) $\lim\limits_{x\to0^+} x\ln x$;

(vi) $\lim\limits_{x\to+\infty} x\ln x$;

(vii) $\lim\limits_{x\to0^+}\dfrac{\ln x}{x}$;

(viii) $\lim\limits_{x\to+\infty}\dfrac{\ln x}{x}$.

15. 求以下极限:

(i) $\lim\limits_{x\to0}\left(\dfrac{1}{x^2}-\cot^2 x\right)$;

(ii) $\lim\limits_{x\to0}\dfrac{\tan x-x-\dfrac{x^3}{3}}{x^5}$;

(iii) $\lim\limits_{x\to0^+} x^{(x^x-1)}$;

(iv) $\lim\limits_{x\to0}\left(\dfrac{1+\tan x}{1+\sin x}\right)^{\frac{1}{\sin^3 x}}$;

(v) $\lim\limits_{x\to0}\dfrac{\sin(\sin x)-x}{x^3}$;

(vi) $\lim\limits_{x\to0}\dfrac{\sin x-\arctan x}{\tan x-\arcsin x}$;

(vii) $\lim\limits_{x\to0}\dfrac{\tan(\tan x)-\sin(\sin x)}{\tan x-\sin x}$;

(viii) $\lim\limits_{x\to0}\left(\dfrac{\arcsin x}{x}\right)^{\frac{1}{x^2}}$;

(ix) $\lim\limits_{x\to+\infty}\left(\left(x^3-x^2+\dfrac{x}{2}\right)\mathrm{e}^{\frac{1}{x}}-\sqrt{x^6+x}\right)$.

16. 设 $a>0,b>0$. 计算: $\lim\limits_{n\to+\infty} n\left(\left(\dfrac{\sqrt[n]{a}+\sqrt[n]{b}}{2}\right)^n-\sqrt{ab}\right)$.

17. 记 $f_1(x)=\sin x$, $f_{n+1}(x)=f_1\big(f_n(x)\big)\ (n\geqslant1)$. 计算: $\lim\limits_{n\to+\infty}\sqrt{n}\,f_n\left(\dfrac{1}{\sqrt{n}}\right)$.

18. 记 $f_1(x)=\arcsin x$, $f_{n+1}(x)=f_1\big(f_n(x)\big)\ (n\geqslant1)$. 计算: $\lim\limits_{n\to+\infty}\sqrt{n}\,f_n\left(\dfrac{1}{\sqrt{n}}\right)$.

线上课堂

上下极限及其应用——第一部分

上下极限及其应用——第二部分

第 3 章 微　分

3.1 微分中值定理和 Taylor 展式

在微分问题中, 中值定理起着极为重要的作用, 而泰勒 (Taylor) 展式则是微分中值定理的一种推广. 进一步, 把函数表达为 Taylor 级数, 使我们可以将复杂的函数变成比较容易处理的幂函数.

本节内容在高等数学中多有介绍, 熟悉它们的读者可以略过这一节.

首先回顾几个基本定理和它们的证明.

定理 3.1.1 (罗尔 (Rolle) 定理)　*设 f 在闭区间 $[a,b]$ 上连续, 在开区间 (a,b) 内可微, 且 $f(a)=f(b)$, 则在区间 (a,b) 内必有一点 ξ, 使 $f'(\xi)=0$.*

证明　若 f 是常数, 则结论显然成立. 否则, 存在 $x_0\in(a,b)$ 使得 $f(x_0)\neq f(a)=f(b)$. 不妨设 $f(x_0)>f(a)$.

由于 f 在 $[a,b]$ 上连续, 因而它在 $[a,b]$ 上有最大值. 设 $\xi\in[a,b]$ 是 f 在 $[a,b]$ 上的最大值点, 则 $f(\xi)\geqslant f(x_0)>f(a)=f(b)$. 从而 $\xi\in(a,b)$, 所以 ξ 是极大值点①. 于是利用可导函数在极值点上导数为零的性质得到定理的结论. □

Rolle 定理的几何意义是: 当可微函数在端点的值相等时, 该函数的曲线一定有一条切线斜率为零, 即该切线平行于曲线端点的连线. 根据这一几何解释, 旋转坐标就可以得到更一般的结论: 一个可微函数, 其函数图像必定有一条切线平行于曲线的端点的连线. 这就是如下的拉格朗日 (Lagrange) 中值定理.

定理 3.1.2 (Lagrange 中值定理)　*设函数 f 在闭区间 $[a,b]$ 上连续, 在开区间 (a,b) 内可微, 则在区间 (a,b) 内必有一点 ξ, 使 $f(b)-f(a)=f'(\xi)(b-a)$.*

证明　可以根据前面的几何解释, 来构造辅助函数, 然后再利用 Rolle 定理来证明结论.

鉴于部分读者在将几何直观翻译成分析语言时有很大困难, 我们尝试从纯粹分析的角度来构造辅助函数. 为此, 我们的思考是这样的: 定理要求证明的是存在 $\xi\in(a,b)$, 使得

$$f(b)-f(a)-f'(\xi)(b-a)=0.$$

这只要构造一个在 $[a,b]$ 上连续, 在 (a,b) 内可微的函数 F 使得

$$F'(x)=f(b)-f(a)-f'(x)(b-a), \tag{3.1.1}$$

① 通常, 我们讲极值点总是指它是一个内点.

且

$$F(a)=F(b). \tag{3.1.2}$$

基本上, 我们是用 (3.1.1) 式来构造辅助函数, 而直接验证 (3.1.2) 式.

有了不定积分的思想, 就不难找到辅助函数 F 满足 (3.1.1) 式:

$$F(x)=(f(b)-f(a))x-f(x)(b-a).$$

容易验证条件 (3.1.2) 成立: $F(a)=F(b)=a(f(b)-f(a))$. 又易见 F 在 $[a,b]$ 上连续, 在 (a,b) 内可微. 于是根据 Rolle 定理, 存在 $\xi\in(a,b)$ 使得 $F'(\xi)=0$, 即

$$f(b)-f(a)=f'(\xi)(b-a).$$ □

注 3.1.1 在证明中, 为了验算方便, 显然取 F 为

$$F(x)=(f(b)-f(a))(x-a)-(f(x)-f(a))(b-a)$$

更好. 此时有 $F(a)=F(b)=0$.

注 3.1.2 Lagrange 中值定理常常有其他的表述形式. 例如

$$\frac{f(b)-f(a)}{b-a}=f'(\xi)$$

直接表示了割线斜率与切线斜率之间的关系. 而对于 $\xi\in(a,b)$, 经常用 $a+\theta(b-a)$ 或 $(1-\theta)a+\theta b$ 表示, 其中 $\theta\in(0,1)$. 特别当不知道 a,b 的大小关系时, 这一表示更为方便.

如果将 Lagrange 中值定理运用到用参数表示的函数, 则可以得到以下的中值定理:

定理 3.1.3 (Cauchy 中值定理) 设函数 f, g 在闭区间 $[a,b]$ 上连续, 在开区间 (a,b) 内可微, 则在区间 (a,b) 内必有一点 ξ, 使

$$(f(b)-f(a))g'(\xi)=(g(b)-g(a))f'(\xi). \tag{3.1.3}$$

特别地, 若 $g'(x)\neq 0$, 则

$$\frac{f(b)-f(a)}{g(b)-g(a)}=\frac{f'(\xi)}{g'(\xi)}.$$

证法 I 现在证明 $g'(x)\neq 0$ 的情形. 以下的证明基于 Cauchy 中值定理是参数化的 Lagrange 中值定理. 令

$$X=g(x),\quad Y=f(x).$$

由于 g 的导数不为零, 根据后面的 Darboux 定理, g 在 $[a,b]$ 上的导数必然恒正或恒负, 从而 g 是严格单调的. 不妨设 g 严格单增, 则 Y 作为 X 的函数在 $[g(a),g(b)]$ 上连续, 在 $(g(a),g(b))$ 内可微. 由 Lagrange 中值定理知存在 $\eta\in(g(a),g(b))$, 使得

$$Y(g(b))-Y(g(a))=\frac{\mathrm{d}Y}{\mathrm{d}X}(\eta)(g(b)-g(a)).$$

由 g 的连续性和单调性, 存在唯一的 $\xi\in(a,b)$, 使得 $g(\xi)=\eta$. 从而

$$\begin{aligned}f(b)-f(a)=Y(g(b))-Y(g(a))&=\frac{\mathrm{d}Y}{\mathrm{d}X}(g(\xi))(g(b)-g(a))\\&=\frac{f'(\xi)}{g'(\xi)}(g(b)-g(a)).\end{aligned}$$

这就证明了结论.

证法 II 类似定理 3.1.2 的证明, 现在从纯分析的角度来寻找辅助函数, 并利用 Rolle 定理来证明 Cauchy 定理. 我们希望证明存在 $\xi\in(a,b)$, 满足

$$(f(b)-f(a))g'(\xi)=(g(b)-g(a))f'(\xi).$$

这只要构造一个在 $[a,b]$ 上连续, 在 (a,b) 内可微的函数 F, 使得

$$F'(x)=(f(b)-f(a))g'(x)-(g(b)-g(a))f'(x),$$

以及 $F(a)=F(b)$ 成立. 为此, 令

$$F(x)=(f(b)-f(a))(g(x)-g(a))-(g(b)-g(a))(f(x)-f(a)),$$

则 F 在 $[a,b]$ 上连续, 在 (a,b) 内可微, 且 $F(a)=F(b)=0$. 由 Rolle 定理, 存在 $\xi\in(a,b)$ 使得 $F'(\xi)=0$, 此即 (3.1.3) 式成立. □

作为微分中值定理的推广, Taylor 展式有以下几种常用类型:

定理 3.1.4 (Peano 型的 Taylor 展式) 设函数 f 在 0 点有 n 阶导数, 则

$$f(x)=f(0)+f'(0)x+\frac{f''(0)}{2!}x^2+\cdots+\frac{f^{(n)}(0)}{n!}x^n+o(x^n),\quad x\to 0.$$

证明 只需要反复利用 L'Hospital 法则, 注意最后一步直接用导数定义.

$$\lim_{x\to 0}\frac{f(x)-\left(f(0)+f'(0)x+\dfrac{f''(0)}{2!}x^2+\cdots+\dfrac{f^{(n)}(0)}{n!}x^n\right)}{x^n}$$

$$
\begin{aligned}
&= \lim_{x\to 0} \frac{f'(x) - \left(f'(0) + f''(0)x + \cdots + \dfrac{f^{(n)}(0)}{(n-1)!}x^{n-1}\right)}{nx^{n-1}} \\
&= \cdots \\
&= \lim_{x\to 0} \frac{f^{(n-1)}(x) - f^{(n-1)}(0) - f^{(n)}(0)x}{n!x} \\
&= \frac{1}{n!}\left(\lim_{x\to 0} \frac{f^{(n-1)}(x) - f^{(n-1)}(0)}{x} - f^{(n)}(0)\right) = 0.
\end{aligned}
$$

□

容易证明 Taylor 展式具有唯一性. 一般地, 有以下定理:

定理 3.1.5 设 $n \geqslant 0$, 若在 0 点附近成立

$$
\begin{aligned}
& a_0 + a_1x + a_2x^2 + \cdots + a_nx^n + o(x^n) \\
&= b_0 + b_1x + b_2x^2 + \cdots + b_nx^n + o(x^n), \quad x \to 0,
\end{aligned} \tag{3.1.4}
$$

则

$$
a_k = b_k, \quad k = 0, 1, 2, \cdots, n. \tag{3.1.5}
$$

证明 在 (3.1.4) 式中令 $x \to 0$, 得到

$$
\begin{aligned}
a_0 &= \lim_{x\to 0}(a_0 + a_1x + a_2x^2 + \cdots + a_nx^n + o(x^n)) \\
&= \lim_{x\to 0}(b_0 + b_1x + b_2x^2 + \cdots + b_nx^n + o(x^n)) = b_0.
\end{aligned}
$$

这样, 又有

$$
\begin{aligned}
& a_1x + a_2x^2 + \cdots + a_nx^n + o(x^n) \\
&= b_1x + b_2x^2 + \cdots + b_nx^n + o(x^n), \quad x \to 0.
\end{aligned} \tag{3.1.6}
$$

若 $n \geqslant 1$, 则由 (3.1.6) 式可得

$$
\begin{aligned}
a_1 &= \lim_{x\to 0} \frac{1}{x}(a_1x + a_2x^2 + \cdots + a_nx^n + o(x^n)) \\
&= \lim_{x\to 0} \frac{1}{x}(b_1x + b_2x^2 + \cdots + b_nx^n + o(x^n)) = b_1.
\end{aligned}
$$

这样依次可得 (3.1.5) 式成立. □

定理 3.1.6 (Lagrange 型的 Taylor 展式)　设函数 f 在 0 点的某邻域内有 $n+1$ 阶导数, 则在此邻域内

$$f(x)=f(0)+f'(0)x+\frac{f''(0)}{2!}x^2+\cdots+\frac{f^{(n)}(0)}{n!}x^n+\frac{f^{(n+1)}(\xi)}{(n+1)!}x^{n+1},$$

其中 ξ 是介于 0 和 x 之间的一个点.

证明　对于 0 点的这个邻域内的点 x, 不妨设 $x\neq 0$, 反复运用 Cauchy 中值定理, 有

$$\begin{aligned}&\frac{f(x)-\left(f(0)+f'(0)x+\frac{f''(0)}{2!}x^2+\cdots+\frac{f^{(n)}(0)}{n!}x^n\right)}{x^{n+1}}\\
=&\frac{f'(\xi_1)-\left(f'(0)+f''(0)\xi_1+\cdots+\frac{f^{(n)}(0)}{(n-1)!}\xi_1^{n-1}\right)}{(n+1)\xi_1^n}\\
=&\cdots\\
=&\frac{f^{(n)}(\xi_n)-f^{(n)}(0)}{(n+1)!\,\xi_n}\\
=&\frac{f^{(n+1)}(\xi)}{(n+1)!},\end{aligned}$$

其中 ξ_1 介于 0 与 x 之间, ξ_2 介于 0 和 ξ_1 之间, $\cdots$, ξ 介于 0 和 ξ_n 之间, 从而 ξ 介于 0 和 x 之间. □

在很多场合, 把 $f(b)-f(a)$ 表示成一个积分是非常有用的, 如果 f' 连续[①], 有

$$f(b)-f(a)=\int_a^b f'(x)\,\mathrm{d}x, \tag{3.1.7}$$

也可以表示为

$$f(b)-f(a)=\int_0^1 f'(a+t(b-a))\,\mathrm{d}t(b-a). \tag{3.1.8}$$

类似地, 如果 $f^{(n+1)}$ 连续, 则有如下带积分型余项的 Taylor 展式.

定理 3.1.7　设函数 f 在 0 点的某邻域内有 $n+1$ 阶连续导数, 则在此邻域内

$$f(x)=f(0)+f'(0)x+\frac{f''(0)}{2!}x^2+\cdots+\frac{f^{(n)}(0)}{n!}x^n+\int_0^x\frac{(x-t)^nf^{(n+1)}(t)}{n!}\,\mathrm{d}t. \tag{3.1.9}$$

① 可以把 f' 连续减弱为 f' 可积 (参见注 4.2.1).

证法 I 利用归纳法证明.

当 $n=0$ 时, (3.1.9) 式即为 (3.1.7) 式.

设当 $n=k\geqslant 0$ 时, (3.1.9) 式对在 0 点的一个邻域内有 $k+1$ 阶连续导数的函数成立, 则当 f 在 0 点的某个邻域内有 $k+2$ 阶连续导数时, 在该邻域内,

$$\begin{aligned}f(x)&=\sum_{j=0}^{k}\frac{f^{(j)}(0)x^j}{j!}+\int_0^x\frac{(x-t)^kf^{(k+1)}(t)}{k!}\,\mathrm{d}t\\&=\sum_{j=0}^{k+1}\frac{f^{(j)}(0)x^j}{j!}+\int_0^x\mathrm{d}t\int_0^t\frac{(x-t)^kf^{(k+2)}(s)}{k!}\,\mathrm{d}s\\&=\sum_{j=0}^{k+1}\frac{f^{(j)}(0)x^j}{j!}+\int_0^x\mathrm{d}s\int_s^x\frac{(x-t)^kf^{(k+2)}(s)}{k!}\,\mathrm{d}t\\&=\sum_{j=0}^{k+1}\frac{f^{(j)}(0)x^j}{j!}+\int_0^x\frac{(x-s)^{k+1}f^{(k+2)}(s)}{(k+1)!}\,\mathrm{d}s,\end{aligned}$$

即 (3.1.9) 式对 $n=k+1$ 也成立.

于是由归纳法即得定理成立.

证法 II 记

$$F(x)=f(x)-\left(\sum_{k=0}^{n}\frac{f^{(k)}(0)x^k}{k!}+\int_0^x\frac{(x-t)^nf^{(n+1)}(t)}{n!}\,\mathrm{d}t\right),$$

则我们要证 F 在 0 点的那个邻域内恒为 0. 通过直接求导容易验证 F 有 $n+1$ 阶的连续导数, 且 $F^{(n+1)}\equiv 0$, 所以存在常数 $C_0,C_1,\cdots,C_n$, 使得

$$F(x)\equiv C_0+C_1x+\cdots+C_nx^n.$$

由 F 的定义直接验算可得

$$F(0)=F'(0)=\cdots=F^{(n)}(0)=0.$$

由此即得

$$C_0=C_1=\cdots=C_n=0,$$

即 $F\equiv 0$. □

推论 3.1.1 设 u 在 $[-a,a]$ 上可积, $n\geqslant 0$, 则

$$\int_0^x\mathrm{d}x_n\int_0^{x_n}\mathrm{d}x_{n-1}\cdots\int_0^{x_2}\mathrm{d}x_1\int_0^{x_1}u(t)\,\mathrm{d}t=\int_0^x\frac{(x-t)^nu(t)}{n!}\,\mathrm{d}t.\qquad(3.1.10)$$

证明 首先假设 u 在 $[-a,a]$ 上连续. 记

$$F(x)=\int_0^x \mathrm{d}x_n\int_0^{x_n}\mathrm{d}x_{n-1}\cdots\int_0^{x_2}\mathrm{d}x_1\int_0^{x_1}u(t)\,\mathrm{d}t,\quad x\in[-a,a].$$

直接验证可得

$$F(0)=F'(0)=\cdots=F^{(n)}(0)=0,\quad F^{(n+1)}(x)=u(x).$$

于是对 F 利用定理 3.1.7 即得 (3.1.10) 式.

最后利用函数的光滑逼近 (参见 4.3 节) 立即可得 (3.1.10) 式对任何可积函数 u 成立. 也可以在 (3.1.7) 式对可积函数成立的基础上, 利用累次积分交换次序 (参见定理 6.2.5) 直接证明 (3.1.10) 式. □

导数与函数的单调性有着密切的联系, 所以有以下定理:

定理 3.1.8 设 f 在 $[a,b]$ 上连续, 在 (a,b) 内可微, 则

(i) $f'\geqslant 0\Longleftrightarrow f$ 单增, 而 $f'>0\Longrightarrow f$ 严格单增;

(ii) $f'\leqslant 0\Longleftrightarrow f$ 单减, 而 $f'<0\Longrightarrow f$ 严格单减;

(iii) $f'\equiv 0\Longleftrightarrow f\equiv C$.

注 3.1.3 f 严格单增不能推出 $f'>0$.

例 3.1.1 设 f 在 $[a,b]$ 上满足 Lip-α 条件, 即存在 $M>0$, $\forall x,y\in[a,b]$, 有

$$|f(x)-f(y)|\leqslant M|x-y|^{\alpha}. \tag{3.1.11}$$

若 $\alpha>1$, 则 $f\equiv C$.

证明 证明是简单的. 利用假设条件立即可得 f 在 $[a,b]$ 上可导且导数为零, 从而它一定是常函数. □

若 $\alpha=1$, 称 (3.1.11) 式为**利普希茨 (Lipschitz) 条件**, 此时称函数 f 是 **Lipschitz 连续**的. 当 $\alpha\in(0,1)$ 时, 称 (3.1.11) 式为**赫尔德 (Hölder) 条件**, 并称函数 f 是 **Hölder 连续**的.

例 3.1.2 设 f 在 $[a,b]$ 上连续, 在 (a,b) 内可微, $f(a)=f(b)=0$. 证明: 存在 $\xi\in(a,b)$ 使得 $f(\xi)+f'(\xi)=0$.

证明 下面的过程类似于一个解常微分方程的过程.

至少在形式上, 要找 $\xi\in(a,b)$ 使得 $f(\xi)+f'(\xi)=0$, 相当于要使

$$\frac{f'(\xi)}{f(\xi)}+1=0,$$

也即

$$(\ln f(x)+x)'\Big|_{x=\xi}=0.$$

化为

$$(\ln(\mathrm{e}^x f(x)))'\Big|_{x=\xi} = 0,$$

即

$$\frac{(\mathrm{e}^x f(x))'}{\mathrm{e}^x f(x)}\Big|_{x=\xi} = 0,$$

这又相当于

$$(\mathrm{e}^x f(x))'\Big|_{x=\xi} = 0.$$

于是可取辅助函数 $F(x) = \mathrm{e}^x f(x)$ 并由 Rolle 定理及 $F(a) = F(b)$ 得到结论. □

注 3.1.4 例 3.1.2 的解法展示了如何找到辅助函数. 从微分方程的角度来看, 这本质上是一个寻找方程 $f(x) + f'(x) = 0$ 的通解 (或首次积分) 的过程. 对于线性情形, 则也可利用微分算子 D 的性质找到辅助函数. 参见习题 3.1 第 22 题.

例 3.1.3 设 f 在原点的邻域内二阶可导, 且

$$\lim_{x\to 0}\left(\frac{\sin 3x}{x^3} + \frac{f(x)}{x^2}\right) = 0.$$

试求:

(i) $f(0)$, $f'(0)$, $f''(0)$;

(ii) $\displaystyle\lim_{x\to 0}\frac{f(x)+3}{x^2}$.

解 由假设,

$$\frac{\sin 3x}{x^3} + \frac{f(x)}{x^2} = o(1), \quad x \to 0,$$

所以

$$\begin{aligned} f(x) &= -\frac{\sin 3x}{x} + o(x^2) \\ &= -3 + \frac{9}{2}x^2 + o(x^2), \quad x \to 0. \end{aligned}$$

结合 f 的 Taylor 展式

$$f(x) = f(0) + f'(0)x + \frac{1}{2}f''(0)x^2 + o(x^2), \quad x \to 0$$

的唯一性可得

$$f(0) = -3, \quad f'(0) = 0, \quad f''(0) = 9.$$

于是又有

$$\lim_{x\to0}\frac{f(x)+3}{x^2}=\lim_{x\to0}\frac{\frac{9}{2}x^2+o(x^2)}{x^2}=\frac{9}{2}.$$

例 3.1.4 设 f 在 $[a,b]$ 上可微, 且满足 $|f'|\leqslant M|f|$, $f(a)=0$. 则 $f\equiv0$.

证明 本例与著名的格朗沃尔–贝尔曼 (Grönwall-Bellman) 不等式相关 (Grönwall 也可以写作 Gronwall). 这里对应的是它的微分形式 (参见习题 3.1 第 8 题), 其积分形式参见习题 3.1 第 9 题. 本例可以用多种方法证明 (参见习题 3.1 第 7 题). 下面提供其中的一种.

反证法. 若 $f\not\equiv0$, 则存在 $x_0\in(a,b]$, 使得

$$f(x_0)\neq0.$$

不妨设 $f(x_0)>0$, 记

$$c=\sup\{x\in[a,x_0]|f(x)\leqslant0\},$$

则 c 适定, 且 $c\in[a,x_0)$, $f(c)=0$,

$$f(x)>0,\quad \forall\, x\in(c,x_0).$$

在 (c,x_0) 内, 有

$$\frac{f'(x)}{f(x)}\leqslant M,$$

即

$$(\ln f(x))'\leqslant M,\quad \forall\, x\in(c,x_0),$$

所以由中值定理可得

$$\frac{\ln f(x_0)-\ln f(x)}{x_0-x}\leqslant M,\quad \forall\, x\in(c,x_0).$$

在上式中令 $x\to c^+$, 并注意到 $f(c)=0$ 得到 $+\infty\leqslant M$. 矛盾. 所以 $f\equiv0$. □

例3.1.5 设 f 为 $\mathbb{R}$ 上的二次可微函数. 记 $M_0=\sup\limits_x|f(x)|$, $M_1=\sup\limits_x|f'(x)|$, $M_2=\sup\limits_x|f''(x)|$, 则若 M_0, $M_2<+\infty$, 有 $M_1^2\leqslant 2M_0M_2$.

证明 对于任何 $x\in\mathbb{R}$ 以及 $y>0$, 利用 Lagrange 型的 Taylor 展式, 可得

$$f(x+y)=f(x)+f'(x)y+\frac{f''(x+\alpha y)}{2}y^2, \tag{3.1.12}$$

$$f(x-y)=f(x)-f'(x)y+\frac{f''(x-\beta y)}{2}y^2, \tag{3.1.13}$$

其中 $\alpha,\beta\in(0,1)$. 两式相减, 得到

$$2yf'(x)=f(x+y)-f(x-y)+\frac{f''(x-\beta y)-f''(x+\alpha y)}{2}y^2.$$

从而

$$|f'(x)|\leqslant\frac{M_0}{y}+\frac{M_2y}{2},\quad \forall\, y>0.$$

上式两边关于 $y>0$ 取最小值, 即得

$$|f'(x)|\leqslant 2\sqrt{\frac{M_0M_2}{2}},\quad \forall\, x\in\mathbb{R}.$$

从而 $M_1^2\leqslant 2M_0M_2$. □

注 3.1.5 如果我们只利用 (3.1.12) 式或 (3.1.13) 式, 得到

$$|f'(x)|\leqslant\frac{2M_0}{y}+\frac{M_2y}{2},\qquad \forall\, y>0.$$

由此得到的是较弱一点的不等式

$$M_1^2\leqslant 4M_0M_2,$$

这个不等式称为兰道 (Landau) 不等式.

在本节的最后, 将介绍利用 e 的展式来证明 e 为无理数的结果①.

例 3.1.6 试证:

(i) $\mathrm{e}=1+\frac{1}{1!}+\frac{1}{2!}+\cdots+\frac{1}{m!}+\frac{\theta_m}{m!\cdot m},\quad 0<\theta_m<1;$

(ii) e 为无理数.

证明 我们要证明的是: 对任何正整数 m,

$$r_m:=m!\cdot m\left(\mathrm{e}-\left(1+\frac{1}{1!}+\frac{1}{2!}+\cdots+\frac{1}{m!}\right)\right)\in(0,1).$$

由于

$$\mathrm{e}=\sum_{k=0}^{\infty}\frac{1}{k!},$$

① 进一步的研究表明 e 为超越数, 即它不为任何整系数非零多项式的根.

所以

$$\begin{aligned} r_m &= m! \cdot m \sum_{k=m+1}^{\infty} \frac{1}{k!} \\ &= \frac{m}{m+1}\left(1 + \frac{1}{m+2} + \frac{1}{(m+2)(m+3)} + \cdots\right) \\ &< \frac{m}{m+1} \sum_{k=1}^{\infty} \frac{1}{(m+1)^{k-1}} \\ &= 1. \end{aligned}$$

另外, 易见 $r_m > 0$.

(ii) 由 (i) 可见, 对任何正整数 m,

$$m!\mathrm{e} = m! \sum_{k=0}^{m} \frac{1}{k!} + \frac{\theta_m}{m},$$

其中第一项是整数, 第二项是一个 $(0,1)$ 内的小数, 所以 $m!\,\mathrm{e}$ 永远不会是整数. 这就表明 e 是无理数. □

习 题 3.1

1. 设 $f(x) = a_1 \sin x + a_2 \sin 2x + \cdots + a_n \sin nx$, 且 $|f(x)| \leqslant |\sin x|$, 其中 $a_1, a_2, \cdots, a_n$ 为常数. 证明: $|a_1 + 2a_2 + \cdots + na_n| \leqslant 1$.

2. 设 f 在 $[a,b]$ 可导, $f(a) = f(b) = 0$. 又设 g 是 $[a,b]$ 上的连续函数.

   (i) 如果要证明存在 $\xi \in (a,b)$ 使得

   $$g(\xi)f(\xi) + f'(\xi) = 0,$$

   该如何找辅助函数;

   (ii) 如果要证明存在 $\xi \in (a,b)$ 使得

   $$g(\xi)f^2(\xi) + f'(\xi) = 0,$$

   该如何找辅助函数.

3. 设 f 在 $[1,2]$ 上有二阶导数, 且 $f(2) = 0$, 令 $F(x) = (x-1)^2 f(x)$, 则在 $(1,2)$ 内存在一点 ξ, 使 $F''(\xi) = 0$.

4. 设 f 在 $[0,+\infty)$ 上可导, 且 f' 在 $[0,+\infty)$ 上一致连续, $\lim\limits_{x\to+\infty} f(x)$ 存在. 证明: $\lim\limits_{x\to+\infty} f'(x) = 0$.

5. 设 f 是可微函数, 满足

   $$f(x+y) = \frac{f(x) + f(y)}{1 - f(x)f(y)}.$$

   试求 f.

6. 设 f 在 $[a,b]$ 上连续, 在 (a,b) 内可微, $f(a)=0$. 且对任何 $x\in(a,b)$, 有 $f'(x)\leqslant\dfrac{f(x)}{1-x}$. 证明: $f\leqslant 0$.
7. 试用以下多种方法证明例 3.1.4 的结论.
   法 1. 用反证法证明当 $\delta>0$ 足够小的时候, $|f|$ 在 $[a,a+\delta]$ 上的最大值为零;
   法 2. 先证明
$$|f(x)|\leqslant M\int_a^x |f(t)|\,\mathrm{d}t,\quad \forall\, x\in[a,b],$$
   再对上式反复迭代或考虑
$$F(x)=\mathrm{e}^{-Mx}\int_a^x |f(x)|\,\mathrm{d}x;$$
   法 3. 证明
$$\left(f^2(x)\right)'\leqslant 2Mf^2(x),\quad \forall\, x\in[a,b],$$
   并考虑
$$F(x)=\mathrm{e}^{-2Mx}f^2(x).$$
8. (**Grönwall-Bellman 不等式** (微分形式)) 设 f,φ 在 $[a,b]$ 上连续, f 在 (a,b) 内可导,
$$f'(x)\leqslant\varphi(x)f(x),\quad \forall\, x\in(a,b).$$
   证明
$$f(x)\leqslant f(a)\mathrm{e}^{\int_a^x\varphi(t)\,\mathrm{d}t},\quad \forall\, x\in[a,b].$$
9. (**Grönwall-Bellman 不等式** (积分形式)) 设 f,g,φ 是闭区间 $[a,b]$ 上的连续函数, 且 $\varphi\geqslant 0$,
$$f(x)\leqslant g(x)+\int_a^x\varphi(t)f(t)\,\mathrm{d}t.$$
   试证当 $a\leqslant x\leqslant b$ 时,
$$f(x)\leqslant g(x)+\int_a^x\varphi(t)g(t)\mathrm{e}^{\int_t^x\varphi(\sigma)\,\mathrm{d}\sigma}\,\mathrm{d}t.$$
   提示: 置 $R(x)=\displaystyle\int_a^x\varphi(t)f(t)\,\mathrm{d}t$, 且证明 $\dfrac{\mathrm{d}R}{\mathrm{d}x}-\varphi R\leqslant\varphi g$.
10. 设 $\alpha\in\mathbb{R}$, f,φ,β 是 $[a,b]$ 上的连续函数, φ 非负. 如果
$$f(x)\leqslant\alpha+\int_0^x[f(t)\varphi(t)+\beta(t)]\,\mathrm{d}t,\quad \forall\, x\in[a,b],$$
   证明
$$f(x)\leqslant\alpha\mathrm{e}^{\int_0^x\varphi(t)\,\mathrm{d}t}+\int_0^x\mathrm{e}^{\int_t^x\varphi(s)\,\mathrm{d}s}\beta(t)\mathrm{d}t,\quad \forall\, x\in[a,b].$$

11. 设 f 在 (a,b) 内存在二阶导数, c 为 (a,b) 内一点, 满足 $f''(c)\neq 0$, 则在 (a,b) 内存在 $x_1\neq x_2$, 使得

$$\frac{f(x_2)-f(x_1)}{x_2-x_1}=f'(c).$$

12. 设 f 在 $[0,1]$ 上存在二阶导数, 且 $f(0)=f(1)=0$, 且 $\min\limits_{x\in[0,1]}f(x)=-1$, 则 $\exists\xi\in(0,1)$, 使得 $f''(\xi)\geqslant 8$.
13. 设 f 在 $[a,b]$ 上存在二阶导数, 且 $f'(a)=f'(b)=0$, 则 $\exists\xi\in(a,b)$, 使得

$$|f''(\xi)|\geqslant\frac{4|f(b)-f(a)|}{(b-a)^2}.$$

14. 证明: 若第 13 题中函数 f 不是常数, 则结论中的不等式可以取到严格不等式.
15. 设 f 在 $[0,2]$ 上存在二阶导数, $|f|\leqslant 1$, $|f''|\leqslant 1$, 则 $|f'|\leqslant 2$.
16. 设 f 在 $[0,a]$ 上存在二阶导数, $|f''|\leqslant M$, 且 f 在 $(0,a)$ 内存在最大值, 则

$$|f'(0)|+|f'(a)|\leqslant Ma.$$

17. 设 f 在 $\mathbb{R}$ 上连续可微, $\lim\limits_{x\to+\infty}f'(x)=c$, 且

$$f(x+1)-f(x)=f'(x),\quad \forall x\in\mathbb{R}.$$

证明: $f'\equiv c$.

18. 设 f 在 x_0 处有直到 $n+1$ 阶的导数, 则对于充分小的 h, 有

$$f(x_0+h)=f(x_0)+f'(x_0)\cdot h+\frac{h^2}{2!}f''(x_0)+\cdots+\frac{h^n}{n!}f^{(n)}(x_0+\theta_h\,h),$$

其中 $\theta_h\in(0,1)$ 与 h 的选取有关. 若 $f^{(n+1)}(x_0)\neq 0$, 证明:

$$\lim_{h\to 0}\theta_h=\frac{1}{n+1}.$$

19. 设 f 在原点的邻域内二阶可导, 且

$$\lim_{x\to 0}\left(1+x+\frac{f(x)}{x}\right)^{\frac{1}{x}}=\mathrm{e}^3.$$

试求:

(i) $f(0)$, $f'(0)$, $f''(0)$;

(ii) $\lim\limits_{x\to 0}\left(1+\dfrac{f(x)}{x}\right)^{\frac{1}{x}}$.

20. 设 f 在 $[a,b]$ 上有两阶导数, $f(a)=f'(a)=0$, 且存在常数 $M>0$ 使得 $|f''|\leqslant M|f|$. 证明: $f\equiv 0$.

提示: 考虑 $F=\begin{pmatrix}f\\ f'\end{pmatrix}$, 并参考第 7 题.

21. 求: $\lim\limits_{n\to+\infty} n\sin(2\pi en!)$.

22. 利用微分算子 D 的性质 (1.5.3), $f''(x)+3f'(x)+2f(x)$ 可以写为 $(D^2+3D+2)f(x)=(D+1)g(x)$, 其中 $g(x)=(D+2)f(x)$. 利用这一性质, 考虑 $[a,b]$ 上连续, (a,b) 内两阶可导的函数 f. 若 $f(a)=f\left(\dfrac{3a+b}{4}\right)=f(b)=0$, 证明: 存在 $\xi\in(a,b)$ 使得 $f''(\xi)+3f'(\xi)+2f(\xi)=0$.

23. 方程 $f''(x)+f(x)=0$ 的通解为 $f(x)=C_1\cos x+C_2\sin x$. 求导得到 $f'(x)=-C_1\sin x+C_2\cos x$. 求得

$$\begin{pmatrix}C_1\\C_2\end{pmatrix}=\begin{pmatrix}\cos x & \sin x\\ -\sin x & \cos x\end{pmatrix}^{-1}\begin{pmatrix}f(x)\\f'(x)\end{pmatrix}=\begin{pmatrix}f(x)\cos x-f'(x)\sin x\\ f(x)\sin x+f'(x)\cos x\end{pmatrix}\equiv\begin{pmatrix}F(x)\\G(x)\end{pmatrix}.$$

此时 $F'(x)$ 和 $G'(x)$ 必含有因子 $f''(x)+f(x)$. 具体地, 有

$$F'(x)=-\big(f''(x)+f(x)\big)\sin x,\qquad G'(x)=\big(f''(x)+f(x)\big)\cos x.$$

现设 f 在 $[0,\pi]$ 上连续可导, 在 $(0,\pi)$ 内有两阶导数, 若以下条件之一成立:

(i) $f(0)=f(\pi)=0$;　　(ii) $f(0)=f'\left(\dfrac{\pi}{2}\right)=0$.

证明: 存在 $\xi\in(0,\pi)$ 使得 $f''(\xi)+f(\xi)=0$.

24. 设 f 在 $[a,b]$ 上连续, 在 (a,b) 内两阶可导. 又若 $f(a)=f(b)=0$, 且对任何 $x\in(a,b)$, $f(x)>0, f''(x)+f(x)\leqslant 0$, 则 $b-a\leqslant\pi$.

25. 思考: 在定理 3.1.4 的证明中, 最后一步为什么不用定理 2.5.2 中的 L'Hospital 法则?

3.2 微分 Darboux 定理

一般来说, 一个可微函数的导函数并不一定连续, 但有趣的是它像连续函数一样, 具有介值性, 这就是著名的微分 Darboux 定理.

定理 3.2.1 (Darboux 定理)　*设 f 在 $[a,b]$ 上可微, 且 $f'(a)<f'(b)$. 则对任何 $\lambda\in(f'(a),f'(b))$, 存在 $\xi\in(a,b)$ 使 $f'(\xi)=\lambda$.*

证明　令

$$F(x):=f(x)-\lambda x,\quad x\in[a,b],$$

则

$$F'(a)=f'(a)-\lambda<0,\quad F'(b)=f'(b)-\lambda>0.$$

由于

$$\lim_{x\to a^+}\frac{F(x)-F(a)}{x-a}=F'(a)<0,$$

所以存在 $\delta>0$ 使得当 $x\in(a,a+\delta)$ 时, $F(x)-F(a)<0$, 从而 a 不是 F 在 $[a,b]$ 上的最小值点. 同理可证 b 不是 F 在 $[a,b]$ 上的最小值点.

另一方面, 由于 F 连续, 它在 $[a,b]$ 上有最小值, 设 $\xi\in[a,b]$ 是一个最小值点, 则 $\xi\in(a,b)$, 从而它是极小值点. 于是 $F'(\xi)=0$. 亦即 $f'(\xi)=\lambda$. □

注 3.2.1 有例子表明, 可微函数的导函数不一定连续. 例如, 对于

$$f(x)=\begin{cases}x^2\sin\dfrac{1}{x}, & \text{如果 } x\neq 0,\\ 0, & \text{如果 } x=0,\end{cases}$$

不难证明 f 是可微的, 且

$$f'(x)=\begin{cases}2x\sin\dfrac{1}{x}-\cos\dfrac{1}{x}, & \text{如果 } x\neq 0,\\ 0, & \text{如果 } x=0.\end{cases}$$

由此可以看到 f' 在 0 点不连续.

例 3.2.1 设 f 是 $[a,+\infty)$ 上有界的可微函数. $|f'|$ 单调. 证明: $\lim\limits_{x\to+\infty}xf'(x)=0$.

证明 不妨设 $a>0$. 由 Darboux 定理可知 $|f'|$ 的单调性蕴涵着 f' 的保号性. 不妨设 f' 非负. 此时 f' 必然单调减少. 否则 f' 单调增加, 且有 $x_2>x_1\geqslant a$ 使得 $f'(x_2)>f'(x_1)\geqslant 0$, 则由中值定理, 当 $x>x_2$ 时,

$$f(x)-f(x_2)=f'(x_2+\theta(x-x_2))(x-x_2)\geqslant f'(x_2)(x-x_2),$$

其中 $\theta\in(0,1)$ 与 x 有关. 从而 $\lim\limits_{x\to+\infty}f(x)=+\infty$. 这与假设矛盾. 于是 f' 非负且单调减少. 由中值定理得

$$2\left(f(x)-f\left(\frac{x}{2}\right)\right)=f'\left(\frac{x}{2}+\alpha\frac{x}{2}\right)x\geqslant f'(x)x\geqslant 0,$$

其中 $\alpha\in(0,1)$ 为与 x 有关的一个数. 由于 f 有界, 而由 f' 非负知 f 单调增加, 所以 $\lim\limits_{x\to+\infty}f(x)$ 存在. 于是, 由夹逼准则得 $\lim\limits_{x\to+\infty}xf'(x)=0$. □

例 3.2.2 设 f 在无穷区间 $(a,+\infty)$ 内二次可微, 且

$$\lim_{x\to a^+}f(x)=\lim_{x\to+\infty}f(x)$$

存在, 则

(i) 在 $(a,+\infty)$ 内, 至少有一点 ξ 使 $f'(\xi)=0$;

(ii) 在 $(a,+\infty)$ 内, 至少有一点 η 使 $f''(\eta)=0$.

证明 我们可以寻找两个不同的点, 使 f 在这两个点的值相等来证明 (i). 类似地证明 (ii).

现在用 Darboux 定理证明.

(i) 反证法. 若 $\forall x \in (a,+\infty)$, $f'(x) \neq 0$, 则由 Darboux 定理, f' 恒正或恒负. 不妨设 f' 恒正, 则 f 严格单增. 所以

$$f(x) > f(a+2) > f(a+1) > f(y), \quad \forall x > a+2; y \in (a,a+1).$$

于是

$$\lim_{x\to+\infty} f(x) \geqslant f(a+2) > f(a+1) \geqslant \lim_{x\to a^+} f(x).$$

这与假设矛盾, 所以必然存在 $\xi \in (a,+\infty)$ 使得 $f'(\xi)=0$.

(ii) 仍用反证法. 若对任何 $x \in (a,+\infty)$, $f''(x) \neq 0$, 则 f'' 恒正或恒负. 不妨设 f'' 恒正.

由 (i), $\exists \xi \in (a,+\infty)$ 使得 $f'(\xi)=0$. 于是

$$f'(x) > f'(\xi+1) > f'(\xi) = 0, \quad \forall x > \xi+1.$$

所以

$$f(x) \geqslant f(\xi+1) + f'(\xi+1)(x-\xi-1), \quad \forall x > \xi+1.$$

从而

$$\lim_{x\to+\infty} f(x) = +\infty > \lim_{x\to a^+} f(x).$$

与假设矛盾.

因此必然存在 $\eta \in (a,+\infty)$ 使得 $f''(\eta)=0$. □

例 3.2.3 设 f 在 $\left[0,\dfrac{\pi}{4}\right]$ 上二阶可导, $f(0)=0, f'(0)=1, f\left(\dfrac{\pi}{4}\right)=1$. 证明: 存在 $\xi \in \left(0,\dfrac{\pi}{4}\right)$ 使得

$$f''(\xi) = 2f(\xi)f'(\xi). \tag{3.2.1}$$

证明 记 $F(x)=f'(x)-f^2(x)$. 则 F 在 $\left[0,\dfrac{\pi}{4}\right]$ 上可导. 要证明的就是存在 $\xi \in (0,1)$ 使得 $F'(\xi)=0$. 由 Darboux 定理, 若结论不真, 则

$$F'(x) = f''(x) - 2f(x)f'(x) > 0, \quad \forall x \in \left(0,\frac{\pi}{4}\right) \tag{3.2.2}$$

或

$$F'(x) = f''(x) - 2f(x)f'(x) < 0, \quad \forall x \in \left(0, \frac{\pi}{4}\right). \tag{3.2.3}$$

若 (3.2.2) 式成立, 则

$$f'(x) - f^2(x) = F(x) > F(0) = 1, \quad \forall x \in \left(0, \frac{\pi}{4}\right],$$

即

$$\Big(\arctan f(x)\Big)' > 1, \quad \forall x \in \left(0, \frac{\pi}{4}\right].$$

于是又有

$$\arctan f(x) - x > \arctan f(0) - 0 = 0, \quad \forall x \in \left(0, \frac{\pi}{4}\right].$$

特别地,

$$f\left(\frac{\pi}{4}\right) > \tan\frac{\pi}{4} = 1.$$

与假设矛盾. 因此 (3.2.2) 式不成立. 类似可证 (3.2.3) 式也不成立.

因此, 必存在 $\xi \in \left(0, \frac{\pi}{4}\right)$ 使得 (3.2.1) 式成立. □

习 题 3.2

1. 若例 3.2.2 中, f 有足够的光滑性, 你可以得到什么进一步的结论?
2. 构造一个在 $[-1,1]$ 上处处可微的函数, 使得它的导函数在 $[-1,1]$ 上无界.
3. 设 f 在 $[0,1]$ 上二阶可导, $f(0)=2$, $f'(0)=0$, $f(1)=\mathrm{e}+\mathrm{e}^{-1}$. 证明: 存在 $\xi \in (0,1)$ 使得 $f''(\xi)=f(\xi)$.
4. 设 f 在 $[0,1]$ 上二阶可导, $f(0)=2, f'(0)=-2, f(1)=1$. 证明: 存在 $\xi \in (0,1)$ 使得 $f(\xi)f'(\xi)+f''(\xi)=0$.
5. 设 f 在 $[a,b]$ 上可导, 在 (a,b) 内二阶可导. 证明: 存在 $\xi \in (a,b)$ 使得 $f'(b)-f'(a)=f''(\xi)(b-a)$.
6. 考察中值定理类的问题中, 函数在边界点的条件是否可以减弱. 比如, 在习题 3.1 的第 23 题中, f' 在 a,b 的连续性可否减弱为存在性而结论仍然成立.

3.3 极值、零点、不等式

函数的微分与函数的单调性和凹凸性, 乃至极值、零点和不等式有着紧密的联系.

说明函数存在零点的常用方法有: 利用连续函数的介值定理、利用微分中值定理以及利用 Darboux 定理, 尤其以前两者较为常用. 而要证明零点的唯一性, 则常常借助于函数的严格单调性.

对于不等式的证明, 通常最简单就是运用函数的单调性, 稍微复杂一点, 可以运用函数的凹凸性: 在闭区间上, 凸函数的最大值在端点取到, 凹函数的最小值在端点取到. 另外, 也可以利用求函数的最大最小值来证明不等式.

注 3.3.1 凹凸的概念有些混乱. 在一些教材中被称为凹的函数在另一些教材中被称为凸. 另外也有上 (下) 凸, 上 (下) 凹的说法. (国际) 数学界统一的定义是: 设 f 是区间 I 上的实值函数, 如果对任何 $\alpha \in (0,1)$, 以及 $x, y \in I$ 成立着

$$f(\alpha x+(1-\alpha)y) \leqslant \alpha f(x)+(1-\alpha)f(y),$$

则称 f 是 I 上的凸函数. 如果上式当且仅当 $x=y$ 时等号成立, 则称 f 为严格凸的. 若 $-f$ 是 (严格) 凸的, 则称 f 是 (严格) 凹函数 (图 3.3.1).

按照凸函数这一定义, 立即可得: 若 f 是 $[a,b]$ 上的凸函数, 则对任何满足 $\sum\limits_{i=1}^{n}\alpha_i = 1$ 的 $\alpha_1,\alpha_2,\cdots,\alpha_n \geqslant 0$ 以及 $x_1,x_2,\cdots,x_n \in I$, 成立着所谓的**詹森 (Jensen) 不等式**:

$$f(\alpha_1 x_1+\cdots+\alpha_n x_n) \leqslant \alpha_1 f(x_1)+\cdots+\alpha_n f(x_n). \tag{3.3.1}$$

这可以看成凸函数的一个等价定义.

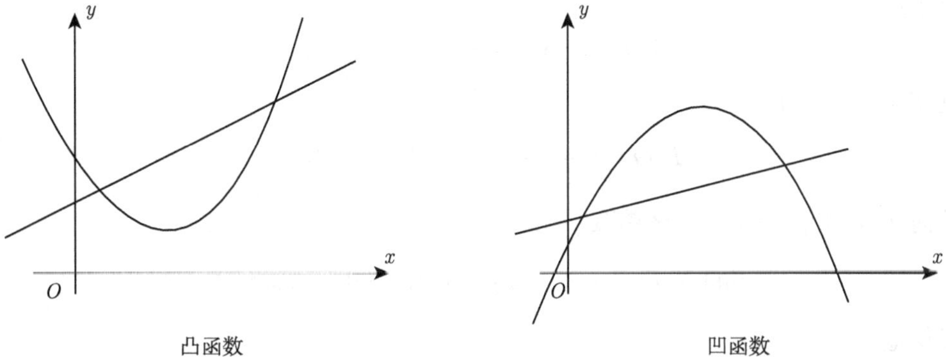

图 3.3.1

注 3.3.2 我们说 x_0 是函数 f 的极大 (小) 值点, 总是指 f (至少) 在 x_0 的一个小邻域 $(x_0-\delta, x_0+\delta)$ 内有定义, 且 $f(x_0)$ 是 f 在 $(x_0-\delta, x_0+\delta)$ 内的最大 (小) 值点.

进一步, 如果 x_0 是 $(x_0-\delta, x_0+\delta)$ 内唯一的最大 (小) 值点, 则称之为严格极大 (小) 值点.

例 3.3.1 证明: 当 $x>0$ 时, 有不等式

$$\left(1+\frac{1}{x}\right)^x < \mathrm{e} < \left(1+\frac{1}{x}\right)^{x+1}.$$

证明 除了通过本例说明导数在不等式证明中的作用, 类似于例 2.5.8, 我们要再次强调简化的重要性. 易见

$$\left(1+\frac{1}{x}\right)^x < \mathrm{e} < \left(1+\frac{1}{x}\right)^{x+1}, \quad \forall x>0,$$

$$\Updownarrow$$

$$x\ln\left(1+\frac{1}{x}\right) < 1 < (x+1)\ln\left(1+\frac{1}{x}\right), \quad \forall x>0,$$

$$\Updownarrow$$

$$\frac{1}{x+1} < \ln\left(1+\frac{1}{x}\right) < \frac{1}{x}, \quad \forall x>0, \tag{3.3.2}$$

$$\Updownarrow$$

$$1-\frac{1}{x+1} < \ln(1+x) < x, \quad \forall x>0.$$

对于最后一式, 令

$$F(x)=\ln(1+x)-x, \quad x \geqslant 0,$$

则 $F(0)=0$, 且

$$F'(x)=\frac{1}{1+x}-1<0, \quad \forall x>0.$$

从而 F 在 $[0,+\infty)$ 上严格单减. 因此

$$\ln(1+x)-x=F(x)<F(0)=0, \quad \forall x>0.$$

类似地, 令

$$G(x)=1-\frac{1}{x+1}-\ln(1+x), \quad x\in[0,+\infty),$$

可得 $G(0)=0$ 以及 G 在 $[0,+\infty)$ 上严格单减. 由此即得

$$1-\frac{1}{x+1}-\ln(1+x)<0, \quad \forall x\in(0,+\infty).$$

这就证明了要证的不等式. □

注 3.3.3 事实上, 对于 (3.3.2) 式左半部分, 还可以有这样的转换:

$$\frac{1}{x+1}<\ln\left(1+\frac{1}{x}\right), \quad \forall x>0,$$

$$\Updownarrow$$

$$\ln\left(1-\frac{1}{1+x}\right)<-\frac{1}{x+1}, \quad \forall x>0,$$

$$\Updownarrow$$

$$\ln(1+x)<x, \quad \forall x\in(-1,0).$$

这样, 本例原先要证明的不等式事实上等价于

$$\ln(1+x)<x, \quad \forall x>-1,\ x\neq 0.$$

如果利用杨 (Young) 不等式 (参见 (4.5.3)), 则可以通过证明

$$\left(1+\frac{1}{x}\right)^{x} \quad \text{和} \quad \left(1+\frac{1}{x}\right)^{x+1}$$

的严格单调性证明要证的不等式.

例 3.3.2 求出使不等式 $\dfrac{B}{\sqrt{x}}\leqslant \ln x\leqslant A\sqrt{x}$ $(x>0)$ 成立的最小正数 A 与最大负数 B.

解 易见

$$B=\inf_{x>0}\left(\sqrt{x}\ln x\right)\xlongequal{x\text{ 用 }x^2\text{ 代}}\inf_{x>0}\left(2x\ln x\right).$$

而

$$A=\sup_{x>0}\frac{\ln x}{\sqrt{x}}\xlongequal{x\text{ 用 }x^{-2}\text{ 代}}\sup_{x>0}(-2x\ln x)=-\inf_{x>0}2x\ln x,$$

于是问题就化为求

$$F(x)=x\ln x, \quad x>0$$

的下确界问题. 我们有

$$F'(x)=\ln x+1, \quad x>0,$$

以及

$$F''(x)=\frac{1}{x}>0, \quad x>0.$$

从而 F 是 $(0,+\infty)$ 上的严格凸函数, 因此, 它在它的驻点 $x=\dfrac{1}{\mathrm{e}}$ 处取到最小值 $-\dfrac{1}{\mathrm{e}}$, 所以

$$A=\frac{2}{\mathrm{e}},\quad B=-\frac{2}{\mathrm{e}}.$$

例 3.3.3 设 f 在 $(0,+\infty)$ 内可导. 证明 $f(x)-xf'(x)$ 单调减少的充要条件为 f' 单调增加.

证明 在证明之前, 先做一个简要的分析. 如果 f 是二阶可导的, 则

$$\begin{gathered} f(x)-xf'(x)\text{ 单调减少}\\ \Updownarrow\\ \big(f(x)-xf'(x)\big)'\leqslant 0\\ \Updownarrow\\ xf''(x)\geqslant 0\\ \Updownarrow\\ f'\text{ 单调增加.}\end{gathered}$$

因此, 当 f 二阶可导时, 证明是简单的. 现在的问题是 f 不一定具有二阶导数. 而这正是问题的难点.

尽管如此, 本例中充分性的证明仍然是简单的: 设 f' 单调增加, 则对任何 $y>x>0$, 存在 $\xi\in(x,y)$, 使得

$$\begin{aligned}&\big(f(y)-yf'(y)\big)-\big(f(x)-xf'(x)\big)\\ =&\ f'(\xi)(y-x)-yf'(y)+xf'(x)\\ =&\ y(f'(\xi)-f'(y))+x(f'(x)-f'(\xi))\leqslant 0,\end{aligned}$$

即 $f(x)-xf'(x)$ 单调减少.

对于必要性, 我们设 $f(x)-xf'(x)$ 单调减少. 于是

$$\frac{\big(f(y)-yf'(y)\big)-\big(f(x)-xf'(x)\big)}{y-x}\leqslant 0,\quad \forall x,y>0,\ y\neq x,$$

亦即

$$\frac{1}{y}\left(\frac{f(y)-f(x)}{y-x}-f'(x)\right)\leqslant\frac{f'(y)-f'(x)}{y-x},\quad \forall x,y>0,\ y\neq x.$$

令 $y \to x$ 并取下极限, 可得

$$\varliminf_{y \to x} \frac{f'(y) - f'(x)}{y - x} \geqslant 0.$$

上式的作用类似于 $f'' \geqslant 0$. 可以利用它来证明 f' 单调增加. 我们把详细的证明留作习题.

另外, 需要指出, 既然当 f' 可导时, 证明是简单的, 我们也可以利用函数的光滑化来证明必要性. 我们把它留作习题 4.3 第 19 题. □

习 题 3.3

1. 设 f 在 $[a,b]$ 上连续, 但不为常数. 求证: $\exists \xi \in (a,b)$ 使 f 在点 ξ 不取极值.
2. 证明: 区间 (a,b) 内的函数 f 为凸函数等价于下列任一条 (如附图):

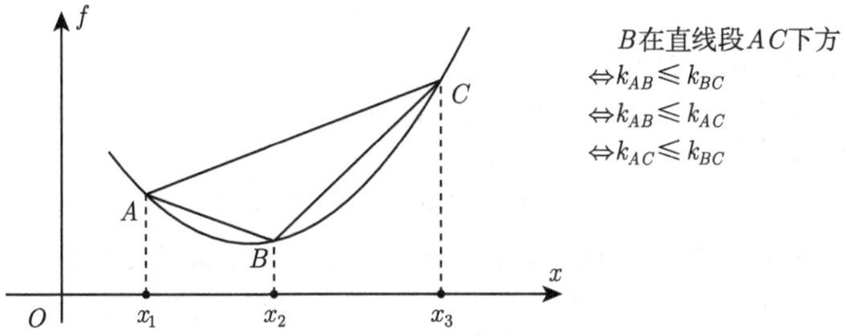

习题 2 附图

(i) 对任何 $a < x_1 < x_2 < x_3 < b$, 成立

$$\frac{f(x_2) - f(x_1)}{x_2 - x_1} \leqslant \frac{f(x_3) - f(x_2)}{x_3 - x_2};$$

(ii) 对任何 $a < x_1 < x_2 < x_3 < b$, 成立

$$\frac{f(x_2) - f(x_1)}{x_2 - x_1} \leqslant \frac{f(x_3) - f(x_1)}{x_3 - x_1};$$

(iii) 对任何 $a < x_1 < x_2 < x_3 < b$, 成立

$$\frac{f(x_3) - f(x_1)}{x_3 - x_1} \leqslant \frac{f(x_3) - f(x_2)}{x_3 - x_2}.$$

3. 若 f 是开区间 (a,b) 内的凸函数. 证明它一定是连续的.
4. 如果 f 是凸区域 $\Omega \subseteq \mathbb{R}^n$ 内的凸函数, 即对任何 $\alpha \in (0,1)$ 以及 $\boldsymbol{x}, \boldsymbol{y} \in \Omega$, 成立

$$f(\alpha \boldsymbol{x} + (1-\alpha)\boldsymbol{y}) \leqslant \alpha f(\boldsymbol{x}) + (1-\alpha) f(\boldsymbol{y}).$$

问: f 是否是 Ω 内的多元连续函数?

5. 设 f 是区间 I 上的实值函数, 如果对任何 $x, y \in I$ 成立着

$$f\left(\frac{x+y}{2}\right) \leqslant (\geqslant) \frac{f(x)+f(y)}{2},$$

则称 f 是 I 上的中点凸 (凹) 函数. 易见凸 (凹) 函数一定是中点凸 (凹) 函数. 但一般来说, 反之不然. 证明: 若 f 是中点凸的连续函数, 则 f 一定是凸的. 进一步, 若 f 是中点凸的有界函数, 考虑 f 是否一定是凸的.

6. 设有 (a, b) 内的函数 f, 证明:
(i) 若 f 可导, 则 f 为凸函数的充分必要条件是 f' 单调增加;
(ii) 若 f 二阶可导, 则 f 为凸函数的充分必要条件是 $f'' \geqslant 0$.

7. 设 f 是 $(0, +\infty)$ 内的凸函数, 且对任何 $x \in (0, +\infty)$, $\int_0^x f(t)\,\mathrm{d}t$ 存在. 证明:

$$F(x) = \frac{1}{x}\int_0^x f(t)\,\mathrm{d}t$$

也是 $(0, +\infty)$ 内的凸函数.

8. 证明: 区间 $[a, b]$ 上可导的凸函数 f 可以延拓成为整个 $\mathbb{R}$ 上的凸函数. 即存在 $\mathbb{R}$ 上的凸函数 $\tilde{f}$, 使得

$$\tilde{f}(x) = f(x), \quad \forall x \in [a, b].$$

进一步, 若 f 的 n 阶导数连续 $(n \geqslant 1)$, 则可以将上述 $\tilde{f}$ 取成具有连续的 n 阶导数.

9. 设 $n \geqslant 1$, 证明区间 $[a, b]$ 上的函数 f 具有非负连续的 n 阶导数的充分必要条件是它可以延拓成为整个 $\mathbb{R}$ 上的具有非负连续的 n 阶导数的函数.

10. 设 f 在 $\mathbb{R}$ 上有 n 阶连续导数 $(n \geqslant 2)$, 若

$$f^{(n)}(x) > 0, \quad \forall x \in \mathbb{R},$$

则对任何 $n-1$ 次多项式 P_{n-1}, $f - P_{n-1}$ 至多只有 n 个零点. 进一步, 若 $f - P_{n-1}$ 恰好有 n 个零点, 则成立 $\lim\limits_{x \to +\infty}(f(x) - P_{n-1}(x)) = +\infty$.

11. 思考上题的逆命题如何?

12. 设 f 在 $[0, +\infty)$ 上连续可微, $f(0) = 1$, $|f'| \leqslant f$. 求证: 当 $x \geqslant 0$ 时, $\mathrm{e}^{-x} \leqslant f(x) \leqslant \mathrm{e}^{x}$.

13. 设 $b > a > 0$. 证明:

$$\frac{b-a}{\ln b - \ln a} < \frac{b+a}{2}.$$

14. 求使下式成立的最佳常数 α:

$$\left(1 + \frac{1}{x}\right)^{x+\alpha} > \mathrm{e}, \quad \forall x > 0.$$

15. 设 y 两阶可导,

$$y'' - 2y' + y \geqslant 0, \quad y(0) = 0, \quad y'(0) \geqslant 0.$$

求证: 当 $x \geqslant 0$ 时, $y(x) \geqslant 0$.

16. 推广第 15 题.
17. 证明 $x^2+3x^3+7x^4-5x^6-8x^7=0$ 有且仅有一个正实根.
18. 设 $f_n(x)=1+\dfrac{x}{1!}+\dfrac{x^2}{2!}+\cdots+\dfrac{x^n}{n!}$, 证明:

(i) 当 n 为偶数时, f_n 在实轴上有正的最小值;

(ii) 当 n 为奇数时, f_n 有且仅有一个实根.

19. 设 $f\in C^1[0,1]$, 且 $0\leqslant f'\leqslant 1$, $f(0)=0$. 求证:

$$\int_0^1 f^3(x)\,\mathrm{d}x\leqslant\left(\int_0^1 f(x)\,\mathrm{d}x\right)^2.$$

20. 设 $a_m>0$, $a_0,a_1,\cdots,a_{m-1}\in\mathbb{R}$,

$$g(x)=a_mx^m+a_{m-1}x^{m-1}+\cdots+a_1x+a_0.$$

定义 $G(x)=(g(x))^2-g'(x)$. 证明: 若 g 有 m 个不相同的实零点, 则

(i) 当 m 为正奇数时, G 有且仅有 $m+1$ 个实零点;

(ii) 当 m 为正偶数时, G 有且仅有 m 个实零点.

21. 设 f 在实轴上有界且可微, 并满足

$$|f(x)+f'(x)|\leqslant 1,\quad \forall x\in(-\infty,+\infty).$$

求证: $|f|\leqslant 1$.

22. 设 f 在 $(0,+\infty)$ 上可导, 且 f' 递增. 又

$$\lim_{x\to+\infty}\frac{f(x)}{x^p}=1,\quad p\neq 0.$$

(i) 求证: $x>0$ 时, 对 $h>0$ 有

$$f(x)-f(x-h)\leqslant hf'(x)\leqslant f(x+h)-f(x),$$

自然上面第一个不等式要求 $h<x$;

(ii) 求证: $\displaystyle\lim_{x\to+\infty}\frac{f'(x)}{px^{p-1}}=1$.

23. 设

$$P(x)=x^n-p_1x^{n-1}-p_2x^{n-2}-\cdots-p_n,$$

其中

$$p_i\geqslant 0\quad(i=1,2,\cdots,n),\quad \sum_{i=1}^n p_i>0.$$

试证: P 有且只有一个单重正根.

24. 设 f 在 $\mathbb{R}$ 上连续, 函数 $g(x)=f(x)\displaystyle\int_0^x f(t)\,\mathrm{d}t$ 单调减少. 证明: $f\equiv 0$.

25. 对于区间 (a,b) 内的实函数 f, 定义

$$F(x) := \varlimsup_{y\to x} \frac{f(y)-f(x)}{y-x},$$

其中 F 的取值可以是 $\pm\infty$. 依次证明

(i) 如果

$$F(x) > 0, \quad \forall x \in (a,b),$$

则 f 在 (a,b) 内严格单调增加;

(ii) 如果

$$F(x) \geqslant 0, \quad \forall x \in (a,b),$$

则 f 在 (a,b) 内单调增加.

26. 对于区间 (a,b) 内的实函数 f, 定义

$$G(x) := \varliminf_{y\to x^+} \frac{f(y)-f(x)}{y-x},$$

其中 G 的取值可以是 $\pm\infty$. 依次研究

(i) 如果

$$G(x) \geqslant \alpha > 0, \quad \forall x \in (a,b),$$

f 是否在 (a,b) 内严格单调增加?

(ii) 如果 f 具有介值性质, 即 $\forall\, a < x_1 < x_2 < b$, f 可以在 $[x_1,x_2]$ 上取到介于 $f(x_1)$ 和 $f(x_2)$ 间的任何值. 此时 (i) 的结论又如何?

27. 设 f 是 $[a,b]$ 上的连续函数, 定义 f 的广义二阶导数:

$$F(x) = \lim_{h\to 0} \frac{f(x+h)+f(x-h)-2f(x)}{h^2}.$$

证明:

(i) 如果

$$F(x) > 0, \quad \forall x \in (a,b),$$

则 f 的最大值不在 (a,b) 内取到;

(ii) 如果

$$F(x) \geqslant 0, \quad \forall x \in (a,b),$$

则

$$f(x) \leqslant \max(f(a), f(b)), \quad \forall x \in (a,b);$$

(iii) 如果

$$F(x) = 0, \quad \forall x \in (a,b),$$

则

$$f(x) = f(a) + \frac{f(b)-f(a)}{b-a}(x-a), \quad \forall x \in [a,b].$$

28. 设 f 是 $[a,b]$ 上的凸函数, 对于满足 $x+y=A$ 的 $x,y\in[a,b]$, 试讨论其最大值.
29. 设 f 在 $\mathbb{R}$ 上连续, 在 $(-\infty,a]$ 上是凹的, 在 $[a,+\infty)$ 上是凸的. 则对于 $n\geqslant 2$, 证明:

$$\sup\left\{\sum_{k=1}^{n}f(x_k)\,\Big|\,\sum_{k=1}^{n}x_k=0\right\}=\sup\left\{(n-1)f(x)+f\big(-(n-1)x\big)\,\Big|\,x\leqslant a\right\},$$

$$\inf\left\{\sum_{k=1}^{n}f(x_k)\,\Big|\,\sum_{k=1}^{n}x_k=0\right\}=\inf\left\{(n-1)f(x)+f\big(-(n-1)x\big)\,\Big|\,x\geqslant a\right\}.$$

30. 考察函数 $f(x)=(1+\mathrm{e}^x)^{-2}$ 的凹凸性. 计算以下集合 E 的上、下确界:

$$E:=\left\{\frac{x_1^2}{(x_1+x_2)^2}+\frac{x_2^2}{(x_2+x_3)^2}+\frac{x_3^2}{(x_3+x_4)^2}+\frac{x_4^2}{(x_4+x_1)^2}\,\Big|\,x_1,x_2,x_3,x_4>0\right\}.$$

31. 设 f 在 (a,b) 连续, g 在 (a,b) 可导. 证明 fg' 和 $f+g'$ 在 (a,b) 内均有介值性质.
32. 思考: 设 f, g 均在 (a,b) 内有介值性, 问 $f+g$ 和 fg 在 (a,b) 内的介值性如何?

线上课堂

微分 Darboux 定理

第 4 章　积　　分

4.1　Riemann 积分定义、Darboux 和

通常 Riemann 积分采用两种方式定义: 一是利用 Riemann 和来定义, 二是利用 Darboux 和来定义. 利用 Riemann 和的定义直观、容易接受, 但利用 Darboux 和的定义从数学理论上来讲可能更有利一些.

首先回顾一下如何用 Riemann 和定义 (常义) 定积分.

定义 4.1.1　设 f 是有界闭区间 $[a,b]$ 上的有界函数. 对于 $[a,b]$ 的划分[①]

$$P: a = x_0 < x_1 < x_2 < \cdots < x_n < x_{n+1} = b,$$

在划出的每个小区间上, 任取一点 $\xi_i \in [x_i, x_{i+1}]$, 作 Riemann 和

$$\sum_{i=0}^{n} f(\xi_i)(x_{i+1} - x_i).$$

如果当划分 P 的**范数**

$$\|P\| := \max_{0 \leqslant i \leqslant n} (x_{i+1} - x_i)$$

趋于 0 时, 上述和式收敛, 且极限与 ξ_i 的选取无关, 则称 f 在 $[a,b]$ 上 Riemann 可积[②]. 上述极限称为 f 在 $[a,b]$ 上的 (Riemann) 积分, 记为 $\int_a^b f(x)\,\mathrm{d}x$.

用 Riemann 和定义积分时由于选取**代表点** ξ_i 时有一定的随意性, 从而 Riemann 和并非由划分唯一确定, 这在考虑 Riemann 和的极限时是一个麻烦的地方.

这种不确定性可以通过 Darboux 上和与 Darboux 下和来避免.

从定义 4.1.1 来看, 若 f 在 $[a,b]$ 上可积, 则 Riemann 和当划分的范数趋于 0 时的极限存在且与代表点的选取无关. 因此, 不难看到, 函数可积的充分必要条件是 Riemann 和的 (对应同一个划分的) 上确界和下确界都收敛且极限相同.

更确切地, 有以下定理.

定理 4.1.1　设 f 在有界闭区间 $[a,b]$ 上有界. 对于 $[a,b]$ 的划分

$$P: a = x_0 < x_1 < x_2 < \cdots < x_n < x_{n+1} = b,$$

---

① $x_1, x_2, \cdots, x_n$ (以及 x_0, x_{n+1}) 称为划分 P 的分点.

② 没有特别说明时, 本书中的可积总是指 Riemann 可积.

定义

$$U(f,P) \equiv U_{[a,b]}(f,P) = \sum_{i=0}^{n} M_i(x_{i+1}-x_i)$$

与

$$L(f,P) \equiv L_{[a,b]}(f,P) = \sum_{i=0}^{n} m_i(x_{i+1}-x_i)$$

为 f 相应于划分 P 的 **Darboux 上和与 Darboux 下和**, 其中

$$M_i = \sup_{x\in[x_i,x_{i+1}]} f(x), \quad m_i = \inf_{x\in[x_i,x_{i+1}]} f(x), \quad i=0,1,\cdots,n,$$

则 f 在 $[a,b]$ 上可积, 当且仅当

$$\lim_{\|P\|\to 0} U(f,P) = \lim_{\|P\|\to 0} L(f,P). \tag{4.1.1}$$

Darboux 上和、下和的优点之一是它们只依赖于函数和划分, 而不需要选择代表点. 事实上, 对于

$$P: a = x_0 < x_1 < x_2 < \cdots < x_n < x_{n+1} = b, \tag{4.1.2}$$

成立

$$U(f,P) = \sup_{\substack{\xi_i\in[x_i,x_{i+1}]\\ i=0,1,\cdots,n}} \sum_{i=0}^{n} f(\xi_i)(x_{i+1}-x_i)$$

和

$$L(f,P) = \inf_{\substack{\xi_i\in[x_i,x_{i+1}]\\ i=0,1,\cdots,n}} \sum_{i=0}^{n} f(\xi_i)(x_{i+1}-x_i).$$

另外, 很明显, Darboux 和具有某种单调性: 如果划分 Q 是划分 P 的一个**加细**, 即划分 P 的所有分点都是划分 Q 的分点, 则

$$U(f,P) \geqslant U(f,Q) \geqslant L(f,Q) \geqslant L(f,P).$$

更重要的是对于有界闭区间上的有界函数, $\lim\limits_{\|P\|\to 0} U(f,P)$ 和 $\lim\limits_{\|P\|\to 0} L(f,P)$ 事实上总存在. 具体地, 有以下的**积分 Darboux 定理**:

定理 4.1.2 设 f 是有界闭区间 $[a,b]$ 上的有界函数, 则

$$\lim_{\|P\|\to 0} U(f,P) = \inf_P U(f,P), \tag{4.1.3}$$

$$\lim_{\|P\|\to 0} L(f,P) = \sup_P L(f,P). \tag{4.1.4}$$

证明 由于 $L(f,P)=-U(-f,P)$, 所以 (4.1.3) 式和 (4.1.4) 式是等价的. 现在来证明 (4.1.3) 式.

记 $M=\sup\limits_{x\in[a,b]}|f(x)|$, 则对 $[a,b]$ 的任何划分 P, 有

$$M(b-a)\geqslant U(f,P)\geqslant -M(b-a).$$

从而上和有下确界. 由下确界的定义可得, $\forall\varepsilon>0$, 存在划分 Q_ε, 使得

$$U(f,Q_\varepsilon)\leqslant\inf_P U(f,P)+\varepsilon.$$

令 $\delta=\dfrac{\varepsilon}{(M+1)m}$, 其中 m 为划分 Q_ε 的分点个数. 任取划分 Q 使得 $\|Q\|<\delta$. 用 $Q\cup Q_\varepsilon$ 表示以 Q 和 Q_ε 的所有分点为分点的划分, 则 $Q\cup Q_\varepsilon$ 是 Q_ε 的加细. 从而

$$U(f,Q\cup Q_\varepsilon)\leqslant U(f,Q_\varepsilon)\leqslant\inf_P U(f,P)+\varepsilon.$$

直接从上和的定义可以看到, 在计算 $U(f,Q)$ 与 $U(f,Q\cup Q_\varepsilon)$ 的和式中, 只有与 Q_ε 的分点相关的项才可能是不同的, 而这些小区间的总长度不会超过 $m\|Q\|<m\delta$. 从而

$$\inf_P U(f,P)\leqslant U(f,Q)\leqslant U(f,Q\cup Q_\varepsilon)+2Mm\delta\leqslant\inf_P U(f,P)+3\varepsilon.$$

这就证明了 (4.1.3) 式. □

今后分别称 $\sup\limits_P L(f,P)$ 和 $\inf\limits_P U(f,P)$ 为 f 在 $[a,b]$ 上的下积分和上积分, 记为

$$\underline{\int_a^b} f(x)\,\mathrm{d}x \quad 和 \quad \overline{\int_a^b} f(x)\,\mathrm{d}x.$$

这样, 定理 4.1.1 可以描述为: 有界函数 f 在区间 $[a,b]$ 上可积当且仅当

$$\underline{\int_a^b} f(x)\,\mathrm{d}x=\overline{\int_a^b} f(x)\,\mathrm{d}x.$$

有了积分 Darboux 定理, 在证明函数可积性时, 只需要考虑一些特殊的划分, 只要这些划分的范数趋于零即可. 例如, 我们只需要考虑等分. 利用 Darboux 定理, 立即可得如下判断可积性的充分必要条件.

定理 4.1.3 设 f 是有界闭区间 $[a,b]$ 上的有界函数, 则 f 在 $[a,b]$ 上可积当且仅当 $\forall\varepsilon>0$, 存在划分 P 使得 $U(f,P)-L(f,P)<\varepsilon$.

对于由 (4.1.2) 给出的划分 P, 记 $\omega_k = \sup\limits_{x\in[x_k,x_{k+1}]} f(x) - \inf\limits_{x\in[x_k,x_{k+1}]} f(x)\,(k = 0,1,2,\cdots,n)$. 则 ω_k 称为 f 在 $[x_k, x_{k+1}]$ 上的**振幅**. 定理 4.1.3 表明 f 可积的充要条件是当划分范数趋于零时, 函数的平均振幅趋于零. 由此可以得到关于可积性的 Lebesgue 判据 (参见注 4.2.2).

现在, 我们来推广定理 2.4.2 的 (2.4.12) 式.

定理 4.1.4 设函数列 $\{f_n\}$ 在区间 $[a,b]$ 上可积且一致收敛到 f, 则 f 在 $[a,b]$ 上可积, 且

$$\int_a^b f(x)\,\mathrm{d}x = \lim_{n\to+\infty}\int_a^b f_n(x)\,\mathrm{d}x. \tag{4.1.5}$$

证明 考虑区间 $[a,b]$ 的划分 P, 我们有

$$U(f,P) \leqslant U(f-f_n,P) + U(f_n,P), \qquad \forall\, n \geqslant 1.$$

令 $\|P\| \to 0^+$, 由积分 Darboux 定理得到

$$\begin{aligned}\overline{\int_a^b} f(x)\,\mathrm{d}x &\leqslant \overline{\int_a^b} |f(x)-f_n(x)|\,\mathrm{d}x + \int_a^b f_n(x)\,\mathrm{d}x\\ &\leqslant (b-a)\sup_{x\in[a,b]}|f(x)-f_n(x)| + \int_a^b f_n(x)\,\mathrm{d}x, \qquad \forall\, n\geqslant 1.\end{aligned} \tag{4.1.6}$$

再在上式中令 $n\to+\infty$, 得

$$\overline{\int_a^b} f(x)\,\mathrm{d}x \leqslant \varliminf_{n\to+\infty}\int_a^b f_n(x)\,\mathrm{d}x. \tag{4.1.7}$$

上式中以 $-f$ 代替 f 得到

$$\underline{\int_a^b} f(x)\,\mathrm{d}x \geqslant \varlimsup_{n\to+\infty}\int_a^b f_n(x)\,\mathrm{d}x. \tag{4.1.8}$$

结合 (4.1.7) 式和 (4.1.8) 式即得

$$\lim_{n\to+\infty}\int_a^b f_n(x)\,\mathrm{d}x = \overline{\int_a^b} f(x)\,\mathrm{d}x = \underline{\int_a^b} f(x)\,\mathrm{d}x. \tag{4.1.9}$$

从而 f 在 $[a,b]$ 可积, 且 (4.1.5) 式成立. □

注 4.1.1 需要指出 (4.1.6) 式蕴涵着 f 有上界. 另外, 定理中 f_n 和 f 的 Riemann 可积性可以改为反常积分收敛. 但此时, 本质上涉及的还是常义积分, 因

为由 $\{f_n\}$ 的一致收敛性, 可得当 m,n 足够大时, $\int_a^b (f_n(x)-f_m(x))\,\mathrm{d}x$ 是常义积分.

注 4.1.2 对于 $[a,b]$ 上有界函数 f 和 g, 利用 (4.1.3) 可以得到

$$\overline{\int_a^b}(f(x)+g(x))\,\mathrm{d}x \leqslant \overline{\int_a^b} f(x)\,\mathrm{d}x + \overline{\int_a^b} g(x)\,\mathrm{d}x. \tag{4.1.10}$$

于是 (4.1.6) 也可以由 (4.1.10) 得到.

例 4.1.1 设 $[a,b]$ 上的有界函数 f 在 (a,b) 内连续. 证明 f 在 $[a,b]$ 上可积.

证明 记 $M=\sup\limits_{x\in[a,b]}|f(x)|$. 对于任意的 $\varepsilon>0$, f 在 $[a+\varepsilon,b-\varepsilon]$ 上连续, 从而一致连续. 令 ω 为 f 在 $[a+\varepsilon,b-\varepsilon]$ 上的连续模. 则存在 $\delta>0$, 使得 $\omega(\delta)<\varepsilon$.

现作 $[a,b]$ 的划分

$$P: a=x_0<a+\varepsilon=x_1<\cdots<x_n=b-\varepsilon<x_{n+1}=b,$$

使得 $\max\limits_{1\leqslant i\leqslant n}(x_{i+1}-x_i)<\delta$, 则

$$U(f,P)-L(f,P)<4\varepsilon M+\omega(\delta)(b-a)<(4M+b-a)\varepsilon.$$

故由定理 4.1.3, f 在 $[a,b]$ 上可积. □

习 题 4.1

1. 考察是否可以利用定积分计算习题 2.5 第 1 题中的某些极限.
2. 设 $S_n=\dfrac{1}{n+1}+\dfrac{1}{n+2}+\cdots+\dfrac{1}{2n}$. 求 $\lim\limits_{n\to+\infty}S_n$.
3. 求 $\lim\limits_{n\to+\infty}\sum\limits_{k=1}^{n}\dfrac{2^{\frac{k}{n}}}{n+\frac{1}{k}}$.
4. 求
$$\lim_{n\to+\infty}\frac{1}{n^4}\left(1^3a^{\frac{1}{n}}+2^3a^{\frac{2}{n}}+\cdots+n^3a^{\frac{n}{n}}\right).$$
5. 设 f 在 $[a,b]$ 上 Riemann 可积, $\int_a^b f(x)\,\mathrm{d}x>0$. 试证: 存在 $(c,d)\subset(a,b)$ 使 f 在 (c,d) 内恒正.
6. 若 f,g 在 $[a,b]$ 上 Riemann 可积, 利用定理 4.1.3 证明
$$|f|,\quad f+g,\quad f\cdot g$$
可积. 进一步, 若 $f\geqslant c>0$, 则 $\dfrac{1}{f}$ 也在 $[a,b]$ 上可积.

7. 证明闭区间上的单调函数一定可积.
8. 设 f 在 $[a,b]$ 上有界, 对于任何 $c\in(a,b)$, f 在 $[a,c]$ 上可积. 证明: f 在 $[a,b]$ 上可积①.
9. 设 f 是 $[0,1]$ 上的函数. 对于 $n\geqslant 1$ 以及 $0\leqslant k\leqslant 2^n-1$, 记 $\omega_{n,k}$ 为 f 在区间 $\left[\frac{k}{2^n},\frac{k+1}{2^n}\right]$ 上的振幅. 对于 $n\geqslant 1$ 以及 $\delta>0$, 定义 $E_{n,\delta}:=\cup\left\{\left[\frac{k}{2^n},\frac{k+1}{2^n}\right]\middle|\omega_{n,k}\geqslant\delta\right\}$.
证明: x_0 是 f 的不连续点当且仅当存在 $\delta>0$ 使得对任何 $n\geqslant 1$, 都有 $x_0\in E_{n,\delta}$.
10. 设函数 f 在 $[a,b]$ 上可积. 证明 f 在 (a,b) 内有连续点.
11. 设 f 连续, $a>1$. 求证:
$$\int_1^a f\left(x^2+\frac{a^2}{x^2}\right)\frac{\mathrm{d}x}{x}=\int_1^a f\left(x+\frac{a^2}{x}\right)\frac{\mathrm{d}x}{x}.$$
12. 设函数 $f>0$ 在 $[a,b]$ 上可积. 证明 $\displaystyle\int_a^b f(x)\,\mathrm{d}x>0$.
13. 设 $f\in C[a,b]\cap C^1(a,b)$, 且 $|f'|\leqslant M$, $f(a)=0$. 试证:
$$\frac{2}{(b-a)^2}\left|\int_a^b f(x)\,\mathrm{d}x\right|\leqslant M.$$
14. 对于 $[a,b]$ 上的连续可微函数 f, 若 $f(a)=f(b)=0$, 则
$$\max_{a\leqslant x\leqslant b}|f'(x)|\geqslant\frac{4}{(b-a)^2}\left|\int_a^b f(x)\,\mathrm{d}x\right|.$$
15. 设 f 是 $[0,1]$ 上的连续函数,
$$\int_0^1 x^k f(x)\,\mathrm{d}x=0,\quad k=0,1,\cdots,n-1,$$
$$\int_0^1 f(x)x^n\,\mathrm{d}x=1.$$
证明: 存在 $[0,1]$ 的子区间 $[a,b]$ 使得对任何 $x\in[a,b]$, 有 $|f(x)|\geqslant 2^n(n+1)$.

4.2 积分中值定理

类似于微分中值定理, 我们有如下的**积分第一中值定理**:

定理 4.2.1 设 f,g 在有界闭区间 $[a,b]$ 上可积, g 非负, 则存在 η 满足
$$\inf_{x\in[a,b]}f(x)\leqslant\eta\leqslant\sup_{x\in[a,b]}f(x),$$

① 这一结果表明一个点是瑕积分的奇点, 当且仅当在该点附近, 被积函数无界.

使得

$$\int_a^b f(x)g(x)\,\mathrm{d}x = \eta\int_a^b g(x)\,\mathrm{d}x.$$

特别地, 当 f 在 $[a,b]$ 上连续时, 存在 $\xi\in(a,b)$ 使得

$$\int_a^b f(x)g(x)\,\mathrm{d}x = f(\xi)\int_a^b g(x)\,\mathrm{d}x. \tag{4.2.1}$$

由积分第一中值定理容易证明, 若 f 在 $[a,b]$ 上连续, 则它有原函数, 即存在 $[a,b]$ 上的可微函数 F 满足

$$F'(x)=f(x),\quad \forall\, x\in[a,b].$$

事实上, 可证

$$\frac{\mathrm{d}}{\mathrm{d}x}\int_a^x f(t)\,\mathrm{d}t = f(x),\quad \forall\, x\in[a,b].$$

即 $G(x)\equiv\displaystyle\int_a^x f(t)\,\mathrm{d}t$ 是 f 的一个原函数.

另外, 若 F 是 f 的 (任意) 一个原函数, 则有

$$F(x)-G(x)\equiv C,\quad \forall\, x\in[a,b].$$

由此注意到

$$G(b)-G(a)=\int_a^b f(x)\,\mathrm{d}x,$$

即得著名的**牛顿–莱布尼茨 (Newton-Leibniz) 公式**

$$\int_a^b f(x)\,\mathrm{d}x = F(b)-F(a). \tag{4.2.2}$$

注 4.2.1 容易证明, 若 F 在 $[a,b]$ 上连续, 在 (a,b) 内可导且导函数 f Riemann 可积, 则 Newton-Leibniz 公式 (4.2.2) 成立. 证明如下: 任取 $n\geqslant 2$, 由微分中值定理, 我们有 $\xi_{n,k}\in\left(a+\dfrac{k(b-a)}{n}, a+\dfrac{(k-1)(b-a)}{n}\right)$ $(1\leqslant k\leqslant n)$ 使得

$$F(b)-F(a)=\sum_{k=1}^n\left(F\left(a+\frac{k(b-a)}{n}\right)-F\left(a+\frac{(k-1)(b-a)}{n}\right)\right)=\sum_{k=1}^n f(\xi_{n,k})\frac{b-a}{n}.$$

令 $n\to+\infty$, 即得 (4.2.2) .

注 4.2.2 值得注意的是, 存在 $[a,b]$ 上处处可微且导函数有界的函数 f, 使得 f' 在 $[a,b]$ 上非 Riemann 可积.

在讨论 Riemann 积分时, 可积性是一件困难的事. 今后, 引入 Lebesgue 积分则可以免去这方面很多不必要的困难.

对于有界区间上有界函数的 Riemann 可积性, 一个深刻的结果是所谓 **Lebesgue 判据**.

具体地, 设 $E \subset \mathbb{R}$, 称 E 为零测度集, 如果对任何 $\varepsilon > 0$, 有一列开区间 $\{(a_n, b_n)\}$ 使得 $E \subseteq \bigcup\limits_{n=1}^{\infty}(a_n, b_n)$ 且 $\sum\limits_{n=1}^{\infty}(b_n - a_n) < \varepsilon$.

Lebesgue 判据是说, 如果 f 是有界区间 $[a,b]$ 上的有界函数, 则 f 在 $[a,b]$ 上 Riemann 可积当且仅当 f 的不连续点全体为零测度集.

今后, 在 f 连续的情形下, 还可以将不定积分写成如下形式:

$$\int f(x)\,\mathrm{d}x = \int_a^x f(t)\,\mathrm{d}t + C.$$

以下是**积分第二中值定理**.

定理 4.2.2 设函数 f 和 g 在 $[a,b]$ 上可积, 且 g 单调, 则存在 $\xi \in [a,b]$ 使得

$$\int_a^b f(x)g(x)\,\mathrm{d}x = g(a)\int_a^\xi f(x)\,\mathrm{d}x + g(b)\int_\xi^b f(x)\,\mathrm{d}x. \tag{4.2.3}$$

若 g 非负且单调减少, 则存在 $\xi \in [a,b]$, 使得

$$\int_a^b f(x)g(x)\,\mathrm{d}x = g(a)\int_a^\xi f(x)\,\mathrm{d}x. \tag{4.2.4}$$

而当 g 非负且单调增加时, 存在 $\xi \in [a,b]$, 使得

$$\int_a^b f(x)g(x)\,\mathrm{d}x = g(b)\int_\xi^b f(x)\,\mathrm{d}x. \tag{4.2.5}$$

证明 本定理有一个传统的利用 Riemann 和的证明, 篇幅不长, 但有一定难度 (见文献 [8] 第二卷第九章第二节). 下面利用函数的光滑逼近来证明, 即先对比较光滑的函数来证明第二积分中值定理, 然后再利用它将结果推广到一般情形.

首先对 f 连续, g 连续可导的情形来证明定理. 此时

$$g'(x) \geqslant 0, \quad \forall\, x \in [a,b].$$

从而利用分部积分法, 并由积分第一中值定理, 知存在 $\xi \in [a,b]$, 使得

$$\begin{aligned}\int_a^b f(x)g(x)\,\mathrm{d}x &= g(b)F(b) - \int_a^b F(x)g'(x)\,\mathrm{d}x \\ &= g(b)F(b) - F(\xi)\int_a^b g'(x)\,\mathrm{d}x \\ &= g(a)\int_a^{\xi} f(x)\,\mathrm{d}x + g(b)\int_{\xi}^b f(x)\,\mathrm{d}x,\end{aligned}$$

其中

$$F(x) := \int_a^x f(t)\,\mathrm{d}t, \quad \forall\, x \in [a,b],$$

即 (4.2.3) 式成立.

下面利用上述结论来证明一般的结论.

由定理 4.3.1 及其注, 可以找到 $[a,b]$ 上的连续函数列 $\{f_n\}$ 和连续可导的单调函数列 $\{g_n\}$, 使得

$$\max_{x\in[a,b]} |f_n(x)| \leqslant M_f := \sup_{x\in[a,b]} |f(x)|,$$

$$\max_{x\in[a,b]} |g_n(x)| \leqslant M_g := \sup_{x\in[a,b]} |g(x)|,$$

$$g_n(a) = g(a), \quad g_n(b) = g(b),$$

且

$$\lim_{n\to+\infty} \int_a^b |f_n(x) - f(x)|\,\mathrm{d}x = 0,$$

$$\lim_{n\to+\infty} \int_a^b |g_n(x) - g(x)|\,\mathrm{d}x = 0.$$

而由前面已经证明的结果知, 存在 $\xi_n \in [a,b]$, 使得

$$\int_a^b f_n(x)g_n(x)\,\mathrm{d}x = g_n(a)\int_a^{\xi_n} f(x)\,\mathrm{d}x + g_n(b)\int_{\xi_n}^b f_n(x)\,\mathrm{d}x.$$

由于 $\xi_n \in [a,b]$, 所以它有收敛子列, 不妨设它本身收敛, 且极限为 ξ, 则由

$$\left|\int_a^b f_n(x)g_n(x)\,\mathrm{d}x - \int_a^b f(x)g(x)\,\mathrm{d}x\right|$$

$$\leqslant \int_a^b \left|(f_n(x)-f(x))g_n(x)\right| \mathrm{d}x + \int_a^b \left|(g_n(x)-g(x))f(x)\right| \mathrm{d}x$$

$$\leqslant M_g \int_a^b |f_n(x)-f(x)| \,\mathrm{d}x + M_f \int_a^b |g_n(x)-g(x)| \,\mathrm{d}x$$

可证

$$\lim_{n\to+\infty} \int_a^b f_n(x)g_n(x)\,\mathrm{d}x = \int_a^b f(x)g(x)\,\mathrm{d}x.$$

类似地, 可以证明

$$\lim_{n\to+\infty} \left[g_n(a)\int_a^{\xi_n} f_n(x)\,\mathrm{d}x + g_n(b)\int_{\xi_n}^b f_n(x)\,\mathrm{d}x\right]$$

$$= g(a)\int_a^{\xi} f(x)\,\mathrm{d}x + g(b)\int_{\xi}^b f(x)\,\mathrm{d}x.$$

从而得到 (4.2.3) 式.

最后, 若 g 非负且单调减少, 则把 $g(b)$ 的值修改为 0 后使用 (4.2.3) 即得 (4.2.4). 若 g 非负且单调增加, 则把 $g(a)$ 的值修改为 0 后使用 (4.2.3) 即得 (4.2.5). □

习　题　4.2

1. 设 f 在 $[a,b]$ 上连续, 满足

$$\int_a^x f(t)\,\mathrm{d}t \geqslant 0, \quad \forall\, x \in [a,b],$$

且 $\int_a^b f(t)\,\mathrm{d}t = 0$. 证明: $\int_a^b xf(x)\,\mathrm{d}x \leqslant 0$.

2. 证明: $\forall\, x > 0$, 成立 $\int_x^{x+1} \sin t^2\,\mathrm{d}t < \dfrac{1}{x}$.

3. 微分中值定理类的结果与积分中值定理类的结果往往有对应关系. 例如, 习题 4.1 的第 14 题与习题 3.1 的第 13 题事实上是同一个问题. 如果结合微分 Darboux 定理, 则两个问题在结论保持不变的情况下 (允许将结论中的 max 改为 sup), 有可能可以减弱条件. 试分别减弱两个问题的条件, 并考察改编后的问题在细节上的异同.

4. 习题 3.1 的第 8 题可以按以下两种方式改编为积分题.

(1) 设 f, φ 在 $[a,b]$ 上连续, $c \in \mathbb{R}$,

$$f(x) \leqslant \varphi(x)\Big(c + \int_a^x f(t)\,\mathrm{d}t\Big), \quad \forall\, x \in [a,b].$$

证明

$$\int_a^x f(t)\,\mathrm{d}t \leqslant c\mathrm{e}^{\int_a^x \varphi(t)\,\mathrm{d}t} - c, \quad \forall\, x \in [a,b].$$

(2) 设 f, φ 在 $[a,b]$ 上连续,

$$f(x) \leqslant f(a) + \int_a^x \varphi(t)f(t)\,\mathrm{d}t, \quad \forall x \in [a,b].$$

证明

$$f(x) \leqslant f(a)\mathrm{e}^{\int_a^x \varphi(t)\,\mathrm{d}t}, \quad \forall x \in [a,b].$$

可以发现当微分问题和积分问题相互转化时, 提法可能会有一些细微的区别. 积分问题也比较容易推广到更一般的形式, 比如 (2) 和习题 3.1 的第 10 题都可以看成是习题 3.1 的第 9 题的特例.

与原问题比较, (1) 中的条件加强了, 而 (2) 中的条件减弱了. 而在条件和结论中, 各项当 f 和 φ 在 $[a,b]$ 上可积时都是有意义的. 那么, 把 f 或/和 φ 的连续性减弱为可积性, (1) 或/和 (2) 是否还成立?

5. 利用 Lebesgue 判据重新考察之前在例题和习题中 (特别, 习题 4.1中) 讨论过的函数的可积性.
6. 试利用习题 4.1 第 9 题的结论证明 Lebesgue 判据.

4.3 函数的光滑逼近

在积分第二中值定理和例 3.3.3 的证明中, 我们用函数的光滑逼近来将光滑函数所具有的性质转移到一般的函数中去. 如果某个函数等式 (不等式) 对于光滑函数成立, 而该等式 (不等式) 中又只涉及函数的 n 阶导数, 则对许多情形, 可以证明该等式 (不等式) 对于仅具有 n 阶导数的函数也成立. 其中包含的思想就是函数的光滑逼近的思想.

鉴于这种思想的重要性, 本节将建立一些常用的关于函数光滑逼近的结论.

定理 4.3.1 设 f 是有界闭区间 $[a,b]$ 上的可积函数, 则 $\forall \varepsilon > 0$, 存在 $[a,b]$ 上的连续函数 g, 使得

$$\int_a^b \Big|g(x) - f(x)\Big|\,\mathrm{d}x < \varepsilon. \tag{4.3.1}$$

证明 可以用很多方式构造满足条件的 g. 下面是其中的一种方法.

由定理 4.1.3, 存在 $[a,b]$ 的划分 P 使得

$$U(f,P) - L(f,P) < \varepsilon.$$

设 P 的分点依次为 $a = x_0 < x_1 < \cdots < x_m = b$. 令 g (的图像) 为依次连接 $(x_k, f(x_k))$ $(0 \leqslant k \leqslant m)$ 的折线. 即

$$g(x) := f(x_{k-1}) + \frac{f(x_k) - f(x_{k-1})}{x_k - x_{k-1}}(x - x_{k-1}),$$

$$x \in [x_{k-1}, x_k], \quad k = 1, 2, \cdots, m. \tag{4.3.2}$$

则 $g \in C[a,b]$, 且易见在每一个 $[x_{k-1}, x_k]$ 上,

$$|g(x) - f(x)| \leqslant \sup_{t \in [a_k, b_k]} f(t) - \inf_{t \in [a_k, b_k]} f(t).$$

因此

$$\int_a^b |g(x) - f(x)| \, \mathrm{d}x \leqslant U(f;P) - L(f;P) < \varepsilon.$$ □

注 4.3.1 在 $(b, +\infty)$ 上补充定义 f 的值为 $f(b)$. 对于 $\alpha > 0$, 定义

$$f_\alpha(x) = \frac{1}{\alpha} \int_x^{x+\alpha} f(t) \mathrm{d}t, \quad x \in [a, +\infty), \tag{4.3.3}$$

则 $f_\alpha \in C[a, +\infty)$, 且可以证明 (参见习题 4.3 第 5 题)

$$\lim_{\alpha \to 0^+} \int_a^b |f_\alpha(x) - f(x)| \mathrm{d}x = 0.$$

这就给出了证明定理 4.3.1 的又一种方法.

注 4.3.2 上面两种构造方法中, 无论是哪一种, 都保持了一种稳定性, 即

$$\inf_{t \in [a,b]} f(t) \leqslant g(x) \leqslant \sup_{t \in [a,b]} f(t), \quad \forall x \in [a,b].$$

进一步, 两种构造方法都保持单调性, 即若 f 在 $[a,b]$ 上单调, 则定理证明中构造的 g 也单调.

注 4.3.3 以 (4.3.3) 式构造的函数, 其光滑性通常要好于按 (4.3.2) 式构造的函数. 事实上, 当原来的函数 f 在 $[a,b]$ 上连续时, 按 (4.3.3) 式构造的 $f_\alpha(x)$ 在 $[a,b]$ 上连续可导. 因此, 我们更常用 f_α 来逼近 f.

注 4.3.4 在作逼近时, 有时候需要一些特殊的要求. 例如, 相比于原来的函数, 逼近函数的上界不增大, 下界不减少; 端点上值不变; 保持单调性, 即如果 f 是单调的, 构造的逼近函数也单调等.

可以看到以 (4.3.2) 式构造的函数保持了端点的值不变, 即 $g(a) = f(a)$, $g(b) = f(b)$, 这一点 (4.3.3) 式没有做到. 但是只要将 $\tilde{f}$ 的定义稍加修改, 也可以达到这个要求:

$$\tilde{f}(x) = \begin{cases} f(x), & x \in [a + 2\alpha, b], \\ f(a), & x < a + 2\alpha, \\ f(b), & x > b. \end{cases}$$

这时, 相应的 f_α 连续, 保持单调性, 且端点的值不变. 如果进一步定义

$$f_{\alpha,2}(x)=\frac{2}{\alpha}\int_0^{\frac{\alpha}{2}} f_\alpha(t+x)\,\mathrm{d}t,$$

则 $f_{\alpha,2}$ 具有连续的一阶导数, $f_{\alpha,2}(a)=f(a), f_{\alpha,2}(b)=f(b)$, 且

$$\lim_{\alpha\to0^+}\int_a^b |f_{\alpha,2}(x)-f(x)|\,\mathrm{d}x=0.$$

一般地, 给定 N, 则可以用类似方法找到具有 N 阶连续导数的函数 g 使得 (4.3.1) 式成立. 我们甚至可以找到无穷阶可导的函数满足这种性质 (参见定理 4.3.2).

在积分的计算中, 分部积分起着十分重要的作用, 现在, 我们可以减弱运用分部积分时所需的条件.

推论 4.3.1 设 f,g 是闭区间 $[a,b]$ 上的可积函数, 对于 $x\in[a,b]$,

$$F(x)=F(a)+\int_a^x f(t)\,\mathrm{d}t,\quad G(x)=G(a)+\int_a^x g(t)\,\mathrm{d}t,$$

则

$$\int_a^b G(x)f(x)\,\mathrm{d}x=G(x)F(x)\Big|_a^b-\int_a^b g(x)F(x)\,\mathrm{d}x. \tag{4.3.4}$$

证明 易见, 不妨设 $F(a)=G(a)=0$. 记

$$M=\sup_{x\in[a,b]}\max\Big(|f(x)|,|g(x)|\Big),$$

则由定理 4.3.1 及其注, 存在 $[a,b]$ 上的连续函数列 $\{f_n\}$ 和 $\{g_n\}$, 使得

$$\lim_{n\to+\infty}\int_a^b \big|f_n(x)-f(x)\big|\,\mathrm{d}x=\lim_{n\to+\infty}\int_a^b \big|g_n(x)-g(x)\big|\,\mathrm{d}x=0,$$

且

$$|f_n(x)|\leqslant M,\quad |g_n(x)|\leqslant M,\qquad \forall\, x\in[a,b].$$

令

$$F_n(x)=\int_a^x f_n(t)\,\mathrm{d}t,\quad G_n(x)=\int_a^x g_n(t)\,\mathrm{d}t,$$

则

$$\int_a^b G_n(x)f_n(x)\,\mathrm{d}x = G_n(x)F_n(x)\Big|_a^b - \int_a^b g_n(x)F_n(x)\,\mathrm{d}x. \tag{4.3.5}$$

令 $n\to+\infty$, 则上式中各项趋于 (4.3.4) 式中对应各项, 从而得到 (4.3.4) 式. 例如, 对于最后一项, 首先有

$$\begin{aligned}\left|F_n(x)-F(x)\right| &= \left|\int_a^x \big(f_n(x)-f(x)\big)\,\mathrm{d}x\right| \\ &\leqslant \int_a^b \left|f_n(x)-f(x)\right|\mathrm{d}x, \qquad \forall x\in[a,b].\end{aligned}$$

进而

$$\begin{aligned}&\left|\int_a^b g_n(x)F_n(x)\,\mathrm{d}x - \int_a^b g(x)F(x)\,\mathrm{d}x\right| \\ \leqslant &\int_a^b \left|g_n(x)F_n(x)-g(x)F(x)\right|\mathrm{d}x \\ \leqslant &\int_a^b \left|g_n(x)\big(F_n(x)-F(x)\big)\right|\mathrm{d}x + \int_a^b \left|\big(g_n(x)-g(x)\big)F(x)\right|\mathrm{d}x \\ \leqslant &M(b-a)\int_a^b \left|f_n(x)-f(x)\right|\mathrm{d}x + M(b-a)\int_a^b \left|g_n(x)-g(x)\right|\mathrm{d}x.\end{aligned}$$

从而

$$\lim_{n\to+\infty}\int_a^b g_n(x)F_n(x)\,\mathrm{d}x = \int_a^b g(x)F(x)\,\mathrm{d}x.$$

□

下面的定理表明有界闭区间上的连续函数可以用光滑函数一致逼近.

定理 4.3.2 设 f 是有界闭区间 $[a,b]$ 上的连续函数, 则 $\forall\varepsilon>0$, 存在 $[a,b]$ 上的无穷阶可导函数 g, 使得

$$|g(x)-f(x)|<\varepsilon, \quad \forall x\in[a,b]. \tag{4.3.6}$$

证明 记 ω 为 f 在 $[a,b]$ 上的连续模. 则对于 $\varepsilon>0$, 存在 $\delta>0$ 使得 $\omega(2\delta)<\varepsilon$. 定义

$$\tilde f(x)=\begin{cases} f(x), & x\in[a,b],\\ f(a), & x<a,\\ f(b), & x>b,\end{cases} \tag{4.3.7}$$

则 $\tilde f$ 在 $\mathbb{R}$ 上一致连续, 且 ω 也是 $\tilde f$ 的连续模.

下面, 对于 $\mathbb{R}$ 上的连续函数 h 以及 $\alpha>0$, 引入记号

$$(T_\alpha h)(x):=\frac{1}{\alpha}\int_x^{x+\alpha}h(t)\mathrm{d}t,\quad \forall x\in\mathbb{R}.$$

固定 $\alpha\in(0,\delta)$, 令 $f_{\alpha,0}=\tilde{f}$,

$$f_{\alpha,n+1}=T_{\frac{\alpha}{2^n}}f_{\alpha,n},\quad \forall n\geqslant 0,$$

则对任何 $n\geqslant 1$,

$$f_{\alpha,n}(x)=\frac{2^{n-1}}{\alpha}\cdots\frac{1}{\alpha}\int_0^{\frac{\alpha}{2^{n-1}}}\mathrm{d}t_n\cdots\int_0^{\alpha}\tilde{f}(x+t_1+\cdots+t_n)\,\mathrm{d}t_1.$$

由此, 立即可得

$$|f_{\alpha,n}(x)-\tilde{f}(x)|\leqslant\omega(2\alpha),\quad \forall x\in\mathbb{R}.\tag{4.3.8}$$

进一步,

$$|f'_{\alpha,1}(x)|=\left|\frac{\tilde{f}(x+\alpha)-\tilde{f}(x)}{\alpha}\right|\leqslant\frac{\omega(\alpha)}{\alpha},\quad \forall x\in\mathbb{R}.\tag{4.3.9}$$

由于 $f_{\alpha,n}$ 当 $n\geqslant 1$ 时连续可导, 易证

$$f'_{\alpha,n+1}(x)=\left(T_{\frac{\alpha}{2^n}}f'_{\alpha,n}\right)(x),\quad \forall x\in\mathbb{R},n\geqslant 1.\tag{4.3.10}$$

从而归纳可证

$$|f'_{\alpha,n+1}(x)|\leqslant\max_{x\in\mathbb{R}}|f'_{\alpha,n}(x)|\leqslant\frac{\omega(\alpha)}{\alpha},\quad \forall x\in\mathbb{R},n\geqslant 1.$$

于是

$$|f_{\alpha,n+1}(x)-f_{\alpha,n}(x)|=\left|\frac{2^n}{\alpha}\int_0^{\frac{\alpha}{2^n}}\Big(f_{\alpha,n}(x+t)-f_{\alpha,n}(x)\Big)\,\mathrm{d}t\right|$$

$$\leqslant\frac{\alpha}{2^n}\max_{t\in\mathbb{R}}|f'_{\alpha,n}(t)|\leqslant\frac{\omega(\alpha)}{2^n},\quad \forall x\in\mathbb{R},n\geqslant 1.$$

由此可见 $\{f_{\alpha,n}\}$ 一致收敛, 设其极限为 f_α. 则 f_α 连续, 且由 (4.3.8) 式, 有

$$|f_\alpha(x)-\tilde{f}(x)|\leqslant\omega(2\alpha)\leqslant\omega(2\delta)<\varepsilon,\quad \forall x\in\mathbb{R},$$

于是又有

$$|f_\alpha(x)-f(x)|<\varepsilon,\quad \forall x\in[a,b].$$

另外, 由 (4.3.10) 式, 类似地可以证明 $\{f'_{\alpha,n}\}$ 一致收敛, 从而 f_α 连续可导. 一般地, 可以证明, 对任何 $k \geqslant 1$, $\{f_{\alpha,n}^{(k)}\}$ 一致收敛. 由此可得 f_α 具有任意阶的连续导数. 这样, 取 $g = f_\alpha$ 即知定理结论成立. □

证明定理 4.3.2 的另一个非常有用的方法是利用函数的**卷积**. 对于 $\mathbb{R}$ 上的函数 f, $\operatorname{supp}\varphi := \overline{\{x \in \mathbb{R} \mid f(x) \neq 0\}}$ 称为 f 的**支集**. 若 $\operatorname{supp} f$ 是紧集[①], 则称 f 有**紧支集**. 对于 $\mathbb{R}$ 上的函数 h 和 φ, 形式地定义其卷积 $h * \varphi$ 为

$$\big(h * \varphi\big)(x) = \int_{-\infty}^{+\infty} h(y)\varphi(x-y)\,\mathrm{d}y, \qquad x \in \mathbb{R}. \tag{4.3.11}$$

现设 h 在 $\mathbb{R}$ 上局部可积, 而 φ 在 $\mathbb{R}$ 上无穷阶可导且有紧支集. 则 $h * \varphi$ 有意义.

作变量代换, 可得卷积的可交换性:

$$\big(h * \varphi\big)(x) = \int_{-\infty}^{+\infty} h(x-y)\varphi(y)\,\mathrm{d}y = \big(\varphi * h\big)(x). \tag{4.3.12}$$

进一步, 容易证明 $h * \varphi$ 是一个无穷阶可导的函数, 且

$$\frac{\mathrm{d}^n}{\mathrm{d}x^n}\big(h * \varphi\big)(x) = \big(h * \varphi^{(n)}\big)(x) = \int_{-\infty}^{+\infty} h(y)\varphi^{(n)}(x-y)\,\mathrm{d}y. \tag{4.3.13}$$

现令

$$g(x) = \begin{cases} \mathrm{e}^{-\frac{1}{x}}, & x > 0, \\ 0, & x \leqslant 0, \end{cases} \tag{4.3.14}$$

则 g 是 $\mathbb{R}$ 上无穷阶可导的函数. 取

$$\varphi(x) = \beta g(1-x)g(x), \tag{4.3.15}$$

其中

$$\beta = \left(\int_{-\infty}^{+\infty} g(x)g(1-x)\,\mathrm{d}x\right)^{-1},$$

则 φ 是一个在 $(0,1)$ 内为正, 在其他点为零的无穷阶可导函数, 且它在整个 $\mathbb{R}$ 上的积分为 1. 对于任何 $\varepsilon > 0$, 记

$$\varphi_\varepsilon(x) = \frac{1}{\varepsilon}\varphi\left(\frac{x}{\varepsilon}\right), \tag{4.3.16}$$

则由 (4.3.13) 式可知, 对于 (4.3.7) 式中定义的 $\tilde{f}$, $\tilde{f} * \varphi_\varepsilon$ 是 $\mathbb{R}$ 上的无穷阶可导函数. 进一步可以证明, 当 $\varepsilon \to 0^+$ 时, $\tilde{f} * \varphi_\varepsilon$ 在 $[a,b]$ 上一致收敛于 f. 我们把详细证明留给读者 (见习题 4.3 第 4 题).

对于有界闭区间上的连续函数, 其实还可以有更强的结论.

---

① 紧集是指任何开覆盖都有有限子覆盖的集合. 在欧氏空间中, 紧集即有界闭集.

定理 4.3.3 (Weierstrass 第一逼近定理) 设 f 是 $[a,b]$ 上的连续函数, 则 $\forall\varepsilon>0$, 存在 $[a,b]$ 上的多项式 Q, 使得

$$|Q(x)-f(x)|<\varepsilon,\quad \forall x\in[a,b]. \tag{4.3.17}$$

换言之, 有界闭区间上的连续函数可以用多项式一致逼近.

证明 不失一般性, 假设 $a=0,b=1$.

下面介绍 Bernstein 的构造性证明. 记

$$M=\max_{x\in[0,1]}|f(x)|,\quad \omega(r)=\max_{\substack{x,y\in[0,1]\\|x-y|\leqslant r}}|f(x)-f(y)|.$$

对于 $n\geqslant 1$, $k=0,1,\cdots,n$, 记

$$P_{n,k}(x)=\mathrm{C}_n^k x^k(1-x)^{n-k},\quad x\in[0,1],$$

则

$$\sum_{k=0}^{n}P_{n,k}(x)\equiv 1.$$

作

$$B_n(f;x)=\sum_{k=0}^{n}f\left(\frac{k}{n}\right)P_{n,k}(x),\quad x\in[0,1], \tag{4.3.18}$$

则

$$|B_n(f;x)|\leqslant M\sum_{k=0}^{n}P_{n,k}(x)=M,\quad \forall x\in[0,1].$$

需要证明 $B_n(f;x)$ 关于 $x\in[0,1]$ 一致收敛到 $f(x)$.

对于 $x\in[0,1]$, 记

$$I_n(x)=\left\{k\,\middle|\,0\leqslant k\leqslant n,\left|\frac{k}{n}-x\right|<\frac{1}{\sqrt[4]{n}}\right\},$$

$$J_n(x)=\left\{k\,\middle|\,0\leqslant k\leqslant n,\left|\frac{k}{n}-x\right|\geqslant\frac{1}{\sqrt[4]{n}}\right\},$$

则

$$|B_n(f;x)-f(x)|=\left|\sum_{k=0}^{n}\left(f\left(\frac{k}{n}\right)-f(x)\right)P_{n,k}(x)\right|$$

$$\leqslant \sum_{k=0}^{n} \left| f\left(\frac{k}{n}\right) - f(x) \right| P_{n,k}(x)$$

$$= \sum_{k\in I_n(x)} \left| f\left(\frac{k}{n}\right) - f(x) \right| P_{n,k}(x) + \sum_{k\in J_n(x)} \left| f\left(\frac{k}{n}\right) - f(x) \right| P_{n,k}(x)$$

$$\leqslant \sum_{k\in I_n(x)} \omega\left(\frac{1}{\sqrt[4]{n}}\right) P_{n,k}(x) + 2M \sum_{k\in J_n(x)} P_{n,k}(x)$$

$$\leqslant \omega\left(\frac{1}{\sqrt[4]{n}}\right) + \frac{2M}{n\sqrt{n}} \sum_{k\in J_n(x)} (k-nx)^2 P_{n,k}(x), \quad \forall x \in [0,1].$$

而对

$$\sum_{k=0}^{n} \mathrm{C}_n^k x^k (1-x)^{n-k} = 1, \quad \forall x \in [0,1]$$

求导并乘以 $x(1-x)$ 可得

$$\sum_{k=0}^{n} \mathrm{C}_n^k (k-nx) x^k (1-x)^{n-k} = 0, \quad \forall x \in [0,1].$$

对上式求导后再乘以 $x(1-x)$, 可得

$$\sum_{k=0}^{n} (k-nx)^2 P_{n,k}(x) = nx(1-x) \leqslant \frac{n}{4}, \quad \forall x \in [0,1].$$

于是

$$|B_n(f;x) - f(x)| \leqslant \omega\left(\frac{1}{\sqrt[4]{n}}\right) + \frac{M}{2\sqrt{n}}, \quad \forall x \in [0,1].$$

这就证明了 $B_n(f;x)$ 关于 $x \in [0,1]$ 一致收敛到 $f(x)$. □

注 4.3.5 对于 $[a,b]$ 上的连续函数 f, 以及其函数图像上的 $N+1$ 个点 $\{(x_i, f(x_i))\}_{i=0}^N$ $(a \leqslant x_0 < x_1 < \cdots < x_N \leqslant b)$, 称经过这些点的那个唯一的 N 次多项式为 f 的一个插值多项式. 有例子表明, 当相邻的 x_i 之间的距离趋于零时, 插值多项式并不一定收敛到 f.

上面的 $B_n(f;x)$ 称为 f 的 n **阶 Bernstein 多项式**. 它保持了函数在端点的值, 以及上下界界于 f 的上下界之间这样一些比较好的性质. 进一步, 尽管不是很明显, 但是 Bernstein 多项式确实仍保持了函数的单调性和凸性 (见习题 4.3 中的第 8—10 题).

需要注意的是, 利用函数的光滑逼近来研究问题时, 逼近过程往往需要占用较大的篇幅. 但这样的过程是“标准”的, 对于处理不同问题一般都大同小异. 因此, 在这种意义上, 利用函数的光滑逼近来证明一些结论是简单有效的方法.

例 4.3.1 设 $[0,+\infty)$ 上的连续函数 f 单调递减. 证明

$$F(x)=\int_0^x (x-2t)f(t)\,\mathrm{d}t$$

是 $[0,+\infty)$ 上的凸函数.

证明 I 先假设 f 在 $[0,+\infty)$ 上可导, 则

$$f'(x)\leqslant 0,\quad x\geqslant 0.$$

于是

$$F''(x)=\left(-xf(x)+\int_0^x f(t)\,\mathrm{d}t\right)'=-xf'(x)\geqslant 0,\quad x\geqslant 0,$$

所以 F 是 $[0,+\infty)$ 上的凸函数.

II 现在, 考虑一般的 f. 对于 $\alpha>0$, 定义

$$f_\alpha(x)=\frac{1}{\alpha}\int_x^{x+\alpha} f(t)\,\mathrm{d}t,\quad x\geqslant 0,$$

则由于 f 在 $[0,+\infty)$ 上非负连续及单调减少, 易见 f_α 也在 $[0,+\infty)$ 上非负连续及单调减少, 且 f_α 可导. 于是由第 I 部分的结论,

$$F_\alpha(x)=\int_0^x (x-2t)f_\alpha(t)\,\mathrm{d}t$$

是 $[0,+\infty)$ 上的凸函数. 这样, 对任何 $x,y\in[0,+\infty)$ 以及 $\beta\in(0,1)$, 成立

$$F_\alpha(\beta x+(1-\beta)y)\leqslant \beta F_\alpha(x)+(1-\beta)F_\alpha(y).$$

在上式中令 $\alpha\to 0^+$, 即得

$$F(\beta x+(1-\beta)y)\leqslant \beta F(x)+(1-\beta)F(y),$$

即 F 是 $[0,+\infty)$ 上的凸函数. □

习 题 4.3

1. 设 f 为有界闭区间 $[a,b]$ 上的连续函数, $\{\alpha_n\}_{n=1}^{\infty},\{\beta_n\}_{n=1}^{\infty}$ 满足

$$\varlimsup_{n\to\infty}\sqrt[n]{|\alpha_n|}<+\infty,\quad \varlimsup_{n\to\infty}\sqrt[n]{|\beta_n|}<+\infty.$$

证明: 对于任意 $\varepsilon > 0$, 存在一个在 $[a,b]$ 上无限阶可导的函数 g, 使得

$$|g(x) - f(x)| < \varepsilon, \quad \forall x \in [a,b],$$

且

$$g^{(n)}(a) = \alpha_n, \quad g^{(n)}(b) = \beta_n, \quad \forall n \geqslant 1.$$

2. 证明: 对于有界闭区间 $[a,b]$, 存在一列在 $[a,b]$ 上无限阶可导的函数 g_n, 满足

$$0 \leqslant g_n(x) \leqslant 1, \quad \forall x \in [a,b],\ n \geqslant 1,$$

$$g_n(x) = 1, \quad \forall x \in \left[a + \frac{2}{n}, b - \frac{2}{n}\right],\ n \geqslant 1,$$

$$g_n(x) = 0, \quad \forall x \in \left[a, a + \frac{1}{n}\right] \cup \left[b - \frac{1}{n}, b\right],\ n \geqslant 1,$$

以及

$$|g_n'(x)| \leqslant nM, \quad \forall x \in [a,b],\ n \geqslant 1,$$

其中 M 是与 n 无关的一个常数.

3. 证明 (4.3.13) 式.

4. 试利用卷积证明定理 4.3.2.

5. 设 $b > a$, f 在 $[a, +\infty)$ 上局部可积, 对于 $\alpha \in \left(0, \frac{1}{4}\right)$, f_α 由 (4.3.3) 定义. 又设 P, Q 为 $[a, b+1]$ 的划分, P 的分点是区间内所有形为 $a + 2k\alpha$ 的点, Q 的分点是区间内所有形为 $a + 2k\alpha + \alpha$ 的点. 证明:

$$\int_a^b |f_\alpha(x) - f(x)|\,\mathrm{d}x \leqslant \frac{U_{[a,b+1]}(f;P) - L_{[a,b+1]}(f;P)}{2} + \frac{U_{[a,b+1]}(f;Q) - L_{[a,b+1]}(f;Q)}{2}.$$

6. 设 f 是 $\mathbb{R}$ 上的局部可积函数. 对于 $\alpha > 0$, 定义

$$F_\alpha(x) = \frac{1}{\alpha}\int_x^{x+\alpha} f(t)\,\mathrm{d}t, \quad \forall x \in \mathbb{R}.$$

证明:

(i) 若 f 是单调函数, 则 F_α 也是单调函数;

(ii) 若 f 是凸函数, 则 F_α 也是凸函数;

(iii) 若 f 有连续的 n 阶导数, 且

$$f^{(n)}(x) \geqslant 0, \quad \forall x \in \mathbb{R},$$

则

$$\frac{\mathrm{d}^n}{\mathrm{d}x^n}\big(F_\alpha(x)\big) \geqslant 0, \quad \forall x \in \mathbb{R}.$$

7. 设 f 是 $\mathbb{R}$ 上的局部可积函数. 对于 $\varepsilon > 0$, 定义

$$F_\varepsilon(x) = \big(f * \varphi_\varepsilon\big)(x), \quad \forall x \in \mathbb{R},$$

其中 φ_ε 由 (4.3.13)—(4.3.16) 定义. 证明:

(i) 若 f 是单调函数, 则 F_ε 也是单调函数;

(ii) 若 f 是凸函数, 则 F_ε 也是凸函数;

(iii) 若 f 有连续的 n 阶导数, 且

$$f^{(n)}(x) \geqslant 0, \quad \forall x \in \mathbb{R},$$

则

$$\frac{\mathrm{d}^n}{\mathrm{d}x^n}\big(F_\varepsilon(x)\big) \geqslant 0, \quad \forall x \in \mathbb{R}.$$

8. 设 f 为 $[0,1]$ 上的连续函数, $B_n(f;x)$ 为 f 的 n 阶 Bernstein 多项式 ((4.3.18) 式). 依次证明

(i) 若 $f(x) = ax + b$, 则 $\forall n = 1, 2, \cdots$,

$$B_n(f;x) \equiv ax + b, \quad x \in [0,1];$$

(ii) 若 f 有连续的 m 阶导数 $(m \geqslant 0)$, 且

$$f^{(m)}(x) \geqslant 0, \quad \forall x \in [0,1],$$

则

$$\frac{\mathrm{d}^m}{\mathrm{d}x^m} B_n(f;x) \geqslant 0, \quad \forall x \in [0,1].$$

提示: 利用数学归纳法和

$$\frac{\mathrm{d}}{\mathrm{d}x} B_n(f;x) = \sum_{k=0}^{n-1} \frac{f\left(\dfrac{k+1}{n}\right) - f\left(\dfrac{k}{n}\right)}{\dfrac{1}{n}} \mathrm{C}_{n-1}^k x^k (1-x)^{n-1-k}.$$

(iii) 若 f 为 m 次多项式, 则 $B_n(f;x)$ 是不超过 m 次的多项式.

9. 证明: 设 f 为 $[0,1]$ 上的连续函数. 若 f 是单调的, 则 $B_n(f;x)$ 也是单调的.

10. 证明: 设 f 为 $[0,1]$ 上的连续函数. 若 f 是凸的, 则 $B_n(f;x)$ 也是凸的.

11. 对于 $[a,b]$ 上的函数 f, 定义它的 n 次矩为 $\displaystyle\int_a^b f(x)x^n\,\mathrm{d}x$. 如果 f 是 $[a,b]$ 上的连续函数, 且存在 $N \geqslant 0$ 使得当 $n \geqslant N$ 时, f 的 n 次矩为 0, 则 $f \equiv 0$.

12. 设 f 在 $[a,b]$ 上连续. 若对任何 $n \geqslant 10$, $\displaystyle\int_a^b f(x)x^{3n}\,\mathrm{d}x = 0$, 证明: $f \equiv 0$.

13. 设 f 在区间 $[0,\pi]$ 上连续, 对 $n = 1, 2, \cdots$, $\displaystyle\int_0^\pi f(x)\cos nx\,\mathrm{d}x = 0$. 证明 f 在 $[0,\pi]$ 上恒等于常数.

14. 推广习题 4.2 第 1 题. 设 f 在 $[a,b]$ 上可积, 且 $\displaystyle\int_a^b f(t)\,\mathrm{d}t = 0$,

$$\int_a^x f(t)\,\mathrm{d}t \geqslant 0, \quad \forall x \in [a,b].$$

又设 g 为 $[a,b]$ 上的单调增加函数. 证明: $\int_a^b f(x)g(x)\,\mathrm{d}x \leqslant 0$.

15. 设 f 在 (a,b) 内连续, 证明: 若下列条件之一成立, 则 f 为凸函数.

(i) 对任何 $a < x_1 < x_2 < b$ 成立

$$f\left(\frac{x_1+x_2}{2}\right) \leqslant \frac{1}{x_2-x_1}\int_{x_1}^{x_2} f(x)\,\mathrm{d}x.$$

(ii) 对任何 $a < x_1 < x_2 < b$ 成立

$$\frac{1}{x_2-x_1}\int_{x_1}^{x_2} f(x)\,\mathrm{d}x \leqslant \frac{f(x_1)+f(x_2)}{2}.$$

16. 若 f 是 (a,b) 内的凸函数, 则上一题中的 (i), (ii) 是否成立?

17. 设 f 是 $[0,1]$ 上的非负凹函数. 证明:

$$\int_0^1 f^2(x)\,\mathrm{d}x \leqslant \frac{4}{3}\left(\int_0^1 f(x)\,\mathrm{d}x\right)^2.$$

18. 设 $\omega_0 : [0,+\infty) \to [0,+\infty)$ 非负单增, 满足 $\lim\limits_{r\to 0^+} \omega_0(r) = \omega_0(0) = 0$. 定义 $\omega_1(0) = 0$ 以及

$$\omega_1(r) := \frac{1}{r}\int_r^{2r} \omega_0(s)\,\mathrm{d}s, \qquad r > 0,$$

$$\omega(r) := \max_{\substack{|s-t|\leqslant r\\ s,t\geqslant 0}} |\omega_1(s)-\omega_1(t)|, \qquad r \geqslant 0.$$

证明: ω 是 $[0,+\infty)$ 上的非负连续的单增函数, 满足 $\omega(0)=0$, $\omega_0(\cdot) \leqslant \omega(\cdot)$ 以及

$$\omega(s+r) \leqslant \omega(s)+\omega(r), \qquad \forall\, s,r \geqslant 0.$$

19. 试利用函数的光滑化来证明例 3.3.3 中的结论.

4.4　Riemann 引理及其推广

在 Fourier 级数理论中, 有一个重要的定理叫做 Riemann 引理. 这一引理可以推广到更一般的情形. 本节对此作一简单的介绍.

定理 4.4.1 (Riemann 引理)　设函数 f 在 $[a,b]$ 上可积, 则

$$\lim_{p\to+\infty}\int_a^b f(x)\sin px\,\mathrm{d}x = \lim_{p\to+\infty}\int_a^b f(x)\cos px\,\mathrm{d}x = 0.$$

定理 4.4.2 (推广的 Riemann 引理)　设函数 f 在 $[a,b]$ 上可积. 函数 g 以 T (>0) 为周期, 且在 $[a,b]$ 上可积. 则

$$\lim_{p\to+\infty}\int_a^b f(x)g(px)\,\mathrm{d}x = \frac{1}{T}\int_0^T g(x)\,\mathrm{d}x \int_a^b f(x)\,\mathrm{d}x.$$

与积分第二中值定理一样, Riemann 引理也有一个传统的利用 Riemann 和的证明 (见文献 [8] 第三卷第十九章第二节). 本节中, 我们将利用函数逼近的思想来证明 Riemann 引理. 我们直接证明定理 4.4.2.

证明 I 首先, 设 f 连续可导, g 以 $T>0$ 为周期, 且 $\int_0^T g(x)\,\mathrm{d}x=0$. 记

$$G(x)=\int_0^x g(t)\,\mathrm{d}t,\quad \forall x\in\mathbb{R},$$

则易见, G 是以 T 为周期的连续函数, 从而它在 $\mathbb{R}$ 上有界.

容易得到 (见推论 4.3.1, 或先假设 g 连续, 然后在后面的 II 中也同时对 g 用连续函数逼近)

$$\int_a^b f(x)g(px)\,\mathrm{d}x=\frac{1}{p}\big(f(b)G(pb)-f(a)G(pa)\big)-\frac{1}{p}\int_a^b f'(x)G(px)\,\mathrm{d}x.$$

由 f,f' 在 $[a,b]$ 上有界, G 在 $\mathbb{R}$ 上有界, 因此

$$\lim_{p\to\infty}\int_a^b f(x)g(px)\,\mathrm{d}x=0.$$

II 设 f,g 可积, g 以 $T>0$ 为周期且 $\int_0^T g(x)\,\mathrm{d}x=0$. 取 $[a,b]$ 上连续可导的函数列 $\{f_n\}$ 使得

$$\lim_{n\to+\infty}\int_a^b |f_n(x)-f(x)|\,\mathrm{d}x=0.$$

由于

$$\big|(f(x)-f_n(x))g(px)\big|\leqslant M|f(x)-f_n(x)|,\quad \forall x\in[a,b],$$

其中 $M:=\sup\limits_{x\in[0,T]}|g(x)|$, 有

$$\begin{aligned}&\overline{\lim_{p\to\infty}}\left|\int_a^b f(x)g(px)\,\mathrm{d}x\right|\\ \leqslant\ &\overline{\lim_{p\to\infty}}\left|\int_a^b f_n(x)g(px)\,\mathrm{d}x\right|+\int_a^b M|f(x)-f_n(x)|\,\mathrm{d}x\\ =\ &\int_a^b M|f(x)-f_n(x)|\,\mathrm{d}x.\end{aligned}$$

上式两边令 $n \to +\infty$, 即得

$$\lim_{p\to\infty}\int_a^b f(x)g(px)\,\mathrm{d}x = 0.$$

III 一般地, 在定理的假设下, 由 II 的结果, 有

$$\lim_{p\to\infty}\int_a^b f(x)\left(g(px) - \frac{1}{T}\int_0^T g(t)\,\mathrm{d}t\right)\mathrm{d}x = 0,$$

此即

$$\lim_{p\to\infty}\int_a^b f(x)g(px)\,\mathrm{d}x = \frac{1}{T}\int_0^T g(x)\,\mathrm{d}x\int_a^b f(x)g(px)\,\mathrm{d}x. \qquad \square$$

注 4.4.1 易将定理的结果推广到 f 绝对可积的情形, 我们把详细证明留给读者.

在本书中, 我们称实函数 f 在 I 上绝对可积, 是指 f^+ 和 f^- 均在 I 上可积. 这里的可积包括常义可积以及作为广义积分可积.

作为 Riemann 引理和积分第二中值定理的一个应用, 可以得到以下的结果:

定理 4.4.3 设函数 f 在 $[0,a]$ 上单调, 则

$$\lim_{p\to\infty}\int_0^a \frac{f(x)-f(0^+)}{x}\sin px\,\mathrm{d}x = 0.$$

证明 任取 $\delta \in (0,a)$, 由积分第二中值定理, 存在 $\xi \in (0,\delta)$, 使得

$$\begin{aligned}
&\int_0^a \frac{f(x)-f(0^+)}{x}\sin px\,\mathrm{d}x \\
=&\int_\delta^a \frac{f(x)-f(0^+)}{x}\sin px\,\mathrm{d}x + \int_0^\delta (f(x)-f(0^+))\frac{\sin px}{x}\,\mathrm{d}x \\
=&\int_\delta^a \frac{f(x)-f(0^+)}{x}\sin px\,\mathrm{d}x + (f(\delta)-f(0^+))\int_\xi^\delta \frac{\sin px}{x}\,\mathrm{d}x.
\end{aligned}$$

由于无穷积分 $\displaystyle\int_0^{+\infty}\frac{\sin x}{x}\,\mathrm{d}x$ 收敛, 从而存在与 p,δ,ξ 无关的常数 $M>0$, 使得

$$\left|\int_\xi^\delta \frac{\sin px}{x}\,\mathrm{d}x\right| = \left|\int_{p\xi}^{p\delta}\frac{\sin x}{x}\,\mathrm{d}x\right| \leqslant M.$$

于是

$$\begin{aligned}&\left|\int_0^a \frac{f(x)-f(0^+)}{x}\sin px\,\mathrm{d}x\right|\\ \leqslant&\left|\int_\delta^a \frac{f(x)-f(0^+)}{x}\sin px\,\mathrm{d}x\right|+M|f(\delta)-f(0^+)|.\end{aligned}$$

于是, 由 Riemann 引理并注意到 $\dfrac{f(x)-f(0^+)}{x}$ 在 $[\delta,a]$ 上可积, 可得

$$\varlimsup_{p\to\infty}\left|\int_0^a \frac{f(x)-f(0^+)}{x}\sin px\,\mathrm{d}x\right|\leqslant M|f(\delta)-f(0^+)|,\quad \forall\,\delta\in(0,a).$$

在上式中令 $\delta\to0^+$ 即得

$$\varlimsup_{p\to\infty}\left|\int_0^a \frac{f(x)-f(0^+)}{x}\sin px\,\mathrm{d}x\right|=0.$$

因此, 定理结论成立. □

例 4.4.1 设 f 在 $[a,b]$ 上绝对可积, 则由定理 4.4.2 及注 4.4.1 得

$$\lim_{n\to\infty}\int_a^b f(x)|\sin nx|\,\mathrm{d}x=\frac{1}{\pi}\int_0^\pi \sin x\,\mathrm{d}x\int_a^b f(x)\,\mathrm{d}x=\frac{2}{\pi}\int_a^b f(x)\,\mathrm{d}x,$$
$$\lim_{n\to\infty}\int_a^b f(x)\sin^2 nx\,\mathrm{d}x=\frac{1}{\pi}\int_0^\pi \sin^2 x\,\mathrm{d}x\int_a^b f(x)\,\mathrm{d}x=\frac{1}{2}\int_a^b f(x)\,\mathrm{d}x.$$

例 4.4.2 设 f 在 $[a,b]$ 上绝对可积, $g(x)=4\{x\}-2\{2x\}-1$, 其中 $\{x\}$ 表示 x 的小数部分, 则 g 以 1 为周期,

$$g(x)=\begin{cases}-1, & x\in\left[0,\dfrac{1}{2}\right),\\[2mm] 1, & x\in\left[\dfrac{1}{2},1\right).\end{cases}$$

因此由定理 4.4.2 及注 4.4.1, 得

$$\lim_{n\to\infty}\int_a^b f(x)g(nx)\,\mathrm{d}x=0.$$

习 题 4.4

1. 设 f 在 $\mathbb{R}$ 的任何有界闭区间 $[a,b]$ 上可积. 证明: 对于任何 $a,b,c,d\in\mathbb{R}$,

$$\int_a^b \mathrm{d}x\int_c^d f(x+t)\,\mathrm{d}t=\int_c^d \mathrm{d}t\int_a^b f(x+t)\,\mathrm{d}x.$$

2. 设 f 在 $[0,1]$ 上连续可微, $f(0)=f(1)$. 又设 g 是以 1 为周期且在 $[0,1]$ 上可积, $\int_0^1 g(x)\,\mathrm{d}x=0$. 证明

$$\lim_{n\to+\infty} n\int_0^1 f(x)g(nx)\,\mathrm{d}x=0.$$

更一般地, 若 f 有 m 阶连续导数 $(m\geqslant 1)$, 且 $f^{(m-1)}(0)=f^{(m-1)}(1)$, 若以 1 为周期在 $[0,1]$ 可积的函数 g 满足

$$\int_0^1 x^k g(x)\,\mathrm{d}x=0,\quad \forall\, k=0,1,\cdots,m-1,$$

则

$$\lim_{n\to+\infty} n^m\int_0^1 f(x)g(nx)\,\mathrm{d}x=0.$$

3. 利用定理 4.4.2 本身的结论, 证明定理 4.4.2 中 f 的常义可积性可以减弱为 f 为绝对可积的情形.
4. 将定理 4.4.2 推广到允许 f, g 均无界的情形.
5. 将定理 4.4.2 推广到区域无界的情形.
6. 计算极限 $\lim\limits_{n\to+\infty}\displaystyle\int_0^{+\infty}\frac{\cos\left(nx+\frac{1}{x}\right)}{1+x^2}\,\mathrm{d}x=0.$
7. 尝试按以下方式证明定理 4.4.2: 先对 $[c,d]\subseteq[a,b]$ 证明定理对于 $f=\chi_{[c,d]}$ 成立[①]. 再说明定理对于分段常值函数成立. 最后证明定理对于 f 为一般的可积函数时成立.

4.5 一些重要不等式

不等式与函数的单调性、凸性密切相关, 从而与函数的一阶导数、两阶导数密切相关. 而当这一切和积分结合在一起的时候, 又可以产生很多重要的积分不等式. 本节将介绍 Cauchy-Schwarz 不等式、Hölder 不等式、闵可夫斯基 (Minkowski) 不等式和庞加莱 (Poincaré) 不等式等.

首先, 我们有以下的 **Cauchy-Schwarz 不等式**:

定理 4.5.1 (Cauchy-Schwarz 不等式) 设函数 f, g 在区间 $[a,b]$ 上可积, 则

① χ_F 表示 F 的特征函数, 即在 F 上取值为 1, 在其余点上取值为零的函数.

$$\left|\int_a^b f(x)g(x)\,\mathrm{d}x\right| \leqslant \left(\int_a^b f^2(x)\,\mathrm{d}x\right)^{\frac{1}{2}} \left(\int_a^b g^2(x)\,\mathrm{d}x\right)^{\frac{1}{2}}. \tag{4.5.1}$$

证明 任取 $\alpha \in \mathbb{R}$, 有

$$\int_a^b \big(f(x)+\alpha g(x)\big)^2\,\mathrm{d}x \geqslant 0.$$

从而

$$\alpha^2\int_a^b g^2(x)\,\mathrm{d}x + 2\alpha\int_a^b f(x)g(x)\,\mathrm{d}x + \int_a^b f^2(x)\,\mathrm{d}x \geqslant 0.$$

这样由二次函数的性质知

$$\left(\int_a^b f(x)g(x)\,\mathrm{d}x\right)^2 - \int_a^b f^2(x)\,\mathrm{d}x\int_a^b g^2(x)\,\mathrm{d}x \leqslant 0,$$

即 (4.5.1) 式成立. □

Cauchy-Schwarz 不等式的一个推广是所谓的 **Hölder 不等式**:

定理 4.5.2 (Hölder 不等式) 设函数 f, g 在 $[a,b]$ 上可积, $p, q > 1$ 满足

$$\frac{1}{p}+\frac{1}{q}=1,$$

则

$$\left|\int_a^b f(x)g(x)\,\mathrm{d}x\right| \leqslant \left(\int_a^b |f(x)|^p\,\mathrm{d}x\right)^{\frac{1}{p}} \left(\int_a^b |g(x)|^q\,\mathrm{d}x\right)^{\frac{1}{q}}. \tag{4.5.2}$$

定理中的 p, q 称为**对偶数**, q 常常用 p' 表示. 为了证明定理 4.5.2, 我们先证明如下引理:

引理 4.5.1 (Young 不等式) 设 $p, q > 1$ 为对偶数, $a, b \geqslant 0$, 则成立如下的 **Young 不等式**

$$ab \leqslant \frac{1}{p}a^p + \frac{1}{q}b^q. \tag{4.5.3}$$

证明 不妨设 $a > 0, b > 0$. 考虑

$$f(x) = \ln x, \quad x > 0,$$

则 f 是 $(0, +\infty)$ 上的凹函数, 从而

$$\ln(ab) = \frac{1}{p}\ln a^p + \frac{1}{q}\ln b^q \leqslant \ln\left(\frac{1}{p}a^p + \frac{1}{q}b^q\right).$$

由此立即得到 Young 不等式. □

事实上, Young 不等式具有如下的几何意义: 从图 4.5.1 中还可以清楚地看到 (4.5.3) 式中的等号当且仅当 $b=a^{p-1}$(即 $a=b^{q-1}$) 时成立.

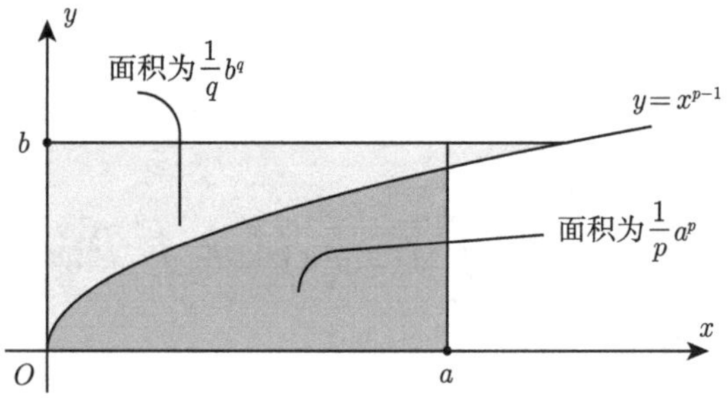

图 4.5.1　Young 不等式

Young 不等式可以推广到更一般的形式: 设 φ 是 $[0,+\infty)$ 上连续的严格单增函数, $\varphi(0)=0$, 设 ψ 为 φ 的反函数, 令

$$\Phi(x):=\int_0^x \varphi(t)\,\mathrm{d}t, \quad \Psi(x)=\int_0^x \psi(t)\,\mathrm{d}t, \quad \forall\, x\geqslant 0,$$

则 $\forall\, a,b>0$, 有

$$ab\leqslant \Phi(a)+\Psi(b),$$

且等号当且仅当 $b=\varphi(a)$ 时成立.

定理 4.5.2 的证明　记

$$A=\left(\int_a^b |f(x)|^p\,\mathrm{d}x\right)^{\frac{1}{p}}, \quad B=\left(\int_a^b |g(x)|^q\,\mathrm{d}x\right)^{\frac{1}{q}}.$$

不妨设 $A\neq 0, B\neq 0$. 令 $F=\dfrac{f}{A}, G=\dfrac{g}{B}$. 由 Young 不等式, 有

$$|F(x)G(x)|\leqslant \frac{1}{p}|F(x)|^p+\frac{1}{q}|G(x)|^q, \quad \forall\, x\in[a,b].$$

上式两边在 $[a,b]$ 上积分得到

$$\left|\int_a^b F(x)G(x)\,\mathrm{d}x\right|\leqslant \int_a^b |F(x)G(x)|\,\mathrm{d}x$$

$$\leqslant \frac{1}{p}\int_a^b |F(x)|^p\,\mathrm{d}x + \frac{1}{q}\int_a^b |G(x)|^q\,\mathrm{d}x$$
$$= \frac{1}{p}+\frac{1}{q}=1,$$

此即 (4.5.2) 式成立. □

Hölder 不等式的证明所利用的是 Young 不等式, 而 Young 不等式由 $\ln x$ 的凹性 (也可以由 e^x 的凸性) 得到. 当 $p=q=2$ 时, Hölder 不等式成为 Cauchy-Schwarz 不等式, 此时对应的是 $\ln x$ 的中点凹性. 既然对于连续函数, 中点凹 (凸) 可以推出凹 (凸). 自然也可以期望由 Cauchy-Schwarz 不等式以及连续性得到 Hölder 不等式. 我们将它留作习题.

在泛函分析中, 时常会用到 **Minkowski 不等式**, 它是使得

$$\|f\|_p := \left(\int_a^b |f(x)|^p\,\mathrm{d}x\right)^{\frac{1}{p}}$$

成为所谓范数的重要定理.

定理 4.5.3 (Minkowski 不等式) 设 $p>1$, 二元函数 f 在 $[a,b]\times[c,d]$ 上有界, 且 $\forall x\in[a,b]$, $f(x,\cdot)$ 在 $[c,d]$ 上可积, 而 $\forall y\in[c,d]$, $f(\cdot,y)$ 在 $[a,b]$ 上可积, 则

$$\left(\int_c^d \left|\int_a^b f(x,y)\,\mathrm{d}x\right|^p \mathrm{d}y\right)^{\frac{1}{p}} \leqslant \int_a^b \left(\int_c^d |f(x,y)|^p\,\mathrm{d}y\right)^{\frac{1}{p}} \mathrm{d}x. \tag{4.5.4}$$

简言之, (4.5.4) 式表示积分的范数小于等于范数的积分.

证明 从证明的严密性来讲, 本定理证明的难点在于涉及的 Riemann 积分的存在性. 而在今后引入了 Lebesgue 积分以后, 可积性又成为一个不困难的问题. 在下一节中, 将证明阿尔泽拉 (Arzelà) 有界收敛定理, 进而得到第 7 章的定理 7.6.2. 这样, 在本定理的假设之下, 由第 7 章的定理 7.6.2 可得 $\int_a^b f(x,\cdot)\,\mathrm{d}x$ 和 $\int_c^d |f(\cdot,y)|^p\,\mathrm{d}y$ 分别是 $[c,d]$ 和 $[a,b]$ 上的 Riemann 可积函数. 从而以下讨论中涉及的积分都是有意义的. 记

$$F(y) = \left|\int_a^b f(x,y)\,\mathrm{d}x\right|^{p-1}.$$

设 q 为 p 的对偶数, 则

$$\int_c^d \left|\int_a^b f(x,y)\,\mathrm{d}x\right|^p \mathrm{d}y = \int_c^d F(y)\left|\int_a^b f(x,y)\,\mathrm{d}x\right| \mathrm{d}y$$

$$\leqslant \int_c^d \mathrm{d}y \int_a^b F(y)|f(x,y)|\,\mathrm{d}x = \int_a^b \mathrm{d}x \int_c^d F(y)|f(x,y)|\,\mathrm{d}y$$

$$\leqslant \int_a^b \left(\int_c^d |F(y)|^q\,\mathrm{d}y\right)^{\frac{1}{q}} \left(\int_c^d |f(x,y)|^p\,\mathrm{d}y\right)^{\frac{1}{p}} \mathrm{d}x$$

$$= \left(\int_c^d \left|\int_a^b f(x,y)\,\mathrm{d}x\right|^p \mathrm{d}y\right)^{\frac{1}{q}} \int_a^b \left(\int_c^d |f(x,y)|^p\,\mathrm{d}y\right)^{\frac{1}{p}} \mathrm{d}x,$$

由此立即可得 (4.5.4) 式. □

推论 4.5.1　设 $p>1$, 函数 f, g 在 $[c,d]$ 上可积, 则

$$\|f+g\|_p \leqslant \|f\|_p + \|g\|_p. \tag{4.5.5}$$

证明　在定理 4.5.3 中取 $a=-1, b=1$, 并令

$$G(x,y) = \begin{cases} f(y), & x\in[-1,0), \\ g(y), & x\in[0,1]. \end{cases}$$

对 G 运用 Minkowski 不等式 (4.5.4) 式即得 (4.5.5) 式. □

最后介绍 **Poincaré 不等式**的特例. 首先, 给出一维情形的结果.

定理 4.5.4　设 f 在有界闭区间 $[a,b]$ 上连续可导, 且存在 $x_0\in[a,b]$ 使得 $f(x_0)=0$.

(i) $\max\limits_{x\in[a,b]} |f(x)| \leqslant \int_a^b |f'(x)|\,\mathrm{d}x$.

(ii) (Poincaré 不等式) 对于 $p\geqslant 1$, 有

$$\int_a^b |f(x)|^p\,\mathrm{d}x \leqslant C\int_a^b |f'(x)|^p\,\mathrm{d}x, \tag{4.5.6}$$

其中常数 C 仅与区间长度 $b-a$ 有关.

证明　我们有

$$|f(x)| = \left|\int_{x_0}^x f'(t)\,\mathrm{d}t\right| \leqslant \int_a^b |f'(t)|\,\mathrm{d}t, \qquad \forall\, x\in(a,b).$$

即 (i) 成立. 进而由 Hölder 不等式, 可得 (ii):

$$\int_a^b |f(x)|^p\,\mathrm{d}x \leqslant (b-a)\left(\int_a^b |f'(t)|\,\mathrm{d}t\right)^p \leqslant (b-a)^p \int_a^b |f'(t)|^p\,\mathrm{d}t. \qquad \square$$

尽管定理的证明是简单的, 但要得到使不等式 (4.5.6) 成立的最佳常数 C, 并不容易. 对于 $p=2$ 情形的最佳常数, 可以参看习题 5.5 的第 10 题. 一般情形的结果, 需要更深入的知识.

由定理易见, 对于 $p \geqslant 1$, 有常数 $C=C_{a,b,p}>0$, 使得对于 $x_0 \in [a,b]$, 当 $f \in C^1[a,b]$ 时, 有

$$\int_a^b |f(x)-f(x_0)|^p \,\mathrm{d}x \leqslant C\int_a^b |f'(x)|^p \,\mathrm{d}x.$$

由此又可得

$$\int_a^b |f(x)-\bar{f}\,|^p \,\mathrm{d}x \leqslant C\int_a^b |f'(x)|^p \,\mathrm{d}x,$$

其中 $\bar{f}=\dfrac{1}{b-a}\displaystyle\int_a^b f(x)\,\mathrm{d}x$ 表示 f 在 $[a,b]$ 上的平均值.

高维情形的 Poincaré 不等式的推导要困难不少. 以下我们就凸区域情形给一个简单的介绍. 用到的相关记号和基础知识请参见 6.2 节.

定理 4.5.5 (Poincaré 不等式) 设 $n \geqslant 2$, $p \geqslant 1$, $\Omega \subset \mathbb{R}^n$ 是有界凸区域, 则存在常数 C 使得对任何 $f \in C^1(\overline{\Omega})$, 有

$$\int_\Omega \left|f(\boldsymbol{x})-\bar{f}\right|^p \mathrm{d}\boldsymbol{x} \leqslant C\int_\Omega \left|\nabla f(\boldsymbol{x})\right|^p \mathrm{d}\boldsymbol{x}, \tag{4.5.7}$$

其中 $\bar{f}=\dfrac{1}{|\Omega|}\displaystyle\int_\Omega f(\boldsymbol{x})\,\mathrm{d}\boldsymbol{x}$.

证明 设 $R=\operatorname{diam}\Omega$, 记

$$g(\boldsymbol{x})=\begin{cases} |\nabla f(\boldsymbol{x})|, & \boldsymbol{x} \in \overline{\Omega}, \\ 0, & \boldsymbol{x} \notin \overline{\Omega}. \end{cases}$$

任取 $\boldsymbol{x} \in \Omega$, 则

$$f(\boldsymbol{y})-f(\boldsymbol{x})=\int_0^{|\boldsymbol{y}-\boldsymbol{x}|} \nabla f\left(\boldsymbol{x}+t\frac{\boldsymbol{y}-\boldsymbol{x}}{|\boldsymbol{y}-\boldsymbol{x}|}\right)\cdot\frac{\boldsymbol{y}-\boldsymbol{x}}{|\boldsymbol{y}-\boldsymbol{x}|}\,\mathrm{d}t, \qquad \forall\, \boldsymbol{y} \in \Omega, \boldsymbol{y} \neq \boldsymbol{x}.$$

对 $\boldsymbol{y}$ 在 Ω 上积分, 并利用余面积公式 (参见 (6.2.24)) 或直接利用球面坐标变换, 可得

$$\begin{aligned}\left|f(\boldsymbol{x})-\bar{f}\right| &\leqslant \frac{1}{|\Omega|}\int_\Omega \mathrm{d}\boldsymbol{y}\int_0^{|\boldsymbol{y}-\boldsymbol{x}|}\left|\nabla f\left(\boldsymbol{x}+t\frac{\boldsymbol{y}-\boldsymbol{x}}{|\boldsymbol{y}-\boldsymbol{x}|}\right)\right|\mathrm{d}t \\ &\leqslant \frac{1}{|\Omega|}\int_{|\boldsymbol{y}-\boldsymbol{x}|\leqslant R}\mathrm{d}\boldsymbol{y}\int_0^R g\left(\boldsymbol{x}+t\frac{\boldsymbol{y}-\boldsymbol{x}}{|\boldsymbol{y}-\boldsymbol{x}|}\right)\mathrm{d}t\end{aligned}$$

$$
\begin{aligned}
&= \frac{1}{|\Omega|}\int_0^R \mathrm{d}r \int_{|\boldsymbol{\sigma}|=1} \left(\int_0^R g(\boldsymbol{x}+t\boldsymbol{\sigma})\,\mathrm{d}t\right) r^{n-1}\,\mathrm{d}\boldsymbol{\sigma} \\
&= \frac{R^n}{n|\Omega|}\int_0^R \mathrm{d}t \int_{|\boldsymbol{\sigma}|=1} g(\boldsymbol{x}+t\boldsymbol{\sigma})\,\mathrm{d}\boldsymbol{\sigma} \\
&= \frac{R^n}{n|\Omega|}\int_{|\boldsymbol{y}-\boldsymbol{x}|\leqslant R} \frac{g(\boldsymbol{y})}{|\boldsymbol{y}-\boldsymbol{x}|^{n-1}}\,\mathrm{d}\boldsymbol{y} \\
&= \frac{R^n}{n|\Omega|}\int_{\Omega} \frac{|\nabla(\boldsymbol{y})|}{|\boldsymbol{y}-\boldsymbol{x}|^{n-1}}\,\mathrm{d}\boldsymbol{y}.
\end{aligned}
$$

于是, 记 ω_n 为 $\mathbb{R}^n$ 中单位球体的体积, 注意到

$$
\int_\Omega \frac{1}{|\boldsymbol{y}-\boldsymbol{x}|^{n-1}}\,\mathrm{d}\boldsymbol{y} \leqslant \int_{|\boldsymbol{y}-\boldsymbol{x}|\leqslant R} \frac{1}{|\boldsymbol{y}-\boldsymbol{x}|^{n-1}}\,\mathrm{d}\boldsymbol{y} = \int_0^R \mathrm{d}r \int_{|\boldsymbol{\sigma}|=1} \mathrm{d}\boldsymbol{\sigma} = nR\omega_n,
$$

使用 Hölder 不等式, 可得

$$
\begin{aligned}
\left|f(\boldsymbol{x})-\bar{f}\right|^p &\leqslant \left(\frac{R^n}{n|\Omega|}\right)^p \int_\Omega \frac{|\nabla(\boldsymbol{y})|^p}{|\boldsymbol{y}-\boldsymbol{x}|^{n-1}}\,\mathrm{d}\boldsymbol{y} \cdot \left(\int_\Omega \frac{1}{|\boldsymbol{y}-\boldsymbol{x}|^{n-1}}\,\mathrm{d}\boldsymbol{y}\right)^{p-1} \\
&\leqslant \left(\frac{R^n}{n|\Omega|}\right)^p \cdot \left(nR\omega_n\right)^{p-1} \int_\Omega \frac{|\nabla(\boldsymbol{y})|^p}{|\boldsymbol{y}-\boldsymbol{x}|^{n-1}}\,\mathrm{d}\boldsymbol{y}.
\end{aligned}
$$

上式关于 $\boldsymbol{x}$ 在 Ω 上积分, 即得

$$
\int_\Omega \left|f(\boldsymbol{x})-\bar{f}\right|^p \mathrm{d}\boldsymbol{x} \leqslant \left(\frac{R^{n+1}\omega_n}{|\Omega|}\right)^p \int_\Omega |\nabla(\boldsymbol{y})|^p\,\mathrm{d}\boldsymbol{y}.
$$

即 (4.5.7) 成立. □

习　题　4.5

1. 设 f 在 $[0,1]$ 上 Riemann 可积, $f \geqslant \alpha > 0$. 利用函数的凹凸性证明:

$$
\int_0^1 \ln f(x)\,\mathrm{d}x \leqslant \ln \int_0^1 f(x)\,\mathrm{d}x.
$$

2. 设 f 在 $[0,1]$ 上 Riemann 可积. 利用函数的凹凸性证明:

$$
\exp\left(\int_0^1 f(x)\,\mathrm{d}x\right) \leqslant \int_0^1 \mathrm{e}^{f(x)}\,\mathrm{d}x.
$$

3. 按下列步骤, 利用 Cauchy-Schwarz 不等式证明 Hölder 不等式: 考虑使 Hölder 不等式成立的 p 的全体 P. 证明:
(i) $2 \in P$;
(ii) 如果 $p \in P$, 则 $p' = \dfrac{p}{p-1} \in P$;

(iii) 如果 $p \in P$, 则 $2p \in P$.

利用上述结果说明对所有正整数 n 和 $k = 1, 2, \cdots, 2^n - 1$ 有 $\dfrac{2^n}{k} \in P$. 最后利用连续性证明 $(1, +\infty) \subseteq P$.

4. 设函数 $f \in C[a,b]$, 且 $0 < m \leqslant f(x) \leqslant M$ $(\forall x \in [a,b])$. 证明

$$(b-a)^2 \leqslant \int_a^b f(x)\,\mathrm{d}x \cdot \int_a^b \frac{\mathrm{d}x}{f(x)} \leqslant \frac{(m+M)^2}{4mM}(b-a)^2.$$

5. 设 $[0,1]$ 上的函数 f 恒正且单调减少. 试证:

$$\frac{\displaystyle\int_0^1 x f^2(x)\,\mathrm{d}x}{\displaystyle\int_0^1 x f(x)\,\mathrm{d}x} \leqslant \frac{\displaystyle\int_0^1 f^2(x)\,\mathrm{d}x}{\displaystyle\int_0^1 f(x)\,\mathrm{d}x}.$$

6. 设 $f, g \in C[a,b]$, 求证:

$$\left(\int_a^b f(x)\,\mathrm{d}x\right)^2 + \left(\int_a^b g(x)\,\mathrm{d}x\right)^2 \leqslant \left(\int_a^b \sqrt{f^2(x)+g^2(x)}\,\mathrm{d}x\right)^2.$$

7. 利用本节定理证明离散情形的 Hölder 不等式和 Minkowski 不等式:

$$\sum_{k=1}^{\infty} |a_k b_k| \leqslant \left(\sum_{k=1}^{\infty} |a_k|^p\right)^{\frac{1}{p}} \left(\sum_{k=1}^{\infty} |b_k|^q\right)^{\frac{1}{q}}$$

和

$$\left(\sum_{k=1}^{\infty} \left|\sum_{\ell=1}^{\infty} a_{k\ell}\right|^p\right)^{\frac{1}{p}} \leqslant \sum_{\ell=1}^{\infty} \left(\sum_{k=1}^{\infty} |a_{k\ell}|^p\right)^{\frac{1}{p}},$$

其中 $p > 1$, $q = \dfrac{p}{p-1}$.

特别地,

$$\left(\sum_{k=1}^{\infty} |a_k|^p\right)^{\frac{1}{p}} \leqslant \sum_{k=1}^{\infty} |a_k|.$$

8. 设 $n \geqslant 2$, $p \geqslant 1$, $\Omega \subset \mathbb{R}^n$ 是有界凸区域. 证明: 存在常数 C 使得对任何 $f \in C_0^1(\overline{\Omega})$, 即 f 在 Ω 上连续可微且在 Ω 的边界上为零, 有

$$\int_\Omega |f(x)|^p\,\mathrm{d}x \leqslant C \int_\Omega |\nabla f(x)|^p\,\mathrm{d}x.$$

9. 思考: 本节各定理中, 涉及的函数的可积性可以如何放宽?

4.6 Arzelà 有界收敛定理

含参变量积分的一致收敛性对于积分和极限交换次序起着重要作用. 但在实际使用中, 一致收敛性的条件往往显得过于苛刻. 本节将介绍关于有界函数列积分的一个收敛性定理——Arzelà 有界收敛定理. 以下用 $|I|$ 表示有界区间 I 的长度, 而当 E 为由有限个有界区间构成的区间族时, $|E|$ 表示 $F \equiv \bigcup\limits_{I\in E} I$ 的总长度 $\displaystyle\int_{-\infty}^{\infty} \chi_F(x)\,\mathrm{d}x$. 我们先证明以下引理:

引理 4.6.1 设 $\{f_n\}$ 为有界区间 $[a,b]$ 上一致有界的非负函数列, 若

$$\lim_{n\to+\infty} f_n(x) = 0, \qquad \forall x \in [a,b], \tag{4.6.1}$$

则

$$\lim_{n\to+\infty} \underline{\int_a^b} f_n(x)\,\mathrm{d}x = 0. \tag{4.6.2}$$

证明 不失一般性, 设 $[a,b]=[0,1]$. 记 $M = \sup\limits_{x\in[0,1],n\geqslant 1} f_n(x) + 1$. 对 $n \geqslant 1$, 定义 $g_n(\cdot) = \dfrac{1}{M}\sup\limits_{j\geqslant n} f_j(\cdot)$, 则 $\{g_n\}$ 是 $[0,1]$ 上以 1 为上界的单调下降趋于零的函数列. 易见, 要证 (4.6.2), 我们只要证明

$$\inf_{n\geqslant 1} \underline{\int_0^1} g_n(x)\,\mathrm{d}x = 0. \tag{4.6.3}$$

如果 (4.6.3) 不成立, 则有常数 $\gamma > 0$ 使得

$$\gamma := \frac{1}{2}\inf_{n\geqslant 1} \underline{\int_0^1} g_n(x)\,\mathrm{d}x > 0. \tag{4.6.4}$$

记 $E_n = \big\{x\in[0,1]\big|g_n(x)\geqslant\gamma\big\}$, $\gamma_n = |E_n|_*$, 其中 $|E|_*$ 表示 $\displaystyle\underline{\int_0^1} \chi_E(x)\,\mathrm{d}x$, 则

$$\gamma_n \geqslant \underline{\int_0^1} (g_n(x)-\gamma)\chi_{E_n}(x)\,\mathrm{d}x \geqslant \underline{\int_0^1} (g_n(x)-\gamma)\,\mathrm{d}x \geqslant \gamma, \qquad \forall n \geqslant 1.$$

另一方面, 由 $\{g_n\}$ 的单调性知 $\{E_n\}$ 单调下降. 而由 $\{g_n\}$ 在 $[0,1]$ 上处处趋于零得到

$$\bigcap_{n\geqslant 1} E_n = \varnothing. \tag{4.6.5}$$

由下积分的定义, 有有限个闭区间的并[①] F_1 使得 $F_1 \subseteq E_1$, 且

$$\gamma_1 \geqslant |F_1| \geqslant \gamma_1 - \frac{\gamma}{2}. \tag{4.6.6}$$

对于任何 $n \geqslant 1$. 若 $\widetilde{F} \subseteq E_n$ 是有限个闭区间的并, 则

$$|F_1 \cap E_n|_* \geqslant |F_1 \cap \widetilde{F}| = |F_1| + |\widetilde{F}| - |F_1 \cup \widetilde{F}| \geqslant |F_1| + |\widetilde{F}| - |E_1|_*.$$

因此

$$|F_1 \cap E_n|_* \geqslant |F_1| + |E_n|_* - |E_1|_* \geqslant \frac{\gamma}{2}, \qquad \forall n \geqslant 1.$$

同理, 有 $F_2 \subseteq F_1 \cap E_2$, 使得

$$|F_2 \cap E_n|_* = |F_2 \cap (F_1 \cap E_n)|_* \geqslant \frac{\gamma}{4}, \qquad \forall n \geqslant 2.$$

一般地, 可以依次找到一列各项都是有限个闭区间的并的闭集列 $\{F_n\}$ 使得

$$F_n \subseteq F_{n-1} \cap E_n, \quad |F_n \cap E_k|_* \geqslant \frac{\gamma}{2^n}, \qquad \forall k \geqslant n \geqslant 1.$$

这表明 $\{F_j\}$ 是非空紧集构成的闭集套. 因此, $\bigcap\limits_{j=1}^{\infty} F_j$ 非空, 这与 (4.6.5) 矛盾. 引理得证. □

由上述引理, 立即可得如下的 **Arzelà 有界收敛定理**.

定理 4.6.1 设函数列 $\{f_n\}$ 在 $[a,b]$ 上可积且一致有界. 进一步, $\{f_n\}$ 处处收敛于 f 且 f 在 $[a,b]$ 上也可积, 则

$$\lim_{n\to+\infty} \int_a^b f_n(x)\,\mathrm{d}x = \int_a^b f(x)\,\mathrm{d}x. \tag{4.6.7}$$

证明 由引理 4.6.1, 有

$$\lim_{n\to+\infty} \int_a^b \big|f_n(x) - f(x)\big|\,\mathrm{d}x = \lim_{n\to+\infty} \underline{\int_a^b} \big|f_n(x) - f(x)\big|\,\mathrm{d}x = 0.$$

从而 (4.6.7) 式成立. □

例 4.6.1 证明: $\displaystyle\lim_{n\to+\infty} \int_0^1 \frac{x^n}{1+x^n}\,\mathrm{d}x = 0$.

---

① 可替换成若尔当 (Jordan) 可测的闭集.

证明 易见

$$\left|\frac{x^n}{1+x^n}\right| \leqslant 1, \quad \forall\, n \geqslant 0; x \in [0,1].$$

而

$$\lim_{n\to+\infty} \frac{x^n}{1+x^n} = \begin{cases} 0, & x \in [0,1), \\ \dfrac{1}{2}, & x = 1 \end{cases}$$

可积. 于是利用 Arzelà 定理即得结论.

当然, 仅就本例而言, 结论可直接由以下估计式得到

$$0 < \int_0^1 \frac{x^n}{1+x^n}\,\mathrm{d}x < \int_0^1 x^n\,\mathrm{d}x = \frac{1}{n+1}, \quad \forall\, n = 1, 2, \cdots.$$ □

利用 Arzelà 有界收敛定理, 将给我们研究含参变量积分带来诸多方便.

习 题 4.6

1. 设 φ, f, f_n $(n \geqslant 1)$ 在 $[a,b]$ 上广义可积, 且 φ 至多只有有限个瑕点. 若

$$\big|f_n(x)\big| \leqslant \varphi(x), \quad \forall\, x \in [a,b]; n \geqslant 1,$$

且除去有限个点以外,

$$\lim_{n\to+\infty} f_n(x) = f(x).$$

试证:

$$\lim_{n\to+\infty} \int_a^b f_n(x)\,\mathrm{d}x = \int_a^b f(x)\,\mathrm{d}x.$$

2. 试将 Arzelà 定理推广到无界区域.
3. 设函数 f 在 $[a,b]\times[c,d]$ 上有定义, 关于 y 的偏导数 $f_y(x,y)$ 存在. 进一步, 对于任何 $y \in [c,d]$, $f(x,y)$ 和 $f_y(x,y)$ 均关于 x 在 $[a,b]$ 上可积, 且存在 $M > 0$ 使得

$$|f_y(x,y)| \leqslant M, \quad \forall\,(x,y) \in [a,b]\times[c,d].$$

证明: $F(y) = \displaystyle\int_a^b f(x,y)\,\mathrm{d}x$ 在 $[c,d]$ 上可导, 且

$$F'(y) = \int_a^b f_y(x,y)\,\mathrm{d}x, \quad \forall\, y \in [c,d].$$

4. 利用引理 4.6.1 证明: 若一列一致有界的函数列 $\{f_n\}$ 逐点收敛于 f, 则

$$\varliminf_{n\to+\infty} \overline{\int_a^b} f_n(x)\,\mathrm{d}x \geqslant \underline{\int_a^b} f(x)\,\mathrm{d}x,$$

$$\varlimsup_{n\to+\infty} \underline{\int_a^b} f_n(x)\,\mathrm{d}x \leqslant \overline{\int_a^b} f(x)\,\mathrm{d}x.$$

特别, 当 f 可积时,

$$\overline{\lim_{n\to+\infty}}\underline{\int_a^b} f_n(x)\,\mathrm{d}x \leqslant \int_a^b f(x)\,\mathrm{d}x \leqslant \underline{\lim_{n\to+\infty}}\overline{\int_a^b} f_n(x)\,\mathrm{d}x.$$

5. 说明当 $[a,b]$ 上一致有界的函数列 $\{f_n\}$ 逐点收敛到 f 时, 下列两种情形都可能发生:

(i) $\underline{\lim}_{n\to+\infty}\overline{\int_a^b} f_n(x)\,\mathrm{d}x > \overline{\int_a^b} f(x)\,\mathrm{d}x$;

(ii) $\overline{\lim}_{n\to+\infty}\overline{\int_a^b} f_n(x)\,\mathrm{d}x < \overline{\int_a^b} f(x)\,\mathrm{d}x$.

6. 设一列在 $[a,b]$ 上一致有界的可积函数列 $\{f_n\}$ 逐点收敛于 f. 证明 $\int_a^b f_n(x)\,\mathrm{d}x$ 收敛.

提示: 利用

$$\lim_{m,n\to+\infty}(f_m(x)-f_n(x))=0,\quad \forall x\in[a,b]$$

及反证法和定理 4.6.1. 注意我们没有假设极限函数 f 的可积性.

7. 设

$$g(x,y)=\begin{cases}0, & x,y\ \text{均为有理数或均为无理数},\\ 1, & x,y\ \text{中一个为有理数, 另一个为无理数}.\end{cases}$$

说明

$$\overline{\int_0^1}\mathrm{d}x\underline{\int_0^1} g(x,y)\,\mathrm{d}y=0\neq 1=\underline{\int_0^1}\mathrm{d}y\overline{\int_0^1} g(x,y)\,\mathrm{d}x.$$

又令 $a_1,a_2,a_3,\cdots$ 依次为 $1,\frac{1}{2},\frac{1}{3},\frac{2}{3},\frac{1}{4},\frac{2}{4},\frac{3}{4},\cdots$ 去掉重复的数字后得到的数列, 则 $\{a_n\}$ 跑遍了 $(0,1]$ 中所有的有理数, 定义

$$h(x,y)=\begin{cases}1, & \text{存在 } n \text{ 使得} x=a_n, y-n\pi \text{ 为有理数},\\ 0, & \text{其他}.\end{cases}$$

验证

$$\overline{\int_0^1}\mathrm{d}x\overline{\int_0^1} h(x,y)\,\mathrm{d}y=1\neq 0=\overline{\int_0^1}\mathrm{d}y\overline{\int_0^1} h(x,y)\,\mathrm{d}x.$$

8. 试叙述并证明重积分的 Arzelà 有界收敛定理.
9. 试利用 Arzelà 有界收敛定理和阿贝尔 (Abel) 变换证明积分第二中值定理 (见定理 4.2.2).
10. 试利用 Arzelà 有界收敛定理和 Abel 变换证明分部积分公式的推广 (见推论 4.3.1).
11. 试利用 Arzelà 有界收敛定理证明推广的 Riemann 引理 (见定理 4.4.2).

线上课堂

函数的光滑逼近

Arzelà 有界收敛定理

第 5 章　级　数

级数可以看成数列的特例, 因而其性质都可以归结为数列的性质. 尽管如此, 级数因其特殊性在应用上有不同于一般数列的便利之处.

本章很大一部分内容在高等数学课程中有详细论述, 一些理论结果也往往在那里给予了不加证明的介绍. 考虑到完整性和叙述方便, 我们在本书中仍将叙述这些结果. 读者可以略过熟悉的内容. 但同时, 需要从理论角度重新关注计算的正确性.

5.1 正项级数

正项级数 (严格意义上应该称为非负项级数) 的重要性主要在于以下两点: 一是所谓**正项级数收敛原理** (又称**正项级数收敛的基本定理**) 表明正项级数收敛的充分必要条件是它的部分和有界; 另一个就是 "绝对收敛蕴涵收敛" 这一性质使得我们在很多情况下可以利用正项级数去研究任意项级数的收敛性.

定义 5.1.1 如果对于任何 $n \geqslant 0$, $a_n \geqslant 0$, 则称级数 $\sum\limits_{n=0}^{\infty} a_n$ 为正项级数.

定理 5.1.1 (正项级数收敛原理) 正项级数 $\sum\limits_{n=0}^{\infty} a_n$ 收敛当且仅当它的部分和 $S_n = \sum\limits_{k=0}^{n} a_k$ 有上界.

定理 5.1.1 可以由单调收敛定理得到. 它表明正项级数的和不外两种情形——一个有限数或 $+\infty$, 所以正项级数 $\sum\limits_{n=0}^{\infty} a_n$ 收敛也可以等价地写为 $\sum\limits_{n=0}^{\infty} a_n < +\infty$.

正项级数收敛原理立即导致研究正项级数收敛性的**比较判别法**.

定理 5.1.2 (比较判别法) 设有正项级数 $\sum\limits_{n=0}^{\infty} a_n, \sum\limits_{n=0}^{\infty} b_n$, 满足

$$a_n \leqslant b_n, \quad \forall n \geqslant 0. \tag{5.1.1}$$

(i) 若 $\sum\limits_{n=0}^{\infty} b_n$ 收敛, 则 $\sum\limits_{n=0}^{\infty} a_n$ 收敛;

(ii) 若 $\sum\limits_{n=0}^{\infty} a_n$ 发散, 则 $\sum\limits_{n=0}^{\infty} b_n$ 发散.

由于级数的每一项乘以一个非零常数不影响其收敛性, 所以 (5.1.1) 式可以用

$$a_n \leqslant Cb_n, \quad \forall n \geqslant 0$$

代替, 其中 $C > 0$ 为一个非零常数. 又由于级数的前有限项不影响级数的收敛性, 所以比较判别法有以下的极限形式.

定理 5.1.3 设有正项级数 $\sum\limits_{n=0}^{\infty} a_n$, $\sum\limits_{n=0}^{\infty} b_n$, $\lim\limits_{n\to\infty} \dfrac{a_n}{b_n} = \ell$.

(i) 若 $0 < \ell < +\infty$, 则 $\sum\limits_{n=0}^{\infty} b_n$ 与 $\sum\limits_{n=0}^{\infty} a_n$ 有相同的收敛性;

(ii) 若 $\ell = 0$, 则 $\sum\limits_{n=0}^{\infty} b_n$ 收敛蕴涵 $\sum\limits_{n=0}^{\infty} a_n$ 收敛;

(iii) 若 $\ell = +\infty$, 则 $\sum\limits_{n=0}^{\infty} b_n$ 发散蕴涵 $\sum\limits_{n=0}^{\infty} a_n$ 发散.

对以上定理的掌握, 都不应该只满足于记住定理, 还应该培养出一种直觉.

经常用来比较的级数是几何级数 $\sum\limits_{n=1}^{\infty} q^n$ 和 p 级数 $\sum\limits_{n=1}^{\infty} \dfrac{1}{n^p}$. 容易证明, 当且仅当 $|q| < 1$ 时, $\sum\limits_{n=1}^{\infty} q^n$ 收敛, 特别当 $q \in [0, 1)$ 时, $\sum\limits_{n=1}^{\infty} q^n$ 收敛, 而当 $q \geqslant 1$ 时, $\sum\limits_{n=1}^{\infty} q^n$ 发散. 对于 $\sum\limits_{n=1}^{\infty} \dfrac{1}{n^p}$, 当且仅当 $p > 1$ 时, 它是收敛的.

与几何级数的比较导致两个常用的判别法:

定理 5.1.4 (达朗贝尔 (D'Alembert) 判别法) 设级数 $\sum\limits_{n=0}^{\infty} a_n$ 满足 $a_n > 0$.

(i) 若 $\overline{\lim\limits_{n\to\infty}} \dfrac{a_{n+1}}{a_n} = L < 1$, 则 $\sum\limits_{n=0}^{\infty} a_n$ 收敛;

(ii) 若 $\underline{\lim\limits_{n\to\infty}} \dfrac{a_{n+1}}{a_n} = \ell > 1$, 则 $\sum\limits_{n=0}^{\infty} a_n$ 发散.

定理 5.1.5 (Cauchy 判别法) 对于正项级数 $\sum\limits_{n=0}^{\infty} a_n$, 记 $\overline{\lim\limits_{n\to\infty}} \sqrt[n]{a_n} = L$. 若 $L < 1$, 则 $\sum\limits_{n=0}^{\infty} a_n$ 收敛; 若 $L > 1$, 则 $\sum\limits_{n=0}^{\infty} a_n$ 发散.

利用 Cauchy 判别法, 立即可以得到计算幂级数 $\sum\limits_{n=0}^{\infty} a_n x^n$ 收敛半径 r 的**柯西–阿达马 (Cauchy-Hadamard)** 公式

$$r = \frac{1}{\overline{\lim\limits_{n\to+\infty}} \sqrt[n]{|a_n|}}. \tag{5.1.2}$$

在第 2 章, 讲述 Stolz 定理的时候, 我们曾经得到这样的结论: 若 $\lim\limits_{n\to\infty}\dfrac{a_{n+1}}{a_n}=\ell$, 则必有 $\lim\limits_{n\to\infty}\sqrt[n]{a_n}=\ell$. 而反之不然. 所以理论上, Cauchy 判别法要优于 D'Alembert 判别法.

接下来, 我们来考察如何从与 p 级数作比较中抽象出类似于 Cauchy 判别法和 D'Alembert 判别法的判别法. 请读者主要留意提出这一问题的思想以及探索相关答案的过程.

具体地, 如果一个正项级数 $\sum\limits_{n=0}^{\infty}a_n$ 要通过与 p 级数比较得到收敛性, 则应该有 $p>1$, 常数 $M>0$ 以及 $N>0$, 使得

$$a_n\leqslant\frac{M}{n^p},\quad \forall\, n>N.$$

所以有 (这里规定 $\ln 0=-\infty$)

$$\begin{aligned}
&\sum_{n=0}^{\infty}a_n\ \text{收敛}\\
\Longleftarrow\ &\exists\, p>1, M>0, N>0,\ \text{s.t.}\ \ \forall\, n>N,\quad a_n\leqslant\frac{M}{n^p}\\
\Longleftrightarrow\ &\exists\, p>1, M>0, N>0,\ \text{s.t.}\ \ \forall\, n>N,\quad \ln a_n\leqslant\ln M-p\ln n\\
\Longleftrightarrow\ &\exists\, p>1, M>0, N>0,\ \text{s.t.}\ \ \forall\, n>N,\quad p\leqslant\frac{\ln M-\ln a_n}{\ln n}\\
\Longleftrightarrow\ &\varliminf_{n\to\infty}\frac{-\ln a_n}{\ln n}>1\\
\Longleftarrow\ &\varliminf_{n\to\infty}\frac{\ln a_n-\ln a_{n+1}}{\ln(n+1)-\ln n}=\varliminf_{n\to\infty}\frac{\ln\dfrac{a_n}{a_{n+1}}}{\ln\left(1+\dfrac{1}{n}\right)}>1\\
\Longleftarrow\ &\varliminf_{n\to\infty}n\left(\frac{a_n}{a_{n+1}}-1\right)>1.
\end{aligned}$$

这样, 就得到利用 p 级数判断正项级数收敛的一个充分条件. 相应地, 可以得到利用 p 级数判断正项级数发散的一个充分条件. 这就是以下的 **Raabe 判别法**:

定理 5.1.6 (拉贝 (Raabe) 判别法) 设正项级数 $\sum\limits_{n=0}^{\infty}a_n$ 满足 $a_n>0$, 且

$$\lim_{n\to\infty}n\left(\frac{a_n}{a_{n+1}}-1\right)=\ell.$$

(i) 若 $\ell > 1$, 则 $\sum\limits_{n=0}^{\infty} a_n$ 收敛;

(ii) 若 $\ell < 1$, 则 $\sum\limits_{n=0}^{\infty} a_n$ 发散;

(iii) 若 $\ell = 1$, 则 $\sum\limits_{n=0}^{\infty} a_n$ 可能收敛也可能发散.

可以看出, 凡是用几何级数做比较可以判断出收敛性的级数一定也可以用 p 级数加以比较来判断出收敛性. 事实上, 对于任何 $q \in [0,1)$, 以及 $p \in \mathbb{R}$, 均有 $\lim\limits_{n\to\infty} \dfrac{q^n}{1/n^p} = 0$. 而对于 $q > 1$, 有 $\lim\limits_{n\to\infty} \dfrac{q^n}{1/n^p} = +\infty$. 上面的事实可以表示为: 任何一个收敛的 (正项) 几何级数要比任何一个收敛的 p 级数收敛得快, 而任何一个发散的 (正项) 几何级数要比任何一个发散的 p 级数发散得快. 换言之, 利用 p 级数的敛散性和比较判别法可以判断 (正项的) 几何级数的敛散性, 但我们不能用比较判别法和几何级数的敛散性来判断 p 级数的敛散性. 这就是为什么 D'Alembert 判别法和 Cauchy 判别法对 p 级数失效的原因. 同样, 用与 p 级数比较来判断收敛性时, 对级数 $\sum\limits_{n=2}^{\infty} \dfrac{1}{n\ln^p n}$ $(p > 1)$ 是失效的. 事实上, $\sum\limits_{n=2}^{\infty} \dfrac{1}{n\ln n}$ 是比所有发散的 p 级数发散得更慢的发散级数, 而 $\sum\limits_{n=2}^{\infty} \dfrac{1}{n\ln^2 n}$ 是比所有收敛的 p 级数收敛得更慢的收敛级数. 进一步, 利用后面的 Cauchy 积分判别法, 还可以发现这一过程是没有穷尽的. 更一般地, 我们有下述命题:

命题 5.1.1 设 $\sum\limits_{n=0}^{\infty} a_n$ 为正项级数, $a_0 \neq 0$.

(i) 若 $\sum\limits_{n=0}^{\infty} a_n$ 发散, 记 $S_n = \sum\limits_{k=0}^{n} a_k$ 为其部分和, 则 $\sum\limits_{n=0}^{\infty} \dfrac{a_n}{S_n}$ 也发散;

(ii) 若 $\sum\limits_{n=0}^{\infty} a_n$ 收敛, 则存在收敛的正项级数 $\sum\limits_{n=0}^{\infty} b_n$ 满足 $\lim\limits_{n\to\infty} \dfrac{a_n}{b_n} = 0$.

证明 (i) 若 $\sum\limits_{n=0}^{\infty} a_n$ 发散, 则 $\lim\limits_{n\to\infty} S_n = +\infty$. 任取 $n \geqslant 1$, 以及 $N > n$, 我们有

$$\sum_{k=n}^{\infty} \frac{a_k}{S_k} \geqslant \sum_{k=n}^{N} \frac{a_k}{S_k} \geqslant \frac{S_N - S_{n-1}}{S_N},$$

上式中, 令 $N \to +\infty$ 得到 $\sum\limits_{k=n}^{\infty} \dfrac{a_k}{S_k} \geqslant 1$. 从而 $\sum\limits_{n=0}^{\infty} \dfrac{a_n}{S_n}$ 发散.

(ii) 若 $\sum\limits_{n=0}^{\infty} a_n$ 收敛, 则存在 $0 = n_0 < n_1 < n_2 < \cdots$, 使得

$$\sum_{n=n_k}^{\infty} a_n \leqslant \frac{1}{4^k}, \quad \forall\, k = 1, 2, \cdots .$$

令

$$b_n = 2^k a_n, \quad n_k \leqslant n < n_{k+1}, k = 0, 1, \cdots ,$$

则 $\lim\limits_{n\to\infty} \dfrac{a_n}{b_n} = 0$. 而

$$\begin{aligned}\sum_{n=0}^{\infty} b_n &= \sum_{k=0}^{n_1-1} a_k + \sum_{k=n_1}^{n_2-1} 2a_k + \sum_{k=n_2}^{n_3-1} 2^2 a_k + \cdots \\ &\leqslant \sum_{k=0}^{n_1-1} a_k + \sum_{k=1}^{\infty} \frac{2^k}{4^k} = \sum_{k=0}^{n_1-1} a_k + 1,\end{aligned}$$

所以 $\sum\limits_{n=0}^{\infty} b_n$ 收敛. □

上述命题表明, 任何发散的正项级数都有比它发散得更慢的发散级数; 而对任何收敛的正项级数, 也有比它收敛得更慢的收敛级数. 关于命题 5.1.1 的另一证明思路, 参见习题 5.1 第 10 和 11 题.

最后以两个 Cauchy 判别法结束本节.

定理 5.1.7 设 $\{a_n\}$ 非负单调, 则 $\sum\limits_{n=1}^{\infty} a_n$ 收敛当且仅当 $\sum\limits_{k=1}^{\infty} 2^k a_{2^k}$ 收敛.

定理 5.1.8 (Cauchy 积分判别法) 设 f 是 $[1, +\infty)$ 上非负的单调非增函数, 则级数 $\sum\limits_{n=1}^{\infty} f(n)$ 收敛当且仅当 $\displaystyle\int_1^{\infty} f(x)\,\mathrm{d}x$ 收敛.

习 题 5.1

1. 设 $\{a_n\}$ 为一正数列. 证明: $\overline{\lim\limits_{n\to\infty}}\, \sqrt[n]{a_n} \leqslant \overline{\lim\limits_{n\to\infty}}\, \dfrac{a_{n+1}}{a_n}$.
2. 举例说明, 在定理 5.1.4 中, 当 $\ell = 1$ 时, $\sum\limits_{n=0}^{\infty} a_n$ 既可能收敛也可能发散.
3. 证明定理 5.1.7.
4. 设 $a_1 \geqslant a_2 \geqslant a_3 \geqslant \cdots \geqslant 0$. 证明: 若 $\sum\limits_{n=1}^{\infty} a_n$ 收敛, 则 $\lim\limits_{n\to\infty} na_n = 0$.
5. 分别利用定理 5.1.7 和定理 5.1.8 讨论级数 $\sum\limits_{n=1}^{\infty} \dfrac{1}{n^p}$, $\sum\limits_{n=2}^{\infty} \dfrac{1}{n \ln^p n}$ 以及 $\sum\limits_{n=3}^{\infty} \dfrac{1}{n \ln n (\ln\ln n)^p}$ 的收敛性.

   更一般地, 考虑级数 $\sum\limits_{n=10}^{\infty} \dfrac{1}{n^p (\ln n)^q (\ln\ln n)^r}$ 的敛散性, 其中 p, q, r 为实数.

6. 设正项级数 $\sum\limits_{n=1}^{\infty} a_n$ 收敛, $\lim\limits_{n\to\infty} na_n = a$. 证明: $a = 0$.

7. 讨论以下级数的收敛性

$$\left(\frac{1}{2}\right)^p + \left(\frac{1\cdot 3}{2\cdot 4}\right)^p + \left(\frac{1\cdot 3\cdot 5}{2\cdot 4\cdot 6}\right)^p + \cdots.$$

8. 研究数列

$$\frac{1}{1+\alpha}\cdot\frac{2}{2+\alpha}\cdots\frac{n}{n+\alpha}$$

当 n 趋于无穷时候的阶, 其中 α 是一个非负常数.

9. 证明定理 5.1.8.

10. 设 $a_0 > 0$, 正项级数 $\sum\limits_{n=0}^{\infty} a_n$ 发散. 记 $S_n = \sum\limits_{k=0}^{n} a_k\,(n \geqslant 0)$.

   (a) 证明: $\sum\limits_{n=1}^{\infty} (\ln S_n - \ln S_{n-1})$ 发散.

   (b) 证明: $\sum\limits_{n=1}^{\infty} \dfrac{a_n}{S_{n-1}}$ 发散.

   (c) 考察极限 $\lim\limits_{n\to+\infty} \dfrac{S_{n-1}}{S_n}$, 并证明 $\sum\limits_{n=1}^{\infty} \dfrac{a_n}{S_n}$ 发散.

$\sum\limits_{n=0}^{\infty} a_n$ 收敛, 则存在收敛的正项级数 $\sum\limits_{n=0}^{\infty} b_n$ 满足 $\lim\limits_{n\to\infty} \dfrac{a_n}{b_n} = 0$.

11. 设正项级数 $\sum\limits_{n=0}^{\infty} a_n$ 收敛. 记 $S_n = \sum\limits_{k=0}^{n} \left(a_k + \dfrac{1}{2^k}\right)\,(n \geqslant 0)$. $S = \sum\limits_{k=0}^{\infty} \left(a_k + \dfrac{1}{2^k}\right)$. 证明:

   (a) $\sum\limits_{n=1}^{\infty} \left(\sqrt{S - S_{n-1}} - \sqrt{S - S_n}\right)$ 是收敛的正项级数.

   (b) $\lim\limits_{n\to+\infty} \dfrac{a_n}{\sqrt{S - S_{n-1}} - \sqrt{S - S_n}} = 0$.

12. 利用与级数 $\sum\limits_{n=3}^{\infty} \dfrac{1}{n\ln^p n}$ 比较, 仿 Raabe 判别法给出一个判别定理.

13. 求 $\sum\limits_{n=1}^{\infty} x^{n^2}$ 当 $x \to 1^-$ 时的阶.

5.2 任意项级数

所谓任意项级数, 指的是一般项的符号不确定的级数. 在收敛性方面, 判断任意项级数的收敛性要比判断正项级数的收敛性困难许多. 这方面常用的判别方法是利用正项级数的判别法以及用 Abel 判别法或狄利克雷 (Dirichlet) 判别法.

之所以可以利用正项级数的结果来讨论某些任意项级数的收敛性, 主要在于有以下的定理 5.2.1. 首先引入如下定义:

定义 5.2.1 如果级数 $\sum\limits_{n=0}^{\infty} |a_n|$ 收敛, 则称 $\sum\limits_{n=0}^{\infty} a_n$ **绝对收敛**;

如果级数 $\sum\limits_{n=0}^{\infty}|a_n|$ 发散, 而 $\sum\limits_{n=0}^{\infty}a_n$ 收敛. 则称 $\sum\limits_{n=0}^{\infty}a_n$ **条件收敛**[①].

我们有下述定理:

定理 5.2.1 若级数绝对收敛, 则它一定收敛.

定理 5.2.1 可以简单地用数列 (级数) 收敛的 Cauchy 准则来证明. 有了这个定理, 要考察一个任意项级数是否收敛, 大致可以按以下三个步骤来判断: 第一步是看一般项是否趋于零, 在第一步结论为肯定的情况下, 第二步是看它是否绝对收敛, 然后在第二步结论为否定或难以判断的情况下, 第三步考虑 Abel 判别法或 Dirichlet 判别法等用于判断任意项级数收敛性的判别方法.

定理 5.2.2 考虑级数 $\sum\limits_{n=1}^{\infty}a_nb_n$. 设级数 $\sum\limits_{n=1}^{\infty}a_n$ 的部分和数列 $\{S_n\}$ 有界, 数列 $\{b_n\}$ 单调有界.

(1)(Abel 判别法) 如果 $\{S_n\}$ 收敛[②], 则 $\sum\limits_{n=1}^{\infty}a_nb_n$ 收敛;

(2) (Dirichlet 判别法) 如果 $\{b_n\}$ 收敛到零[③], 则 $\sum\limits_{n=1}^{\infty}a_nb_n$ 收敛.

证明 Abel 判别法和 Dirichlet 判别法的证明都基于所谓的 **Abel 变换**: 对于 $m>n\geqslant 1$,

$$
\begin{aligned}
\sum_{k=n+1}^{m}a_kb_k &= \sum_{k=n+1}^{m}\big((S_k-S_n)-(S_{k-1}-S_n)\big)b_k \\
&= \sum_{k=n+1}^{m}(S_k-S_n)b_k-\sum_{k=n+1}^{m}(S_{k-1}-S_n)b_k \\
&= \sum_{k=n+1}^{m}(S_k-S_n)b_k-\sum_{k=n}^{m-1}(S_k-S_n)b_{k+1} \\
&= (S_m-S_n)b_m+\sum_{k=n+1}^{m-1}(S_k-S_n)(b_k-b_{k+1}).
\end{aligned}
\tag{5.2.1}
$$

这样, 当 $\{b_n\}$ 单调时,

$$
\left|\sum_{k=n+1}^{m}a_kb_k\right|\leqslant|S_m-S_n|\,|b_m|+\sum_{k=n+1}^{m-1}|S_k-S_n|\,|b_k-b_{k+1}|
$$

---

① 因此, 按定义, 绝对收敛的级数一定不是条件收敛的.

② 蕴涵级数的部分和 $\{S_n\}$ 有界.

③ 蕴涵数列 $\{b_n\}$ 有界.

$$\leqslant |S_m - S_n||b_m| + \max_{n+1\leqslant k\leqslant m-1} |S_k - S_n||b_{n+1} - b_m|$$

$$\leqslant \max_{n+1\leqslant k\leqslant m} |S_k - S_n|(2|b_m| + |b_{n+1}|).$$

于是由 $\{S_n\}, \{b_n\}$ 的有界性, 可从 $\{S_n\}$ 收敛或 $\{b_n\}$ 收敛到 0 推得

$$\lim_{n,m\to\infty} \left|\sum_{k=n+1}^{m} a_k b_k\right| = 0.$$

这样由 Cauchy 准则得到级数 $\sum\limits_{n=1}^{\infty} a_n b_n$ 收敛. □

Dirichlet 判别法有一个常用的推论:

推论 5.2.1 (莱布尼茨 (Leibniz) 判别法) 设数列 $\{a_n\}$ 单调非增, $\lim\limits_{n\to\infty} a_n = 0$, 则交错级数 $\sum\limits_{n=0}^{\infty}(-1)^n a_n$ 收敛.

以下看几个利用定理 5.2.2 的典型例题:

例 5.2.1 考察级数 $\sum\limits_{n=1}^{\infty} \dfrac{\sin n}{n^p}$ 的收敛性.

解 显然, 当 $p \leqslant 0$ 时, 级数的一般项不趋于零, 从而级数发散. 而当 $p > 1$ 时, 由 $\left|\dfrac{\sin n}{n^p}\right| \leqslant \dfrac{1}{n^p}$ 及 $\sum\limits_{n=1}^{\infty} \dfrac{1}{n^p}$ 的收敛性知, $\sum\limits_{n=1}^{\infty} \dfrac{\sin n}{n^p}$ 绝对收敛.

当 $p \in (0,1]$ 时, $\left\{\dfrac{1}{n^p}\right\}$ 单调趋于零, 而

$$\left|\sum_{n=1}^{m} \sin n\right| = \left|\frac{\cos\dfrac{2m+1}{2} - \cos\dfrac{1}{2}}{2\sin\dfrac{1}{2}}\right| \leqslant \frac{1}{\sin\dfrac{1}{2}}, \quad \forall m \geqslant 1.$$

从而由 Dirichlet 判别法知级数 $\sum\limits_{n=1}^{\infty} \dfrac{\sin n}{n^p}$ 收敛.

类似地, 可以得到 $\sum\limits_{n=1}^{\infty} \dfrac{\cos 2n}{n^p}$ 收敛. 利用这一点, 得到

$$\sum_{n=1}^{\infty} \left|\frac{\sin n}{n^p}\right| \geqslant \sum_{n=1}^{\infty} \frac{\sin^2 n}{n^p} = \sum_{n=1}^{\infty} \frac{1 - \cos 2n}{2n^p} = +\infty.$$

从而 $\sum\limits_{n=1}^{\infty} \dfrac{\sin n}{n^p}$ 条件收敛.

总之, 级数 $\sum\limits_{n=1}^{\infty}\dfrac{\sin n}{n^p}$ 当 $p\leqslant 0$ 时发散, 当 $p\in(0,1]$ 时条件收敛, 当 $p>1$ 时绝对收敛.

例 5.2.2 考察 $\sum\limits_{n=1}^{\infty}\dfrac{\sin n}{n^p}\arctan n$ 的收敛性.

解 由于 $\{\arctan n\}$ 和 $\left\{\dfrac{1}{\arctan n}\right\}$ 均单调有界, 所以由 Abel 判别法, 级数 $\sum\limits_{n=1}^{\infty}\dfrac{\sin n}{n^p}$ 与级数 $\sum\limits_{n=1}^{\infty}\dfrac{\sin n}{n^p}\arctan n$ 有相同的收敛性.

具体地有如下结论, 级数 $\sum\limits_{n=1}^{\infty}\dfrac{\sin n}{n^p}\arctan n$ 当 $p\leqslant 0$ 时发散, 当 $p\in(0,1]$ 时条件收敛, 当 $p>1$ 时绝对收敛.

对于两个绝对收敛的级数, 利用正项级数的基本定理容易证明它们的 **Cauchy 乘积**也是绝对收敛的, 具体地, 有下述定理:

定理 5.2.3 设级数 $\sum\limits_{n=0}^{\infty}a_n$ 和 $\sum\limits_{n=0}^{\infty}b_n$ 绝对收敛, 则它们的 Cauchy 乘积 $\sum\limits_{n=0}^{\infty}c_n$ 也绝对收敛, 且成立

$$\sum_{n=0}^{\infty}c_n=\left(\sum_{n=0}^{\infty}a_n\right)\left(\sum_{n=0}^{\infty}b_n\right), \tag{5.2.2}$$

其中

$$c_n=\sum_{k=0}^{n}a_kb_{n-k}. \tag{5.2.3}$$

注 5.2.1 级数 $0+a_0+a_1+a_2+\cdots$ 与级数 $b_0+b_1+b_2+\cdots$ 的 Cauchy 乘积为 $0+c_0+c_1+c_2+\cdots$, 其中 c_n 仍由 (5.2.3) 式定义. 这表明 Cauchy 乘积本质上不依赖级数第一项的标号的选取.

注 5.2.2 由于幂级数在其收敛域内部绝对收敛, 所以两个幂级数的乘积在其公共收敛域内部等于它们的 Cauchy 乘积.

关于收敛级数 Cauchy 乘积的一般性质可参看定理 5.4.2 和习题 5.4 第 7 题.

下面给出两个利用级数 Cauchy 乘积的例子:

例 5.2.3 设 $n\in\mathbb{N}$. 证明:

$$\sum_{\substack{k+j=n\\0\leqslant k,j\leqslant n}}\mathrm{C}_{2k}^{k}\mathrm{C}_{2j}^{j}=4^n. \tag{5.2.4}$$

证明 考虑幂级数

$$\sum_{n=0}^{\infty}\mathrm{C}_{2n}^{n}x^n.$$

由

$$\lim_{n\to+\infty}\frac{\mathrm{C}_{2(n+1)}^{n+1}}{\mathrm{C}_{2n}^{n}}=4$$

知, 该级数在 $\left(-\frac{1}{4},\frac{1}{4}\right)$ 内收敛. 以下讨论均在区间 $\left(-\frac{1}{4},\frac{1}{4}\right)$ 内进行.

由注 5.2.2, 成立

$$\left(\sum_{n=0}^{\infty}\mathrm{C}_{2n}^{n}x^{n}\right)^{2}=\sum_{n=0}^{\infty}\left(\sum_{\substack{k+j=n\\0\leqslant k,j\leqslant n}}\mathrm{C}_{2k}^{k}\mathrm{C}_{2j}^{j}\right)x^{n}. \tag{5.2.5}$$

另外, 不难得到

$$\sum_{n=0}^{\infty}\mathrm{C}_{2n}^{n}x^{n}=\sum_{n=0}^{\infty}\frac{(2n-1)!!}{2^{n}n!}(4x)^{n}=(1-4x)^{-\frac{1}{2}}.$$

从而

$$\left(\sum_{n=0}^{\infty}\mathrm{C}_{2n}^{n}x^{n}\right)^{2}=(1-4x)^{-1}=\sum_{n=0}^{\infty}4^{n}x^{n}. \tag{5.2.6}$$

比较 (5.2.5) 式和 (5.2.6) 式即得 (5.2.4) 式. □

类似下例中的 Taylor 展开式, 并非课程的常规要求. 我们希望展现的是, 有时候一些函数的 Taylor 展式可能不像看起来那样难以有好的表达式.

例 5.2.4 试求 $\arcsin^2 x$ 在 0 点的 Taylor 展开式.

解 由幂级数的逐项可积性 (定理 5.4.1)

$$\arcsin x=\int_0^x\frac{\mathrm{d}t}{\sqrt{1-t^2}}=\int_0^x\sum_{n=0}^{\infty}\frac{\mathrm{C}_{2n}^{n}t^{2n}}{4^n}\,\mathrm{d}t=\sum_{n=0}^{\infty}\frac{\mathrm{C}_{2n}^{n}}{(2n+1)4^n}x^{2n+1},$$

所以

$$\arcsin^2 x=\sum_{n=0}^{\infty}\left(\sum_{\substack{k+j=n\\0\leqslant k,j\leqslant n}}\frac{\mathrm{C}_{2k}^{k}\mathrm{C}_{2j}^{j}}{(2k+1)(2j+1)}\right)\frac{x^{2n+2}}{4^n}.$$

我们有

$$\sum_{\substack{k+j=n\\0\leqslant k,j\leqslant n}}\frac{\mathrm{C}_{2k}^{k}\mathrm{C}_{2j}^{j}}{(2k+1)(2j+1)}=\frac{1}{2(n+1)}\sum_{\substack{k+j=n\\0\leqslant k,j\leqslant n}}\left(\frac{1}{2j+1}+\frac{1}{2k+1}\right)\mathrm{C}_{2k}^{k}\mathrm{C}_{2j}^{j}$$

$$=\frac{1}{n+1}\sum_{\substack{k+j=n\\0\leqslant k,j\leqslant n}}\frac{C_{2k}^{k}C_{2j}^{j}}{2k+1}\equiv\frac{I_n}{n+1}.$$

类似地,

$$\begin{aligned}2(n+1)I_n=&\sum_{\substack{k+j=n\\0\leqslant k,j\leqslant n}}\left(1+\frac{2j+1}{2k+1}\right)C_{2k}^{k}C_{2j}^{j}\\&=4^n+\sum_{\substack{k+j=n\\0\leqslant k,j\leqslant n}}\frac{2j+1}{2k+1}C_{2k}^{k}C_{2j}^{j}\\&=4^n+\frac{1}{2}\sum_{\substack{k+j=n\\0\leqslant k,j\leqslant n}}\frac{j+1}{2k+1}C_{2k}^{k}C_{2(j+1)}^{j+1}\\&=4^n+\frac{1}{2}\sum_{\substack{k+j=n+1\\0\leqslant k,j\leqslant n+1}}\frac{j}{2k+1}C_{2k}^{k}C_{2j}^{j}\\&=4^n+\frac{1}{4}\sum_{\substack{k+j=n+1\\0\leqslant k,j\leqslant n+1}}\left(\frac{2n+3}{2k+1}-1\right)C_{2k}^{k}C_{2j}^{j}\\&=\frac{2n+3}{4}I_{n+1}.\end{aligned}$$

于是由上式及 $I_0=1$ 递推可得

$$I_n=4^n\times\frac{(2n)!!}{(2n+1)!!}=\frac{4^{2(n+1)}}{8(n+1)C_{2(n+1)}^{n+1}}.$$

从而

$$\sum_{\substack{k+j=n\\0\leqslant k,j\leqslant n}}\frac{C_{2k}^{k}C_{2j}^{j}}{(2k+1)(2j+1)}=\frac{4^{2(n+1)}}{8(n+1)^2C_{2(n+1)}^{n+1}}.\tag{5.2.7}$$

这样就得到

$$\arcsin^2x=\sum_{n=1}^{\infty}\frac{4^n}{2n^2C_{2n}^{n}}x^{2n}.\tag{5.2.8}$$

注意到利用斯特林 (Stirling) 公式可得

$$\frac{4^n}{2n^2C_{2n}^{n}}\sim\frac{\sqrt{\pi}}{2n^{\frac{3}{2}}},\quad n\to+\infty.$$

因此, (5.2.8) 式对所有 $x \in [-1,1]$ 成立.

接下来介绍条件收敛级数一个有趣的特性. 容易证明, 若 $\sum\limits_{n=0}^{\infty} a_n$ 条件收敛, 则

$$\sum_{n=0}^{\infty} a_n^+ = \sum_{n=0}^{\infty} a_n^- = +\infty,$$

其中 a^+, a^- 分别表示 a 的正部和负部:

$$a^+ = \begin{cases} a, & a \geqslant 0 \\ 0, & a < 0 \end{cases} = \frac{|a| + a}{2},$$

$$a^- = \begin{cases} 0, & a \geqslant 0 \\ -a, & a < 0 \end{cases} = \frac{|a| - a}{2}.$$

我们有如下命题.

命题 5.2.1 设有级数 $\sum\limits_{n=0}^{\infty} a_n$.

(i) 若 $\sum\limits_{n=1}^{\infty} a_n$ 绝对收敛, 则 $\sum\limits_{n=1}^{\infty} a_n$ 的任何重排级数都绝对收敛, 且收敛于同一值;

(ii) 若 $\sum\limits_{n=1}^{\infty} a_n$ 条件收敛, 则 $\sum\limits_{n=1}^{\infty} a_n$ 经过重排可以收敛到任何预先给定的数.

证明 所谓级数 $\sum\limits_{n=1}^{\infty} b_n$ 是级数 $\sum\limits_{n=1}^{\infty} a_n$ 的一个重排, 是指存在 $1, 2, 3, \cdots$ 的一个重排

$$n_1, n_2, n_3, \cdots$$

(即 $1, 2, 3, \cdots$ 在正整数列 $n_1, n_2, n_3, \cdots$ 中都恰好出现一次), 使得

$$b_k = a_{n_k}, \quad \forall\, k = 1, 2, \cdots.$$

(i) 记 m_k 为使得 $1, 2, \cdots, j$ 都在 $n_1, n_2, \cdots, n_k$ 中出现的最大的整数 j, 即

$$m_k = \max\{j \,|\, 1, 2, \cdots, j \in \{n_1, n_2, \cdots, n_k\}\},$$

这里规定 $\max \varnothing = 0$. 则 $\lim\limits_{k \to +\infty} m_k = +\infty$, 且易见

$$\left| \sum_{j=1}^{k} b_j - \sum_{n=1}^{m_k} a_n \right| \leqslant \sum_{n=m_k+1}^{\infty} |a_n|.$$

从而由 $\sum\limits_{n=1}^{\infty} a_n$ 的绝对收敛性得到 $\lim\limits_{k\to\infty}\sum\limits_{j=1}^{k} b_j = \sum\limits_{n=1}^{\infty} a_n$, 即 $\sum\limits_{j=1}^{\infty} b_j = \sum\limits_{n=1}^{\infty} a_n$. 同理, $\sum\limits_{j=1}^{\infty} |b_j| = \sum\limits_{n=1}^{\infty} |a_n|$. 即得 $\sum\limits_{n=1}^{\infty} b_n$ 绝对收敛.

(ii) 若 $\sum\limits_{n=1}^{\infty} a_n$ 条件收敛, 设 $\{a_n\}$ 中第 k 个非负数为 α_k, 第 j 个负数为 $-\beta_j$. 则

$$\sum_{n=1}^{\infty}\alpha_n = \sum_{n=1}^{\infty}\beta_n = +\infty, \tag{5.2.9}$$

$$\lim_{n\to\infty}\alpha_n = \lim_{n\to\infty}\beta_n = 0. \tag{5.2.10}$$

现设 μ 为任意给定的一个实数. 取 a_{n_1} 为 α_1. 若已经选定 $a_{n_1}, a_{n_2}, \cdots, a_{n_m}$ $(m \geqslant 1)$, 记 $S_m := \sum\limits_{j=1}^{m} a_{n_j}$.

当 $S_m \geqslant \mu$ 时, 选数列 $\{-\beta_n\}$ 中未被取走的元素中的第一个为 $a_{n_{m+1}}$.

否则, 当 $S_m < \mu$ 时, 选数列 $\{\alpha_n\}$ 中未被取走的元素中的第一个为 $a_{n_{m+1}}$.

则由于 (5.2.9), a_{n_k} 不可能一直在 $\{\alpha_n\}$ 中选, 或一直在 $\{-\beta_n\}$ 选. 因此, $\sum\limits_{k=1}^{\infty} a_{n_k}$ 为 $\sum\limits_{n=1}^{\infty} a_n$ 的重排.

进一步, 对于 $m \geqslant 1$, 取 N_m 为使 $a_{n_1}, a_{n_2}, \cdots, a_{n_N}$ 中至少出现 m 次非负数和 m 次负数的最小整数 N. 则易见当 $k > N_m$ 时, 成立

$$-\sup_{j\geqslant m}\beta_j \leqslant S_k - \mu \leqslant \sup_{j\geqslant m}\alpha_j.$$

由此即得 $\sum\limits_{k=1}^{\infty} a_{n_k}$ 收敛到 μ. □

习 题 5.2

1. 设数列 $\{a_n\}$ 单调非增, 且 $\lim\limits_{n\to\infty} a_n = 0$. 证明: 对于任何 $n \geqslant 0$, 有 $a_0 - a_1 \leqslant \sum\limits_{k=0}^{n}(-1)^k a_k \leqslant a_0$. 试利用此不等式证明 Leibniz 判别法.
2. 证明: 对任何 x,

$$\sin x - \sin\sin x + \sin\sin\sin x - \sin\sin\sin\sin x + \cdots$$

收敛.

3. 设有级数 $\sum\limits_{n=1}^{\infty} a_n$, 级数 $\sum\limits_{n=1}^{\infty} A_n$ 由级数 $\sum\limits_{n=1}^{\infty} a_n$ 加括号得到, 即 $A_n = \sum\limits_{k=p_n}^{p_{n+1}-1} a_k$. 若 $\lim\limits_{n\to\infty} a_n = 0$, $p_{n+1}-p_n$ 有界, $\sum\limits_{n=1}^{\infty} A_n$ 收敛, 则 $\sum\limits_{n=1}^{\infty} a_n$ 收敛.

4. 级数

$$1+\frac{1}{2}+\frac{1}{3}-\frac{1}{4}-\frac{1}{5}-\frac{1}{6}+\cdots+\frac{1}{6n+1}+\frac{1}{6n+2}+\frac{1}{6n+3}-\frac{1}{6n+4}-\frac{1}{6n+5}-\frac{1}{6n+6}+\cdots$$

是否收敛?

5. 考察以下级数的敛散性.

(i) $\sum\limits_{n=1}^{\infty} \dfrac{(-1)^{n-1}}{\sqrt{n}+(-1)^{n-1}}$; (ii) $\sum\limits_{n=1}^{\infty} \dfrac{(-1)^{n-1}}{n+(-1)^{n-1}}$; (iii) $\sum\limits_{n=1}^{\infty} \dfrac{(-1)^n}{\sqrt[n]{n}}$;

(iv) $\sum\limits_{n=1}^{\infty} \left(\dfrac{1}{\sqrt[n]{n^2}}-1\right)$; (v) $\sum\limits_{n=1}^{\infty} (-1)^n\left(\dfrac{1}{\sqrt[n]{n}}-1\right)$; (vi) $\sum\limits_{n=1}^{\infty} (-1)^n\sqrt{n}\left(\dfrac{1}{\sqrt[n]{n}}-1\right)$.

6. 证明定理 5.2.3.

7. 试求 $\ln^2\left(x+\sqrt{1+x^2}\right)$ 在 0 点的 Taylor 展开式.

8. 若 $\sum\limits_{n=1}^{\infty} a_n$ 条件收敛, 则 $\sum\limits_{n=1}^{\infty} a_n$ 经过重排可以发散到 $+\infty$.

9. 试利用 Dirichlet 判别法证明 Abel 判别法.

10. 设有数列 $\{a_n\},\{b_n\}$, 记 $S_n = \sum\limits_{k=1}^{n} a_k\ (n \geqslant 1)$. 我们有 Abel 变换: 对于 $n \geqslant 2$ 时, 成立

$$\sum_{k=1}^{n} a_k b_k = S_n b_n - \sum_{k=1}^{n-1} S_k\left(b_{k+1}-b_k\right).$$

(i) 设 $\sum\limits_{n=1}^{\infty} a_n$ 收敛, $\sum\limits_{n=1}^{\infty} (b_n-b_{n+1})$ 绝对收敛, 证明: $\sum\limits_{n=1}^{\infty} a_n b_n$ 收敛.

(ii) 设 $\{b_n\}$ 收敛到零, $\sum\limits_{n=1}^{\infty} a_n$ 的部分和有界, $\sum\limits_{n=1}^{\infty} (b_n-b_{n+1})$ 绝对收敛, 证明: $\sum\limits_{n=1}^{\infty} a_n b_n$ 收敛.

11. 设 $\sum\limits_{n=1}^{\infty} a_n$ 条件收敛. 分别对于 I 为 $\mathbb{R}$ 中的空集, 单点集和闭子区间, 证明: 存在 $\sum\limits_{n=1}^{\infty} a_n$ 的重排 $\sum\limits_{n=1}^{\infty} a_{k_n}$ 使得集合 $\left\{\sum\limits_{j=1}^{n} a_{k_j} \middle| n \geqslant 1\right\}$ 的导集为 I.

5.3 函数项级数的基本性质

讲述函数项级数的性质, 就需要介绍一致收敛性. 在数学分析中, 一致收敛性之所以重要是因为它事关极限函数的连续性、可积性和可微性. 相关结果已经在 2.4 节中介绍过. 既然函数项级数是一种特殊的函数列, 那么就可以把关于函数列的那些结果搬过来用. 一致收敛性简单地讲是保证两种极限能够交换次序的关键

条件, 而极限在数学分析课程中具有非常关键的地位, 所以即使在实变函数论中有更好的工具处理类似问题, 这部分训练对于读者打好数学基础还是极为重要的.

另一方面, 正如在本章一开始所指出的那样, 由于级数表达形式的特殊性, 本节仍会有一些在 2.4 节没有介绍过的结果.

定义 5.3.1 设 $I \subseteq \mathbb{R}$, 函数列 $\{u_n(\cdot)\}$ 及函数 $S(\cdot)$ 在 I 上有定义. 如果函数项级数 $\sum\limits_{n=0}^{\infty} u_n(\cdot)$ 的部分和 $\sum\limits_{k=0}^{n} u_k(\cdot)$ 在 I 上一致收敛到 $S(\cdot)$, 即 $\forall \varepsilon > 0, \exists N > 0$, 使得 $\forall x \in I$ 以及 $n > N$, 有

$$\left|\sum_{k=1}^{n} u_k(x) - S(x)\right| < \varepsilon, \tag{5.3.1}$$

则称[①] 函数项级数 $\sum\limits_{n=1}^{\infty} u_n(\cdot)$ 在 I 上**一致收敛**于 $S(\cdot)$.

当不直接写出和函数 $S(\cdot)$ 时, (5.3.1) 式可以等价地写为 $\left|\sum\limits_{k=n+1}^{\infty} u_k(x)\right| < \varepsilon$. 类似于定义 2.4.1′, 也可以把级数的一致收敛性等价地描述为

$$\lim_{n\to\infty} \sup_{x\in I} \left|\sum_{k=n+1}^{\infty} u_k(x)\right| = 0.$$

另外, 不难得到以下的 Cauchy 准则:

定理 5.3.1 (Cauchy 准则) 函数项级数 $\sum\limits_{n=1}^{\infty} u_n(\cdot)$ 在 $I \subseteq \mathbb{R}$ 上一致收敛当且仅当 $\forall \varepsilon > 0, \exists N > 0$, 使得当 $m > n > N$ 时, 对任何 $x \in I$ 成立着 $\left|\sum\limits_{k=n}^{m} u_k(x)\right| < \varepsilon$.

需要指出, 一个收敛的常数项级数作为函数项级数总在任何集合上一致收敛. 另外, 当 $I = \{x_1, x_2, \cdots, x_n\}$ 为有限集时, I 上的一致收敛性与 I 上的收敛性等价. 因此, 一致收敛性只对 I 为无限集的情形才有本质的意义.

判断函数项级数一致收敛性的判别法与判断任意项级数收敛性的判别法有可比之处. 首先, 类似于任意项级数的绝对收敛性, 利用 Cauchy 准则, 我们有如下的 **Weierstrass 判别法**:

定理 5.3.2 (Weierstrass 判别法) 若 $\forall x \in I$, $|u_n(x)| \leqslant c_n$ $(n = 0, 1, \cdots)$, 且数项级数 $\sum\limits_{n=0}^{\infty} c_n$ 收敛, 则 $\sum\limits_{n=0}^{\infty} u_n(x)$ 关于 $x \in I$ 一致收敛.

---

① 或称函数项级数 $\sum\limits_{n=1}^{\infty} u_n(x)$ 关于 $x \in I$ 一致收敛于 $S(x)$.

同样, 我们有 Abel 判别法和 Dirichlet 判别法:

定理 5.3.3 考虑 I 上的函数项级数 $\sum\limits_{n=0}^{\infty} u_n(\cdot)v_n(\cdot)$. 设 $\sum\limits_{n=0}^{\infty} u_n(\cdot)$ 的部分和序列 $\{S_n(\cdot)\}$ 在 I 上一致有界, 函数列 $\{v_n(\cdot)\}$ 关于 n 单调, 且在 I 上一致有界.

(i) (Abel 判别法) 如果 $\{S_n(x)\}$ 关于 $x\in I$ 一致收敛, 则 $\sum\limits_{n=0}^{\infty} u_n(x)v_n(x)$ 关于 $x\in I$ 一致收敛;

(ii) (Dirichlet 判别法) 如果 $\{v_n(x)\}$ 关于 $x\in I$ 一致收敛到零, 则 $\sum\limits_{n=0}^{\infty} u_n(x)\cdot v_n(x)$ 关于 $x\in I$ 一致收敛.

我们指出, $\{v_n(x)\}$ 关于 n 的单调性对 $x\in I$ 不必是一致的, 即允许对某些 x, $\{v_n(x)\}$ 关于 n 单增, 而对另一些 x, $\{v_n(x)\}$ 关于 n 单减.

例 5.3.1 讨论级数 $\sum\limits_{n=1}^{\infty} \dfrac{\sin nx}{n^2}$ 的一致收敛性.

解 因为 $\left|\dfrac{\sin nx}{n^2}\right| \leqslant \dfrac{1}{n^2}$, 而数项级数 $\sum\limits_{n=1}^{\infty} \dfrac{1}{n^2}$ 收敛, 从而由 Weierstrass 判别法, $\sum\limits_{n=1}^{\infty} \dfrac{\sin nx}{n^2}$ 在 $\mathbb{R}$ 上一致收敛.

例 5.3.2 讨论级数 $\sum\limits_{n=1}^{\infty} \dfrac{\sin nx}{n}$ 的一致收敛性.

解 当 $\sin\dfrac{x}{2}\neq 0$ 时,

$$\sum_{n=1}^{m}\sin nx=\sum_{n=1}^{m}\frac{2\sin nx\sin\dfrac{x}{2}}{2\sin\dfrac{x}{2}}=\frac{\cos\dfrac{1}{2}x-\cos\dfrac{2m+1}{2}x}{2\sin\dfrac{x}{2}}.$$

这样对于固定的 $\delta_0>0$, 在 $\left|\sin\dfrac{x}{2}\right|\geqslant\delta_0>0$ 的范围内, $\sum\limits_{k=1}^{\infty}\sin nx$ 的部分和是一致有界的. 而 $\left\{\dfrac{1}{n}\right\}$ 单调且显然关于 x 在任何范围内都一致收敛到 0, 所以由 Dirichlet 判别法, 对于任何 $\delta>0$, $\sum\limits_{n=1}^{\infty}\dfrac{\sin nx}{n}$ 在 $I_\delta=\left\{x\,\middle|\,\left|\sin\dfrac{x}{2}\right|\geqslant\delta\right\}$ 上一致收敛, 特别地, $\sum\limits_{n=1}^{\infty}\dfrac{\sin nx}{n}$ 在 $[\delta,2\pi-\delta]$ 上一致收敛.

由上述讨论, 还可以看到级数 $\sum\limits_{n=1}^{\infty}\dfrac{\sin nx}{n}$ 对每个 x 都是收敛的, 但可以证明, 在包含 $2k\pi$ 这样的点的区间上, 它是非一致收敛的. 以 0 点为例, 可以证明

$\sum\limits_{n=1}^{\infty}\dfrac{\sin nx}{n}$ 在 $[0,\delta]$ 上非一致收敛.

为此, 取 $\varepsilon_0=\dfrac{1}{2}\sin\dfrac{1}{2}$, 则对任何 $N>0$, 取 $n\geqslant N+\dfrac{1}{\delta}$, $m=2n$, $x=\dfrac{1}{2n}\in[0,\delta]$, 我们有 $\sum\limits_{k=n+1}^{m}\dfrac{\sin kx}{k}\geqslant\varepsilon_0$. 从而由 Cauchy 准则知 $\sum\limits_{n=1}^{\infty}\dfrac{\sin nx}{n}$ 在 $[0,\delta]$ 上非一致收敛.

定理 2.4.2、定理 2.4.3 可以重新叙述为下述定理:

定理 5.3.4 设函数项级数 $\sum\limits_{n=0}^{\infty}u_n(\cdot)$ 在 $[a,b]$ 上一致收敛, 对每个 $n\geqslant 0$, $u_n(\cdot)$ 在 $[a,b]$ 上连续, 则 $\sum\limits_{n=0}^{\infty}u_n(\cdot)$ 在 $[a,b]$ 上连续. 进一步, 成立

$$\int_a^b\sum_{n=0}^{\infty}u_n(x)\,\mathrm{d}x=\sum_{n=0}^{\infty}\int_a^b u_n(x)\,\mathrm{d}x. \tag{5.3.2}$$

定理 5.3.5 设函数项级数 $\sum\limits_{n=0}^{\infty}u_n(\cdot)$ 在 $[a,b]$ 上收敛, 对每个 $n\geqslant 0$, $u_n(\cdot)$ 在 $[a,b]$ 上连续可微, 且函数项级数 $\sum\limits_{n=0}^{\infty}u_n'(\cdot)$ 在 $[a,b]$ 上一致收敛. 则 $\sum\limits_{n=0}^{\infty}u_n(\cdot)$ 在 $[a,b]$ 上连续可微, 且

$$\left(\sum_{n=0}^{\infty}u_n(x)\right)'=\sum_{n=0}^{\infty}u_n'(x),\qquad\forall\, x\in[a,b]. \tag{5.3.3}$$

在更精细的结果中, 定理 2.4.4、定理 4.1.4 和定理 2.4.5 可依次重新叙述为

定理 5.3.6 设 $\sum\limits_{n=0}^{\infty}u_n(x)$ 关于 $x\in(a,b)$ 一致收敛, 对每个 $n\geqslant 0$, $\lim\limits_{x\to a^+}u_n(x)$ 存在, 则 $\sum\limits_{n=0}^{\infty}\lim\limits_{x\to a^+}u_n(x)$ 收敛, 且

$$\lim_{x\to a^+}\sum_{n=1}^{\infty}u_n(x)=\sum_{n=1}^{\infty}\lim_{x\to a^+}u_n(x). \tag{5.3.4}$$

定理 5.3.7 设函数项级数 $\sum\limits_{n=0}^{\infty}u_n(\cdot)$ 在 $[a,b]$ 上一致收敛, 对每个 $n\geqslant 0$, $u_n(\cdot)$ 在 $[a,b]$ 上可积, 则 $\sum\limits_{n=0}^{\infty}u_n(\cdot)$ 在 $[a,b]$ 上可积, 且 (5.3.2) 成立.

定理 5.3.8 设函数项级数 $\sum\limits_{n=0}^{\infty} u_n(\cdot)$ 的每一项在 $[a,b]$ 上可导, $\sum\limits_{n=0}^{\infty} u_n(x)$ 对某个 $x \in [a,b]$ 收敛, 而 $\sum\limits_{n=0}^{\infty} u_n'(\cdot)$ 在 $[a,b]$ 上一致收敛, 则 $\sum\limits_{n=0}^{\infty} u_n(\cdot)$ 在 $[a,b]$ 上一致收敛且和函数可导, 进一步, (5.3.3) 式成立.

而 Arzelà 有界收敛定理可以重写为

定理 5.3.9 设函数项级数 $\sum\limits_{n=0}^{\infty} u_n(\cdot)$ 在 $[a,b]$ 上逐点收敛, 且部分和一致有界. 若级数 $\sum\limits_{n=0}^{\infty} u_n(\cdot)$ 的每一项及和函数均在 $[a,b]$ 上可积, 则 (5.3.2) 式成立.

值得注意的是, 尽管一致收敛性只是本节定理成立的充分条件, 而不是必要条件, 但是, 以下的**迪尼 (Dini) 定理**表明, 在某些情况下, 它是必要的.

定理 5.3.10 (Dini 定理) 设函数项级数 $\sum\limits_{n=0}^{\infty} u_n(\cdot)$ 的每一项以及该级数的和均在 $[a,b]$ 上连续, 对每个固定的 $x \in [a,b]$, $\sum\limits_{n=0}^{\infty} u_n(x)$ 是正项级数或负项级数. 则 $\sum\limits_{n=0}^{\infty} u_n(x)$ 关于 $x \in [a,b]$ 一致收敛.

证明 分别以 $S(\cdot)$, $S_n(\cdot)$ 表示级数的和以及部分和. 由假设, $\{S_n(\cdot)\}$ 关于 n 单调.

若结论不真, 则存在 $\varepsilon_0 > 0$, 以及 $n_1 < n_2 < \cdots$ 和 $[a,b]$ 上的点列 $\{x_k\}$ 使得

$$|S_{n_k}(x_k) - S(x_k)| \geqslant \varepsilon_0, \quad k = 1, 2, \cdots. \tag{5.3.5}$$

由 Bolzano-Weierstrass 定理, $\{x_k\}$ 有收敛子列. 不妨设 $\{x_k\}$ 本身收敛到 $\xi \in [a,b]$.

由于 $\{S_n(\cdot)\}$ 关于 n 单调, 固定 m, 当 $n_k \geqslant m$, 特别, 当 k 充分大时, 成立

$$|S_m(x_k) - S(x_k)| \geqslant |S_{n_k}(x_k) - S(x_k)| \geqslant \varepsilon_0.$$

令 $k \to +\infty$ 便得 $|S_m(\xi) - S(\xi)| \geqslant \varepsilon_0$. 由 m 的任意性, $\{S_n(\xi)\}$ 不收敛于 $S(\xi)$, 出现了矛盾. 因此, 定理结论成立. □

自然, 可以有函数列的 Dini 定理.

习　题　5.3

1. 考察以下函数列和级数在 $(0,1)$ 内的一致收敛性.

(1) $\{x^n\}$; (2) $\{(1-x)x^n\}$; (3) $\left\{(1-x)x^{n^2}\right\}$;

(4) $\sum\limits_{n=0}^{\infty} x^n$; (5) $\sum\limits_{n=0}^{\infty} (1-x)x^n$; (6) $\sum\limits_{n=0}^{\infty} (1-x)^2 x^n$;

(7) $\sum\limits_{n=0}^{\infty} x^{n^2}$; (8) $\sum\limits_{n=0}^{\infty} (1-x)x^{n^2}$; (9) $\sum\limits_{n=0}^{\infty} (1-x)^2 x^{n^2}$.

2. 讨论级数 $\sum\limits_{n=1}^{\infty} 2^n \sin \dfrac{x}{3^n}$ 的一致收敛性.

3. 对于固定的 n, $f_n(\cdot)$ 是 $[a,b]$ 上的单调函数. 级数 $\sum\limits_{n=1}^{\infty} |f_n(a)|$ 和 $\sum\limits_{n=1}^{\infty} |f_n(b)|$ 收敛, 则 $\sum\limits_{n=1}^{\infty} |f_n(\cdot)|$ 在 $[a,b]$ 上一致收敛.

4. 设 $\varphi \in C^\infty(\mathbb{R})$ 满足

$$\varphi(x) = 1, \quad \forall |x| \leqslant \frac{1}{2},$$
$$\varphi(x) = 0, \quad \forall |x| \geqslant 1.$$

对于实数列 $a_0, a_1, a_2, \cdots$, 定义

$$f(x) = \sum_{n=0}^{\infty} \frac{a_n}{n!} \varphi(a_n x) x^n, \quad \forall x \in \mathbb{R}.$$

证明: $f \in C^\infty(\mathbb{R})$, 且

$$f^{(n)}(0) = a_n, \quad \forall n \geqslant 0.$$

5. 设 $\sum\limits_{n=1}^{\infty} u_n(\cdot)$ 在 $[a,b]$ 上逐点收敛. 若对任何 $\varepsilon > 0$ 及 $N \geqslant 1$, 存在 $(a_1,b_1), (a_2,b_2), \cdots, (a_k,b_k)$ 以及 $n_1, n_2, \cdots, n_k \geqslant N$ 使得 $\bigcup\limits_{j=1}^{k} (a_j,b_j) \supset [a,b]$, 且

$$\left| \sum_{l=n_j}^{\infty} u_l(x) \right| \leqslant \varepsilon, \quad \forall x \in (a_j,b_j) \cap [a,b], j = 1,2,\cdots,k,$$

则称 $\sum\limits_{n=1}^{\infty} u_n(\cdot)$ 在 $[a,b]$ 上 “**拟一致收敛**”. 证明: 若对每个 $n \geqslant 1$, $u_n(\cdot)$ 都在 $[a,b]$ 上连续, 则 $\sum\limits_{n=1}^{\infty} u_n(\cdot)$ 在 $[a,b]$ 上连续, 当且仅当它在 $[a,b]$ 上拟一致收敛.

6. 设 φ 以 1 为周期, 在 $[0,1]$ 上,

$$\varphi(x) = (6x-1)\chi_{(\frac{1}{6},\frac{1}{3})}(x) + \chi_{[\frac{1}{3},\frac{1}{2}]} + (2-2x)\chi_{(\frac{1}{2},1]}, \qquad x \in [0,1].$$

令

$$\boldsymbol{f}(x) := \left(\sum_{k=0}^{\infty} \frac{\varphi(3^{2k}x)}{2^{k+1}}, \sum_{k=0}^{\infty} \frac{\varphi(3^{2k+1}x)}{2^{k+1}} \right), \qquad x \in [0,1].$$

证明: $\boldsymbol{f}$ 是将 $[0,1]$ 映成 $[0,1]^2$ 的连续映射.

5.4 幂级数的基本性质

幂级数和三角级数是两类非常重要的函数项级数. 幂级数的主要性质在高等数学课程中已有较详细的介绍. 本节除了对幂级数的基本性质加以回顾, 也希望读者在 5.3 节的基础上重新审视这些已知结果.

另外, 利用幂级数的性质是计算无穷级数和的一个重要方法, 同样在高等数学课程中有一定的介绍. 但本节对这部分内容的介绍, 将更为深入一些.

由定理 5.1.5, 我们知道, 除非只在 0 处收敛, 幂级数 $\sum\limits_{n=0}^{\infty} a_n x^n$ 在以 0 为中心的一个区间上收敛. 该区间长度的一半就是该幂级数所谓的收敛半径. 而计算收敛半径 r 的 Cauchy-Hadamard 公式即为 (5.1.2) 式.

现在, 我们回顾幂级数的其他基本性质. 我们称函数项级数 $\sum\limits_{n=0}^{\infty} u_n(x)$ 在集合 E 上**内闭一致收敛**, 若该级数在 E 的任何紧子集上一致收敛.

定理 5.4.1　设幂级数 $\sum\limits_{n=0}^{\infty} a_n x^n$ 的收敛半径为 $r \in (0, +\infty]$.

(i) 对任何 $s \in (0, r)$, 该级数在 $[-s, s]$ 上一致收敛;

(ii) 级数在 $(-r, r)$ 内连续, 进一步, 级数在 $(-r, r)$ 内无限阶可导, 且可逐项求导;

(iii) 对任何 $a, b \in (-r, r)$, $a < b$, 该级数在 $[a, b]$ 上可积, 且可逐项积分;

(iv) 若 $r < +\infty$ 且级数在 $x = r$ 收敛, 则级数在 $[0, r]$ 上一致收敛;

(v) 若 $r < +\infty$ 且级数在 $x = r$ 收敛, 则级数在 r 左连续①.

证明　(i) 对任何 $s \in (0, r)$, 取 $s_0 \in (s, r)$, 则 $\sum\limits_{n=0}^{\infty} a_n x^n$ 在 $x = s_0$ 收敛. 于是存在 $M_s > 0$, 使得

$$|a_n|\, s_0^n \leqslant M_s, \quad \forall n \geqslant 0.$$

于是由

$$|a_n x^n| \leqslant |a_n| s^n \leqslant M_s\left(\frac{s}{s_0}\right)^n, \quad \forall n \geqslant 0$$

以及 Weierstrass 判别法, 可得 $\sum\limits_{n=0}^{\infty} a_n x^n$ 在 $[-s, s]$ 上一致收敛.

(ii) 利用 (i) 和定理 5.3.4 即得幂级数在 $(-r, r)$ 内的连续性. 进一步, 利用 Cauchy-Hadamard 公式, 对于幂级数 $\sum\limits_{n=0}^{\infty} a_n x^n$ 形式逐项求导后得到的幂级数 $\sum\limits_{n=1}^{\infty} n a_n x^{n-1}$, 其收敛半径仍为 r, 因而它在 $(-r, r)$ 中内闭一致收敛. 这样由定理 5.3.5 知 $\sum\limits_{n=0}^{\infty} a_n x^n$ 在 $(-r, r)$ 内可导, 且逐项可导. 反复利用这一结论, 可知 $\sum\limits_{n=0}^{\infty} a_n x^n$ 在 $(-r, r)$ 内无限阶可导, 且可逐项求导.

① 类似地可以给出在左端点的相应结果.

(iii) 这是 (i) 和定理 5.3.4 的直接推论.

(iv) 若级数在 $x=r$ 收敛, 则级数 $\sum\limits_{n=0}^{\infty} a_n r^n$ 收敛, 从而关于 $x\in[0,r]$ 一致收敛, 又 $[0,r]$ 上的函数列 $\left\{\dfrac{x^n}{r^n}\right\}$ 一致有界且关于 n 单调, 所以由 Abel 判别法知 $\sum\limits_{n=0}^{\infty} a_n x^n$ 在 $[0,r]$ 上一致收敛.

(v) 由 (iv) 以及定理 5.3.4 即得级数在 r 左连续. □

定理的 (i) 和 (iv) 构成 **Abel 第二定理**. 下面来对定理 5.4.1 做些解释和补充.

由定理 5.4.1 可以看到, 幂级数在收敛域内内闭一致收敛. 除了端点外, 其连续性、逐项可导性、逐项可积性都不成问题. 在涉及端点时, 如果级数在该点是收敛的, 则相应的连续性、逐项可积性仍然没有问题, 而在该点的逐项可导性则要看形式求导后的幂级数在该端点是否收敛. 具体地, 如果幂级数形式求导后的级数在收敛域的左 (右) 端点收敛, 则该级数在左 (右) 端点的右 (左) 导数也存在, 且可以逐项求导.

同样, 利用定理 5.4.1 的 (v), 若一个幂级数在 $[a,b]$ 上收敛, 则它在 $[a,b]$ 上连续. 于是结合定理 5.4.1 的 (iii), 必有

$$f(b)-f(a)=\int_a^b f'(t)\,\mathrm{d}t. \tag{5.4.1}$$

在上式中出现的积分可能是一个常义积分, 也可能是一个收敛的反常积分 (瑕积分).

进一步, 利用定理 5.4.1 的 (v), 我们还可以得到关于 Cauchy 乘积的如下性质:

定理 5.4.2 若级数 $\sum\limits_{n=0}^{\infty} a_n$, $\sum\limits_{n=0}^{\infty} b_n$ 以及它们的 Cauchy 乘积 $\sum\limits_{n=0}^{\infty} c_n$ 都收敛, 则

$$\left(\sum_{n=0}^{\infty} a_n\right)\left(\sum_{n=0}^{\infty} b_n\right)=\sum_{n=0}^{\infty} c_n. \tag{5.4.2}$$

证明 考虑幂级数

$$\sum_{n=0}^{\infty} a_n x^n,\quad \sum_{n=0}^{\infty} b_n x^n,\quad \sum_{n=0}^{\infty} c_n x^n.$$

由定理条件, 这三个幂级数的收敛半径都不小于 1. 因此, 它们均在 $(-1,1)$ 内绝

对收敛, 从而由定理 5.2.3,

$$\sum_{n=0}^{\infty} c_n x^n = \left(\sum_{n=0}^{\infty} a_n x^n\right)\left(\sum_{n=0}^{\infty} b_n x^n\right), \quad \forall x \in (-1,1).$$

于是由定理 5.4.1,

$$\begin{aligned}\sum_{n=0}^{\infty} c_n &= \lim_{x\to 1^-} \sum_{n=0}^{\infty} c_n x^n \\ &= \lim_{x\to 1^-} \left(\left(\sum_{n=0}^{\infty} a_n x^n\right)\left(\sum_{n=0}^{\infty} b_n x^n\right)\right) \\ &= \left(\lim_{x\to 1^-} \sum_{n=0}^{\infty} a_n x^n\right)\left(\lim_{x\to 1^-} \sum_{n=0}^{\infty} b_n x^n\right) \\ &= \left(\sum_{n=0}^{\infty} a_n\right)\left(\sum_{n=0}^{\infty} b_n\right).\end{aligned}$$

□

需要指出的是, 如果一个函数 f 可以在某一点 x_0 附近展开成幂级数, 即存在 $\delta > 0$, 使得

$$f(x) = \sum_{n=0}^{\infty} a_n (x - x_0)^n, \quad \forall x \in (x_0 - \delta, x_0 + \delta),$$

则这个幂级数是唯一的. 事实上, 必有

$$a_n = \frac{f^{(n)}(x_0)}{n!}, \quad \forall n \geqslant 0.$$

这一点易由幂级数在收敛域内的逐项可导性得到.

幂级数展开的唯一性可以用来证明一些有趣的等式, 例 5.2.3 和例 5.2.4 就展示了这种应用.

利用幂级数计算无穷级数是一个重要的方法, 也是大家熟悉的方法. 计算的过程中, 除了需要构造一个幂级数外, 一般的过程粗略地讲就是以下三种: 先求导后积分、先积分后求导以及通过求导得到关于幂级数和的微分方程①. 在求出幂级数的和函数后, 根据要计算的数项级数是不是对应于相应幂级数收敛域的边界点, 采用直接代入或利用定理 5.4.1 的 (v) 得到结果. 另外, 需要在计算中注意每一步的理论依据.

下面是一个通过先积分后求导计算级数的例子:

① 这里求导或积分可能需要多次, 第一种情形也可以看成第三种情形的特例.

例 5.4.1 计算 $\sum\limits_{n=1}^{\infty}\dfrac{2n+1}{3^n}$.

解 考虑幂级数

$$f(x)=\sum_{n=1}^{\infty}(2n+1)x^{2n}.$$

易见幂级数的收敛半径为 1, 于是

$$\int_0^x f(t)\,\mathrm{d}t=\sum_{n=1}^{\infty}x^{2n+1}=\frac{x^3}{1-x^2},\quad \forall\, x\in(-1,1).$$

这样就有

$$f(x)=\left(\frac{x^3}{1-x^2}\right)'=\frac{3x^2}{1-x^2}+\frac{2x^4}{(1-x^2)^2},\quad \forall\, x\in(-1,1).$$

当我们对此步骤非常熟悉时, 可以写成: 在 $(-1,1)$ 内

$$\begin{aligned}f(x)&=\sum_{n=1}^{\infty}(2n+1)x^{2n}=\Big(\sum_{n=1}^{\infty}x^{2n+1}\Big)'\\&=\left(\frac{x^3}{1-x^2}\right)'=\frac{3x^2}{1-x^2}+\frac{2x^4}{(1-x^2)^2}.\end{aligned}$$

于是所求级数的值为

$$f\left(\frac{1}{\sqrt{3}}\right)=\frac{1}{2/3}+\frac{2/9}{4/9}=2.$$

接下来是通过先求导后积分计算级数的例子. 在这个例子中, 请读者特别注意各个等式成立的范围.

例 5.4.2 计算 $\sum\limits_{n=0}^{\infty}\dfrac{(-1)^n}{2n+1}$.

解 考虑级数

$$f(x)=\sum_{n=0}^{\infty}(-1)^n\frac{x^{2n+1}}{2n+1},$$

则该级数在 $[-1,1]$ 上收敛. 由于系数有分母 $2n+1$, 现在通过求导去掉它, 但此时级数可导的范围是 $(-1,1)$. 于是有

$$f'(x)=\sum_{n=0}^{\infty}(-1)^n x^{2n}=\frac{1}{1+x^2},\quad \forall\, x\in(-1,1).$$

从而

$$f(x)=\int_0^x f'(t)\,\mathrm{d}t=\arctan x,\quad \forall\, x\in(-1,1).$$

最后, 由 Abel 定理, 可得

$$f(x)=\arctan x,\quad \forall\, x\in[-1,1].$$

从而

$$\sum_{n=0}^{\infty}\frac{(-1)^n}{2n+1}=f(1)=\frac{\pi}{4}.$$

同样, 当对这个过程非常熟悉时, 可以直接写成

$$\sum_{n=0}^{\infty}\frac{(-1)^n}{2n+1}=\int_0^1\sum_{n=0}^{\infty}(-1)^n x^{2n}\,\mathrm{d}x=\int_0^1\frac{1}{1+x^2}\,\mathrm{d}x=\frac{\pi}{4}.$$

接下来是一个通过求导得到一个微分方程, 然后通过求解微分方程求解的例子.

例 5.4.3 试计算级数 $\sum\limits_{n=0}^{\infty}\dfrac{(-1)^n}{(2n)!}$.

解 考虑

$$S(x)=\sum_{n=0}^{\infty}\frac{(-1)^n x^{2n}}{(2n)!},$$

则利用 Cauchy-Hadamard 公式计算可得 $S(\cdot)$ 在 $\mathbb{R}$ 上有定义. 进一步, 可得

$$S'(x)=\sum_{n=1}^{\infty}\frac{(-1)^n x^{2n-1}}{(2n-1)!},\quad x\in\mathbb{R},$$

$$S''(x)=\sum_{n=1}^{\infty}\frac{(-1)^n x^{2n-2}}{(2n-2)!}=-S(x),\quad x\in\mathbb{R}.$$

利用上述方程可得

$$S(x)=C_1\cos x+C_2\sin x,\quad x\in\mathbb{R}.$$

最后, 由 $S(0)=1$ 以及 $S'(0)=0$ 得到 $C_1=1, C_2=0$. 从而

$$S(x)=\cos x,\quad x\in\mathbb{R},$$

所以

$$\sum_{n=0}^{\infty}\frac{(-1)^n}{(2n)!}=S(1)=\cos 1.$$

级数求和的另一个重要方法是利用 Fourier 级数求和. 但是在一般的微积分教材中, 利用 Fourier 级数往往是单向的, 也就是通过对已知函数展开成 Fourier 级数来得到一些特殊的数项级数的和. 如下例题中, 我们将反其道而行, 而考虑问题的思路则是将三角级数看成复数意义上的幂级数.

例 5.4.4 求 $\sum\limits_{n=1}^{\infty}\dfrac{\sin nx}{n!}$ 的和.

解

$$\begin{aligned}\sum_{n=1}^{\infty}\frac{\sin nx}{n!}&=\operatorname{Im}\sum_{n=1}^{\infty}\frac{\mathrm{e}^{\mathrm{i}nx}}{n!}=\operatorname{Im}\left(\mathrm{e}^{\mathrm{e}^{\mathrm{i}x}}-1\right)\\&=\operatorname{Im}\mathrm{e}^{\cos x+\mathrm{i}\sin x}=\mathrm{e}^{\cos x}\sin\sin x.\end{aligned}$$

例 5.4.5 求 $\sum\limits_{n=1}^{\infty}\dfrac{\sin nx}{n}$.

解 只需要关心 $x\in(0,2\pi)$ 的情况. 考虑

$$\sum_{n=1}^{\infty}\frac{t^n\mathrm{e}^{\mathrm{i}nx}}{n},\quad t\in[0,1].$$

利用级数收敛的 Dirichlet 判别法, 不难看到, 对于任何 $x\in(0,2\pi)$, 上式作为 t 的幂级数, 在 $[0,1]$ 上都是收敛的. 于是,

$$\begin{aligned}\sum_{n=1}^{\infty}\frac{\sin nx}{n}&=\operatorname{Im}\sum_{n=1}^{\infty}\frac{\mathrm{e}^{\mathrm{i}nx}}{n}=\operatorname{Im}\int_0^1\sum_{n=1}^{\infty}t^{n-1}\mathrm{e}^{\mathrm{i}nx}\,\mathrm{d}t=\operatorname{Im}\int_0^1\frac{\mathrm{e}^{\mathrm{i}x}}{1-t\mathrm{e}^{\mathrm{i}x}}\,\mathrm{d}t\\&=\int_0^1\frac{\sin x}{(t-\cos x)^2+\sin^2 x}\,\mathrm{d}t=\int_{-\cot x}^{\frac{1-\cos x}{\sin x}}\frac{1}{t^2+1}\,\mathrm{d}t\\&=\arctan\frac{1-\cos x}{\sin x}-\arctan(-\cot x)\\&=\arctan\tan\frac{x}{2}-\arctan\tan\left(x-\frac{\pi}{2}\right)\\&=\frac{\pi-x}{2},\qquad\forall x\in(0,2\pi).\end{aligned}$$

注 5.4.1 类似地, 还可以得到

$$\sum_{n=1}^{\infty}\frac{\cos nx}{n}=-\ln\left(2\sin\frac{x}{2}\right),\quad\forall x\in(0,2\pi).\tag{5.4.3}$$

对 (5.4.3) 式在 $[0, 2\pi]$ 上积分立即可得

$$\int_0^{\pi} \ln \sin x \, dx = -\pi \ln 2. \tag{5.4.4}$$

请读者思考上述等式成立的理由.

例 5.4.6 试求 $\sum\limits_{n=1}^{\infty} \frac{1}{n^2}$.

解 如果直接用幂级数来计算, 就会有

$$\begin{aligned}\sum_{n=1}^{\infty} \frac{1}{n^2} &= \int_0^1 \sum_{n=1}^{\infty} \frac{x^{n-1}}{n} \, dx = \int_0^1 \left(\int_0^x \sum_{n=1}^{\infty} t^{n-1} \, dt \right) \frac{dx}{x} \\ &= \int_0^1 \left(\int_0^x \frac{1}{1-t} \, dt \right) \frac{dx}{x} = -\int_0^1 \frac{\ln(1-x)}{x} \, dx.\end{aligned}$$

这样, 由于计算上述最后一个积分遇到困难, 这一方法在这里不能起作用. 下面, 我们考虑三角级数 $\sum\limits_{n=1}^{\infty} \frac{\cos nx}{n^2}$. 对该级数形式求导得 $-\sum\limits_{n=1}^{\infty} \frac{\sin nx}{n}$. 由于上述级数在 $(0, 2\pi)$ 上内闭一致收敛, 因而在 $(0, 2\pi)$ 上, 确有

$$\left(\sum_{n=1}^{\infty} \frac{\cos nx}{n^2} \right)' = -\sum_{n=1}^{\infty} \frac{\sin nx}{n}.$$

这样, 类似于 (5.4.1) 式, 我们有

$$\begin{aligned}\sum_{n=1}^{\infty} \frac{\cos nx}{n^2} - \sum_{n=1}^{\infty} \frac{1}{n^2} &= -\int_0^x \sum_{n=1}^{\infty} \frac{\sin nt}{n} \, dt \\ &= -\int_0^x \frac{\pi - t}{2} \, dt = -\frac{\pi}{2} x + \frac{x^2}{4}, \qquad \forall x \in [0, 2\pi].\end{aligned} \tag{5.4.5}$$

对 (5.4.5) 式在 $[0, 2\pi]$ 上积分就得到

$$\sum_{n=1}^{\infty} \frac{1}{n^2} = \frac{1}{2\pi} \int_0^{2\pi} \left(\frac{\pi}{2} x - \frac{x^2}{4} \right) dx = \frac{\pi^2}{6}.$$

从上述例题, 我们看到, 可以利用幂级数来研究三角级数. 但研究三角级数时, 人们通常需要处理的部分对应于幂级数收敛域的边界点. 此时, 一般说来, 处理相关问题, Fourier 分析会更有效.

习 题 5.4

1. 计算 $\sum\limits_{n=1}^{\infty}\dfrac{1}{(2n-1)(2n+1)(2n+3)}$.
2. 计算 $\sum\limits_{n=0}^{\infty}\dfrac{(-1)^n}{3n+1}$.
3. 计算级数 $\sum\limits_{n=0}^{\infty}\left(\dfrac{1}{6n+1}+\dfrac{1}{6n+2}+\dfrac{1}{6n+3}-\dfrac{1}{6n+4}-\dfrac{1}{6n+5}-\dfrac{1}{6n+6}\right)$.
4. 计算 $\sum\limits_{n=1}^{\infty}\dfrac{1}{n^4}$.
5. 试计算级数 $\sum\limits_{n=0}^{\infty}\dfrac{(2n)!}{2^{2n}(2n+1)(n!)^2}$.
6. 计算 $\displaystyle\int_0^{\pi}\ln^2\left(2\sin\frac{x}{2}\right)\mathrm{d}x$.
7. 举例说明存在收敛级数 $\sum\limits_{n=0}^{\infty}a_n$, $\sum\limits_{n=1}^{\infty}b_n$ 使得它们的 Cauchy 乘积 $\sum\limits_{n=1}^{\infty}c_n$ 不收敛.
8. 思考: 在例 5.4.4 中, 你能否利用逐项求导的方法得到结果?
9. 证明以下公式并说明为什么利用该公式可以在二进制下方便地直接计算 π 的某一给定位数的数字:

$$\pi=\sum_{n=0}^{\infty}\frac{1}{16^n}\left(\frac{4}{8n+1}-\frac{2}{8n+4}-\frac{1}{8n+5}-\frac{1}{8n+6}\right).$$

5.5 Fourier 级数的基本性质

本节将简单介绍 Fourier 级数的性质. 除非特别声明, 本节中函数的可积性均包含常义积分的可积以及作为反常积分的可积.

我们将形为

$$c_0+\sum_{n=1}^{\infty}\left(a_n\cos\frac{n\pi}{\ell}x+b_n\sin\frac{n\pi}{\ell}x\right)$$

的级数称为**三角级数**. 而所谓 **Fourier 级数**, 则通常指一个由绝对可积的周期函数形式展开后得到的三角级数. 具体地, 以周期为 2π 并在 $[0,2\pi]$ 上绝对可积的函数 f 为例, 其 Fourier 级数即为

$$f(x)\sim\frac{a_0}{2}+\sum_{n=1}^{\infty}\left(a_n\cos nx+b_n\sin nx\right),\tag{5.5.1}$$

其中

$$\begin{cases} a_n = \dfrac{1}{\pi}\displaystyle\int_0^{2\pi} f(x)\cos nx\,\mathrm{d}x, \\ b_n = \dfrac{1}{\pi}\displaystyle\int_0^{2\pi} f(x)\sin nx\,\mathrm{d}x, \end{cases} \qquad n \geqslant 0. \tag{5.5.2}$$

本节仅介绍 Fourier 级数一些最简单的性质, 主要是 Fourier 级数的收敛性, 最佳均方逼近和逐项积分性质.

首先考察 Fourier 级数的收敛性. 记 $S_n(f;\cdot)$ 为 $f(\cdot)$ 的 Fourier 级数的部分和函数:

$$S_n(f;x) = \frac{a_0}{2} + \sum_{k=1}^{n} \big(a_k \cos kx + b_k \sin kx\big),$$

则利用 $\sin\dfrac{t}{2} \neq 0$ 时,

$$\frac{1}{2} + \sum_{k=1}^{n} \cos nt = \frac{\sin\left(n+\dfrac{1}{2}\right)t}{2\sin\dfrac{t}{2}} \tag{5.5.3}$$

以及 f 的周期性可得

$$\begin{aligned} S_n(f;x) &= \frac{1}{\pi}\int_{-\pi}^{\pi} f(t)\left(\frac{1}{2} + \sum_{k=1}^{n} (\cos kt\cos kx + \sin kt\sin kx)\right)\mathrm{d}t \\ &= \frac{1}{\pi}\int_{-\pi}^{\pi} f(t)\left(\frac{1}{2} + \sum_{k=1}^{n} \cos k(t-x)\right)\mathrm{d}t \\ &= \frac{1}{\pi}\int_{-\pi}^{\pi} f(x+t)\left(\frac{1}{2} + \sum_{k=1}^{n} \cos kt\right)\mathrm{d}t \\ &= \frac{1}{\pi}\int_{-\pi}^{\pi} f(x+t)\frac{\sin\left(n+\dfrac{1}{2}\right)t}{2\sin\dfrac{t}{2}}\,\mathrm{d}t \qquad (5.5.4) \\ &= \frac{1}{\pi}\int_{0}^{\pi} \big(f(x+t)+f(x-t)\big)\,\frac{\sin\left(n+\dfrac{1}{2}\right)t}{2\sin\dfrac{t}{2}}\,\mathrm{d}t. \qquad (5.5.5) \end{aligned}$$

(5.5.4) 式中的积分称为 **Dirichlet 积分**, 函数 $\dfrac{\sin\left(n+\dfrac{1}{2}\right)t}{2\pi\sin\dfrac{t}{2}}$ 称为 **Dirichlet 核**. 由 (5.5.3) 式,

$$\frac{1}{\pi}\int_0^{\pi}\frac{\sin\left(n+\dfrac{1}{2}\right)t}{\sin\dfrac{t}{2}}\mathrm{d}t=\frac{1}{\pi}\int_{-\pi}^{\pi}\frac{\sin\left(n+\dfrac{1}{2}\right)t}{2\sin\dfrac{t}{2}}\mathrm{d}t=1. \tag{5.5.6}$$

于是

$$S_n(f;x)-A=\frac{1}{\pi}\int_0^{\pi}(f(x+t)+f(x-t)-2A)\frac{\sin\left(n+\dfrac{1}{2}\right)t}{2\sin\dfrac{t}{2}}\mathrm{d}t. \tag{5.5.7}$$

容易证明 $\dfrac{1}{2\sin\dfrac{t}{2}}-\dfrac{1}{t}$ 在 $(0,\pi)$ 内一致连续[①], 于是由 Riemann 引理, 在 f 绝对可积的条件下, 可得

$$\lim_{n\to+\infty}\frac{1}{\pi}\int_0^{\pi}(f(x+t)+f(x-t)-2A)\left(\frac{\sin\left(n+\dfrac{1}{2}\right)t}{2\sin\dfrac{t}{2}}-\frac{\sin\left(n+\dfrac{1}{2}\right)t}{t}\right)\mathrm{d}t=0$$

以及

$$\lim_{n\to+\infty}\frac{1}{\pi}\int_{\delta}^{\pi}(f(x+t)+f(x-t)-2A)\frac{\sin\left(n+\dfrac{1}{2}\right)t}{t}\mathrm{d}t=0,\quad\forall\,\delta\in(0,\pi).$$

因此, 任取 $\delta\in(0,\pi)$, $\{S_n(x)\}$ 是否收敛于 A 取决于是否成立

$$\lim_{n\to+\infty}\frac{1}{\pi}\int_0^{\delta}(f(x+t)+f(x-t)-2A)\frac{\sin\left(n+\dfrac{1}{2}\right)t}{t}\mathrm{d}t=0. \tag{5.5.8}$$

特别地, $\{S_n(f;x)\}$ 是否收敛到 A, 仅与 f 在 $(x-\delta,x+\delta)$ 的值有关, 这就是所谓的**局部性原理**.

---

① 只需要验证函数在端点的极限存在.

在上面讨论的基础上, 不难得到下述两个关于 Fourier 级数收敛性的重要结果:

定理 5.5.1 (Dini-Lipschitz 判别法)　设以 2π 为周期的函数 f 在 $[0,2\pi]$ 上绝对可积. 若 $f(x_0^+)=\lim\limits_{x\to x_0+}f(x)$ 和 $f(x_0^-)=\lim\limits_{x\to x_0-}f(x)$ 都存在, 且存在 $\alpha\in(0,1]$ 以及 $\delta>0$, $M>0$, 使得

$$\begin{cases} |f(x)-f(x_0^+)|\leqslant M|x-x_0|^\alpha, & \forall x\in(x_0,x_0+\delta), \\ |f(x)-f(x_0^-)|\leqslant M|x-x_0|^\alpha, & \forall x\in(x_0-\delta,x_0), \end{cases} \tag{5.5.9}$$

则

$$\lim_{n\to+\infty}S_n(f;x_0)=\frac{f(x_0^+)+f(x_0^-)}{2}. \tag{5.5.10}$$

证明　只要证明当 $x=x_0$ 时, (5.5.8) 式对于

$$A=\frac{f(x_0^+)+f(x_0^-)}{2}$$

成立.

由 (5.5.9) 式, 在 $(0,\delta]$ 上,

$$\left|\frac{f(x_0+t)-f(x_0^+)}{t}\right|\leqslant Mt^{\alpha-1}.$$

因此, $\dfrac{f(x_0+t)-f(x_0^+)}{t}$ 在 $[0,\delta]$ 上绝对可积. 从而由 Riemann 引理,

$$\lim_{n\to+\infty}\int_0^\delta\frac{f(x+t)-f(x_0^+)}{t}\sin\left(n+\frac{1}{2}\right)t\,\mathrm{d}t=0.$$

类似地,

$$\lim_{n\to+\infty}\int_0^\delta\frac{f(x-t)-f(x_0^-)}{t}\sin\left(n+\frac{1}{2}\right)t\,\mathrm{d}t=0.$$

由此即得定理的证明. □

利用定理 4.4.3, 则可以得到下述定理:

定理 5.5.2 (狄利克雷–若尔当 (Dirichlet-Jordan) 判别法)　设以 2π 为周期的函数 f 在 $[0,2\pi]$ 上绝对可积. 若存在 $\delta>0$ 使得 f 在 $[x_0-\delta,x_0+\delta]$ 上单调, 更一般地, 若 f 在 $[x_0-\delta,x_0+\delta]$ 上可以分段表示成为有限个单调函数之和①, 则 (5.5.10) 式成立.

---

① 这等价于 f 在 $[x_0-\delta,x_0+\delta]$ 上表示成两个单调函数之和.

相比于函数的 Taylor 级数, Fourier 级数的收敛性条件比较弱. 尽管如此, 一个连续周期函数的 Fourier 级数却不一定是处处收敛的. 另外, 已经知道, 若数列 $\{x_n\}$ 收敛, 则其部分和的平均值所构成的数列 $\left\{\frac{1}{n}\sum_{k=1}^{n} x_k\right\}$ 也收敛, 且收敛到同一值, 但反之不然. 因此, 考虑 Fourier 级数部分和的平均值有可能改善级数的收敛情况. 一般地, 若级数 $\sum_{n=0}^{\infty} a_n$ 的部分和 S_n 满足 $\lim_{n\to+\infty} \frac{S_1+S_2+\cdots+S_n}{n} = A$, 则称数列 $\{a_n\}$ 是 **Cesáro 可求和的**, A 称为它的 **Cesáro 和**. 记

$$\sigma_n(f;x) := \frac{1}{n}\sum_{k=0}^{n-1} S_k(f;x) = \frac{1}{n\pi}\int_0^{\pi} (f(x+t)+f(x-t))\sum_{k=0}^{n-1} \frac{\sin\left(k+\frac{1}{2}\right)t}{2\sin\frac{t}{2}}\,\mathrm{d}t$$

$$= \frac{1}{2n\pi}\int_0^{\pi} (f(x+t)+f(x-t))\left(\frac{\sin\frac{nt}{2}}{\sin\frac{t}{2}}\right)^2 \mathrm{d}t. \tag{5.5.11}$$

上面的积分称为**费耶尔 (Fejér) 积分**. 在 (5.5.11) 式中取 $f\equiv 1$ 可得

$$\frac{1}{n\pi}\int_0^{\pi} \left(\frac{\sin\frac{nt}{2}}{\sin\frac{t}{2}}\right)^2 \mathrm{d}t = 1, \quad \forall n = 1,2,\cdots. \tag{5.5.12}$$

我们有如下定理.

定理 5.5.3 设 f 是以 2π 为周期的连续函数, 则 $\sigma_n(f;\cdot)$ 一致收敛到 f.

证明 设 ω 为 f 的连续模, M 为 $|f|$ 的最大值. 任取 $\delta\in(0,\pi)$, 由 (5.5.12), 有

$$\begin{aligned}\left|\sigma_n(f;x)-f(x)\right| &= \frac{1}{2n\pi}\left|\int_0^{\pi} (f(x+t)+f(x-t)-2f(x))\left(\frac{\sin\frac{nt}{2}}{\sin\frac{t}{2}}\right)^2 \mathrm{d}t\right| \\ &\leqslant \frac{2M}{n\pi}\int_\delta^{\pi}\left(\frac{\sin\frac{nt}{2}}{\sin\frac{t}{2}}\right)^2 \mathrm{d}t + \frac{\omega(\delta)}{n\pi}\int_0^{\delta}\left(\frac{\sin\frac{nt}{2}}{2\sin\frac{t}{2}}\right)^2 \mathrm{d}t \\ &\leqslant \frac{2M}{n\sin^2\frac{\delta}{2}} + \omega(\delta).\end{aligned}$$

从而

$$\varlimsup_{n\to+\infty}\sup_{x\in\mathbb{R}}\left|\sigma_n(f;x)-f(x)\right|\leqslant\omega(\delta). \tag{5.5.13}$$

由 δ 的任意性即得定理结论. □

由于 $\sigma_n(f;\cdot)$ 是三角多项式, 上述定理的一个直接推论是以下著名的 **Weierstrass 第二逼近定理**:

定理 5.5.4 设 f 是以 2π 为周期的连续函数, 则对于任何 $\varepsilon>0$, 存在三角多项式:

$$T_n(x)=\frac{a_0}{2}+\sum_{k=1}^{n}\left(a_k\cos kx+b_k\sin kx\right),$$

使得

$$|f(x)-T_n(x)|\leqslant\varepsilon,\quad \forall\, x\in[0,2\pi]. \tag{5.5.14}$$

现在我们来研究 Fourier 级数的逼近性质和逐项可积性. 为简便起见, 称 f 在 $[a,b]$ 上**平方可积**, 如果 $(f^+)^2$ 和 $(f^-)^2$ 均在 $[a,b]$ 上可积. 自然, 在有界区间 $[a,b]$ 上平方可积的函数一定在 $[a,b]$ 上绝对可积. 以下假设 f 在 $[0,2\pi]$ 上平方可积.

若记 $\psi_0(x),\psi_1(x),\psi_2(x),\cdots$ 为

$$\frac{1}{\sqrt{2\pi}},\quad \frac{\sin x}{\sqrt{\pi}},\quad \frac{\cos x}{\sqrt{\pi}},\quad \frac{\sin 2x}{\sqrt{\pi}},\quad \frac{\cos 2x}{\sqrt{\pi}},\quad \cdots,$$

则函数列 $\{\psi_n(\cdot)\}$ 满足

$$\int_0^{2\pi}\psi_k(x)\psi_j(x)\,\mathrm{d}x=\begin{cases}1, & k=j,\\ 0, & k\neq j.\end{cases} \tag{5.5.15}$$

即 $\{\psi_n(\cdot)\}$ 构成 $[0,2\pi]$ 上的所谓**标准正交 (函数) 系**, 由此立即可得: 若记

$$c_n=\int_0^{2\pi}f(x)\psi_n(x)\,\mathrm{d}x,\quad n\geqslant 0,$$

则对于任何 $\beta_k(k=0,1,2,\cdots)$, 成立

$$\int_0^{2\pi}\left|f(x)-\sum_{k=0}^{n}\beta_k\psi_k(x)\right|^2\mathrm{d}x=\int_0^{2\pi}\left|f(x)\right|^2\mathrm{d}x-2\sum_{k=0}^{n}c_k\beta_k+\sum_{k=0}^{n}|\beta_k|^2.$$

上式中取 $\beta_k=c_k\ (k=0,1,2,\cdots,n)$ 得到

$$\int_0^{2\pi}\left|f(x)-\sum_{k=0}^{n}c_k\psi_k(x)\right|^2\mathrm{d}x=\int_0^{2\pi}\left|f(x)\right|^2\mathrm{d}x-\sum_{k=0}^{n}|c_k|^2. \tag{5.5.16}$$

进而

$$\int_0^{2\pi}\left|f(x)-\sum_{k=0}^{n}\beta_k\psi_k(x)\right|^2\mathrm{d}x \geqslant \int_0^{2\pi}\left|f(x)-\sum_{k=0}^{n}c_k\psi_k(x)\right|^2\mathrm{d}x. \tag{5.5.17}$$

这表明用 $\psi_0(\cdot),\psi_1(\cdot),\cdots,\psi_n(\cdot)$ 的线性组合 $\sum\limits_{k=0}^{n}\beta_k\psi_k(\cdot)$ 按积分

$$\int_0^{2\pi}\left|f(x)-\sum_{k=0}^{n}\beta_k\psi_k(x)\right|^2\mathrm{d}x$$

去逼近 f 时, 最优的情形当且仅当 $\beta_k=c_k$ $(k=0,1,2,\cdots,n)$ 时取到, 这就是 Fourier 展式具有的所谓的**最佳均方逼近**性质.

另一方面, 由 (5.5.16), 又有

$$\sum_{k=0}^{n}|c_k|^2 \leqslant \int_0^{2\pi}|f(x)|^2\,\mathrm{d}x. \tag{5.5.18}$$

即

$$\int_0^{2\pi}\left|\sum_{k=0}^{n}c_k\psi_k(x)\right|^2\mathrm{d}x \leqslant \int_0^{2\pi}|f(x)|^2\,\mathrm{d}x. \tag{5.5.19}$$

由 (5.5.18) 式可导出著名的**贝塞尔 (Bessel) 不等式**:

$$\sum_{n=0}^{\infty}|c_n|^2 \leqslant \int_0^{2\pi}|f(x)|^2\,\mathrm{d}x. \tag{5.5.20}$$

而 (5.5.19) 式和 (5.5.20) 式也可以分别写成

$$\int_0^{2\pi}\left|S_n(f;x)\right|^2\mathrm{d}x \leqslant \int_0^{2\pi}|f(x)|^2\,\mathrm{d}x, \tag{5.5.21}$$

$$\frac{a_0^2}{2}+\sum_{n=1}^{\infty}\left(a_n^2+b_n^2\right) \leqslant \frac{1}{\pi}\int_0^{2\pi}|f(x)|^2\,\mathrm{d}x. \tag{5.5.22}$$

进一步的研究将表明, 事实上还成立下面的**帕塞瓦尔 (Parseval)**[①] **等式**:

$$\frac{a_0^2}{2}+\sum_{n=1}^{\infty}\left(a_n^2+b_n^2\right) = \frac{1}{\pi}\int_0^{2\pi}|f(x)|^2\,\mathrm{d}x. \tag{5.5.23}$$

一般地, 我们有下述定理:

---

① Parseval des Chénes, Marc-Antoine, 1755 年 4 月 27 日—1836 年 8 月 16 日, 法国数学家.

定理 5.5.5 设 f, g 都在 $[0,2\pi]$ 上平方可积, 其 Fourier 级数分别为

$$f(x) \sim \frac{a_0}{2} + \sum_{n=1}^{\infty}(a_n \cos nx + b_n \sin nx),$$

$$g(x) \sim \frac{\alpha_0}{2} + \sum_{n=1}^{\infty}(\alpha_n \cos nx + \beta_n \sin nx),$$

则

$$\frac{1}{\pi}\int_0^{2\pi} f(x)g(x)\,\mathrm{d}x = \frac{a_0\alpha_0}{2} + \sum_{n=1}^{\infty}(a_n\alpha_n + b_n\beta_n). \tag{5.5.24}$$

特别地, (5.5.23) 式以及

$$\lim_{n\to+\infty}\int_0^{2\pi} |S_n(f;x) - f(x)|^2\,\mathrm{d}x = 0 \tag{5.5.25}$$

成立.

证明 先证明 (5.5.25) 式. 任取 $\varepsilon > 0$, 不难证明存在以 2π 为周期的连续函数 F, 使得

$$\int_0^{2\pi} |F(x) - f(x)|^2\,\mathrm{d}x \leqslant \varepsilon^2. \tag{5.5.26}$$

由 Weierstrass 逼近定理 (定理 5.5.4), 存在以 2π 为周期的三角多项式 $T(\cdot)$ 使得

$$|F(x) - T(x)| \leqslant \frac{\varepsilon}{\sqrt{2\pi}}, \quad \forall x \in [0,2\pi]. \tag{5.5.27}$$

从而利用最佳均方逼近性质和 Minkowski 不等式得到, 当 n 大于 T 的次数时,

$$\begin{aligned}
&\left(\int_0^{2\pi} \left|S_n(f;x) - f(x)\right|^2 \mathrm{d}x\right)^{\frac{1}{2}} \\
\leqslant &\left(\int_0^{2\pi} \left|T(x) - f(x)\right|^2 \mathrm{d}x\right)^{\frac{1}{2}} \\
\leqslant &\left(\int_0^{2\pi} \left|F(x) - T(x)\right|^2 \mathrm{d}x\right)^{\frac{1}{2}} + \left(\int_0^{2\pi} \left|F(x) - f(x)\right|^2 \mathrm{d}x\right)^{\frac{1}{2}} \\
\leqslant &\, 2\varepsilon.
\end{aligned}$$

由此可得 (5.5.25) 式. 不难看到 (5.5.25) 式与 (5.5.23) 式等价 (参见 (5.5.16) 式). 最后, 用 $f+g$ 代替 f 代入 (5.5.23) 式可得 (5.5.24) 式. □

基于 Dirichlet-Jordan 判别法 (定理 5.5.2), 很容易得到 Fourier 级数的逐项可积性.

定理 5.5.6 设 f 以 2π 为周期且在 $[0,2\pi]$ 上绝对可积, 其 Fourier 级数为 (5.5.1), 则 $\sum\limits_{n=1}^{\infty}\dfrac{b_n}{n}$ 收敛, 且对任何 $x\in\mathbb{R}$, 有

$$\int_0^x f(t)\,\mathrm{d}t=\frac{a_0x}{2}+\sum_{n=1}^{\infty}\int_0^x(a_n\cos nt+b_n\sin nt)\,\mathrm{d}t. \tag{5.5.28}$$

即

$$\int_0^x f(t)\,\mathrm{d}t=\frac{a_0x}{2}+\sum_{n=1}^{\infty}\frac{b_n}{n}+\sum_{n=1}^{\infty}\left(-\frac{b_n\cos nx}{n}+\frac{a_n\sin nx}{n}\right)\mathrm{d}t. \tag{5.5.29}$$

证明 记 $g=f-\dfrac{a_0}{2}$,

$$F(x)=\int_0^x g(t)\,\mathrm{d}t,\qquad x\in\mathbb{R}.$$

则 F 为以 2π 为周期的连续函数. 进一步, 利用

$$F(x)=\int_0^x g^+(t)\,\mathrm{d}t-\int_0^x g^-(t)\,\mathrm{d}t,\qquad x\in\mathbb{R}$$

可见 F 是一个单调递增函数和一个单调递减函数之和. 因此由定理 5.5.2, F 的 Fourier 级数收敛到 F. 设 F 的 Fourier 级数为

$$F(x)\sim\frac{A_0}{2}+\sum_{n=1}^{\infty}(A_n\cos nx+B_n\sin nx).$$

当 $n\geqslant 1$ 时, 直接计算可得

$$\begin{aligned}A_n&=\frac{1}{\pi}\int_0^{2\pi}\mathrm{d}x\int_0^x\left(f(t)-\frac{a_0}{2}\right)\cos nx\,\mathrm{d}t\\&=\frac{1}{\pi}\int_0^{2\pi}\mathrm{d}t\int_t^{2\pi}\left(f(t)-\frac{a_0}{2}\right)\cos nx\,\mathrm{d}x\\&=-\frac{1}{\pi}\int_0^{2\pi}\left(f(t)-\frac{a_0}{2}\right)\frac{\sin nt}{n}\,\mathrm{d}t=-\frac{b_n}{n},\end{aligned}$$

类似地, 有 $B_n = \dfrac{a_n}{n}$. 于是

$$\int_0^x g(t)\,\mathrm{d}t = \frac{A_0}{2} + \sum_{n=1}^{\infty}\left(-\frac{b_n}{n}\cos nx + \frac{a_n}{n}\sin nx\right), \quad \forall\, x \in \mathbb{R}. \tag{5.5.30}$$

上式中令 $x = 0$ 可得 $\dfrac{A_0}{2} = \sum\limits_{n=1}^{\infty}\dfrac{b_n}{n}$. 结合 (5.5.30) 即得

$$\int_0^x g(t)\,\mathrm{d}t = \sum_{n=1}^{\infty}\int_0^x (a_n\cos nt + b_n\sin nt)\,\mathrm{d}t.$$

即 (5.5.28) 式及 (5.5.29) 式成立. □

由于 $\sum\limits_{n=2}^{\infty}\dfrac{1}{n\ln n}$ 发散, 由定理立即可见三角级数 $\sum\limits_{n=2}^{\infty}\dfrac{\sin nx}{\ln n}$ 不是 Fourier 级数. 而另一方面, 易见该级数在 $\mathbb{R}$ 上处处收敛.

习 题 5.5

1. 设 $b \in (0, 2\pi]$, $\alpha \in \mathbb{R}$. 试求如下以 2π 为周期的函数 f 的 Fourier 级数, 并考察可以得到一些什么样的等式. $f(x)$ 在 $[0, 2\pi]$ 上的取值为

   (1) $\chi_{[0,b]}(x)$; (2) $x\chi_{[0,b]}(x)$; (3) $x^2\chi_{[0,b]}(x)$;
   (4) $(\cos\alpha x)\chi_{[0,b]}(x)$; (5) $(\sin\alpha x)\chi_{[0,b]}(x)$; (6) $\mathrm{e}^{\alpha x}\chi_{[0,a]}(x)$;
   (7) $\ln\left(2\sin\dfrac{x}{2}\right)$; (8) $\sum\limits_{n=0}^{\infty}(1-x)x^{n^2}$; (9) $\sum\limits_{n=0}^{\infty}(1-x)^2x^{n^2}$.

2. 设 f 是以 2π 为周期, 在 $[0, 2\pi]$ 上绝对可积. 若 $f(x_0^+)$ 和 $f(x_0^-)$ 都存在, 仿定理 5.5.3 的证明, 证明
$$\lim_{n\to+\infty}\sigma_n(f; x_0) = \frac{f(x_0^+) + f(x_0^-)}{2}.$$
3. 证明: 若以 2π 为周期的连续函数 $f(\cdot)$ 满足 Hölder 条件, 则 $S_n(f;\cdot)$ 一致收敛于 $f(\cdot)$.
4. 证明: 若以 2π 为周期的连续函数 $f(\cdot)$ 逐段单调, 则 $S_n(f;\cdot)$ 一致收敛于 $f(\cdot)$.
5. 试利用 Weierstrass 第二逼近定理证明 Weierstrass 第一逼近定理 (定理 4.3.3).
6. 试利用 Weierstrass 第一逼近定理证明 Weierstrass 第二逼近定理.
7. 设 $f(\cdot)$ 是周期为 2π 的连续函数. 若 $S_n(f;\cdot)$ 在 x_0 处收敛, 证明:
$$\lim_{n\to+\infty} S_n(f; x_0) = f(x_0).$$
8. 利用 Fourier 级数的性质证明习题 4.3 第 13 题.
9. 设 f 是 $[0, 1]$ 上连续函数, a 是一个无理数. 证明:
$$\lim_{n\to+\infty}\frac{1}{n}\sum_{k=1}^{n} f(\{ka\}) = \int_0^1 f(x)\,\mathrm{d}x,$$
   其中 $\{ka\}$ 表示 ka 的小数部分.

10. 利用函数的 Fourier 级数证明: 若 $f \in C^1[0,2\pi]$, $f(0)=f(2\pi)$, 则

$$\int_0^{2\pi}\left|f(x)-\frac{1}{2\pi}\int_0^{2\pi}f(t)\,\mathrm{d}t\right|^2\mathrm{d}x \leqslant C\int_0^{2\pi}|f'(x)|^2\,\mathrm{d}x,$$

其中常数 $C=1$ 不能改进.

线上课堂

Fourier 级数的其他性质

第 6 章　多元函数微积分

多元微积分与一元微积分相比, 自然会复杂困难很多. 然而, 就数学分析课程的要求而言, 困难的地方其实并不多. 许多同学对这部分内容感到困难甚至恐惧, 主要在于这部分内容通常计算较繁琐, 另外也是由于许多同学的空间想象能力不够.

鉴于本书的主要目的在于弥补高等数学和数学分析要求上的差距, 同时帮助学过数学分析的同学更好地掌握一些不易掌握的知识. 因此, 本章将只是简单地涉及一些我们认为需要注意的地方.

通常, 我们将 n 维欧氏空间 $\mathbb{R}^n$ 中的元看作列向量. 但经常在行文中把它们写成行向量. 对于 $\boldsymbol{x}=(x_1,x_2,\cdots,x_n)\in\mathbb{R}^n$, 其长度表示为 $|\boldsymbol{x}|=\sqrt{\sum\limits_{k=1}^{n}x_k^2}$. 我们用 S^{n-1} 表示 $\mathbb{R}^n$ 中的单位球面, 用 $B_\delta(\boldsymbol{x}_0)$ 表示以 $\boldsymbol{x}_0$ 为心 δ 为半径的开球.

6.1　一些基本概念的辨析

多元函数各种极限之间的关系是一个很关键而不易把握的知识点. 从定义上看, 多元函数极限与一元函数极限的定义没有什么不同. 但是, 由于当我们考虑多元函数极限时, 自变量趋于极限点的路径比单变量情形复杂许多, 所以多元函数的极限、导数、积分会与单变量情形有一些本质的不同.

下面是各类极限之间的相互关系 (图 6.1.1):

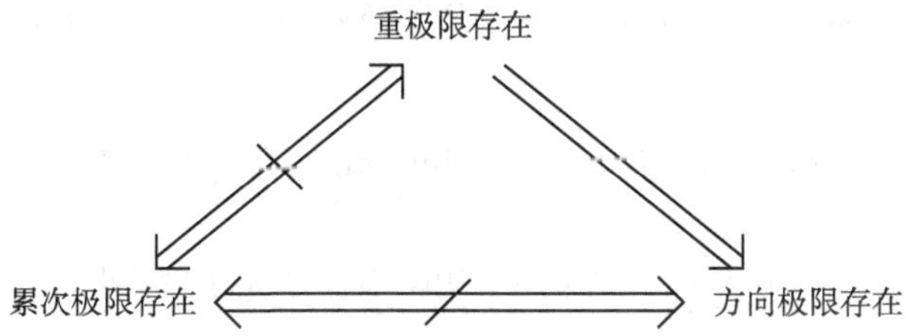

图 6.1.1

重极限与方向极限　重极限存在导致各方向极限存在且相等是非常简单的事情. 但是, 各方向极限存在且相等却不能保证重极限的存在性.

以二元函数在原点的极限为例. 二重极限

$$\lim_{(x,y)\to(0,0)} f(x,y)=A$$

表示 $\forall\,\varepsilon>0,\exists\,\delta>0$, 使得当 $0<\sqrt{x^2+y^2}<\delta$ 时,

$$|f(x,y)-A|\leqslant\varepsilon.$$

而所有相应的方向极限存在且等于 A, 即

$$\lim_{t\to0} f(t\cos\theta,t\sin\theta)=A,\quad \forall\,\theta\in[0,2\pi]$$

表示的是 $\forall\,\varepsilon>0$, 存在与 θ 有关的 $\delta_\theta>0$, 使得当 $0<\sqrt{x^2+y^2}<\delta_\theta$, 且 (x,y) 落在以 $(\cos\theta,\sin\theta)$ 为斜率的过原点的直线上时, 有

$$|f(x,y)-A|\leqslant\varepsilon.$$

由此可以看到方向极限存在相等不能保证二重极限存在的关键在于上述 δ_θ 关于 θ 没有一致性.

另外, 从另一个角度来看, 改变某些曲线上的函数值, 不会改变函数的方向极限. 例如, 改变函数在曲线 $y=x^2$ 上的值不会改变趋于 $(0,0)$ 点的方向极限的存在性和值, 但这足以使相应的二重极限不存在.

重极限与累次极限 以二元函数在原点的极限为例, 累次极限 $\lim\limits_{x\to0}\lim\limits_{y\to0} f(x,y)$ 以及 $\lim\limits_{y\to0}\lim\limits_{x\to0} f(x,y)$ 均与函数 f 在两个坐标轴上的函数值无关, 因此累次极限的存在 (及相等) 不能保证重极限的存在是平凡的. 事实上, 改变任意有限条光滑曲线上函数的值, 并不会改变累次极限的存在性和值.

重极限存在不能保证累次极限存在是一件令人迷惑的事. 下面的定理也许可以让我们把问题看清楚:

定理 6.1.1 设 f 在 (x_0,y_0) 的一个邻域内有定义, $\lim\limits_{(x,y)\to(x_0,y_0)} f(x,y)=A$, 则

$$\lim_{x\to x_0}\overline{\lim_{y\to y_0}} f(x,y)=\lim_{x\to x_0}\underline{\lim_{y\to y_0}} f(x,y)=A, \tag{6.1.1}$$

$$\lim_{y\to y_0}\overline{\lim_{x\to x_0}} f(x,y)=\lim_{y\to y_0}\underline{\lim_{x\to x_0}} f(x,y)=A. \tag{6.1.2}$$

定理 6.1.1 的证明非常简单, 我们将其留给读者. 定理表明当二重极限 $\lim\limits_{(x,y)\to(x_0,y_0)} f(x,y)$ 存在时, 相应的累次极限 $\lim\limits_{x\to x_0}\lim\limits_{y\to y_0} f(x,y)$ 不存在只能是因为 $\lim\limits_{y\to y_0} f(x,y)$ 在 x_0 的附近并不总是存在.

推论 6.1.1 设 f 在 (x_0,y_0) 的一个邻域内有定义, $\lim\limits_{(x,y)\to(x_0,y_0)} f(x,y)=A$. 若对任何 $x\neq x_0$, $\lim\limits_{y\to y_0} f(x,y)$ 存在, 则

$$\lim_{x\to x_0}\lim_{y\to y_0} f(x,y)=A. \tag{6.1.3}$$

类似地, 若对任何 $y\neq y_0$, $\lim\limits_{x\to x_0} f(x,y)$ 存在, 则

$$\lim_{y\to y_0}\lim_{x\to x_0} f(x,y)=A. \tag{6.1.4}$$

推论 6.1.1 也给出了否定二重极限存在的一个方法, 即两个二次极限都存在但不相等时, 相应的二重极限一定不存在. 另外两个常用的否定二重极限存在的判据就是方向极限不存在或存在但不全相等, 以及沿着曲线的极限不存在或存在但不相等①.

类似于定理 6.1.1, 关于方向极限和重极限, 有如下定理:

定理 6.1.2 设 f 在 (x_0,y_0) 的一个邻域内有定义, 则 $\lim\limits_{(x,y)\to(x_0,y_0)} f(x,y)=A$ 的充要条件是

$$\begin{aligned}&\lim_{r\to0^+}\sup_{\theta\in[0,2\pi)} f(x_0+r\cos\theta,y_0+r\sin\theta)\\=&\lim_{r\to0^+}\inf_{\theta\in[0,2\pi)} f(x_0+r\cos\theta,y_0+r\sin\theta)=A.\end{aligned} \tag{6.1.5}$$

我们将证明留给读者.

下面一些例子有助于读者加深对这部分内容的理解.

例 6.1.1 设

$$f(x,y)=\begin{cases}x\sin\dfrac{1}{y}+y\sin\dfrac{1}{x}, & xy\neq0,\\ 0, & xy=0,\end{cases}$$

则 $\lim\limits_{(x,y)\to(0,0)} f(x,y)$ 存在, 而 $\lim\limits_{x\to0}\lim\limits_{y\to0} f(x,y)$ 以及 $\lim\limits_{y\to0}\lim\limits_{x\to0} f(x,y)$ 不存在.

例 6.1.2 设

$$f(x,y)=\begin{cases}0, & xy\neq0,\\ 1, & xy=0,\end{cases}$$

则函数在 $(0,0)$ 点的累次极限为零, 但二重极限不存在.

① 由 Heine 定理 (参见习题 2.1 第 4 题), 不难证明若二重极限不存在, 则一定有某个沿曲线的极限不存在.

例 6.1.3 设

$$f(x,y)=\begin{cases}\dfrac{xy}{x^2+y^2}, & x^2+y^2\neq 0,\\ 0, & x^2+y^2=0,\end{cases}$$

则函数在 $(0,0)$ 点的累次极限为零, 但二重极限不存在.

例 6.1.4 设

$$f(x,y)=\begin{cases}\dfrac{y}{\sqrt{|x|}}, & x\neq 0,\\ 0, & x=0,\end{cases}$$

则函数在 $(0,0)$ 点的各方向极限为零, 但二重极限不存在. 二重极限的不存在性由

$$\lim_{\substack{x\to 0+\\ y=\sqrt{x}}} f(x,y)=1\neq 0$$

得到.

例 6.1.5 设

$$f(x,y)=\begin{cases}\dfrac{x^2-y^2}{x^2+y^2}, & x^2+y^2\neq 0,\\ 0, & x^2+y^2=0,\end{cases}$$

则函数在 $(0,0)$ 点的两个累次极限都存在, 但不相同.

限制 如果问 $\lim\limits_{x\to 0}\sqrt{x}$ 是什么? 可能会有两种观点. 第一种观点认为 $\sqrt{x}$ 当 $x<0$ 时没有定义, 因此 $\lim\limits_{x\to 0}\sqrt{x}$ 不存在. 第二种观点认为 $\sqrt{x}$ 的自然定义域是 $[0,+\infty)$, $\lim\limits_{x\to 0}\sqrt{x}$ 应该理解为 $\lim\limits_{x\to 0^+}\sqrt{x}$, 从而为 0. 类似地, 考虑极限 $\lim\limits_{x\to 0}x^{\frac{1}{x}}$, 持第二种观点中的一部分会认为 $\lim\limits_{x\to 0}x^{\frac{1}{x}}=\lim\limits_{x\to 0^+}x^{\frac{1}{x}}=0$, 但也会有一部分认为由于 $\lim\limits_{n\to+\infty}\left(-\dfrac{1}{2n+1}\right)^{-(2n+1)}=-\infty$, 因此 $\lim\limits_{x\to 0}x^{\frac{1}{x}}$ 不存在.

上述不同观点是对记号的不同理解造成的, 谈不上对错. 但说明必要时, 我们需要更能表达确切含义的记号. 另外, 为了应对更复杂的情形, 我们有必要在函数定义域的聚点处定义极限. 具体地, 我们作如下定义.

定义 6.1.1 设 $\boldsymbol{x}_0$ 是集合 $E\subseteq\mathbb{R}^n$ 的聚点, f 是 E 上的函数, $A\in\mathbb{R}$ 是给定的实数. 如果对任何 $\varepsilon>0$, 存在 $\delta>0$, 使得当 $0<|\boldsymbol{x}-\boldsymbol{x}_0|<\delta$ 且 $\boldsymbol{x}\in E$ 时, 成立

$$|f(\boldsymbol{x})-A|<\varepsilon,$$

则称 $f(\boldsymbol{x})$ 当 $\boldsymbol{x}$ 趋向于 $\boldsymbol{x}_0$ 时的极限为 A, 记作 $\lim\limits_{\substack{\boldsymbol{x}\to\boldsymbol{x}_0\\ \boldsymbol{x}\in E}} f(\boldsymbol{x}) = A$.

若 f 在集合 W 上有定义, 而 E 是 W 的子集, 则用 $f|_E$ 表示如下函数 $g: E \to \mathbb{R}$:

$$g(\boldsymbol{x}) = f(\boldsymbol{x}), \qquad \boldsymbol{x} \in E,$$

称为 f 在 E 上的**限制**. 记号 $\lim\limits_{\substack{\boldsymbol{x}\to\boldsymbol{x}_0\\ \boldsymbol{x}\in E}} f(\boldsymbol{x})$ 同样可用于表示 $\lim\limits_{\substack{\boldsymbol{x}\to\boldsymbol{x}_0\\ \boldsymbol{x}\in E}} f|_E(\boldsymbol{x})$. 易见在表示方向极限时, 我们已经采用了这种记号.

在涉及非内点时, 多元函数的连续性要比一元函数复杂一些①. 我们采用如下定义.

定义 6.1.2 设 $E \subseteq \mathbb{R}^n$, f 是 E 上的实函数, 若 $\boldsymbol{x}_0 \in E \cap E'$, 且 $\lim\limits_{\substack{\boldsymbol{x}\to\boldsymbol{x}_0\\ \boldsymbol{x}\in E}} f(\boldsymbol{x}) = f(\boldsymbol{x}_0)$, 则称 f 在 $\boldsymbol{x}_0$ 处连续.

若 $\boldsymbol{x}_0$ 是 E 的孤立点, 则总是认为 f 在 $\boldsymbol{x}_0$ 处连续.

若 f 在 E 上每一点连续, 则称 f 在 E 上连续.

若 $F \subseteq E$, 而 $f|_F$ 连续, 则称 f 限制在 F 上连续.

例 6.1.6 Dirichlet 函数 $D(\cdot) = \chi_{\mathbb{Q}}(\cdot)$ 处处不连续, 但它限制在有理数集 $\mathbb{Q}$ 上, 或限制在无理数集 $\mathbb{R} \setminus \mathbb{Q}$ 上, 都是连续的.

偏导与连续 函数的连续性、可微性、可 (偏) 导性和连续可导性等之间的关系与前述极限之间的关系有着类似的问题.

多元函数连续性和可微性之间有如下关系 (图 6.1.2):

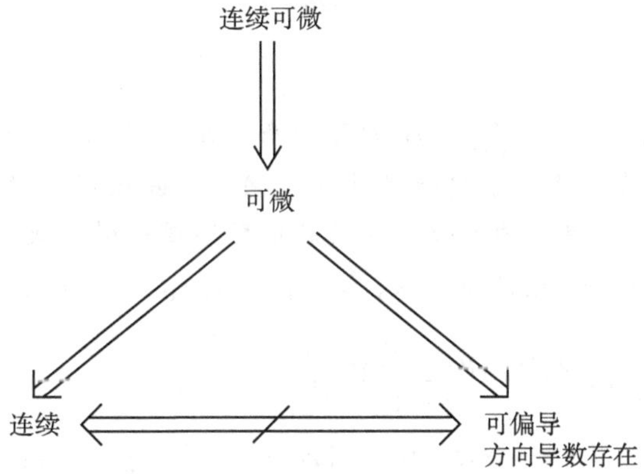

图 6.1.2

例 6.1.7 可微不能保证偏导数的连续性是与维数无关的问题. 设

① 事实上一元函数情形, 存在类似的问题, 只是这些问题在多元情形出现得更自然.

$$f(x,y)=\begin{cases} x^2\sin\dfrac{1}{x}, & x\neq 0,\\ 0, & x=0,\end{cases}$$

则 $f(x,y)$ 在 $(0,0)$ 点可微, 但偏导不连续.

例 6.1.8　可偏导不能保证可微和连续是多维特有的情况. 设

$$f(x,y)=\begin{cases} \dfrac{xy}{x^2+y^2}, & x^2+y^2\neq 0,\\ 0, & x^2+y^2=0,\end{cases}$$

则在 $(0,0)$ 点, f_x, f_y 为 0, 但函数不可微, 事实上也不连续.

混合偏导　有例子表明混合导数的求导次序不能随意交换, **在混合导数的计算中, 一个常用的保证求导可以交换次序的条件是: 相应阶数的偏导数都是连续的**. 对于 $f_{xy}(x_0,y_0)$ 和 $f_{yx}(x_0,y_0)$, 若 $f_{xy}(x,y)$ 或 $f_{yx}(x,y)$ 在 (x_0,y_0) 连续, 则 $f_{xy}(x_0,y_0)=f_{yx}(x_0,y_0)$. 但对于 $f_{yxx}(x_0,y_0)$ 和 $f_{xxy}(x_0,y_0)$, 仅有 $f_{yxx}(x,y)$ 和 $f_{xxy}(x,y)$ 在 (x_0,y_0) 的连续性并不能保证 $f_{yxx}(x_0,y_0)=f_{xxy}(x_0,y_0)$. 但如果所有的三阶偏导数都在 (x_0,y_0) 附近连续, 则一定有 $f_{yxx}(x_0,y_0)=f_{xxy}(x_0,y_0)$. 这就是为什么在计算高阶导数时候, 为了不过分考虑对求导次序的依赖性, 通常假设所有的同阶高阶导数都连续.

注 6.1.1　(i) 在不同的教材中 $f_{xy}(x,y)$ 的意义 $\left(\text{包括 } \dfrac{\partial^2 f}{\partial x\partial y}\right)$ 可能正好是相反的. 在本书中, 我们用 $f_{xy}(x,y)$ 表示 $\dfrac{\partial}{\partial y}\dfrac{\partial f}{\partial x}$, 而在另外一些书上, $f_{xy}(x,y)$ 表示的可能是 $\dfrac{\partial}{\partial x}\dfrac{\partial f}{\partial y}$.

(ii) 符号 $f_{xy}(x,y)$ 和 $f''_{xy}(x,y)$ 都可用来表示 f 关于 x,y 的混合偏导, 读者可以择一使用. 但要注意, 不要一会儿用前者, 一会儿用后者, 更不要出现诸如 $f'_{xy}(x,y)$ 这样带有撇, 但撇的个数与导数的次数不统一的情况.

若 $f_{xy}(x_0,y_0)$ 存在, 则根据定义, $f_x(x_0,\cdot)$ 在 y_0 的一个邻域内存在, 此时,

$$\begin{aligned} f_{xy}(x_0,y_0)&=\lim_{y\to y_0}\frac{f_x(x_0,y)-f_x(x_0,y_0)}{y-y_0}\\ &=\lim_{y\to y_0}\lim_{x\to x_0}\frac{f(x,y)-f(x_0,y)-f(x,y_0)+f(x_0,y_0)}{(x-x_0)(y-y_0)}. \end{aligned}\tag{6.1.6}$$

同理, 若 $f_y(\cdot,y_0)$ 在 x_0 的一个邻域内存在, 则

$$f_{yx}(x_0,y_0)=\lim_{x\to x_0}\lim_{y\to y_0}\frac{f(x,y)-f(x_0,y)-f(x,y_0)+f(x_0,y_0)}{(x-x_0)(y-y_0)}.\tag{6.1.7}$$

这样, 在 (x_0,y_0) 处的二阶混合偏导是否相等, 关键就在于 (6.1.6) 和 (6.1.7) 式中的两个二次极限是否相等 (极限是否可以交换次序) 的问题. 由此, 可由例 6.1.5 立即构造出混合偏导不相等的例子.

例 6.1.9 设

$$f(x,y)=\begin{cases}\dfrac{xy(x^2-y^2)}{x^2+y^2}, & x^2+y^2\neq 0,\\ 0, & x^2+y^2=0,\end{cases}$$

则 $f_{xy}(0,0)=-1, f_{yx}(0,0)=1$, 两者均存在但不相等.

保证混合偏导相等的经典结果有如下两个定理.

定理 6.1.3 (Peano) 设二元实函数 f 在 (x_0,y_0) 的一个邻域内有一阶偏导数, 进一步, f_{xy} 存在且在 (x_0,y_0) 连续, 则 $f_{yx}(x_0,y_0)$ 也存在且 $f_{yx}(x_0,y_0)=f_{xy}(x_0,y_0)$.

证明 不妨设 $x_0=y_0=0$, 且 $\delta>0$ 使得 f_{xy} 在 $B_\delta(0,0)$ 内存在. 则当 $(x,y)\in B_\delta(0,0)$ 且 $xy\neq 0$ 时, 由中值定理, 有 $\theta,\eta\in(0,1)$ 使得

$$\frac{f(x,y)-f(0,y)-f(x,0)+f(0,0)}{xy}=\frac{(f(x,y)-f(x,0))-(f(0,y)-f(0,0))}{xy}$$
$$=\frac{f_x(\theta x,y)-f_x(\theta x,0)}{y}=f_{xy}(\theta x,\eta y).$$

因此

$$\lim_{(x,y)\to(0,0)}\frac{f(x,y)-f(0,y)-f(x,0)+f(0,0)}{xy}=f_{xy}(0,0).$$

于是由推论 6.1.1 得到结论. □

定理 6.1.4 (Young) 设二元实函数 f 在 (x_0,y_0) 的一个邻域内有偏导数, 且 f_x,f_y 均在 (x_0,y_0) 可微, 则 $f_{xy}(x_0,y_0)=f_{yx}(x_0,y_0)$.

证明 不妨设 $(x_0,y_0)=(0,0)$, 且 $\delta>0$ 使得在 $B_\delta(0,0)$ 内, f_x,f_y 存在. 则由中值定理, 当 $0<\sqrt{x^2+y^2}<\delta$ 时, 有 $\theta\in(0,1)$ 使得

$$\begin{aligned}&\frac{f(x,y)+f(0,0)-f(x,0)-f(0,y)-f_{xy}(0,0)xy}{x^2+y^2}\\&=\frac{(f_x(\theta x,y)-f_x(\theta x,0)-f_{xy}(0,0)y)\,x}{x^2+y^2}\\&=\frac{(f_x(\theta x,y)-f_x(0,0)-f_{xx}(0,0)\theta x-f_{xy}(0,0)y)\,x}{x^2+y^2}\end{aligned}$$

$$-\frac{(f_x(\theta x,0)-f_x(0,0)-f_{xx}(0,0)\theta x)\,x}{x^2+y^2}.$$

由 f_x 在 $(0,0)$ 点的可微性即得

$$\lim_{(x,y)\to(0,0)}\frac{f(x,y)+f(0,0)-f(x,0)-f(0,y)-f_{xy}(0,0)xy}{x^2+y^2}=0.$$

考察上述极限沿 $y=x$ 的方向极限可得

$$f_{xy}(0,0)=\lim_{x\to 0}\frac{f(x,x)+f(0,0)-f(x,0)-f(0,x)}{x^2}.$$

同理可得

$$f_{yx}(0,0)=\lim_{x\to 0}\frac{f(x,x)+f(0,0)-f(x,0)-f(0,x)}{x^2}.$$

从而 $f_{xy}(0,0)=f_{yx}(0,0)$. □

利用 Lebesgue 积分, 可以减弱定理 6.1.3 的条件, 得到如下结果 (参见 [4]).

定理6.1.5　设在 (x_0,y_0) 的一个邻域内, $f(\cdot,\cdot)$ 有定义, $f_y(\cdot,y_0)$ 存在, $f_{xy}(\cdot,\cdot)$ 有界, 且 $f_{xy}(\cdot,y_0)$ 在 x_0 点连续, 则 $f_{yx}(x_0,y_0)$ 存在且等于 $f_{xy}(x_0,y_0)$.

微分中值定理　对于可微的多元实值函数, Lagrange 微分中值定理仍然成立, 具体地, 如果 Ω 是 $\mathbb{R}^n$ 中的区域, $f:\overline{\Omega}\to\mathbb{R}$ 连续, 且在 Ω 内可微, 则对于 $\boldsymbol{x},\boldsymbol{y}\in\overline{\Omega}$, 若连接 $\boldsymbol{x},\boldsymbol{y}$ 的线段 $L_{\boldsymbol{xy}}$(不含端点 $\boldsymbol{x},\boldsymbol{y}$) 落在 Ω 内, 则对 $g(s)=f(\boldsymbol{x}+s(\boldsymbol{y}-\boldsymbol{x}))$ 运用中值定理, 即可得存在 $\boldsymbol{\xi}\in L_{\boldsymbol{xy}}$ 使得

$$f(\boldsymbol{y})-f(\boldsymbol{x})=\nabla f(\boldsymbol{\xi})\cdot(\boldsymbol{y}-\boldsymbol{x}). \tag{6.1.8}$$

利用 (6.1.8) 易见, 当 Ω 为凸区域时, 若 $f:\Omega\to\mathbb{R}$ 可微, 则 Lipschitz 条件

$$|f(\boldsymbol{y})-f(\boldsymbol{x})|\leqslant M|\boldsymbol{y}-\boldsymbol{x}|,\qquad \forall\,\boldsymbol{x},\boldsymbol{y}\in\Omega \tag{6.1.9}$$

成立的充要条件是

$$|\nabla f(\boldsymbol{x})|\leqslant M,\qquad \forall\,\boldsymbol{x}\in\Omega. \tag{6.1.10}$$

对于向量值函数, 一般说来, 微分中值定理不成立. 在证明类似于 (6.1.10) 的不等式时, 我们可以利用如下的对偶关系: 对于 $\boldsymbol{x}\in\mathbb{R}^n$, 成立

$$|\boldsymbol{x}|=\max_{\boldsymbol{\xi}\in S^{n-1}}\boldsymbol{x}\cdot\boldsymbol{\xi}.$$

这样对于 $\boldsymbol{f}:\Omega\to\mathbb{R}^m$,

$$|\boldsymbol{f}(\boldsymbol{y})-\boldsymbol{f}(\boldsymbol{x})|\leqslant M|\boldsymbol{y}-\boldsymbol{x}|,\qquad \forall\,\boldsymbol{x},\boldsymbol{y}\in\Omega \tag{6.1.11}$$

等价于

$$(\boldsymbol{f}(\boldsymbol{y})-\boldsymbol{f}(\boldsymbol{x}))\cdot\boldsymbol{\xi}\leqslant M|\boldsymbol{y}-\boldsymbol{x}|,\qquad\forall\,\boldsymbol{x},\boldsymbol{y}\in\Omega;\,\boldsymbol{\xi}\in S^{n-1}.\tag{6.1.12}$$

由此结合多元实函数情形的讨论易证, 若 $\Omega\subseteq\mathbb{R}^n$ 为凸区域, $\boldsymbol{f}\equiv(f^1,f^2,\cdots,f^m)$ 可微[①], 则 (6.1.11) 式成立当且仅当

$$\|\boldsymbol{f}_{\boldsymbol{x}}(\boldsymbol{x})\|\leqslant M,\qquad\forall\,\boldsymbol{x}\in\Omega,\tag{6.1.13}$$

其中, 对于矩阵 $A\in\mathbb{R}^{m\times n}$, $\|A\|:=\max\limits_{\boldsymbol{e}\in S^{n-1}}|A\boldsymbol{e}|$ 为矩阵范数,

$$\boldsymbol{f}_{\boldsymbol{x}}\equiv\frac{\partial\boldsymbol{f}}{\partial\boldsymbol{x}}=\begin{pmatrix}f^1_{x_1}&f^1_{x_2}&\cdots&f^1_{x_n}\\f^2_{x_1}&f^2_{x_2}&\cdots&f^2_{x_n}\\\vdots&\vdots&&\vdots\\f^m_{x_1}&f^m_{x_2}&\cdots&f^m_{x_n}\end{pmatrix}.\tag{6.1.14}$$

隐函数存在定理 隐函数和反函数的求导 (尤其是相应的高阶导数) 是学习中的又一些难点. 但这部分内容在高等数学和数学分析课程的要求中并没有太大区别.

相对来说, 对于隐函数存在定理的证明, 有一定的理论要求. 在隐函数存在定理中, 对于单个方程 $F(x,y)=0$ 的情形, 条件 $F_y(x_0,y_0)\neq 0$ 其实是保证了 $F(x,y)$ 在 (x_0,y_0) 附近关于 y 的一种严格单调性. 另外, 需要注意的是, 隐函数存在定理是在 (x_0,y_0) 附近成立而不是指在 x_0 附近成立. 例如, $(0,1)$ 满足方程 $x^2+y^2=1$, 而 $F(x,y)\equiv x^2+y^2$ 满足 $F_y(0,1)\neq 0$. 隐函数存在定理断言: $x^2+y^2=1$ 在 $(x_0,y_0)=(0,1)$ 附近确定了一个隐函数 $y=y(x)$. 但是我们不能说 $x^2+y^2=1$ 在 $x_0=0$ 附近确定了一个隐函数 $y=y(x)$.

对于方程组的情形, 可以有如下的**逆映射定理**.

定理 6.1.6 设 $\Omega\subseteq\mathbb{R}^n$ 以及 $D\subseteq\mathbb{R}^m$ 为区域, $\boldsymbol{F}:\Omega\times D\to\mathbb{R}^m$ 是连续可微函数, 满足 $\boldsymbol{F}(\boldsymbol{x}_0,\boldsymbol{y}_0)=\boldsymbol{0}$, $\det\boldsymbol{F}_{\boldsymbol{y}}(\boldsymbol{x}_0,\boldsymbol{y}_0)\neq 0$, 其中 $\boldsymbol{x}_0\in\Omega$, $\boldsymbol{y}_0\in D$. 则存在 $\delta>0$ 以及 $\eta>0$, 使得对任何 $\boldsymbol{x}\in B_\delta(\boldsymbol{x}_0)$, 存在唯一的 $\boldsymbol{y}=\boldsymbol{\varphi}(\boldsymbol{x})\in B_\eta(\boldsymbol{y}_0)$ 使得 $\boldsymbol{F}(\boldsymbol{x},\boldsymbol{\varphi}(\boldsymbol{x}))=\boldsymbol{0}$. 进一步, $\boldsymbol{\varphi}$ 在 $B_\delta(\boldsymbol{x}_0)$ 内连续可微, 且

$$\boldsymbol{\varphi}_{\boldsymbol{x}}(\boldsymbol{x})=-\left(\boldsymbol{F}_{\boldsymbol{y}}(\boldsymbol{x},\boldsymbol{\varphi}(\boldsymbol{x}))\right)^{-1}\boldsymbol{F}_{\boldsymbol{x}}(\boldsymbol{x},\boldsymbol{\varphi}(\boldsymbol{x})),\qquad\forall\,\boldsymbol{x}\in B_\delta(\boldsymbol{x}_0).\tag{6.1.15}$$

证明 我们要寻找 $\delta,\eta>0$ 使得 $\forall\,\boldsymbol{x}\in\overline{B_\delta(\boldsymbol{x}_0)}$, $|\boldsymbol{F}(\boldsymbol{x},\cdot)|^2$ 在 $\overline{B_\eta(\boldsymbol{y}_0)}$ 上有极小值, 进而证明该极小值为零.

---

① 这里 f^k 中的 k 是普通的上标, 不表示 k 次方.

由 $\det \boldsymbol{F}_{\boldsymbol{y}}(\boldsymbol{x}_0,\boldsymbol{y}_0)\neq 0$ 结合 $\boldsymbol{F}_{\boldsymbol{y}}$ 的连续性可得存在 $\eta>0$ 使得

$$\alpha:=\min_{|\boldsymbol{x}-\boldsymbol{x}_0|\leqslant\eta}\ \min_{\substack{|\boldsymbol{y}-\boldsymbol{y}_0|\leqslant\eta\\|\boldsymbol{z}-\boldsymbol{y}_0|\leqslant\eta}}\ \min_{e\in S^{m-1}}\left\langle \boldsymbol{F}_{\boldsymbol{y}}(\boldsymbol{x},\boldsymbol{y})\boldsymbol{e},\boldsymbol{F}_{\boldsymbol{y}}(\boldsymbol{x},\boldsymbol{z})\boldsymbol{e}\right\rangle>0. \tag{6.1.16}$$

这样, 若 $|\boldsymbol{y}-\boldsymbol{y}_0|\leqslant\eta$, 由中值定理, 存在 $\boldsymbol{z}_1,\boldsymbol{z}_2\in B_\eta(\boldsymbol{y}_0)$, 使得

$$\begin{aligned}|\boldsymbol{F}(\boldsymbol{x}_0,\boldsymbol{y})-\boldsymbol{F}(\boldsymbol{x}_0,\boldsymbol{y}_0)|^2&=\left\langle \boldsymbol{F}(\boldsymbol{x}_0,\boldsymbol{y})-\boldsymbol{F}(\boldsymbol{x}_0,\boldsymbol{y}_0),\boldsymbol{F}_{\boldsymbol{y}}(\boldsymbol{x}_0,\boldsymbol{z}_1)(\boldsymbol{y}-\boldsymbol{y}_0)\right\rangle\\&=\left\langle \boldsymbol{F}_{\boldsymbol{y}}(\boldsymbol{x}_0,\boldsymbol{z}_2)(\boldsymbol{y}-\boldsymbol{y}_0),\boldsymbol{F}_{\boldsymbol{y}}(\boldsymbol{x}_0,\boldsymbol{z}_1)(\boldsymbol{y}-\boldsymbol{y}_0)\right\rangle\geqslant\alpha|\boldsymbol{y}-\boldsymbol{y}_0|^2.\end{aligned} \tag{6.1.17}$$

特别, $\forall\boldsymbol{y}\in\partial B_\eta(\boldsymbol{y}_0)$, $|F(\boldsymbol{x}_0,\boldsymbol{y})|^2>0=|F(\boldsymbol{x}_0,\boldsymbol{y}_0)|^2$. 于是, 由 $\boldsymbol{F}$ 的连续性, 存在 $\delta\in(0,\eta)$ 使得

$$|\boldsymbol{F}(\boldsymbol{x},\boldsymbol{y})|^2>|\boldsymbol{F}(\boldsymbol{x},\boldsymbol{y}_0)|^2,\qquad \forall\boldsymbol{x}\in B_\delta(\boldsymbol{x}_0);\boldsymbol{y}\in\partial B_\eta(\boldsymbol{y}_0). \tag{6.1.18}$$

这表明, 当 $\boldsymbol{x}\in B_\delta(\boldsymbol{x}_0)$ 时, $|\boldsymbol{F}(\boldsymbol{x},\boldsymbol{y})|^2$ 作为 $\boldsymbol{y}$ 的函数在 $\overline{B_\eta(\boldsymbol{y}_0)}$ 上的最小值不会在边界取到, 从而必在某一点 $\boldsymbol{\varphi}(\boldsymbol{x})\in B_\eta(\boldsymbol{y}_0)$ 取到. 此时, 该最小值点为极小值点, 从而

$$2\boldsymbol{F}(\boldsymbol{x},\boldsymbol{\varphi}(\boldsymbol{x}))^{\mathrm{T}}\boldsymbol{F}_{\boldsymbol{y}}(\boldsymbol{x},\boldsymbol{\varphi}(\boldsymbol{x}))=\left(\frac{\partial}{\partial\boldsymbol{y}}|\boldsymbol{F}(\boldsymbol{x},\boldsymbol{y})|^2\right)\bigg|_{\boldsymbol{y}=\boldsymbol{\varphi}(\boldsymbol{x})}=\boldsymbol{0}.$$

由 $\boldsymbol{F}_{\boldsymbol{y}}(\boldsymbol{x},\boldsymbol{\varphi}(\boldsymbol{x}))$ 非奇异 (参见 (6.1.16)) 得到 $\boldsymbol{F}(\boldsymbol{x},\boldsymbol{\varphi}(\boldsymbol{x}))=\boldsymbol{0}$. 进一步, 用 $\boldsymbol{x}$ 代替 $\boldsymbol{x}_0$, 用 $\boldsymbol{\varphi}(\boldsymbol{x})$ 代替 $\boldsymbol{y}_0$ 时, (6.1.17) 仍成立, 它说明 $\boldsymbol{F}(\boldsymbol{x},\boldsymbol{y})=\boldsymbol{0}$ 的 $\boldsymbol{y}\in B_\eta(\boldsymbol{y}_0)$ 是唯一的. 类似地, 对于 $\boldsymbol{x}_1,\boldsymbol{x}_2\in B_\delta(\boldsymbol{x}_0)$, 可得

$$\begin{aligned}\alpha|\boldsymbol{\varphi}(\boldsymbol{x}_1)-\boldsymbol{\varphi}(\boldsymbol{x}_2)|^2&\leqslant|\boldsymbol{F}(\boldsymbol{x}_1,\boldsymbol{\varphi}(\boldsymbol{x}_2))-\boldsymbol{F}(\boldsymbol{x}_1,\boldsymbol{\varphi}(\boldsymbol{x}_1))|^2\\&=|\boldsymbol{F}(\boldsymbol{x}_1,\boldsymbol{\varphi}(\boldsymbol{x}_2))-\boldsymbol{F}(\boldsymbol{x}_2,\boldsymbol{\varphi}(\boldsymbol{x}_2))|^2\leqslant M^2|\boldsymbol{x}_1-\boldsymbol{x}_2|^2,\end{aligned} \tag{6.1.19}$$

其中 $M:=\max\limits_{\boldsymbol{x}\in\overline{B_\delta(\boldsymbol{x}_0)}}\max\limits_{\boldsymbol{y}\in\overline{B_\eta(\boldsymbol{y}_0)}}\|\boldsymbol{F}_{\boldsymbol{x}}(\boldsymbol{x},\boldsymbol{y})\|$. 从而 $\boldsymbol{\varphi}$ 在 $\boldsymbol{x}\in B_\delta(\boldsymbol{x}_0)$ 内连续.

接下来, 我们来证明 $\boldsymbol{\varphi}$ 的连续可微性. 固定 $\boldsymbol{x}\in B_\delta(\boldsymbol{x}_0)$, 对于 $0<|\Delta\boldsymbol{x}|<\delta-|\boldsymbol{x}-\boldsymbol{x}_0|$, 记 $\Delta\boldsymbol{y}:=\boldsymbol{\varphi}(\boldsymbol{x}+\Delta\boldsymbol{x})-\boldsymbol{\varphi}(\boldsymbol{x})$. 则由 (6.1.19), $|\Delta\boldsymbol{y}|\leqslant\dfrac{M}{\sqrt{\alpha}}|\Delta\boldsymbol{x}|$, 结合 $\boldsymbol{F}$ 的可微性, 得到

$$\begin{aligned}\boldsymbol{0}&=\boldsymbol{F}\left(\boldsymbol{x}+\Delta\boldsymbol{x},\boldsymbol{\varphi}(\boldsymbol{x}+\Delta\boldsymbol{y})\right)-\boldsymbol{F}\left(\boldsymbol{x},\boldsymbol{\varphi}(\boldsymbol{x})\right)\\&=\boldsymbol{F}_{\boldsymbol{x}}(\boldsymbol{x},\boldsymbol{\varphi}(\boldsymbol{x}))\Delta\boldsymbol{x}+\boldsymbol{F}_{\boldsymbol{y}}(\boldsymbol{x},\boldsymbol{\varphi}(\boldsymbol{x}))\Delta\boldsymbol{y}+\boldsymbol{r}(\Delta\boldsymbol{x}),\end{aligned}$$

其中 $\boldsymbol{r}$ 满足

$$\lim_{\Delta\boldsymbol{x}\to\boldsymbol{0}}\frac{|\boldsymbol{r}(\Delta\boldsymbol{x})|}{\sqrt{|\Delta\boldsymbol{x}|^2+|\Delta\boldsymbol{y}|^2}}=0.$$

因此

$$\Delta\boldsymbol{y}=\left(\boldsymbol{F}_{\boldsymbol{y}}(\boldsymbol{x},\boldsymbol{\varphi}(\boldsymbol{x}))\right)^{-1}\boldsymbol{F}_{\boldsymbol{x}}(\boldsymbol{x},\boldsymbol{\varphi}(\boldsymbol{x}))\Delta\boldsymbol{x}+\left(\boldsymbol{F}_{\boldsymbol{y}}(\boldsymbol{x},\boldsymbol{\varphi}(\boldsymbol{x}))\right)^{-1}\boldsymbol{r}(\Delta\boldsymbol{x}),$$

而

$$\lim_{\Delta\boldsymbol{x}\to\boldsymbol{0}}\frac{|\boldsymbol{r}(\Delta\boldsymbol{x})|}{|\Delta\boldsymbol{x}|}=\lim_{\Delta\boldsymbol{x}\to\boldsymbol{0}}\frac{|\boldsymbol{r}(\Delta\boldsymbol{x})|}{\sqrt{|\Delta\boldsymbol{x}|^2+|\Delta\boldsymbol{y}|^2}}\frac{\sqrt{|\Delta\boldsymbol{x}|^2+|\Delta\boldsymbol{y}|^2}}{|\Delta\boldsymbol{x}|}=0.$$

这就表明 $\boldsymbol{\varphi}$ 在 $B_\delta(\boldsymbol{x}_0)$ 内连续可微且 (6.1.15) 成立. □

若我们已知反函数/逆映射存在, 则关于其连续性, 有如下结果.

定理 6.1.7 设 $E\subset\mathbb{R}^n$ 是非空紧集, $\boldsymbol{f}:E\to\mathbb{R}^m$ 是连续单射. 则 $\boldsymbol{f}$ 的逆映射 $\boldsymbol{f}^{-1}:\boldsymbol{f}(E)\to\mathbb{R}^n$ 连续.

证明 否则, 设 $\boldsymbol{f}^{-1}$ 在某一点 $\boldsymbol{f}(\boldsymbol{x}_0)$ 不连续. 则存在 $\varepsilon_0>0$ 使得对于任何 $k\geqslant 1$, 都存在 $\boldsymbol{x}_k\in E$, 即 $\boldsymbol{y}_k\equiv\boldsymbol{f}(\boldsymbol{x}_k)\in\boldsymbol{f}(E)$ 使得 $|\boldsymbol{f}(\boldsymbol{x}_k)-\boldsymbol{f}(\boldsymbol{x}_0)|<\dfrac{1}{k}$, 而 $|\boldsymbol{x}_k-\boldsymbol{x}_0|\geqslant\varepsilon_0$.

由于 E 为紧集, $\{\boldsymbol{x}_k\}$ 有收敛子列. 不妨设 $\{\boldsymbol{x}_k\}$ 本身收敛到 $\boldsymbol{\xi}\in E$. 于是 $|\boldsymbol{\xi}-\boldsymbol{x}_0|\geqslant\varepsilon_0$, 而由 $\boldsymbol{f}$ 的连续性, 得到 $|\boldsymbol{f}(\boldsymbol{\xi})-\boldsymbol{f}(\boldsymbol{x}_0)|\leqslant 0$. 进而, 由 $\boldsymbol{f}$ 为单射得到 $\boldsymbol{\xi}=\boldsymbol{x}_0$. 得到矛盾.

因此, $\boldsymbol{f}^{-1}$ 连续. □

在隐函数求导方面, 我们以下例作些简单的说明.

例 6.1.10 设

$$\begin{cases} x+y+z+u=0, \\ x^2+y^2+z^2+u^4=1. \end{cases}$$

求 $\dfrac{\partial z}{\partial x}, \dfrac{\partial y}{\partial x}$.

对于上述问题, 具体的计算并不困难. 关键是要把什么是自变量, 什么是因变量搞清楚. 通常, 两个方程应该可以确定两个因变量, 这样留下的就是自变量.

从题意来看, 要计算 $\dfrac{\partial z}{\partial x}$ 就意味着 x 是一个自变量, 而 z 是一个因变量. 而要计算 $\dfrac{\partial y}{\partial x}$ 又表明 y 是另一个因变量. 因而本题中 x,u 是自变量, y,z 是因变量.

这可以看成是在出题者没有明确指出哪些变量是自变量时的一种约定俗成. 大家可以想象, 如果硬要说 x,y 是自变量, z,u 是因变量, 则应有 $\dfrac{\partial y}{\partial x}=0$, 结论与原来视 x,u 为自变量的情形是完全不一样的. 这正是我们在这个例题中想要表明的, 对于一个方程和方程组, 对变量是否为自变量的不同理解会导致隐函数偏导计算结果的不同.

最后我们以多元函数极值的例子作为本节的结束.

例 6.1.11 证明

$$f(x,y):=yx^y(1-x)<\mathrm{e}^{-1}, \quad \forall x\in(0,1),\ y>0.$$

证明 错误的证明. 区域有四条边界:

$$x=0, \quad x=1, \quad y=0\,(0<x<1), \quad y=+\infty\,(0<x<1).$$

在 $x=0$, $x=1$ 和 $y=0$ 这三条边界上都有 $f=0$. 而在第四条边界上

$$f(x,+\infty)=\lim_{y\to+\infty}f(x,y)=0.$$

现在考虑驻点的情况:

$$\begin{cases} f_x(x,y)=yx^{y-1}(y-xy-x)=0, \\ f_y(x,y)=x^y(1-x)(1+y\ln x). \end{cases}$$

从以上方程得出

$$\begin{cases} y(1-x)=x, \\ x^y=\mathrm{e}^{-1}. \end{cases}$$

于是在这样的点上,

$$f(x,y)=yx^y(1-x)=x\mathrm{e}^{-1}<\mathrm{e}^{-1}.$$

由于函数的最大值在边界点或驻点达到, 这就表明结论成立.

分析　上面的证明过程有几个错误:

(i) 函数在边界点 $(0,0)$ 点没有定义, 所以 $f(0,0)$ 没有意义. 此时, 需要考虑极限 $\lim\limits_{\substack{x\to0^+\\y\to0^+}} f(x,y)$. 幸运的是

$$0\leqslant yx^y(1-x)=y\mathrm{e}^{y\ln x}(1-x)\leqslant y,\quad \forall\, x\in(0,1), y>0,$$

从而

$$\lim_{\substack{x\to0^+\\y\to0^+}} f(x,y)=\lim_{\substack{x\to0^+\\y\to0^+}} yx^y(1-x)=0.$$

因而这一缺陷可以弥补.

(ii) 在第四条边界, 即无穷远处, "边界值"并不能如此计算, 我们应该计算 $\lim\limits_{\substack{y\to+\infty\\0<x<1}} f(x,y)$ 或 $\overline{\lim\limits_{\substack{y\to+\infty\\0<x<1}}} f(x,y)$. 事实上, 前者不存在, 而后者并不等于 0.

(iii) 为了把问题看得更清楚一点，我们指出其实驻点方程

$$\begin{cases} y-xy-x=0, \\ 1+y\ln x=0 \end{cases}$$

是无解的. 否则如果 (x,y) 是驻点, 则由第一式得到 $x=\dfrac{y}{1+y}$, 从而代入第二式得到

$$\frac{1}{y}-\ln\left(1+\frac{1}{y}\right)=0.$$

而这是不可能的. 这样, 如果前面解题的过程正确的话, 意味着函数在边界上为零, 又没有驻点, 从而函数应该小于等于零. 显然这是不对的.

下面我们给出一些正确的证明方法:

证法 I 由于

$$|f(x,y)| \leqslant y, \quad \forall\, x \in (0,1), y > 0,$$

因而 $\lim\limits_{\substack{x\to 0^+\\ y\to 0^+}} f(x,y)=0$. 这样, f 的定义域可以延拓到 $[0,1]\times[0,+\infty)$, 且在其上连续. 对于延拓后的这个函数, 仍用 f 表示. 此时

$$f(0,y)=0, \quad f(x,0)=0, \quad f(1,x)=0,$$

也即在三条边界上, $f<\mathrm{e}^{-1}$ 成立. 如果 f 在内部点 (x,y) 取到最大值, 则

$$\begin{cases} f_x(x,y)=yx^{y-1}(y-xy-x)=0,\\ f_y(x,y)=x^y(1-x)(1+y\ln x)=0. \end{cases}$$

从以上方程得出

$$\begin{cases} y-xy-x=0,\\ 1+y\ln x=0. \end{cases}$$

于是在这样的点上 (或者说明满足上述条件的点不存在)

$$f(x,y)=yx^y(1-x)=x\mathrm{e}^{-1}<\mathrm{e}^{-1}.$$

下面是关键的, 尽管容易得到 $\lim\limits_{y\to+\infty} f(x,y)=0$, 但是不能因此得到要证明的结论. 为了结束证明, 我们需要证明

$$\varlimsup_{\substack{y\to+\infty\\ 0<x<1}} f(x,y) \leqslant \mathrm{e}^{-1},$$

亦即

$$\varlimsup_{y\to+\infty} \sup_{x\in(0,1)} f(x,y) \leqslant \mathrm{e}^{-1}.$$

注意到 (通过一元函数的求导就可以)

$$\sup_{x\in(0,1)} f(x,y)=\left(\frac{y}{y+1}\right)^{y+1},$$

有

$$\varlimsup_{y\to+\infty} \sup_{x\in(0,1)} f(x,y)=\varlimsup_{y\to+\infty}\left(\frac{y}{y+1}\right)^{y+1}=\mathrm{e}^{-1}.$$

这样, 我们就真正证明了函数在边界上都小于等于 e^{-1}, 而驻点不存在 (或在可能的驻点上函数值也不大于 e^{-1}), 从而可得结论.

(注: 以上讨论首先表明的是函数值**小于等于** e^{-1}, **但是进一步可以说明**函数在所讨论的区域内不可能达到 e^{-1}.)

证法 II　其实, 本题只要简单地把问题看成一元函数的问题来讨论. 固定 $y \in (0, +\infty)$, 考察 $f(\cdot, y)$ 的最大值情况, 此时

$$f(0, y) = 0, \quad f(1, y) = 0,$$

也即在区域的边界上函数值为 0, 在 $(0, 1)$ 内, 考虑可能的极值点 $\bar{x}$, 有

$$y\bar{x}^{y-1}(y - \bar{x}y - \bar{x}) = 0.$$

从而 $\bar{x} = \dfrac{y}{y+1}$. 在该点上,

$$\begin{aligned} f(\bar{x}, y) &= \left(1 - \frac{1}{y+1}\right)^{y+1} = e^{(y+1)\ln(1-1/(y+1))} \\ &< e^{(y+1)[-1/(y+1)]} = e^{-1}. \end{aligned} \tag{6.1.20}$$

因而对于任何 $x \in (0, 1)$, 有

$$f(x, y) \leqslant \max(0, 0, f(\bar{x}, y)) = \left(1 - \frac{1}{y+1}\right)^{y+1} < e^{-1}.$$

这就证明了结论.

如果不熟悉 (6.1.20) 式中所使用的常用不等式, 则需要利用一元函数的极值问题来证明

$$\left(1 - \frac{1}{y+1}\right)^{y+1} < e^{-1}, \quad \forall x \in (0, 1),\ y > 0.$$

类似地, 也可以把问题先看成关于 y 的一元函数来讨论.

我们强调, 多元函数的极值问题, 有时候不妨看成一元函数的极值问题来对待.

证法 III　下一个解法是通过变量代换来化简原不等式:

$$yx^y(1 - x) < e^{-1}, \quad \forall x \in (0, 1),\ y > 0,$$

$$\Updownarrow \quad (t = x^y)$$

$$t \ln t \frac{1 - x}{\ln x} < e^{-1}, \quad \forall x, t \in (0, 1),$$

$$\Uparrow$$

$$\begin{cases} 0 < -t \ln t \leqslant e^{-1}, & \forall t \in (0, 1), \\ 0 < \dfrac{1 - x}{-\ln x} < 1, & \forall x \in (0, 1). \end{cases}$$

我们把未完成的证明留给读者. □

习 题 6.1

1. 试推导两空间直线

$$\frac{x-x_i}{l_i}=\frac{y-y_i}{m_i}=\frac{z-z_i}{n_i}, \quad i=1,2$$

间的距离公式, 其中

$$(l_1m_2-l_2m_1)^2+(m_1n_2-m_2n_1)^2+(n_1l_2-l_1n_2)^2>0.$$

2. 计算两空间直线

$$\frac{x-1}{2}=\frac{y-3}{4}=\frac{z-5}{6}, \quad \frac{x-7}{8}=\frac{y-9}{10}=\frac{z-11}{12}$$

的公垂线.

3. 试推导点 (x_0,y_0,z_0) 到平面 $Ax+By+Cz+D=0$ $(A^2+B^2+C^2\neq 0)$ 的距离公式.
4. 证明定理 6.1.1.
5. 给出一个使二重极限存在, 而相应的二次极限一个存在, 另一个不存在的例子.
6. 试举一例, 使函数的累次极限存在, 但所有方向极限不存在.
7. 证明二重极限 $\lim\limits_{\substack{x\to x_0\\ y\to y_0}} f(x,y)=L$ 当且仅当

$$\lim_{r\to 0^+}\sup_{\theta\in[0,2\pi)} f(x_0+r\cos\theta,y_0+r\sin\theta)$$
$$=\lim_{r\to 0^+}\inf_{\theta\in[0,2\pi)} f(x_0+r\cos\theta,y_0+r\sin\theta)=L,$$

其中 L 可以是有限数, $-\infty$ 或 $+\infty$.

8. 举例说明一个在 $\mathbb{R}^2$ 上恒正的二元多项式 P 可以没有最小值.
9. 设有 $[a,b]\times[c,d]$ 上的函数 f, 对固定的 $y\in[c,d]$, $f(\cdot,y)$ 在 $[a,b]$ 上连续. 进一步, $f(x,\cdot)$ 的连续性关于 $x\in[a,b]$ 是一致的, 即 $\forall y_0\in[c,d]$,

$$\lim_{y\to y_0}\sup_{x\in[a,b]}\big|f(x,y)-f(x,y_0)\big|=0.$$

证明: f 是 $[a,b]\times[c,d]$ 上的二元连续函数.

10. 当考虑方程组

$$\begin{cases} F(x,y,z)=0,\\ G(x,y,z)=0\end{cases}$$

的隐函数存在定理时, 条件

$$\det\left(\frac{\partial(F,G)}{\partial(y,z)}\right)\neq 0$$

表明什么?

11. 设

$$f(x,y)=xy-x\ln x+x-\mathrm{e}^y, \quad x>0, y\in\mathbb{R}.$$

证明

$$f(x,y)\leqslant 0, \quad \forall x>0, y\in\mathbb{R}.$$

12. 设 G 是 (x_0, y_0, z_0) 的一个邻域 V 内连续可微, $G(x_0, y_0, z_0) = 0$, $\nabla G(x_0, y_0, z_0) \neq 0$. 证明: 对于任何满足 $\boldsymbol{\tau} \cdot \nabla G(x_0, y_0, z_0)$ 的 $\boldsymbol{\tau} \in S^2$, 有 $\delta > 0$ 以及曲线 $(x, y, z) : (-\delta, \delta) \to \mathbb{R}^3$ 使得 $G(x(t), y(t), z(t)) = 0\,(|t| < \delta)$, 且 $(x'(0), y'(0), z'(0)) = \boldsymbol{\tau}$.
13. 在上一题的假设之下, 若 f 在 V 内可微, 且在约束条件 $G(x, y, z) = 0$ 下, $f(x, y, z)$ 在 (x_0, y_0, z_0) 处取到最大值. 证明: 存在 $\lambda \in \mathbb{R}$ 使得 $\nabla f(x_0, y_0, z_0) + \lambda \nabla G(x_0, y_0, z_0) = 0$.
14. 设 $A = \begin{pmatrix} 1 & 2 & 4 \\ 4 & -5 & 1 \\ 6 & 1 & 21 \end{pmatrix}$, 试利用 Lagrange 乘子法计算 $(x, y, z)\, A\, (x, y, z)^{\mathrm{T}}$ 在约束条件 $x^2 + y^2 + z^2 = 1$ 下的最大值和最小值.
15. 计算 $x^3 + 2xy^2 + 3y^3 + z^3$ 在约束条件 $x^2 + y^2 + z^2 = 1$ 下的最大值和最小值.
16. 计算 $x^4 - 3x^2y^2 + y^4 + z^4$ 在约束条件 $x^2 + y^2 + z^2 = 1$ 下的最大值和最小值.

6.2　重积分、曲线曲面积分

这部分内容的要点是计算五大类积分: 重积分、第一类曲线积分、第二类曲线积分、第一类曲面积分和第二类曲面积分. 从难度上来讲, 重积分的计算自然是最基本的, 也是最简单的. 而曲线曲面积分, 尤其是其理论部分, 要困难许多. 但是, 由于曲线曲面积分本身太过复杂, 因而对学生的要求不高. 从教学要求上, 反而只有重积分部分是真正具有难度的. 然而, 通常许多同学仍然感到曲线、曲面积分挺难. 其实这一方面是被吓的, 另一方面是因为没有好好地总结、整理和比较这四种积分.

在学习曲线、曲面积分时有一个非常明显的现象就是一开始学习某一类积分时, 感到概念很清楚、计算也很简单, 但是一旦几种积分都学了, 反而感觉糊里糊涂 (或者平时没有感觉到, 一到真正用时就糊涂). 这固然说明很多同学自以为学得不错, 但事实上没有学得很扎实, 另外也说明了总结整理在本章的特别重要性. 因此, 本节将着重对这些积分做一些总结.

在理论部分, 比较困难的是化重积分为累次积分、重积分的变量代换以及曲面面积公式等相关的几个定理. 大体上, 重积分的定义和基本性质的建立与一维情形的定积分区别不大, 我们罗列相关内容作为选读内容. 化重积分为累次积分的结果也较为简单, 可以讲解得比较清楚. 重积分的变量代换公式, 要给出一个一般性的结果和相对简单的证明就比较困难. 本书将叙述并证明一个折中的结果. 其证明作为选读内容. 至于曲面面积公式, 乃至相应的曲面曲线积分的几个定理, 由于理论方面的难度较大, 本书采取承认相关结果而不予以详细讨论.

6.2.1　重积分的定义

类似于定积分, 可以用 Riemann 和或 Darboux 上下和的方法来定义重积分.

本小节以三维情形为例来介绍相关概念和结果.

称 $R \equiv [a_1, b_1] \times [a_2, b_2] \times [a_3, b_3]$ 为**轴平行矩形**. 定义其体积为 $|R| = \prod\limits_{k=1}^{3} (b_k - a_k)$.

称 $P := P_1 \times P_2 \times P_3$ 为 R 的 **(轴平行) 划分**, 其中 $P_k : a_k = a_{k,0} < a_{k,1} < \cdots < a_{k,m_k} = b_k$ 是 $[a_k, b_k]$ 的划分 ($1 \leqslant k \leqslant 3$). 划分 P 将 R 分成 $m_1 m_2 m_3$ 个内部两两不交的分矩形

$$\Big\{[a_{1,i}, a_{1,i+1}] \times [a_{2,j}, a_{2,j+1}] \times [a_{3,k}, a_{3,k+1}] \Big|$$
$$0 \leqslant i \leqslant m_1 - 1, 0 \leqslant j \leqslant m_2 - 1, 0 \leqslant k \leqslant m_3 - 1\Big\}.$$

这些分矩形的体积之和等于 R 的体积. 为刻画划分的细致程度, 定义 P 的范数 $\|P\|$ 为这些分矩形的直径的最大值.

定义 6.2.1 设 $R = [a_1, b_1] \times [a_2, b_2] \times [a_3, b_3]$, $f : R \to \mathbb{R}$ 有界. 若有 $A \in \mathbb{R}$, 使得对任何 $\varepsilon > 0$, 存在 $\delta > 0$, 使得当 R 的轴平行划分 P 的范数 $\|P\| < \delta$ 时, 若记 $\{R_j | 1 \leqslant j \leqslant K\}$ 为对应划分 P 的分矩形全体, 并任意选取 $(x_j, y_j, z_j) \in R_j$ ($1 \leqslant j \leqslant K$), 均成立

$$\left|\sum_{j=1}^{K} f(x_j, y_j, z_j)|R_j| - A\right| < \varepsilon, \tag{6.2.1}$$

则称 f 在 R 上 **Riemann 可积**, 简称可积. 称 A 为 f 在 R 上的 **(3 重)Riemann 积分**, 简称积分, 记作 $A = \iiint\limits_{R} f(x, y, z)\,\mathrm{d}x\,\mathrm{d}y\,\mathrm{d}z$.

这里, R 称为**积分区域**, f 称为**被积函数**, $\mathrm{d}x\,\mathrm{d}y\,\mathrm{d}z$ 称为**体积元/积分元**.

$\sum\limits_{j=1}^{K} f(x_j, y_j, z_j)|R_j|$ 称为 f 对应于 P 的一个 **Riemann 和**, (x_j, y_j, z_j) ($1 \leqslant j \leqslant K$) 称为**代表元**.

等价地, 可以用 Darboux 和来定义积分.

定义 6.2.2 设 $R = [a_1, b_1] \times [a_2, b_2] \times [a_3, b_3]$, $f : R \to \mathbb{R}$ 有界. 若有 $A \in \mathbb{R}$, 使得对任何 $\varepsilon > 0$, 存在 $\delta > 0$, 使得当 R 的轴平行划分 P 的范数 $\|P\| < \delta$ 时, 均成立

$$A - \varepsilon < L(f; P) \leqslant U(f; P) < A + \varepsilon, \tag{6.2.2}$$

则称 f 在 R 上 **Riemann 可积**, 称 A 为 f 在 R 上的 **(3 重) Riemann 积分**, 其中①

$$U(f; P) \equiv U_R(f; P) := \sum_{r \in P} \sup_{(x,y,z) \in r} f(x, y, z)|r|, \tag{6.2.3}$$

$$L(f; P) \equiv L_R(f; P) := \sum_{r \in P} \inf_{(x,y,z) \in r} f(x, y, z)|r| \tag{6.2.4}$$

为 f 对应于划分 P 的 **Darboux 上和与 Darboux 下和**.

同样, 成立积分 Darboux 定理.

---

① 这里我们把 P 看作由它划出的全体分矩形组成的集合.

定理 6.2.1 设 f 为 $R=[a_1,b_1]\times[a_2,b_2]\times[a_3,b_3]$ 上的有界实函数. 则

$$\lim_{\|P\|\to 0^+} L(f;P)=\underline{\iiint_R} f(x,y,z)\,\mathrm{d}x\,\mathrm{d}y\,\mathrm{d}z\equiv\sup_P L(f;P), \tag{6.2.5}$$

$$\lim_{\|P\|\to 0^+} U(f;P)=\overline{\iiint_R} f(x,y,z)\,\mathrm{d}x\,\mathrm{d}y\,\mathrm{d}z\equiv\inf_P U(f;P). \tag{6.2.6}$$

由定理 6.2.1 立即可得 f 在 R 上可积当且仅当对任何 $\varepsilon>0$, 存在划分 P 使得 $U(f;P)-L(f;P)<\varepsilon$.

6.2.2 Lebesgue 判据

对于 $F\subset\mathbb{R}^n$, 称 F 为 (Lebesgue) **零测度集**, 如果: $\forall\varepsilon>0$, 存在一列开矩形 $\{R_k\}$ 使得

$$F\subseteq\bigcup_{k=1}^{\infty}R_k,\qquad \sum_{k=1}^{\infty}|R_k|<\varepsilon.$$

则对于重积分, 同样成立 **Lebesgue 判据**:

定理 6.2.2 设 R 为 $\mathbb{R}^n$ 中的矩形, 则 R 上的有界函数可积当且仅当它的不连续点全体是 Lebesgue 零测度集.

对于一般的有界集 E, 以及 E 上的有界函数 f, 任取 $R=[a_1,b_1]\times[a_2,b_2]\times[a_3,b_3]$ 包含 E, 并在 $R\setminus E$ 上补充定义 f 的值为零. 若 f 在 R 上可积, 则称 f 在 E 上可积, 并记 f 在 E 上的积分为 $\iiint\limits_E f(x,y,z)\,\mathrm{d}x\,\mathrm{d}y\,\mathrm{d}z=\iiint\limits_R f(x,y,z)\,\mathrm{d}x\,\mathrm{d}y\,\mathrm{d}z$.

不难证明, 上述定义与 R 的选取无关.

考虑到记号的简洁性, 尤其是对于更高重数的积分, 时常简记 $\iiint\limits_E f(x,y,z)\,\mathrm{d}x\,\mathrm{d}y\,\mathrm{d}z$ 为 $\int_E kf(\boldsymbol{x})\,\mathrm{d}\boldsymbol{x}$.

若有界集 E 的特征函数 χ_E 可积, 就称 E 是**可求体积的**, 又称为 **Jordan 可测**的, 此时, E 的体积 (**Jordan 测度**) 定义为 $\iiint\limits_E \chi_E(x,y,z)\,\mathrm{d}x\,\mathrm{d}y\,\mathrm{d}z$, 记为 $|E|$. 称无界集 E 是 Jordan 可测的, 如果对任何矩形 R, 集合 $E\cap R$ 都是 Jordan 可测的.

有界集 E Jordan 可测, 从 Lebesgue 判据来看, 当且仅当 χ_E 的不连续点全体, 也就是 E 的边界 ∂E 为零测度集. 由此不难推广 Lebesgue 判据如下: 若 E 是 Jordan 可测的有界集, f 是 E 上的有界函数, 则 f 在 E 上可积, 当且仅当 f 的 (属于 E 的) 不连续点全体是零测度集.

另一方面, 由积分的定义也可直接得到, 有界集 E Jordan 可测当且仅当: $\forall\varepsilon>0$, 存在有限个矩形 $R_1,R_2,\cdots,R_m$ 使得

$$\partial E\subseteq\bigcup_{k=1}^{m}R_k,\qquad \sum_{k=1}^{m}|R_k|<\varepsilon.$$

不难证明, 对于区域 $\Omega \subseteq \mathbb{R}^n$, 若映射 $\varphi: \Omega \to \mathbb{R}^n$ 是 Lipschitz 连续的, 则它把 Ω 中的零测度集映为零测度集.

在二维以上的欧氏空间, 容易构造出非 Jordan 可测的有界区域. 虽然困难, 但也可以构造出非 Jordan 可测的有界闭区域.

6.2.3 一般 Jordan 可测集上的积分 Darboux 定理

在考虑有界集 E 上的 Riemann 积分时, 通常考虑 E 为 Jordan 可测的情形. 此时, 可以拓展划分的概念. 设 $\bigcup\limits_{k=1}^{m} E_k = E$, 其中 $E_1, E_2, \cdots, E_m$ 均 Jordan 可测, 且对任何 $1 \leqslant k < j \leqslant m$, $|E_k \cap E_j| = 0$, 则称 $P \equiv \{E_k | 1 \leqslant k \leqslant m\}$ 为 E 的一个 (Jordan 可测的) 划分, 其范数 $\|P\|$ 定义为 $\max\limits_{1 \leqslant k \leqslant m} \operatorname{diam} E_k$, 对应地, 定义相应的上和与下和如下:

$$U(f;P) \equiv U_E(f;P) := \sum_{j=1}^{m} \sup_{(x,y,z)\in E_j} f(x,y,z)|E_j|, \tag{6.2.7}$$

$$L(f;P) \equiv L_E(f;P) := \sum_{j=1}^{m} \inf_{(x,y,z)\in E_j} f(x,y,z)|E_j|. \tag{6.2.8}$$

则定理 6.2.1 可以推广为如下的**积分 Darboux 定理**.

定理 6.2.3 设有界集 $E \subset \mathbb{R}^3$ Jordan 可测, f 是 E 上的有界实函数, P 表示 E 的划分. 则

$$\lim_{\|P\|\to 0^+} L(f;P) = \underline{\iiint_E} f(x,y,z)\,\mathrm{d}x\,\mathrm{d}y\,\mathrm{d}z \equiv \sup_P L(f;P), \tag{6.2.9}$$

$$\lim_{\|P\|\to 0^+} U(f;P) = \overline{\iiint_E} f(x,y,z)\,\mathrm{d}x\,\mathrm{d}y\,\mathrm{d}z \equiv \inf_P U(f;P). \tag{6.2.10}$$

定理的证明可参见 [4]. 由此定理, 立即可得

定理 6.2.4 设有界集 $E \subset \mathbb{R}^3$ Jordan 可测, f 是 E 上的有界实函数. 则 f 在 E 上可积且积分为 A 当且仅当对任何 $\varepsilon > 0$, 存在 $\delta > 0$, 使得当 E 的划分 $P \equiv \{E_k | 1 \leqslant k \leqslant m\}$ 的范数 $\|P\| < \delta$ 时, 对任意的 $(x_j, y_j, z_j) \in E_j\ (1 \leqslant j \leqslant m)$, 均成立

$$\left|\sum_{j=1}^{m} f(x_j, y_j, z_j)|E_j| - A\right| < \varepsilon. \tag{6.2.11}$$

6.2.4 "曲顶柱体" 的体积

在应用中, 我们时常遇到的是 "曲顶柱体" 或有限个曲顶柱体的并. 我们有如下命题.

命题 6.2.1 设 D 是 $\mathbb{R}^2$ 中 Jordan 可测的有界集, φ 为 D 上的非负有界函数,

$$\{(x,y,z)|0 < z < \varphi(x,y),\ (x,y) \in D\} \subseteq W \subseteq \{(x,y,z)|0 \leqslant z \leqslant \varphi(x,y),\ (x,y) \in D\}.$$

则

$$\overline{\int_W} \mathrm{d}x\,\mathrm{d}y = \overline{\int_D} \varphi(x)\,\mathrm{d}x, \quad \underline{\int_W} \mathrm{d}x\,\mathrm{d}y = \underline{\int_D} \varphi(x)\,\mathrm{d}x. \tag{6.2.12}$$

特别, φ 在 D 上可积当且仅当 W 是 Jordan 可测的.

而当 φ 可积时, $\{(x,y,\varphi(x,y))|(x,y)\in D\}$ 的体积为零, 并成立

$$|W|=\iint_D \varphi(x,y)\,\mathrm{d}x\,\mathrm{d}y. \tag{6.2.13}$$

证明 不妨设 D 为矩形 $[a,b]\times[c,d]$. 取 $h>\sup\limits_{(x,y)\in D}\varphi(x,y)$, 令 $R\equiv[a,b]\times[c,d]\times[0,h]$. 令 $P_{1,n},P_{2,n},P_{3,n}$ 分别为 $[a,b],[c,d],[0,h]$ 的 n 等分, 不难看到

$$0\leqslant U_R(\chi_W;P_{1,n}\times P_{2,n}\times P_{3,n})-U_D(\varphi;P_{1,n}\times P_{2,n})\leqslant\frac{h}{n}(b-a)(d-c),$$

$$0\geqslant L_R(\chi_W;P_{1,n}\times P_{2,n}\times P_{3,n})-L_D(\varphi;P_{1,n}\times P_{2,n})\geqslant-\frac{h}{n}(b-a)(d-c).$$

令 $n\to+\infty$ 即得 (6.2.12). 其余结论自然可得. □

我们立即有如下推论.

命题 6.2.2 设 D 是 $\mathbb{R}^2$ 中 Jordan 可测的有界集, φ,ψ 为 D 上的可积函数. 则

$$W=\{(x,y,z)|\varphi(x,y)\leqslant z\leqslant\psi(x,y),\ (x,y)\in D\} \tag{6.2.14}$$

是 $\mathbb{R}^3$ 中 Jordan 可测的集合.

特别, 当 φ,ψ 为 D 上有界连续函数时, W Jordan 可测.

6.2.5 平行多面体的体积

对于 $\mathbb{R}^n$ 中的 n 个向量 $\boldsymbol{\xi}_1,\boldsymbol{\xi}_2,\cdots,\boldsymbol{\xi}_n$, 由它们张成的平行多面体

$$\mathcal{P}(\boldsymbol{\xi}_1,\boldsymbol{\xi}_2,\cdots,\boldsymbol{\xi}_n):=\left\{\sum_{k=1}^n\alpha_k\boldsymbol{\xi}_k\middle|\alpha_k\in[0,1],\ 1\leqslant k\leqslant n\right\}$$

的体积为 $|\det(\boldsymbol{\xi}_1,\boldsymbol{\xi}_2,\cdots,\boldsymbol{\xi}_n)|$. 其证明可以按如下方法进行: 记 $F\equiv|\mathcal{P}(\boldsymbol{\xi}_1,\boldsymbol{\xi}_2,\cdots,\boldsymbol{\xi}_n)|$, $G\equiv|\det(\boldsymbol{\xi}_1,\boldsymbol{\xi}_2,\cdots,\boldsymbol{\xi}_n)|$. 则只需要证明以下三点: ① 将某个 $\boldsymbol{\xi}_k$ 与 $\boldsymbol{\xi}_j$ 的位置互换, 则 F 和 G 的值均不变; ② 对任何 $\beta\in\mathbb{R}$, 若将 $\boldsymbol{\xi}_k$ 改为 $\boldsymbol{\xi}_k+\alpha\boldsymbol{\xi}_1\ (2\leqslant k\leqslant n)$, 则 G 的值均不变, 而由积分的区域可加性和平移不变性, 可得 F 的值均不变; ③ 若矩阵 $(\boldsymbol{\xi}_1,\boldsymbol{\xi}_2,\cdots,\boldsymbol{\xi}_n)$ 为对角矩阵, 则 $F=G$. 我们把证明细节留给读者.

6.2.6 累次积分

为书写方便起见, 我们以二重积分为例, 介绍如下的**富比尼 (Fubini)**[①] **定理**. 为方便起见, 我们把形为 $\displaystyle\int_c^d\left(\int_a^b f(x,y)\,\mathrm{d}x\right)\mathrm{d}y$ 的累次积分记为

$$\int_c^d\mathrm{d}y\int_a^b f(x,y)\,\mathrm{d}x.$$

① Fubini, Guido, 1879 年 1 月 19 日—1943 年 6 月 6 日, 意大利数学家.

定理 6.2.5 设 f 在 $[a,b]\times[c,d]$ 上可积, 则在将 $\int_c^d f(x,y)\,\mathrm{d}y$ 理解为任何一个满足

$$\underline{\int_c^d} f(x,y)\,\mathrm{d}y \leqslant F(x) \leqslant \overline{\int_c^d} f(x,y)\,\mathrm{d}y, \qquad \forall\, x\in[a,b] \tag{6.2.15}$$

的函数 F, 以及将 $\int_a^b f(x,y)\,\mathrm{d}x$ 理解为任何一个满足

$$\underline{\int_a^b} f(x,y)\,\mathrm{d}x \leqslant G(y) \leqslant \overline{\int_a^b} f(x,y)\,\mathrm{d}x, \qquad \forall\, y\in[c,d] \tag{6.2.16}$$

的函数 G 的意义下, 累次积分 $\int_c^d \mathrm{d}y \int_a^b f(x,y)\,\mathrm{d}x$ 和 $\int_a^b \mathrm{d}x \int_c^d f(x,y)\,\mathrm{d}y$ 都存在, 且

$$\int_a^b \mathrm{d}x \int_c^d f(x,y)\,\mathrm{d}y = \int_c^d \mathrm{d}y \int_a^b f(x,y)\,\mathrm{d}x = \iint_{[a,b]\times[c,d]} f(x,y)\,\mathrm{d}x\,\mathrm{d}y. \tag{6.2.17}$$

证明 不妨设 $a=c=0$. 任取 $n\geqslant 2$, 令 P,Q 分别为 $[0,b],[0,d]$ 的 n 等分. 我们有

$$\begin{aligned}
L(f;P\times Q) &= \sum_{i=0}^{n-1}\sum_{j=0}^{n-1} \inf_{\frac{i}{n}b\leqslant x\leqslant\frac{i+1}{n}b}\ \inf_{\frac{j}{n}d\leqslant y\leqslant\frac{j+1}{n}d} f(x,y)\,\frac{bd}{n^2}\\
&\leqslant \sum_{i=0}^{n-1} \inf_{\frac{i}{n}b\leqslant x\leqslant\frac{i+1}{n}b} \left(\sum_{j=0}^{n-1} \inf_{\frac{j}{n}d\leqslant y\leqslant\frac{j+1}{n}d} f(x,y)\frac{d}{n}\right)\frac{b}{n}\\
&\leqslant \sum_{i=0}^{n-1} \inf_{\frac{i}{n}b\leqslant x\leqslant\frac{i+1}{n}b} \left(\underline{\int_0^d} f(x,y)\,\mathrm{d}y\right)\frac{b}{n}\\
&\leqslant \underline{\int_0^b} \mathrm{d}x\, \underline{\int_0^d} f(x,y)\,\mathrm{d}y.
\end{aligned}$$

于是

$$\underline{\iint_{[0,b]\times[0,d]}} f(x,y)\,\mathrm{d}x\,\mathrm{d}y \leqslant \underline{\int_0^b} \mathrm{d}x\, \underline{\int_0^d} f(x,y)\,\mathrm{d}y.$$

在上式中用 $-f$ 代替 f 则得

$$\overline{\iint_{[0,b]\times[0,d]}} f(x,y)\,\mathrm{d}x\,\mathrm{d}y \geqslant \overline{\int_0^b} \mathrm{d}x\, \overline{\int_0^d} f(x,y)\,\mathrm{d}y.$$

于是对任何满足 (6.2.15) 的函数 F, 成立

$$\underline{\iint}_{[0,b]\times[0,d]} f(x,y)\,\mathrm{d}x\,\mathrm{d}y \leqslant \underline{\int_0^b} F(x)\,\mathrm{d}x \leqslant \overline{\int_0^b} F(x)\,\mathrm{d}x \leqslant \overline{\iint}_{[0,b]\times[0,d]} f(x,y)\,\mathrm{d}x\,\mathrm{d}y.$$

结合 f 在 $[0,b]\times[0,d]$ 上的可积性得到 F 在 $[0,b]$ 上的可积性以及

$$\int_0^b F(x)\,\mathrm{d}x = \iint_{[0,b]\times[0,d]} f(x,y)\,\mathrm{d}x\,\mathrm{d}y.$$

同理, 对任何满足 (6.2.16) 的函数 G, G 在 $[0,d]$ 上可积且

$$\int_0^d G(y)\,\mathrm{d}y = \iint_{[0,b]\times[0,d]} f(x,y)\,\mathrm{d}x\,\mathrm{d}y.$$

这就证明了定理. □

我们经常遇到积分区域不是轴平行矩阵的情形. 比如以下的 X-型区域

$$D = \left\{(x,y)\big|\varphi(x) \leqslant y \leqslant \psi(x),\ x\in[a,b]\right\},$$

其中 φ,ψ 是 $[a,b]$ 上的可积函数, $\varphi\leqslant\psi$, 则 D 是 Jordan 可测的 (参见命题 6.2.2). 进一步, 若 f 在 D 上可积, 则 (在定理 6.2.5 的意义下)

$$\iint_D f(x,y)\,\mathrm{d}x\,\mathrm{d}y = \int_a^b \mathrm{d}x \int_{\varphi(x)}^{\psi(x)} f(x,y)\,\mathrm{d}y. \tag{6.2.18}$$

类似地, 若 $D\subset\mathbb{R}^2$ 是 Jordan 可测的有界集, φ,ψ 是 D 上的可积函数, $\varphi\leqslant\psi$, 则

$$W = \{(x,y,z)|\varphi(x,y)\leqslant z\leqslant\psi(x,y),\ (x,y)\in D\}$$

是 Jordan 可测的集合. 进一步, 若 f 是 W 上的可积函数, 则 (在定理 6.2.5 的意义下)

$$\iiint\limits_W f(x,y,z)\,\mathrm{d}x\,\mathrm{d}y\,\mathrm{d}z = \iint_D \mathrm{d}x\mathrm{d}y \int_{\varphi(x,y)}^{\psi(x,y)} f(x,y,z)\,\mathrm{d}z. \tag{6.2.19}$$

自然地, 对于一般的 Jordan 可测的有界集 W 以及实的可积函数 f, 若记

$$a=\inf\left\{x\big|(x,y,z)\in W\right\},\quad b=\sup\left\{x\big|(x,y,z)\in W\right\},\quad D_x=\left\{(y,z)\big|(x,y,z)\in W\right\},$$

则 (在定理 6.2.5 的意义下) 亦有

$$\iiint\limits_W f(x,y,z)\,\mathrm{d}x\,\mathrm{d}y\,\mathrm{d}z = \int_a^b \mathrm{d}x \iint_{D_x} f(x,y,z)\,\mathrm{d}y\mathrm{d}z. \tag{6.2.20}$$

6.2.7 重积分的变量代换

在一维情形, 区间上分段连续函数的积分, 利用不定积分的变量代换公式以及 Newton-Leibniz 公式可得定积分的变量代换公式. 以下我们对一般的 $n \geqslant 1$, 考察 n 重积分的变量代换公式.

定理 6.2.6 设可逆映射 $\boldsymbol{x} \mapsto \boldsymbol{\psi}(\boldsymbol{x})$ 将 $\mathbb{R}^n$ 中的区域 D_0 映成 Ω_0, 其中 $\boldsymbol{\psi}$ 和它的逆映射 $\boldsymbol{\varphi}: \Omega_0 \to D_0$ 均连续可微 (图 6.2.1).

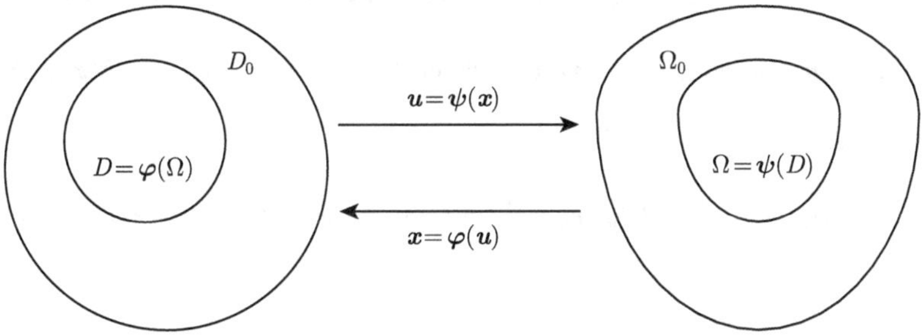

图 6.2.1

现设 Jordan 可测的有界集 D 紧包含于[①] D_0, $\Omega = \boldsymbol{\psi}(D)$, 则 Ω 亦 Jordan 可测.

又设 f 在 D 上可积, 则 $(f \circ \boldsymbol{\varphi}) \left| \det (\boldsymbol{\varphi}_{\boldsymbol{u}}) \right|$ 在 Ω 上可积且

$$\int_D f(\boldsymbol{x})\, \mathrm{d}\boldsymbol{x} = \int_\Omega f(\boldsymbol{\varphi}(\boldsymbol{u})) \left| \det (\boldsymbol{\varphi}_{\boldsymbol{u}}(\boldsymbol{u})) \right| \mathrm{d}\boldsymbol{u}. \tag{6.2.21}$$

证明 不妨设 f 非负. 在 $D_0 \setminus D$ 上补充定义 f 的值为零.

由定理假设, 有紧包含于 D_0 的区域 D_1 使得 D 紧包含于 D_1, 而在 D_1 上, 存在连续模 ω 使得

$$\left\| (\boldsymbol{\psi}_{\boldsymbol{x}}(\boldsymbol{y}))^{-1} (\boldsymbol{\psi}(\boldsymbol{x}) - \boldsymbol{\psi}(\boldsymbol{y}) - \boldsymbol{\psi}_{\boldsymbol{x}}(\boldsymbol{y})(\boldsymbol{x}-\boldsymbol{y})) \right\| \leqslant \|\boldsymbol{x}-\boldsymbol{y}\| \omega(\|\boldsymbol{x}-\boldsymbol{y}\|), \quad \forall \boldsymbol{x}, \boldsymbol{y} \in \overline{D}_1, \tag{6.2.22}$$

其中 $\|(\xi_1, \xi_2, \cdots, \xi_n)\| \equiv \max\limits_{1 \leqslant k \leqslant n} |\xi_k|$.

由定理条件可得 $\boldsymbol{\psi}_{\boldsymbol{x}}$ 处处非奇异. 由逆映射定理, 对于 $E \subset D_1$, 若 $\boldsymbol{x}_0$ 是 E 的内点, 则 $\boldsymbol{\psi}(\boldsymbol{x}_0)$ 是 $\boldsymbol{\psi}(E)$ 的内点. 同理, 若 $\boldsymbol{\psi}(\boldsymbol{x}_0)$ 是 $\boldsymbol{\psi}(E)$ 的内点, 则 $\boldsymbol{x}_0$ 是 E 的内点. 因此, $\boldsymbol{\psi}$ 将 E 的全体边界点映为 $\boldsymbol{\psi}(E)$ 的全体边界点, 即 $\boldsymbol{\psi}(\partial E) = \partial \boldsymbol{\psi}(E)$.

特别, 注意到 Lipschitz 连续的映射把零测度集映成零测度集, 若 E 是 Jordan 可测的, 则 $\partial \boldsymbol{\psi}(E) = \boldsymbol{\psi}(\partial E)$ 是零测度集. 因此, $\boldsymbol{\psi}(E)$ 也是 Jordan 可测的. 特别, Ω 是 Jordan 可测的.

进一步, 设 F 为 f (属于 D) 的不连续点全体, 则 $\boldsymbol{\varphi}(F)$ 是 $f \circ \boldsymbol{\varphi}$ (属于 Ω) 的不连续点全体. 因 f 在 D 上可积, 由 Lebesgue 判据, F 是零测度集. 于是, $\boldsymbol{\varphi}(F)$ 是零测度集, 从而 $f \circ \boldsymbol{\varphi}$ 在 Ω 上可积. 进而 $f \circ \boldsymbol{\varphi} \left| \det (\boldsymbol{\varphi}_{\boldsymbol{u}}) \right|$ 在 Ω 上可积.

---

① 集合 E 紧包含于 F, 即 $\overline{E}$ 是紧集且 $\overline{E} \subseteq F$.

由 D 的 Jordan 可测性, 以及 D 紧包含于 D_1. 利用有限覆盖定理易证, 有内部两两不交的方体 (这里方体均指各棱平行于坐标轴的方体) $S_1, S_2, \cdots, S_N \subset D_1$ 使得 $D \subseteq \bigcup_{k=1}^{N} S_k$. 我们只要证明在每个 S_k 上, (6.2.21) 成立. 换言之, 不妨设 D 为方体.

记 D 的边长为 2δ, 取足够大的正整数 m, 使得 $\omega\left(\frac{\delta}{m}\right) < 1$, 并将 D 等分为小方体 $Q_1, Q_2, \cdots, Q_{m^n}$, 记它们的中心分别为 $\boldsymbol{x}_1, \boldsymbol{x}_2, \cdots, \boldsymbol{x}_{m^n}$. 记 $\eta \equiv \eta_m = \dfrac{\delta}{m}$.

考虑 $1 \leqslant k \leqslant m^n$, 记 $\boldsymbol{u}_k = \boldsymbol{\psi}(\boldsymbol{x}_k)$. 由 (6.2.22), 对于 $\boldsymbol{x} \in \partial Q_k$, 即 $\|\boldsymbol{x} - \boldsymbol{x}_k\| = \eta$, 有

$$(1-\omega(\eta))\,\eta \leqslant \|\left(\boldsymbol{\psi}_{\boldsymbol{x}}(\boldsymbol{x}_k)\right)^{-1}\left(\boldsymbol{\psi}(\boldsymbol{x}) - \boldsymbol{\psi}(\boldsymbol{x}_k)\right)\| \leqslant (1+\omega(\eta))\,\eta, \qquad \forall \boldsymbol{x} \in \partial Q_k.$$

由此, 结合 $\boldsymbol{\psi}(\partial Q_k) = \partial \boldsymbol{\psi}(Q_k)$ 可见

$$(1-\omega(\eta))\,(-\eta,\eta)^n \subseteq \left(\boldsymbol{\psi}_{\boldsymbol{x}}(\boldsymbol{x}_k)\right)^{-1}\left(\boldsymbol{\psi}(Q_k) - \boldsymbol{\psi}(\boldsymbol{x}_k)\right) \subseteq (1+\omega(\eta))\,[-\eta,\eta]^n.$$

进而

$$(1-\omega(\eta))\,\boldsymbol{\psi}_{\boldsymbol{x}}(\boldsymbol{x}_k)(-\eta,\eta)^n \subseteq \boldsymbol{\psi}(Q_k) - \boldsymbol{\psi}(\boldsymbol{x}_k) \subseteq (1+\omega(\eta))\,\boldsymbol{\psi}_{\boldsymbol{x}}(\boldsymbol{x}_k)[-\eta,\eta]^n.$$

于是,

$$\operatorname{diam} \boldsymbol{\psi}(Q_k) \leqslant 4n\eta \max_{\boldsymbol{x}=D_1} \|\boldsymbol{\psi}_{\boldsymbol{x}}(\boldsymbol{x})\|,$$

$$(1-\omega(\eta))^n \det\left(\boldsymbol{\psi}_{\boldsymbol{x}}(\boldsymbol{x}_k)\right)|Q_k| \leqslant \left|\boldsymbol{\psi}(Q_k)\right| \leqslant (1+\omega(\eta))^n \det\left(\boldsymbol{\psi}_{\boldsymbol{x}}(\boldsymbol{x}_k)\right)|Q_k|.$$

即

$$\left(1-\omega\left(\frac{\delta}{m}\right)\right)^n |Q_k| \leqslant \det\left(\boldsymbol{\varphi}_{\boldsymbol{u}}(\boldsymbol{u}_k)\right)\left|\boldsymbol{\psi}(Q_k)\right| \leqslant \left(1+\omega\left(\frac{\delta}{m}\right)\right)^n |Q_k|.$$

注意到 f 非负, 以及 $\boldsymbol{x}_k = \boldsymbol{\varphi}(\boldsymbol{u}_k)$, 我们有

$$\left(1-\omega\left(\frac{\delta}{m}\right)\right)^n \sum_{k=1}^{m^n} f(\boldsymbol{x}_k)|Q_k| \leqslant \sum_{k=1}^{m^n} f\left(\boldsymbol{\varphi}(\boldsymbol{u}_k)\right) \det\left(\boldsymbol{\varphi}_{\boldsymbol{u}}(\boldsymbol{u}_k)\right)\left|\boldsymbol{\psi}(Q_k)\right|$$

$$\leqslant \left(1+\omega\left(\frac{\delta}{m}\right)\right)^n \sum_{k=1}^{m^n} f(\boldsymbol{x}_k)|Q_k|.$$

令 $m \to +\infty$, 由定理 6.2.4 以及 f 和 $f \circ \boldsymbol{\varphi}\left|\det\left(\boldsymbol{\varphi}_{\boldsymbol{u}}\right)\right|$ 的可积性, 即得 (6.2.21). 定理得证. □

在实际应用中, 会遇到定理条件不满足的情形. 通常遇到的问题可以用如下方式解决: 考虑 $D_k \subset D$, $\Omega_k = \boldsymbol{\psi}(D_k)$ 使得在 D_k 上, 定理条件满足, 从而

$$\int_{D_k} f(\boldsymbol{x})\,\mathrm{d}\boldsymbol{x} = \int_{\Omega_k} f(\boldsymbol{\varphi}(\boldsymbol{u}))|\det\left(\boldsymbol{\varphi}_{\boldsymbol{u}}(\boldsymbol{u})\right)|\,\mathrm{d}\boldsymbol{u}.$$

另一方面, 考察是否成立

$$\int_D f(\boldsymbol{x})\,\mathrm{d}\boldsymbol{x} = \lim_{k\to+\infty}\int_{D_k} f(\boldsymbol{x})\,\mathrm{d}\boldsymbol{x}$$

以及

$$\int_\Omega f(\boldsymbol{\varphi}(\boldsymbol{u}))|\det(\boldsymbol{\varphi}_{\boldsymbol{u}}(\boldsymbol{u}))|\,\mathrm{d}\boldsymbol{u} = \lim_{k\to+\infty}\int_{\Omega_k} f(\boldsymbol{\varphi}(\boldsymbol{u}))|\det(\boldsymbol{\varphi}_{\boldsymbol{u}}(\boldsymbol{u}))|\,\mathrm{d}\boldsymbol{u}.$$

6.2.8 重积分的计算

重积分可用于求解质量、体积、面积等. 在课程要求上, 重积分的计算主要是二重积分和三重积分的计算. 尽管本质上没有什么区别, 但三重积分自然要复杂一些.

在将重积分化为定积分的计算中, 无论是在直角坐标下的计算, 还是通过变量代换计算, 难点是确定积分限. 而对于应该先对谁积分 (直角坐标下的计算) 和应该采用什么样的变换, 通常宜优先考虑被积函数的情况, 然后考虑积分区域的情况.

以下是一些计算重积分的例子.

例 6.2.1 计算 $\iint_D y\,\mathrm{d}x\,\mathrm{d}y$, 其中 D 为摆线 $x=a(t-\sin t)$, $y=a(1-\cos t)$ $(0\leqslant t\leqslant 2\pi)$ 的一拱与 x 轴所围区域.

解 先画出区域的草图 (图 6.2.2). 我们可以看到 $x(\cdot)$ 单调增加而 $y(\cdot)$ 非负. 区域则是一个自然的 X-型区域, 因而宜先对 y 积分.

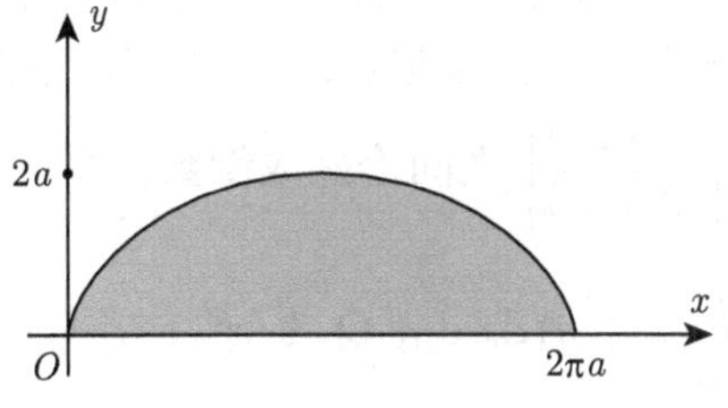

图 6.2.2

设摆线方程为 $y=Y(x)$. 注意到 x 的变化范围是 0 到 $2\pi a$, 有

$$\begin{aligned}\iint_D y\,\mathrm{d}x\,\mathrm{d}y &= \int_0^{2\pi a}\mathrm{d}x\int_0^{Y(x)} y\,\mathrm{d}y = \int_0^{2\pi a}\frac{1}{2}Y^2(x)\,\mathrm{d}x\\ &= \int_0^{2\pi}\frac{1}{2}y^2(t)x'(t)\,\mathrm{d}t = \int_0^{2\pi}\frac{1}{2}a^3(1-\cos t)^3\,\mathrm{d}t\end{aligned}$$

$$=\int_0^{\pi}\frac{1}{2}a^3\left[(1-\cos t)^3+(1+\cos t)^3\right]\mathrm{d}t$$
$$=\int_0^{\pi}a^3(1+3\cos^2 t)\,\mathrm{d}t=\frac{5\pi}{2}a^3.$$

事实上, 区域也可以看成 Y-型区域, 进而通过先对 x 积分来计算本例的二重积分.

例 6.2.2　计算 $\iiint\limits_D x\,\mathrm{d}x\,\mathrm{d}y\,\mathrm{d}z$, 其中 Ω 由坐标面和 $x+2y+z=1$ 围成.

解　积分区域比较简单, 可以用各种方法计算. 一般来说, 被积函数含有 x, 我们应该尽量对 x 后积分. 但是, 这里其实对 x 先积分更加方便.

$$\iiint\limits_D x\,\mathrm{d}x\,\mathrm{d}y\,\mathrm{d}z=\int_0^1\mathrm{d}z\int_0^{\frac{1-z}{2}}\mathrm{d}y\int_0^{1-2y-z}x\,\mathrm{d}x$$
$$=\int_0^1\mathrm{d}z\int_0^{\frac{1-z}{2}}\frac{1}{2}(1-2y-z)^2\,\mathrm{d}y=\int_0^1\frac{1}{12}(1-z)^3\,\mathrm{d}z=\frac{1}{48}.$$

注意计算过程中不要展开被积函数.

利用坐标变换计算重积分要注意以下几点: ① 选择适当的坐标变换. 坐标变换的选择首先要看被积函数, 其次看区域形状. ② 要学会如何确定变换后的区域. ③能够事先化简的要先化简. 这里的难点在变换后新的积分区域的确定. 需要注意的变换有以下几类: ①极坐标变换、柱面坐标变换; ②球面坐标变换; ③ 广义极坐标变换、广义柱面坐标变换、广义球面坐标变换以及其他简单的容易想到的变换. 这里要注意的是: ① 前三大类变换的形式、雅可比 (Jacobi) 行列式以及变换本身附带的对新变量的限制条件必须记住;②一般变换下的 Jacobi 行列式是哪一个要清楚, $\left|\dfrac{D(x,y)}{D(u,v)}\right|$ 与 $\left|\dfrac{D(u,v)}{D(x,y)}\right|$ 之间恰好成倒数关系.

例 6.2.3　计算 $\iint_D(x+y)\,\mathrm{d}x\,\mathrm{d}y$, D 为 $x^2+y^2=x+y$ 所围区域.

解法 I　易见本题可以采用极坐标变换.

原区域为

$$x^2+y^2\leqslant x+y.$$

极坐标变换为

$$\begin{cases}x=r\cos\theta,\\ y=r\sin\theta.\end{cases}$$

附带的限制是

$$\begin{cases} r \geqslant 0, \\ 0 \leqslant \theta \leqslant 2\pi. \end{cases}$$

这样变换后的区域为

$$\begin{cases} r^2 \leqslant r(\cos\theta + \sin\theta), & \text{来自于原区域的限制条件,} \\ r \geqslant 0, & \text{来自于变量代换附带的限制条件,} \\ 0 \leqslant \theta \leqslant 2\pi, \end{cases}$$

即

$$\begin{cases} r \leqslant \cos\theta + \sin\theta, \\ r \geqslant 0, \\ 0 \leqslant \theta \leqslant 2\pi. \end{cases}$$

需要注意原积分并不等于

$$\int_0^{2\pi} \mathrm{d}\theta \int_0^{\cos\theta+\sin\theta} r(\cos\theta + \sin\theta) \cdot r \, \mathrm{d}r.$$

通常, 应该通过画一个草图 (图 6.2.3), 来看出新变量真正的取值范围:

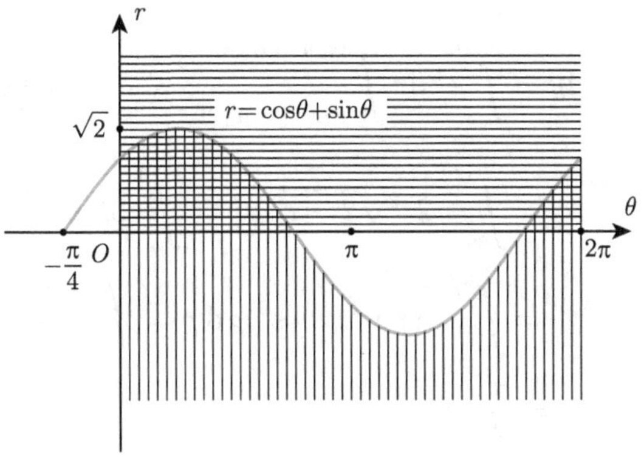

图 6.2.3

从图 6.2.3 中可以看到新的积分区域为横线阴影区域和竖线阴影区域相交部分, 即

$$\begin{cases} 0 \leqslant r \leqslant \sqrt{2}\sin\left(\theta + \dfrac{\pi}{4}\right), \\ \theta \in \left[0, \dfrac{3\pi}{4}\right] \cup \left[2\pi - \dfrac{\pi}{4}, 2\pi\right]. \end{cases}$$

由于 θ 在 $\left[2\pi-\frac{\pi}{4},2\pi\right]$ 这一段可以看成与 θ 在 $\left[-\frac{\pi}{4},0\right]$ 的那一段是一样的, 所以新区域又可以写成

$$\begin{cases} 0\leqslant r\leqslant\sqrt{2}\sin\left(\theta+\dfrac{\pi}{4}\right), \\ -\dfrac{\pi}{4}\leqslant\theta\leqslant\dfrac{3\pi}{4}. \end{cases}$$

如果你未卜先知, 可一开始就将变量代换中 θ 的范围定为 $\left[-\frac{\pi}{4},\frac{7\pi}{4}\right]$ 或 $[-\pi,\pi]$.

于是

$$\begin{aligned}\iint_D(x+y)\,\mathrm{d}x\,\mathrm{d}y&=\int_{-\pi/4}^{3\pi/4}\mathrm{d}\theta\int_0^{\sqrt{2}\sin(\theta+\frac{\pi}{4})}\sqrt{2}\,r^2\sin\left(\theta+\frac{\pi}{4}\right)\mathrm{d}r\\&=\int_{-\pi/4}^{3\pi/4}\frac{4}{3}\sin^4\left(\theta+\frac{\pi}{4}\right)\mathrm{d}\theta=\int_0^{\pi}\frac{4}{3}\sin^4\theta\,\mathrm{d}\theta\\&=\int_0^{\pi}\frac{1}{3}(1-\cos 2\theta)^2\,\mathrm{d}\theta=\int_0^{\pi}\frac{1}{3}\left(1-2\cos 2\theta+\frac{1+\cos 4\theta}{2}\right)\mathrm{d}\theta\\&=\frac{\pi}{2},\end{aligned}$$

或

$$\begin{aligned}\iint_D(x+y)\,\mathrm{d}x\,\mathrm{d}y&=\int_0^{\sqrt{2}}\mathrm{d}r\int_{-\pi/4+\arcsin\frac{r}{\sqrt{2}}}^{3\pi/4-\arcsin\frac{r}{\sqrt{2}}}\sqrt{2}\,r^2\sin\left(\theta+\frac{\pi}{4}\right)\mathrm{d}\theta\\&=\int_0^{\sqrt{2}}2r^2\sqrt{2-r^2}\,\mathrm{d}r=\int_0^1 8t^2\sqrt{1-t^2}\,\mathrm{d}t\\&=\int_0^{\pi/2}8\sin^2\varphi\cos^2\varphi\,\mathrm{d}\varphi=\int_0^{\pi/2}(1-\cos 4\varphi)\,\mathrm{d}\varphi\\&=\frac{\pi}{2}.\end{aligned}$$

解法 II 仅仅从如何解题来看, 上面的方法不是好方法. 以下是比较简便的方法:

$$\begin{aligned}\iint_D(x+y)\,\mathrm{d}x\,\mathrm{d}y&=\iint_{x^2+y^2\leqslant x+y}(x+y)\,\mathrm{d}x\,\mathrm{d}y\\&=\iint_{\left(x-\frac{1}{2}\right)^2+\left(y-\frac{1}{2}\right)^2\leqslant\frac{1}{2}}\left(\left(x-\frac{1}{2}\right)+\left(y-\frac{1}{2}\right)+1\right)\mathrm{d}x\,\mathrm{d}y\end{aligned}$$

$$= \iint_{u^2+v^2 \leqslant \frac{1}{2}} (u+v+1)\,\mathrm{d}u\,\mathrm{d}v = \frac{\pi}{2},$$

注意其中 $\iint_{u^2+v^2 \leqslant \frac{1}{2}} u\,\mathrm{d}u\,\mathrm{d}v = 0$ 是很明显的, 而 $\iint_{u^2+v^2 \leqslant \frac{1}{2}} \mathrm{d}u\,\mathrm{d}v$ 则是圆的面积.

上面这种计算方法利用了被积函数、积分区域的对称性. 这不仅在定积分、重积分中有用, 在曲线曲面积分中也非常有用.

例 6.2.4 比较定积分的变量代换与重积分的变量代换.

考虑 $\int_{-1}^{2} f(x)\,\mathrm{d}x$ 如果作变换 $x=-t$, 则按原先定积分的变换方式, 有

$$\int_{-1}^{2} f(x)\,\mathrm{d}x = \int_{1}^{-2} f(-t)\times(-1)\,\mathrm{d}t.$$

而按照重积分变量代换中的观点, 我们也可以如此看: 变换后新的区域是 $[-2,1]$, 而 Jacobi 行列式为 -1, 其绝对值为 1, 从而

$$\int_{-1}^{2} f(x)\,\mathrm{d}x = \int_{-2}^{1} f(-t)\times\big|-1\big|\,\mathrm{d}t.$$

例 6.2.5 求三叶玫瑰线 $(x^2+y^2)^2 = a(x^3-3xy^2)$ $(a>0)$ 所围图形 D 的面积.

解 首先需要搞清楚区域 D 是由怎样的不等式确定的. 这关键是确定不等号的方向. 一般地, 可以通过验证无穷远处对应的是大于号还是小于号来确定:

$$D: (x^2+y^2)^2 \leqslant a(x^3-3xy^2).$$

由于上式左端是 4 次方, 右端是 3 次方, 可以看到无穷远处确实在上述不等式确定的区域外. 令

$$\begin{cases} x = r\cos\theta, \\ y = r\sin\theta, \\ r \geqslant 0, \quad \theta\in[0,2\pi]. \end{cases}$$

则新区域为

$$\begin{cases} r^4 \leqslant ar^3(\cos^3\theta - 3\cos\theta\,\sin^2\theta), \\ r\geqslant 0, \quad \theta\in[0,2\pi]. \end{cases}$$

即

$$\begin{cases} r \leqslant a\cos\theta\,(4\cos^2\theta-3), \\ r\geqslant 0, \quad \theta\in[0,2\pi]. \end{cases}$$

注意到

$$\cos\theta\,(4\cos^2\theta-3)=\cos\theta\,(2\cos\theta-\sqrt{3})\,(2\cos\theta+\sqrt{3}),$$

上式非负, 当且仅当

$$\cos\theta\in\left[-\frac{\sqrt{3}}{2},0\right]\cup\left[\frac{\sqrt{3}}{2},1\right].$$

因而新的区域是

$$\begin{cases}\theta\in\left[-\frac{\pi}{6},\frac{\pi}{6}\right]\cup\left[\frac{\pi}{2},\frac{5\pi}{6}\right]\cup\left[-\frac{5\pi}{6},-\frac{\pi}{2}\right],\\ 0\leqslant r\leqslant a\cos\theta(4\cos^2\theta-3),\end{cases}$$

其中, 我们又将 θ 在某一部分的值变化了 2π. 于是

$$\begin{aligned}S&=\iint_D \mathrm{d}x\,\mathrm{d}y=\int_{[-\frac{\pi}{6},\frac{\pi}{6}]\cup[\frac{\pi}{2},\frac{5\pi}{6}]\cup[-\frac{5\pi}{6},-\frac{\pi}{2}]}\mathrm{d}\theta\int_0^{a\cos\theta(4\cos^2\theta-3)}r\,\mathrm{d}r\\&=\int_{[-\frac{\pi}{6},\frac{\pi}{6}]\cup[\frac{\pi}{2},\frac{5\pi}{6}]\cup[-\frac{5\pi}{6},-\frac{\pi}{2}]}\frac{1}{2}a^2\cos^2\theta(4\cos^2\theta-3)^2\,\mathrm{d}\theta.\end{aligned}$$

由于

$$\cos^2\theta\,(4\cos^2\theta-3)^2=\frac{1}{2}(\cos 6\theta+1),$$

可得

$$S=\frac{a^2}{4}\times 3\times\frac{\pi}{3}=\frac{\pi a^2}{4}.$$

注意　应该自然地看到 $\cos 6\theta$ 在长为 $\frac{\pi}{3}$ 的区间上积分为零, 而不是具体计算出来后才看到这一点.

例 6.2.6　求曲线 $\left(\frac{x}{h}+\frac{y}{k}\right)^4=\frac{x^2}{a^2}+\frac{y^2}{b^2}$ $(h,k,a,b>0)$ 在第一象限与坐标轴所围区域 D 的面积.

解　同样, 首先需要搞清楚区域 D 是由怎样的不等式确定的. 我们有

$$D:\left(\frac{x}{h}+\frac{y}{k}\right)^4\leqslant\frac{x^2}{a^2}+\frac{y^2}{b^2},\quad x\geqslant 0,y\geqslant 0.$$

令

$$\begin{cases}x=ar\cos\theta,\\ y=br\sin\theta,\\ r\geqslant 0,\theta\in[0,2\pi].\end{cases}$$

则新区域为

$$\begin{cases} r^2\left(\dfrac{a}{h}\cos\theta+\dfrac{b}{k}\sin\theta\right)^4 \leqslant 1, \\ ar\cos\theta \geqslant 0, \quad br\sin\theta \geqslant 0, \\ \theta\in[0,2\pi],\ r\geqslant 0. \end{cases}$$

即

$$\begin{cases} 0\leqslant r\leqslant \left(\dfrac{a}{h}\cos\theta+\dfrac{b}{k}\sin\theta\right)^{-2}, \\ \theta\in[0,\pi/2]. \end{cases}$$

于是 (易见变换的 Jacobi 行列式为 abr),

$$\begin{aligned} S &= \iint_D \mathrm{d}x\,\mathrm{d}y = \int_0^{\pi/2}\mathrm{d}\theta\int_0^{\left(\frac{a}{h}\cos\theta+\frac{b}{k}\sin\theta\right)^{-2}} abr\,\mathrm{d}r \\ &= \int_0^{\pi/2}\frac{1}{2}ab\left(\frac{a}{h}\cos\theta+\frac{b}{k}\sin\theta\right)^{-4}\mathrm{d}\theta. \end{aligned}$$

记

$$A=\frac{a}{h},\quad B=\frac{b}{k},\quad C=\sqrt{A^2+B^2},\quad \alpha=\arccos\frac{A}{C},$$

则

$$\cos\alpha=\frac{A}{C},\quad \tan\alpha=\frac{B}{A},\quad \cot\alpha=\frac{A}{B}.$$

而

$$\begin{aligned} S &= \int_0^{\pi/2}\frac{ab}{2C^4\cos^4(\theta-\alpha)}\mathrm{d}\theta = \int_{-\alpha}^{\pi/2-\alpha}\frac{ab}{2C^4\cos^4 t}\mathrm{d}t \\ &= \int_{-\tan\alpha}^{\cot\alpha}\frac{ab}{2C^4}(s^2+1)\,\mathrm{d}s = \frac{ab}{2C^4}\left(\frac{\cot^3\alpha}{3}+\frac{\tan^3\alpha}{3}+\cot\alpha+\tan\alpha\right) \\ &= \frac{ab}{2(A^2+B^2)^2}\left(\frac{A^3}{3B^3}+\frac{B^3}{3A^3}+\frac{A}{B}+\frac{B}{A}\right) \\ &= \frac{ab(A^2+B^2)}{6A^3B^3} = \frac{hk(a^2k^2+b^2h^2)}{6a^2b^2}. \end{aligned}$$

例 6.2.7 已知球体 $x^2+y^2+z^2\leqslant 2Rz$, 在其上任一点的密度在数量上等于该点到原点距离的平方, 求球体的质量与重心.

解 球体质量为

$$\begin{aligned}
M &= \iiint\limits_{x^2+y^2+z^2\leqslant 2Rz} (x^2+y^2+z^2)\,\mathrm{d}x\,\mathrm{d}y\,\mathrm{d}z \\
&= \iiint\limits_{x^2+y^2+z^2\leqslant R^2} (x^2+y^2+(z+R)^2)\,\mathrm{d}x\,\mathrm{d}y\,\mathrm{d}z \\
&= \iiint\limits_{x^2+y^2+z^2\leqslant R^2} (x^2+y^2+z^2+R^2)\,\mathrm{d}x\,\mathrm{d}y\,\mathrm{d}z \\
&= 2\pi\int_0^{\pi}\mathrm{d}\varphi\int_0^R (r^2+R^2)\,r^2\sin\varphi\,\mathrm{d}r = \frac{32\pi R^5}{15}.
\end{aligned}$$

物体的重心坐标其实就是物体各点坐标分量的加权平均值. 重心的横坐标为

$$\begin{aligned}
\bar{x} &= \frac{1}{M}\iiint\limits_{x^2+y^2+z^2\leqslant 2Rz} x(x^2+y^2+z^2)\,\mathrm{d}x\,\mathrm{d}y\,\mathrm{d}z \\
&= 0. \qquad\qquad \text{(利用对称性)}
\end{aligned}$$

同理, 重心的纵坐标为 $\bar{y}=0$. 最后,

$$\begin{aligned}
\bar{z} &= \frac{1}{M}\iiint\limits_{x^2+y^2+z^2\leqslant 2Rz} z(x^2+y^2+z^2)\,\mathrm{d}x\,\mathrm{d}y\,\mathrm{d}z \\
&= \frac{1}{M}\iiint\limits_{x^2+y^2+z^2\leqslant R^2} (z+R)\,\left(x^2+y^2+(z+R)^2\right)\,\mathrm{d}x\,\mathrm{d}y\,\mathrm{d}z \\
&= \frac{1}{M}\iiint\limits_{x^2+y^2+z^2\leqslant R^2} (2z^2R+R\,(x^2+y^2+z^2+R^2))\,\mathrm{d}x\,\mathrm{d}y\,\mathrm{d}z \\
&= \frac{1}{M}\left(\iiint\limits_{x^2+y^2+z^2\leqslant R^2} \frac{5R}{3}(x^2+y^2+z^2)\,\mathrm{d}x\,\mathrm{d}y\,\mathrm{d}z + \frac{4\pi R^6}{3}\right) \\
&= \frac{1}{M}\left(\frac{4\pi R^6}{3}+\frac{4\pi R^6}{3}\right) = \frac{5R}{4}.
\end{aligned}$$

注 6.2.1 预先应该可以估计出 $\bar{z}$ 在 $(R,2R)$ 内. 对于这种容易发生计算错误的问题, 预先的估计是必要的.

积分次序的交换 交换累次积分的积分次序, 特别是交换三次积分的积分次序是一个比较困难的问题. 原因在于我们的空间想象能力往往不够. 但是一般说来, 二次积分的交换是比较简单的, 应该可以准确地把握. 交换三次积分次序的一个办法便是通过多次交换二次积分的积分次序.

例 6.2.8 在下列积分中改变累次积分的次序:

(i) $\int_0^{2\pi} \mathrm{d}x \int_0^{\sin x} f(x,y)\mathrm{d}y$;

(ii) $\int_0^1 \mathrm{d}x \int_0^{1-x} \mathrm{d}y \int_0^{x+y} f(x,y,z)\,\mathrm{d}z$;

(iii) $\int_{-1}^1 \mathrm{d}x \int_{-\sqrt{1-x^2}}^{\sqrt{1-x^2}} \mathrm{d}y \int_{\sqrt{x^2+y^2}}^1 f(x,y,z)\,\mathrm{d}z$.

解 (i)

$$\begin{aligned}&\int_0^{2\pi} \mathrm{d}x \int_0^{\sin x} f(x,y)\,\mathrm{d}y\\ =&\int_0^1 \mathrm{d}y \int_{\arcsin y}^{\pi-\arcsin y} f(x,y)\,\mathrm{d}x - \int_{-1}^0 \mathrm{d}y \int_{\pi-\arcsin y}^{2\pi+\arcsin y} f(x,y)\,\mathrm{d}x.\end{aligned}$$

注 6.2.2 应注意 π 到 2π 之间的这块区域是“负”的; 另外, 应注意到 y 在 $(-1,0)$ 内变化时, $\arcsin y$ 是负的.

(ii)

$$\begin{aligned}&\int_0^1 \mathrm{d}x \int_0^{1-x} \mathrm{d}y \int_0^{x+y} f(x,y,z)\,\mathrm{d}z\\ =&\int_0^1 \mathrm{d}x \int_0^{x} \mathrm{d}z \int_0^{1-x} f(x,y,z)\,\mathrm{d}y + \int_0^1 \mathrm{d}x \int_x^1 \mathrm{d}z \int_{z-x}^{1-x} f(x,y,z)\,\mathrm{d}y\\ =&\int_0^1 \mathrm{d}z \int_z^1 \mathrm{d}x \int_0^{1-x} f(x,y,z)\,\mathrm{d}y + \int_0^1 \mathrm{d}z \int_0^z \mathrm{d}x \int_{z-x}^{1-x} f(x,y,z)\,\mathrm{d}y.\end{aligned}$$

其他三种类型可以通过互换 x, y 得到. 这里第一个等式进行第一次交换, x 视为固定, 而 y,z 交换积分次序. 第二个等式进行第二次交换, y 视为固定, 而 x,z 交换积分次序.

(iii)

$$\int_{-1}^1 \mathrm{d}x \int_{-\sqrt{1-x^2}}^{\sqrt{1-x^2}} \mathrm{d}y \int_{\sqrt{x^2+y^2}}^1 f(x,y,z)\,\mathrm{d}z$$

$$
\begin{aligned}
&= \int_{-1}^{1} \mathrm{d}x \int_{|x|}^{1} \mathrm{d}z \int_{-\sqrt{z^2-x^2}}^{\sqrt{z^2-x^2}} f(x,y,z)\,\mathrm{d}y \\
&= \int_{0}^{1} \mathrm{d}z \int_{-z}^{z} \mathrm{d}x \int_{-\sqrt{z^2-x^2}}^{\sqrt{z^2-x^2}} f(x,y,z)\,\mathrm{d}y.
\end{aligned}
$$

其他三种类型可以通过互换 x, y 得到.

6.2.9 曲线曲面积分

通常, 数学分析课程对曲线曲面积分的要求基本上也是以计算为主, 与高等数学课程的要求区别不大. 需要注意的是把握这部分内容要对各类积分多加比较.

以下总是假设所涉及区域的边界是足够光滑的.

格林 (Green) 公式自然可以看成斯托克斯 (Stokes) 公式的特例, 而将 Green 公式用第一型曲线积分的形式写出则也可以看成是奥斯特罗格拉茨基–高斯 (Ostrogradsky-Gauss) 公式的特例.

若平面曲线 Γ 的单位切向为 $\boldsymbol{\tau} = (\cos\theta, \sin\theta)$, 取其单位法向量 $\boldsymbol{n} = (\cos\alpha, \cos\beta)$ 使得 $\boldsymbol{\tau}$ 与 $\boldsymbol{n}$ 成右手系, 即 $\cos\alpha + \mathrm{i}\cos\beta = \mathrm{i}(\cos\theta + \mathrm{i}\sin\theta)$. 则可得平面上第二型曲线积分与第一型曲线积分之间的关系式

$$
\begin{aligned}
\int_\Gamma P\,\mathrm{d}x + Q\,\mathrm{d}y &= \int_\Gamma (P\cos\theta + Q\sin\theta)\,\mathrm{d}s = \int_\Gamma (P,Q)\cdot\boldsymbol{\tau}\,\mathrm{d}s \\
&= \int_\Gamma (Q\cos\alpha - P\cos\beta)\,\mathrm{d}s = \int_\Gamma (Q,-P)\cdot\boldsymbol{n}\,\mathrm{d}s.
\end{aligned}
$$

同样, 设与曲面 Σ 的侧一致的单位法向量为 $\boldsymbol{n} = (\cos\alpha, \cos\beta, \cos\gamma)$, 则可得 $\mathbb{R}^3$ 中上第二型曲面积分与第一型曲面积分之间的关系式

$$
\begin{aligned}
&\iint_\Sigma P\,\mathrm{d}y\,\mathrm{d}z + Q\,\mathrm{d}z\,\mathrm{d}x + R\,\mathrm{d}x\,\mathrm{d}y \\
=&\iint_\Sigma (P\cos\alpha + Q\cos\beta + R\cos\gamma)\,\mathrm{d}S \\
=&\iint_\Sigma (P,Q,R)\cdot\boldsymbol{n}\,\mathrm{d}S.
\end{aligned}
$$

这样, 当 $\boldsymbol{n} = (\cos\alpha, \cos\beta)$ 为平面区域 D 的边界曲线 ∂D 的单位外法向量时, Green 公式可以表示为

$$
\int_{\partial D} (P,Q)\cdot\boldsymbol{n}\,\mathrm{d}s = \int_{\partial D} (P\cos\alpha + Q\cos\beta)\,\mathrm{d}s
$$

$$= \iint_D \left(\frac{\partial P}{\partial x} + \frac{\partial Q}{\partial y} \right) \mathrm{d}x\,\mathrm{d}y,$$

这与 Ostrogradsky-Gauss 公式

$$\begin{aligned}\iint_{\partial\Omega} (P, Q, R) \cdot \boldsymbol{n}\,\mathrm{d}S &= \iint_{\partial\Omega} (P\cos\alpha + Q\cos\beta + R\cos\gamma)\,\mathrm{d}S \\ &= \iiint\limits_{\Omega} \left(\frac{\partial P}{\partial x} + \frac{\partial Q}{\partial y} + \frac{\partial R}{\partial z} \right) \mathrm{d}x\mathrm{d}y\,\mathrm{d}z\end{aligned}$$

是一致的, 上式中的 $\boldsymbol{n} = (\cos\alpha, \cos\beta, \cos\gamma)$ 表示区域 Ω 的边界 $\partial\Omega$ 的单位外法向量. 这时 Ostrogradsky-Gauss 公式 (或 Green 公式) 的物理意义是: 在一个封闭区域 Ω(或 D) 中, 各点流速为 (P, Q, R)(或 (P, Q)) 的不可压缩流体, 在单位时间内流出区域 Ω (或 D) 的流量的两种不同算法结果相同.

以 Green 公式为例, 考虑一种不可压缩的 "平面流体"(如没有上下流动的流体), 假设其在每一点的流速是 $(P(x, y), Q(x, y))$(图 6.2.4).

将区域 D 分成很多小的矩形区域后, 流体在单位时间内流出每个小矩形的流量约为

$$\frac{\partial P}{\partial x}(x_i, y_j)\Delta x_i \Delta y_j + \frac{\partial Q}{\partial y}(x_i, y_j)\Delta x_i \Delta y_j,$$

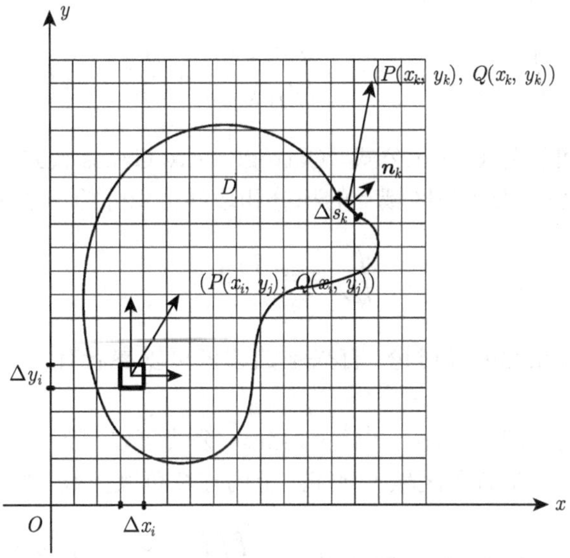

图 6.2.4 Green 公式物理意义示意图

其中第一项表示沿 x 轴方向流出的量, 第二项为沿 y 轴方向流出的量. 从而单位时间内流出区域 D 的总流量约为

$$\sum_{i,j}\left(\frac{\partial P}{\partial x}(x_i,y_j)+\frac{\partial Q}{\partial y}(x_i,y_j)\right)\Delta x_i\Delta y_j,$$

其极限即为单位时间内流出区域 D 的总流量

$$\iint_D\left(\frac{\partial P}{\partial x}+\frac{\partial Q}{\partial y}\right)\mathrm{d}x\,\mathrm{d}y.$$

另外, 由于流体不可压缩, 单位时间流出区域 D 的流量就是单位时间内通过区域 D 边界流出到 D 外的量, 在边界的一个小段 Δs_k 上, 单位时间内流过该小段边界的流量约为

$$(P(x_k,y_k),Q(x_k,y_k))\cdot\boldsymbol{n}_k\Delta s_k.$$

从而总流量约为

$$\sum_k(P(x_k,y_k),Q(x_k,y_k))\cdot\boldsymbol{n}_k\Delta s_k,$$

其极限为

$$\iint_{\partial D}(P,Q)\cdot\boldsymbol{n}\,\mathrm{d}s.$$

这样, 从物理意义上, 可以看到

$$\int_{\partial D}(P,Q)\cdot\boldsymbol{n}\,\mathrm{d}s=\iint_D\left(\frac{\partial P}{\partial x}+\frac{\partial Q}{\partial y}\right)\mathrm{d}x\,\mathrm{d}y.$$

利用外微分可以将 Green 公式、Ostrogradsky-Gauss 公式、Stokes 公式以及 Newton-Leibniz 公式表述为区域上的积分和边界上积分的一个统一的关系式:

$$\int_{\partial\Omega}\omega=\int_\Omega\mathrm{d}\omega. \tag{6.2.23}$$

对此, 本书不准备在此展开讨论, 有兴趣的读者可以参看有关流形上的微积分的内容.

利用 Green 公式和 Ostrogradsky-Gauss 公式可以得到二维和三维情形的分部积分公式. 设 f,g 是有界区域 $\Omega\subset\mathbb{R}^3$ 上的连续可微函数. 则

$$\iint_{\partial\Omega}f(x,y,z)g(x,y,z)\cos\alpha\,\mathrm{d}S=\iiint\limits_\Omega\left(g\frac{\partial f}{\partial x}+f\frac{\partial g}{\partial x}\right)\mathrm{d}x\,\mathrm{d}y\,\mathrm{d}z.$$

从而

$$\iiint\limits_{\Omega} g\frac{\partial f}{\partial x}\,\mathrm{d}x\mathrm{d}y\,\mathrm{d}z=-\iiint\limits_{\Omega} f\frac{\partial g}{\partial x}\,\mathrm{d}x\,\mathrm{d}y\,\mathrm{d}z+\iint_{\partial\Omega} fg\cos\alpha\,\mathrm{d}S.$$

特别是当 f 或 g 在 Ω 的边界上为零时, 有

$$\iiint\limits_{\Omega} g\frac{\partial f}{\partial x}(x,y,z)\,\mathrm{d}x\mathrm{d}y\,\mathrm{d}z=-\iiint\limits_{\Omega} f\frac{\partial g}{\partial x}(x,y,z)\,\mathrm{d}x\,\mathrm{d}y\,\mathrm{d}z.$$

在公式记忆方面, Stokes 公式比较难于记忆, 通常采用 (6.2.23) 式或以下的行列式来记忆:

$$\begin{aligned}&\int\limits_{\partial\Sigma} P\,\mathrm{d}x+Q\,\mathrm{d}y+R\,\mathrm{d}z\\&=\iint_D\begin{vmatrix}\cos\alpha & \cos\beta & \cos\gamma\\ \dfrac{\partial}{\partial x} & \dfrac{\partial}{\partial y} & \dfrac{\partial}{\partial z}\\ P & Q & R\end{vmatrix}\mathrm{d}S=\iint_D\begin{vmatrix}\mathrm{d}y\,\mathrm{d}z & \mathrm{d}z\,\mathrm{d}x & \mathrm{d}x\,\mathrm{d}y\\ \dfrac{\partial}{\partial x} & \dfrac{\partial}{\partial y} & \dfrac{\partial}{\partial z}\\ P & Q & R\end{vmatrix}.\end{aligned}$$

但是这些记忆方法不适合按行立即写出该公式. 下面我们介绍一种 “倒写法”.

首先, 要注意曲线积分的各项的正常次序是 “ $\mathrm{d}x$, $\mathrm{d}y$, $\mathrm{d}z$”, 而第二型曲面积分的正常次序是 “ $\mathrm{d}y\,\mathrm{d}z$, $\mathrm{d}z\,\mathrm{d}x$, $\mathrm{d}x\,\mathrm{d}y$”. 对

$$\int_{\partial\Sigma} P\,\mathrm{d}x+Q\,\mathrm{d}y+R\,\mathrm{d}z$$

运用 Stokes 公式时, 我们先写

$$\iint_{\Sigma}\left(\qquad\right)\mathrm{d}y\mathrm{d}z+\left(\qquad\right)\mathrm{d}z\,\mathrm{d}x+\left(\qquad\right)\mathrm{d}x\,\mathrm{d}y.$$

我们知道括号里面是两个偏导数的差, 求导时变量的次序恰好与后面积分元中变量的次序是一致的, 于是再填入:

$$\iint_{\Sigma}\left(\frac{\partial}{\partial y}-\frac{\partial}{\partial z}\right)\mathrm{d}y\,\mathrm{d}z+\left(\frac{\partial}{\partial z}-\frac{\partial}{\partial x}\right)\mathrm{d}z\,\mathrm{d}x+\left(\frac{\partial}{\partial x}-\frac{\partial}{\partial y}\right)\mathrm{d}x\,\mathrm{d}y.$$

最后需要填入 P,Q,R, 这只要倒着写两次 PQR-“R, Q, P, R, Q, P”:

$$\iint_{\Sigma}\left(\frac{\partial R}{\partial y}-\frac{\partial Q}{\partial z}\right)\mathrm{d}y\,\mathrm{d}z+\left(\frac{\partial P}{\partial z}-\frac{\partial R}{\partial x}\right)\mathrm{d}z\,\mathrm{d}x+\left(\frac{\partial Q}{\partial x}-\frac{\partial P}{\partial y}\right)\mathrm{d}x\,\mathrm{d}y.$$

对于以参数方程 $(x,y,z)=(x(u,v),y(u,v),z(u,v))=\boldsymbol{r}(u,v)$ 表示的曲面 Σ, 其面积元为

$$\mathrm{d}S=\left|\boldsymbol{r}_u\times\boldsymbol{r}_v\right|\mathrm{d}u\,\mathrm{d}v=\sqrt{EG-F^2}\,\mathrm{d}u\,\mathrm{d}v,$$

其中 $E=\boldsymbol{r}_u\cdot\boldsymbol{r}_u$, $F=\boldsymbol{r}_u\cdot\boldsymbol{r}_v$, $G=\boldsymbol{r}_v\cdot\boldsymbol{r}_v$. 读者可以从习题 6.2 第 9 题找到 $\left|\boldsymbol{r}_u\times\boldsymbol{r}_v\right|=\sqrt{EG-F^2}$ 的一个证明.

(曲线) 曲面积分一个重要的公式是**余面积公式**. 利用球面坐标变换易得

$$\iiint\limits_{x^2+y^2+z^2\leqslant R^2} f(x,y,z)\,\mathrm{d}x\,\mathrm{d}y\,\mathrm{d}z=\int_0^R\mathrm{d}r\iint_{x^2+y^2+z^2=r^2} f(x,y,z)\,\mathrm{d}S. \tag{6.2.24}$$

更一般地, 以三维情形为例, 考虑区域 $\Omega\subseteq\mathbb{R}^3$, 设 $g:\Omega\to\mathbb{R}$ 连续可微, 且 $|\nabla g|\neq 0$, 则通过化曲面积分为二重积分, 并利用三重积分的变量代换公式可得

$$\iiint\limits_{\Omega} f(x,y,z)\,\mathrm{d}x\,\mathrm{d}y\,\mathrm{d}z=\int_{g(\Omega)}\mathrm{d}u\iint_{g(x,y,z)=u}\frac{f(x,y,z,)}{|\nabla g(x,y,z)|}\,\mathrm{d}S, \tag{6.2.25}$$

其中, $\{g(x,y,z)=u\}$ 表示集合 $\{(x,y,z)\in\Omega|g(x,y,z)=u\}$.

下面以两个例题结束本节:

例 6.2.9 证明泊松 (Poisson) 公式:

$$\iint_{x^2+y^2+z^2=1} f(ax+by+cz)\,\mathrm{d}S=2\pi\int_{-1}^{1} f(\sqrt{a^2+b^2+c^2}\,u)\,\mathrm{d}u.$$

证明 如果 $a=b=c=0$, 则结论成立. 以下设 a,b,c 不全为零, 则可以做坐标旋转 (及翻转) 变换, 使新的坐标系 $Ouvw$ 满足

$$u=\frac{ax+by+cz}{\sqrt{a^2+b^2+c^2}}.$$

例如, 当 $a\neq 0$ 时, 可以令

$$\begin{cases} u=\dfrac{ax+by+cz}{\sqrt{a^2+b^2+c^2}},\\[2mm] v=\dfrac{-bx+ay}{\sqrt{a^2+b^2}},\\[2mm] w=\dfrac{cax+cby-(a^2+b^2)z}{\sqrt{(a^2+b^2)(a^2+b^2+c^2)}}.\end{cases}$$

由于上述变换是正交变换, 不改变单位球面上的面积元, 从而

$$\iint_{x^2+y^2+z^2=1} f(ax+by+cz)\,\mathrm{d}S = \iint_{u^2+v^2+w^2=1} f(\sqrt{a^2+b^2+c^2}\,u)\,\mathrm{d}S$$

$$= \int_0^{2\pi}\mathrm{d}\theta\int_0^{\pi} f(\sqrt{a^2+b^2+c^2}\cos\varphi)\sin\varphi\,\mathrm{d}\varphi$$

$$= 2\pi\int_{-1}^{1} f(\sqrt{a^2+b^2+c^2}\,u)\,\mathrm{d}u,$$

其中在化曲面积分为二重积分时, 我们用了球面坐标变换,

$$\begin{cases} v=\cos\theta\sin\varphi, \\ w=\sin\theta\sin\varphi, \qquad \theta\in[0,2\pi], \quad \varphi\in[0,\pi], \\ u=\cos\varphi, \end{cases}$$

此时,

$$\sqrt{\left|\left(\frac{\mathrm{d}u}{\mathrm{d}\theta},\frac{\mathrm{d}v}{\mathrm{d}\theta},\frac{\mathrm{d}w}{\mathrm{d}\theta}\right)\right|^2\left|\left(\frac{\mathrm{d}u}{\mathrm{d}\varphi},\frac{\mathrm{d}v}{\mathrm{d}\varphi},\frac{\mathrm{d}w}{\mathrm{d}\varphi}\right)\right|^2-\left|\left(\frac{\mathrm{d}u}{\mathrm{d}\theta},\frac{\mathrm{d}v}{\mathrm{d}\theta},\frac{\mathrm{d}w}{\mathrm{d}\theta}\right)\cdot\left(\frac{\mathrm{d}u}{\mathrm{d}\varphi},\frac{\mathrm{d}v}{\mathrm{d}\varphi},\frac{\mathrm{d}w}{\mathrm{d}\varphi}\right)\right|^2}=\sin\varphi,$$

从而 $\mathrm{d}S=\sin\varphi\,\mathrm{d}\theta\,\mathrm{d}\varphi$. □

例 6.2.10 利用 Ostrogradsky-Gauss 公式计算

$$\iint_{\Sigma}\frac{\mathrm{d}S}{(x^2+y^2+z^2)^{\frac{3}{2}}\sqrt{\dfrac{x^2}{a^4}+\dfrac{y^2}{b^4}+\dfrac{z^2}{c^4}}},$$

其中 Σ 为椭球面 $\dfrac{x^2}{a^2}+\dfrac{y^2}{b^2}+\dfrac{z^2}{c^2}=1$ $(a>0,b>0,c>0)$.

解 椭球面 Σ 在点 (x,y,z) 的外法向量为 $\left(\dfrac{x}{a^2},\dfrac{y}{b^2},\dfrac{z}{c^2}\right)$, 从而单位外法向量为 $\dfrac{\left(\dfrac{x}{a^2},\dfrac{y}{b^2},\dfrac{z}{c^2}\right)}{\sqrt{\dfrac{x^2}{a^4}+\dfrac{y^2}{b^4}+\dfrac{z^2}{c^4}}}$, 所以有

$$\iint_{\Sigma}\frac{\mathrm{d}S}{(x^2+y^2+z^2)^{\frac{3}{2}}\sqrt{\dfrac{x^2}{a^4}+\dfrac{y^2}{b^4}+\dfrac{z^2}{c^4}}}$$

$$= \iint_{\Sigma} \frac{1}{(x^2+y^2+z^2)^{\frac{3}{2}}} \frac{x\cdot\dfrac{x}{a^2}+y\cdot\dfrac{y}{b^2}+z\cdot\dfrac{z}{c^2}}{\sqrt{\dfrac{x^2}{a^4}+\dfrac{y^2}{b^4}+\dfrac{z^2}{c^4}}}\,\mathrm{d}S$$

$$= \iint_{\Sigma} \frac{x\,\mathrm{d}y\,\mathrm{d}z+y\,\mathrm{d}z\,\mathrm{d}x+z\,\mathrm{d}x\mathrm{d}y}{(x^2+y^2+z^2)^{\frac{3}{2}}}.$$

利用 Ostrogradsky-Gauss 公式不难得到

$$\begin{aligned}
&\iint_{\Sigma} \frac{x\,\mathrm{d}y\,\mathrm{d}z+y\,\mathrm{d}z\,\mathrm{d}x+z\,\mathrm{d}x\,\mathrm{d}y}{(x^2+y^2+z^2)^{\frac{3}{2}}}\\
=&\iint_{S^2} \frac{x\,\mathrm{d}y\,\mathrm{d}z+y\,\mathrm{d}z\,\mathrm{d}x+z\,\mathrm{d}x\,\mathrm{d}y}{(x^2+y^2+z^2)^{\frac{3}{2}}}\\
=&\iint_{S^2} x\,\mathrm{d}y\,\mathrm{d}z+y\,\mathrm{d}z\,\mathrm{d}x+z\,\mathrm{d}x\,\mathrm{d}y\\
=&\iiint\limits_{B_1} 3\,\mathrm{d}x\,\mathrm{d}y\,\mathrm{d}z = 4\pi,
\end{aligned}$$

其中 S^2, B_1 分别表示 $\mathbb{R}^3$ 中单位球面和球体.

习　题　6.2

1. 计算:

$$\iiint\limits_{4x^2+9y^2+16z^2\leqslant 4x+18y+16z} (4x^2+9y^2+16z^2)\,\mathrm{d}x\,\mathrm{d}y\,\mathrm{d}z.$$

2. 求证:

$$\left(\iint_{x^2+y^2\leqslant\frac{4}{\pi}} \mathrm{e}^{x^2+y^2}\,\mathrm{d}x\,\mathrm{d}y\right)^{\frac{1}{2}} < 2\int_0^1 \mathrm{e}^{x^2}\,\mathrm{d}x.$$

3. 计算 $\lim\limits_{R\to+\infty}\iint_{x^2+y^2\leqslant R^2} \dfrac{\sin(x^2+xy+y^2)}{x^2+xy+y^2}\,\mathrm{d}x\,\mathrm{d}y$ 并说明计算过程的正确性.

4. 计算 $\lim\limits_{\varepsilon\to0^+}\iint_{x^2+xy+y^2\geqslant\varepsilon^2} \dfrac{1}{x^2+y^2}\sin\dfrac{1}{x^2+y^2}\,\mathrm{d}x\,\mathrm{d}y$ 并说明计算过程的正确性.

5. 求均匀薄片 $\begin{cases} x^2+y^2\leqslant a^2, \\ z=0 \end{cases}$ 对 z 轴上一点 $(0,0,c)$ $(c>0)$ 处的单位质量的质点的引力, 并思考为什么当 $c=0$ 时, 引力为零, 而当 $c\to0^+$ 时, 引力的极限不为零.

6. 设 $E\subset\mathbb{R}^n$ 为紧集, 证明: E 为零测度集当且仅当 $\forall\varepsilon>0$, 存在有限个矩形 $R_1, R_2, \cdots, R_m$ 使得

$$E\subseteq\bigcup_{k=1}^m R_k,\qquad \sum_{k=1}^m |R_k|<\varepsilon.$$

7. 设 $\Omega \subseteq \mathbb{R}^n$ 为区域, 映射 $\boldsymbol{\varphi}: \Omega \to \mathbb{R}^n$ 是 Lipschitz 连续的, $E \subset \Omega$ 是零测度集. 证明: $\boldsymbol{\varphi}(E)$ 也是零测度集.
8. 设 $\boldsymbol{\xi}_1, \boldsymbol{\xi}_2, \cdots, \boldsymbol{\xi}_n$ 是 $\mathbb{R}^n$ 中的 n 个向量, 由它们张成的平行多面体

$$P(\boldsymbol{\xi}_1, \boldsymbol{\xi}_2, \cdots, \boldsymbol{\xi}_n) = \left\{ \sum_{k=1}^{n} \alpha_k \boldsymbol{\xi}_k \middle| \alpha_k \in [0,1],\ 1 \leqslant k \leqslant n \right\}$$

的体积为记为 $F(\boldsymbol{\xi}_1, \boldsymbol{\xi}_2, \cdots, \boldsymbol{\xi}_n)$. 用 $G(\boldsymbol{\xi}_1, \boldsymbol{\xi}_2, \cdots, \boldsymbol{\xi}_n)$ 表示 $|\det(\boldsymbol{\xi}_1, \boldsymbol{\xi}_2, \cdots, \boldsymbol{\xi}_n)|$. 依次证明:

   (a) $\boldsymbol{\xi}_k$ 与 $\boldsymbol{\xi}_j$ 的位置互换时, F 与 G 的值均不变.
   (b) 将一列乘以常数加到另一列时, F 和 G 的值也均不变.
   (c) $P(\boldsymbol{\xi}_1, \boldsymbol{\xi}_2, \cdots, \boldsymbol{\xi}_n)$ 的体积为 $|\det(\boldsymbol{\xi}_1, \boldsymbol{\xi}_2, \cdots, \boldsymbol{\xi}_n)|$.

9. 设 $n > k \geqslant 1$, A 为 $n \times k$ 阶矩阵. 在 A 的右端增列 $n-k$ 个零向量为方阵 $(A \quad 0)$. 考察 $(A \quad 0)(A \quad 0)^{\mathrm{T}}$ 和 $(A \quad 0)^{\mathrm{T}}(A \quad 0)$ 的特征多项式中 λ^{n-k} 的系数. 以此证明: A 的所有 k 阶子式的平方和等于 $\det(A^{\mathrm{T}}A)$.
10. 设 $g: \Omega \to \mathbb{R}$ 连续可微, 且 $|\nabla g| \neq 0$. 又设由 $g(x,y,z) = u$ 可解出 $z = \varphi(x,y,u)$. 作变量代换 $(x,y,z) = (x,y,\varphi(x,y,u))$. 试在此种情形下证明余面积公式 (6.2.25).

线上课堂

重积分变量代换

第 7 章　反常积分和含参变量积分

7.1 反常积分

通常的 Riemann 积分，即常义积分只对有界区间上的有界函数来定义，也就是说常义积分的积分区域和被积函数都是有界的. 所谓反常积分就是在缺乏两个有界性时所考虑的积分. 积分区域无限的反常积分称为**无穷积分**，而被积函数无界的反常积分称为**瑕积分**. 若被积函数在积分区域的某一点附近无界，该点就称为**瑕点**. 自然，反常积分也包括既是无穷积分又是瑕积分的混合型.

定义 7.1.1　定义反常积分的收敛性如下：

(i) 设对任何 $A \in (a,+\infty)$，f 在 $[a,A]$ 上 Riemann 可积. 如果

$$\lim_{A\to+\infty}\int_a^A f(x)\,\mathrm{d}x = B,$$

则称 $\int_a^{+\infty} f(x)\,\mathrm{d}x$ 收敛 (到 B)，也称 $\int_a^{+\infty} f(x)\,\mathrm{d}x$ 存在.

(ii) 设对任何 $\varepsilon \in (0,b-a)$，f 在 $[a+\varepsilon,b]$ 上 Riemann 可积. 如果

$$\lim_{\varepsilon\to0^+}\int_{a+\varepsilon}^b f(x)\,\mathrm{d}x = B,$$

则称 $\int_a^b f(x)\,\mathrm{d}x$ 收敛 (到 B)，也称 $\int_a^b f(x)\,\mathrm{d}x$ 存在.

(iii) 设对任何 $A,B \in (a,+\infty)$ $(A<B)$，f 在 $[A,B]$ 上 Riemann 可积. 任取 $c \in (a,+\infty)$，如果 $\int_c^{+\infty} f(x)\,\mathrm{d}x$ 和 $\int_a^c f(x)\,\mathrm{d}x$ 均收敛，则称反常积分 $\int_a^{+\infty} f(x)\,\mathrm{d}x$ 收敛 (存在). 此时，定义 $\int_a^{+\infty} f(x)\,\mathrm{d}x$ 的值为

$$\int_c^{+\infty} f(x)\,\mathrm{d}x + \int_a^c f(x)\,\mathrm{d}x.$$

反常积分可以与数项级数相类比，而含参变量的反常积分则可以与函数项级数相类比. 某种程度上，它们的理论是等价的. 但是，具体来说，有关反常积分的论述还是会与无穷级数有一些不同.

同级数一样, 反常积分的收敛性以及含参变量积分的一致收敛性都是重要的问题, 结果也是类似的.

以无穷积分 $\int_a^{+\infty} f(x)\,\mathrm{d}x$ 为例, 被积函数 f 非负的积分相当于正项级数, 其收敛性等价于部分积分 $\int_a^A f(x)\,\mathrm{d}x$ 的有界性. 在被积函数符号不定时, 通常应先判断其是否绝对收敛, 即 $\int_a^{+\infty} |f(x)|\,\mathrm{d}x$ 是否收敛①. 然后, 对于非绝对收敛的积分, 常用 Cauchy 收敛准则、Abel 判别法和 Dirichlet 判别法来判断积分是否收敛.

在级数中, Abel 判别法和 Dirichlet 判别法的证明依赖于相当于分部积分的 Abel 变换, 因而本质上可以用分部积分法来证明反常积分的 Abel 判别法和 Dirichlet 判别法.

定理 7.1.1　设积分 $\int_a^{\infty} f(x)\,\mathrm{d}x$ 的部分积分 $\int_a^A f(x)\,\mathrm{d}x$ 有界, 函数 g 单调有界.

(i) (Abel 判别法) 如果 $\int_a^{\infty} f(x)\,\mathrm{d}x$ 收敛, 则 $\int_a^{\infty} f(x)g(x)\,\mathrm{d}x$ 收敛;

(ii) (Dirichlet 判别法) 如果函数 g 收敛到零, 则 $\int_a^{\infty} f(x)g(x)\,\mathrm{d}x$ 收敛.

证明　如果 g 连续可导, 则 g' 保号. 记 $F(x) = \int_a^x f(t)\,\mathrm{d}t$, 则由假设, 有 $M > 0$ 使得

$$|F(x)| \leqslant M, \quad \forall x \geqslant a.$$

利用分部积分法得

$$\int_a^A f(x)g(x)\,\mathrm{d}x = g(A)F(A) - \int_a^A g'(x)F(x)\,\mathrm{d}x.$$

由于

$$\int_a^{\infty} |g'(x)|\,\mathrm{d}x = \left|\int_a^{\infty} g'(x)\,\mathrm{d}x\right| = |g(a+) - g(+\infty)|,$$

以及

$$|g'(x)F(x)| \leqslant M|g'(x)|,$$

① 一般地, 绝对可积定义为 f^+ 和 f^- 均可积 (含在反常积分意义下可积). 如无特别说明, 我们总是默认 f 的瑕点是有限个, 且在不含瑕点的有界闭区间上 f Riemann 可积. 此时, f 绝对可积等价于 $|f|$ 可积 (含在反常积分意义下可积).

所以当 $A \to +\infty$ 时, $\int_a^A g'(x)F(x)\,\mathrm{d}x$ 收敛. 另外, 无论是 $g(A)$ 单调趋于零或 $F(A)$ 收敛, 在定理条件下, 均保证了 $g(A)F(A)$ 收敛. 从而, 在 (i) 和 (ii) 中都可得到 $\int_a^\infty f(x)g(x)\,\mathrm{d}x$ 收敛.

上面的证明是在 g 连续可导的假设下得到的. 它事实上表明, 对于反常积分, 通常可以避开运用 Abel 判别法或 Dirichlet 判别法, 而直接用分部积分法讨论其收敛性.

一般情形的证明可以利用对 g 作光滑逼近来证明. 通常分析教材中, Abel 判别法或 Dirichlet 判别法的证明都基于积分第二中值定理. 而在前面的章节中, 已经看到积分第二中值定理可看成是光滑逼近加分部积分的产物, 所以利用光滑逼近加分部积分证明本定理与利用积分第二中值定理证明本质上是一致的. 在此不再赘述. □

以下是一些判断反常积分收敛性和计算反常积分的例子.

例 7.1.1 设 f 在 $[a,+\infty)$ 上非负且单调减少. 试证 $\int_a^{+\infty} f(x)\sin^2 x\,\mathrm{d}x$ 收敛当且仅当 $\int_a^{+\infty} f(x)\,\mathrm{d}x$ 收敛.

证明 若 $\int_a^{+\infty} f(x)\,\mathrm{d}x$ 收敛, 则显然有 $\int_a^{+\infty} f(x)\sin^2 x\,\mathrm{d}x$ 收敛. 余下部分我们给出两种证明方法.

首先设 $\int_a^{+\infty} f(x)\sin^2 x\,\mathrm{d}x$ 收敛.

证法 I 由于 $f > 0$, 所以只需要证明 $\int_a^A f(x)\,\mathrm{d}x$ 关于 $A \geqslant a$ 有界. 为此, 只要证明 $\int_{m\pi}^{k\pi} f(x)\,\mathrm{d}x$ 关于 $k \geqslant m$ 有界, 其中 m 是满足 $(m-1)\pi \geqslant a$ 的一个整数. 我们有

$$\begin{aligned}\int_{m\pi}^{k\pi} f(x)\,\mathrm{d}x &= \sum_{j=m-1}^{k-2}\int_{(j+1)\pi}^{(j+2)\pi} f(x)\,\mathrm{d}x \leqslant 2\sum_{j=m-1}^{k-2}\int_{(j+\frac{1}{4})\pi}^{(j+\frac{3}{4})\pi} f(x)\,\mathrm{d}x \\ &= 4\sum_{j=m-1}^{k-2}\int_{(j+\frac{1}{4})\pi}^{(j+\frac{3}{4})\pi} f(x)\sin^2 x\,\mathrm{d}x \leqslant 4\int_{(m-\frac{3}{4})\pi}^{(k-\frac{5}{4})\pi} f(x)\sin^2 x\,\mathrm{d}x.\end{aligned}$$

因为 $\int_a^{+\infty} f(x)\sin^2 x\,\mathrm{d}x$ 收敛, 所以 $\int_{m\pi}^{k\pi} f(x)\,\mathrm{d}x$ 有界. 从而又知 $\int_a^{+\infty} f(x)\,\mathrm{d}x$

收敛.

证法 II　由于 f 单调有界, 因此 $\lim\limits_{x\to+\infty} f(x)$ 存在. 如果 $\lim\limits_{x\to+\infty} f(x)\neq 0$, 则容易证明 $\int_a^{+\infty} f(x)\,\mathrm{d}x$ 和 $\int_a^{+\infty} f(x)\sin^2 x\,\mathrm{d}x$ 均发散到无穷大.

以下设 $\lim\limits_{x\to+\infty} f(x)=0$, 有

$$f(x)\sin^2 x=\frac{f(x)}{2}-\frac{f(x)\cos 2x}{2}. \tag{7.1.1}$$

由假设, f 单调有界并趋于 0, 而积分

$$\int_a^A \cos 2x\,\mathrm{d}x=\frac{\sin 2A-\sin 2a}{2}$$

关于 $A\geqslant a$ 有界, 从而由 Dirichlet 判别法, $\int_a^{+\infty}\frac{f(x)\cos 2x}{2}\,\mathrm{d}x$ 收敛. 于是由 (7.1.1) 式, 可知 $\int_a^{+\infty} f(x)\,\mathrm{d}x$ 收敛, 当且仅当 $\int_a^{+\infty} f(x)\sin^2 x\,\mathrm{d}x$ 收敛. □

例 7.1.2　讨论积分 $\int_0^{+\infty}\mathrm{e}^{\sin x}\sin(\sin x)\,\frac{\mathrm{d}x}{x}$ 的敛散性.

解　首先本题积分可能的瑕点是 0 点, 但注意到 0 点是 $\mathrm{e}^{\sin x}\frac{\sin(\sin x)}{x}$ 的可去间断点, 因此本题中的积分仅仅是一个无穷积分.

考虑其部分积分:

$$\begin{aligned}
&\int_0^{2n\pi}\mathrm{e}^{\sin x}\sin(\sin x)\,\frac{\mathrm{d}x}{x}\\
=&\sum_{k=0}^{n-1}\int_{2k\pi}^{2(k+1)\pi}\mathrm{e}^{\sin x}\sin(\sin x)\,\frac{\mathrm{d}x}{x}\\
=&\sum_{k=0}^{n-1}\left(\int_0^{\pi}\mathrm{e}^{\sin x}\sin(\sin x)\,\frac{\mathrm{d}x}{2k\pi+x}-\int_0^{\pi}\mathrm{e}^{\sin x}\sin(\sin x)\,\frac{\mathrm{d}x}{2k\pi+\pi+x}\right)\\
=&\sum_{k=0}^{n-1}\int_0^{\pi}\left(\mathrm{e}^{\sin x}-\mathrm{e}^{-\sin x}\right)\sin(\sin x)\,\frac{\mathrm{d}x}{2k\pi+x}\\
=&-\sum_{k=0}^{n-1}\int_0^{\pi}\mathrm{e}^{-\sin x}\sin(\sin x)\,\frac{\pi\,\mathrm{d}x}{(2k\pi+x)(2k\pi+\pi+x)}.
\end{aligned}$$

易见, 当 n 趋于无穷时, 上式两个和式中第一式发散, 第二式收敛, 从而部分积分发散, 即原无穷积分发散.

例 7.1.3 讨论积分 $\int_{\pi}^{+\infty}\frac{\mathrm{d}x}{x^p\sqrt[3]{\sin^2 x}}$ 的敛散性.

解 本题中的积分既是瑕积分又是无穷积分. 进一步, 这里的瑕点有无穷多个: $\pi, 2\pi, 3\pi, \cdots$. 严格来讲, 这种积分的收敛性我们还没有定义. 注意到, 对于任何有限的 $A>\pi$, 积分 $\int_{\pi}^{A}\frac{\mathrm{d}x}{x^p\sqrt[3]{\sin^2 x}}$ 是一个含有有限个瑕点的瑕积分, 因而我们定义 $\int_{\pi}^{+\infty}\frac{\mathrm{d}x}{x^p\sqrt[3]{\sin^2 x}}$ 收敛, 当且仅当对任何 $A>\pi$, 积分 $\int_{\pi}^{A}\frac{\mathrm{d}x}{x^p\sqrt[3]{\sin^2 x}}$ 收敛, 且极限 $\lim\limits_{A\to+\infty}\int_{\pi}^{A}\frac{\mathrm{d}x}{x^p\sqrt[3]{\sin^2 x}}$ 存在.

由于在瑕点 $k\pi$ $(k\neq 0)$ 附近, 被积函数 $\frac{1}{x^p\sqrt[3]{\sin^2 x}}$ 与 $|x-k\pi|^{-\frac{2}{3}}$ 同阶, 因而由比较判别法立即可得对于任何 $A>\pi$, $\int_{\pi}^{A}\frac{\mathrm{d}x}{x^p\sqrt[3]{\sin^2 x}}$ 是收敛的. 而当 $k\to+\infty$ 时, $\int_{k\pi}^{(k+1)\pi}\frac{\mathrm{d}x}{x^p\sqrt[3]{\sin^2 x}}$ 与 k^{-p} 同阶, 因而 $\sum\limits_{k=1}^{\infty}\int_{k\pi}^{(k+1)\pi}\frac{\mathrm{d}x}{x^p\sqrt[3]{\sin^2 x}}$ 收敛当且仅当 $p>1$. 注意到被积函数 $\frac{1}{x^p\sqrt[3]{\sin^2 x}}$ 非负, 因而当且仅当 $p>1$ 时, $\int_{\pi}^{+\infty}\frac{\mathrm{d}x}{x^p\sqrt[3]{\sin^2 x}}$ 收敛.

例 7.1.4 利用分部积分证明 $\int_{0}^{+\infty}\frac{\sin x}{x}\mathrm{d}x$ 收敛.

证明 由于唯一可能的瑕点 0 点是 $\frac{\sin x}{x}$ 的可去间断点, 因而本题中的积分仅仅是无穷积分. 考虑 $\int_{1}^{A}\frac{\sin x}{x}\mathrm{d}x$, 有

$$\int_{1}^{A}\frac{\sin x}{x}\mathrm{d}x=\left.\frac{\cos x}{x}\right|_{A}^{1}-\int_{1}^{A}\frac{\cos x}{x^2}\mathrm{d}x=\cos 1-\frac{\cos A}{A}-\int_{1}^{A}\frac{\cos x}{x^2}\mathrm{d}x.$$

于是由 $\int_{1}^{+\infty}\frac{\cos x}{x^2}\mathrm{d}x$ 收敛, 可得 $\int_{0}^{+\infty}\frac{\sin x}{x}\mathrm{d}x$ 收敛. □

例 7.1.5 设 $A, B>0$ 为常数, 证明:

$$\int_{0}^{+\infty}f\left(\left(Ax-\frac{B}{x}\right)^2\right)\mathrm{d}x=\frac{1}{A}\int_{0}^{+\infty}f(x^2)\,\mathrm{d}x. \tag{7.1.2}$$

证明 首先, 题设中没有明确给出有关收敛性的假设. 在这种情形下, 所谓 (7.1.2) 式成立, 宜理解成如果等式右端 $\int_0^{+\infty} f(x^2)\,\mathrm{d}x$ 收敛, 则等式左端

$$\int_0^{+\infty} f\left(\left(Ax-\frac{B}{x}\right)^2\right)\mathrm{d}x$$

也收敛, 且等式 (7.1.2) 成立.

以下设 $\int_0^{+\infty} f(x^2)\,\mathrm{d}x$ 收敛. 由于 $Ax-\dfrac{B}{x}$ 严格单调, 可以作变量代换:

$$t=Ax-\frac{B}{x},\quad x>0,$$

即

$$Ax^2-tx-B=0,\quad x>0.$$

从而

$$x=\frac{t+\sqrt{t^2+4AB}}{2A},\quad -\infty<t<+\infty.$$

请读者思考, 这里为什么不是

$$x=\frac{t-\sqrt{t^2+4AB}}{2A},\quad -\infty<t<+\infty?$$

我们有

$$\begin{aligned}\int_0^{+\infty} f\left(\left(Ax-\frac{B}{x}\right)^2\right)\mathrm{d}x&=\int_{-\infty}^{+\infty} f(t^2)\,\frac{1+\frac{t}{\sqrt{t^2+4AB}}}{2A}\,\mathrm{d}t\\&=\frac{1}{2A}\int_{-\infty}^{+\infty} f(t^2)\,\mathrm{d}t+\frac{1}{2A}\int_{-\infty}^{+\infty} f(t^2)\frac{t}{\sqrt{t^2+4AB}}\,\mathrm{d}t\\&=\frac{1}{A}\int_0^{+\infty} f(x^2)\,\mathrm{d}x,\end{aligned}$$

其中 $\int_{-\infty}^{+\infty} f(t^2)\dfrac{t}{\sqrt{t^2+4AB}}\,\mathrm{d}t$ 的收敛性由 $\int_0^{+\infty} f(t^2)\,\mathrm{d}t$ 的收敛性和 $\dfrac{t}{\sqrt{t^2+4AB}}$ 的单调有界性并利用 Abel 判别法得到. □

例 7.1.6 设 $f(0^+)=\lim\limits_{x\to0^+}f(x)$ 及 $f(+\infty)=\lim\limits_{x\to+\infty}f(x)$ 存在, 且对任何 $0<\varepsilon<A<+\infty$, $\int_\varepsilon^A \dfrac{f(x)}{x}\,\mathrm{d}x$ 存在, 试求傅汝兰尼 (Frullani) 积分:

$$\int_0^{+\infty}\frac{f(ax)-f(bx)}{x}\,\mathrm{d}x,$$

其中 $a, b > 0$ 为常数.

解 不妨设 $a > b$,

$$\begin{aligned}\int_0^{+\infty} \frac{f(ax)-f(bx)}{x}\,\mathrm{d}x &= \lim_{\substack{\varepsilon\to 0^+\\ A\to+\infty}} \int_\varepsilon^A \frac{f(ax)-f(bx)}{x}\,\mathrm{d}x \\ &= \lim_{\substack{\varepsilon\to 0^+\\ A\to+\infty}} \left(\int_\varepsilon^A \frac{f(ax)}{x}\,\mathrm{d}x - \int_\varepsilon^A \frac{f(bx)}{x}\,\mathrm{d}x\right) \\ &= \lim_{\substack{\varepsilon\to 0^+\\ A\to+\infty}} \left(\int_{a\varepsilon}^{aA} \frac{f(x)}{x}\,\mathrm{d}x - \int_{b\varepsilon}^{bA} \frac{f(x)}{x}\,\mathrm{d}x\right) \\ &= \lim_{\substack{\varepsilon\to 0^+\\ A\to+\infty}} \left(\int_{bA}^{aA} \frac{f(x)}{x}\,\mathrm{d}x - \int_{b\varepsilon}^{a\varepsilon} \frac{f(x)}{x}\,\mathrm{d}x\right).\end{aligned}$$

注意到对于 $B > 0$,

$$\inf_{x\in[aB,bB]} f(x)\ \ln\frac{a}{b} \leqslant \int_{bB}^{aB} \frac{f(x)}{x}\,\mathrm{d}x \leqslant \sup_{x\in[aB,bB]} f(x)\ \ln\frac{a}{b},$$

所以有

$$\lim_{A\to+\infty} \int_{bA}^{aA} \frac{f(x)}{x}\,\mathrm{d}x = f(+\infty)\ln\frac{a}{b}$$

以及

$$\lim_{\varepsilon\to 0^+} \int_{b\varepsilon}^{a\varepsilon} \frac{f(x)}{x}\,\mathrm{d}x = f(0^+)\ln\frac{a}{b}.$$

从而

$$\int_0^{+\infty} \frac{f(ax)-f(bx)}{x}\,\mathrm{d}x = \big(f(+\infty)-f(0^+)\big)\ln\frac{a}{b}.$$

注 7.1.1 (i) 若 $\forall A > 0, \displaystyle\int_A^{+\infty} \frac{f(x)}{x}\,\mathrm{d}x$ 收敛, 则

$$\int_0^{+\infty} \frac{f(ax)-f(bx)}{x}\,\mathrm{d}x = -f(0^+)\ln\frac{a}{b},$$

其成立与 $\lim\limits_{x\to+\infty} f(x)$ 存在与否无关;

(ii) 若 $\forall \varepsilon > 0, \displaystyle\int_0^{\varepsilon} \frac{f(x)}{x}\,\mathrm{d}x$ 收敛, 则即使 $\lim\limits_{x\to 0^+} f(x)$ 不存在, 也有

$$\int_0^{+\infty} \frac{f(ax)-f(bx)}{x}\,\mathrm{d}x = f(+\infty)\ln\frac{a}{b}.$$

例 7.1.7 设 $S_n=\dfrac{1}{\sqrt{n}}\left(1+\dfrac{1}{\sqrt{2}}+\cdots+\dfrac{1}{\sqrt{n}}\right)$. 求 $\lim\limits_{n\to+\infty}S_n$.

解 由

$$\int_{\frac{i}{n}}^{\frac{i+1}{n}}\frac{\mathrm{d}x}{\sqrt{\dfrac{i}{n}}}\geqslant\int_{\frac{i}{n}}^{\frac{i+1}{n}}\frac{\mathrm{d}x}{\sqrt{x}},\quad i=1,2,\cdots,n$$

得

$$\begin{aligned}S_n&=\frac{1}{n}\left(\frac{1}{\sqrt{\dfrac{1}{n}}}+\frac{1}{\sqrt{\dfrac{2}{n}}}+\cdots+\frac{1}{\sqrt{\dfrac{n}{n}}}\right)\\&=\int_{\frac{1}{n}}^{\frac{2}{n}}\frac{\mathrm{d}x}{\sqrt{\dfrac{1}{n}}}+\int_{\frac{2}{n}}^{\frac{3}{n}}\frac{\mathrm{d}x}{\sqrt{\dfrac{2}{n}}}+\cdots+\int_{\frac{n}{n}}^{\frac{n+1}{n}}\frac{\mathrm{d}x}{\sqrt{\dfrac{n}{n}}}\\&\geqslant\int_{\frac{1}{n}}^{\frac{2}{n}}\frac{\mathrm{d}x}{\sqrt{x}}+\int_{\frac{2}{n}}^{\frac{3}{n}}\frac{\mathrm{d}x}{\sqrt{x}}+\cdots+\int_{\frac{n}{n}}^{\frac{n+1}{n}}\frac{\mathrm{d}x}{\sqrt{x}}\\&=\int_{\frac{1}{n}}^{\frac{n+1}{n}}\frac{\mathrm{d}x}{\sqrt{x}}.\end{aligned}$$

类似地, 有

$$S_n\leqslant\int_0^1\frac{\mathrm{d}x}{\sqrt{x}}.$$

从而由夹逼准则, 得

$$\lim_{n\to+\infty}S_n=\int_0^1\frac{\mathrm{d}x}{\sqrt{x}}=2.\tag{7.1.3}$$

注 7.1.2 在上例中, 不能说 (7.1.3) 式成立是因为数列 $\{S_n\}$ 是 $\dfrac{1}{\sqrt{x}}$ 在 $[0,1]$ 上的 Riemann 和. 这是因为 $\displaystyle\int_0^1\frac{\mathrm{d}x}{\sqrt{x}}$ 为反常积分, 它不能像常义积分一样简单地看成相应的 Riemann 和的极限.

但一般地, 若 f 在 $(0,1]$ 有定义, 且单调, $\displaystyle\int_0^1 f(x)\,\mathrm{d}x$ 作为反常积分收敛, 则确实成立

$$\lim_{n\to+\infty}\frac{1}{n}\sum_{k=1}^{n}f\left(\frac{k}{n}\right)=\int_0^1 f(x)\,\mathrm{d}x.$$

上式的证明与例题所用的方法类似.

注 7.1.3 由于高维空间中区域的逼近方式远比一维情形丰富, 反常重积分可积必导致反常重积分绝对可积. 这一点与区间上的反常积分有本质区别.

习 题 7.1

1. 利用反常积分计算 $\lim\limits_{n\to+\infty}\dfrac{\sqrt[n]{n!}}{n}$.
2. 研究积分 $\displaystyle\int_0^{+\infty}\frac{\sin x}{x^p+\sin x}\,\mathrm{d}x$ 的敛散性 $(p>0)$.
3. 考察积分 $\displaystyle\int_0^{+\infty}\frac{\sin x}{x^\lambda}\,\mathrm{d}x$ 的敛散性.
4. 试证: 积分 $\displaystyle\int_0^{+\infty}(-1)^{[x^2]}\,\mathrm{d}x$ 收敛.
5. 研究 $\displaystyle\int_0^{+\infty}\frac{\sin x^2}{1+x}\,\mathrm{d}x$ 的收敛性.
6. 设 $p,q>0$, 试讨论 $\displaystyle\int_0^{+\infty}\sin\left(x^p+x^{-q}\right)\arctan\left(\mathrm{e}^x\right)\,\mathrm{d}x$ 的敛散性.
7. 计算 $\lim\limits_{n\to+\infty}\dfrac{\displaystyle\int_0^{\frac{\pi}{2}}(1+\sin x)^n\ln x\,\mathrm{d}x}{\displaystyle\int_0^{\frac{\pi}{2}}(1+\sin x)^n\,\mathrm{d}x}$ 并说明理由.
8. 计算 $\lim\limits_{n\to+\infty}\dfrac{\displaystyle\int_0^{\pi}(2-x\sin x)^n\,\mathrm{d}x}{\displaystyle\int_0^{\pi}(2-x\sin x)^n\cos^{\frac{2}{3}}\frac{3x}{4}\,\mathrm{d}x}$ 并说明理由.
9. 用积分第二中值定理证明定理 7.1.1.

7.2 含参变量反常积分的一致收敛性

与研究函数项级数时类似, 一致收敛性在对含参变量反常积分的研究中, 同样起着重要的作用.

7.2.1 一致收敛性的定义

首先, 我们考虑含参变量的无穷积分

$$\int_a^{+\infty}f(x,y)\,\mathrm{d}x \tag{7.2.1}$$

的一致收敛性.

定义 7.2.1 (含参变量无穷积分的一致收敛性) 如果 $\forall\varepsilon>0$, $\exists\, A_0(\varepsilon)>a$, 当 $A>A_0(\varepsilon)$ 时, 成立

$$\left|\int_A^{+\infty} f(x,y)\,\mathrm{d}x\right| < \varepsilon, \quad \forall\, y \in [c,d], \tag{7.2.2}$$

则称无穷积分 $\int_a^{+\infty} f(x,y)\,\mathrm{d}x$ 关于 y 在 $[c,d]$ 上一致收敛.

等价地, $\int_a^{+\infty} f(x,y)\,\mathrm{d}x$ 关于 y 在 $[c,d]$ 上一致收敛可以定义为成立

$$\lim_{A\to+\infty} \sup_{y\in[c,d]} \int_A^{+\infty} f(x,y)\,\mathrm{d}x = 0. \tag{7.2.3}$$

读者也可以按 Cauchy 准则的形式写出相应的等价定义. 这里参变量 y 所在的区间 $[c,d]$ 可以换成 $[c,d)$, $(-\infty,+\infty)$ 等, 甚至可以是 $\mathbb{R}^m$ 中一个一般的集合.

接下来, 我们给出含参变量瑕积分的一致收敛性定义.

定义 7.2.2 (含参变量瑕积分的一致收敛性) 设对于任何 $y\in[c,d]$, $\int_a^b f(x,y)\,\mathrm{d}x$ 以 $x=a$ 为可能的瑕点, 且该积分存在. 进一步, 如果 $\forall\,\varepsilon>0$, $\exists\,\delta>0$ (该 δ 仅与 ε 有关), 使得当 $\eta\in(0,\delta)$ 时, 成立

$$\left|\int_a^{a+\eta} f(x,y)\,\mathrm{d}x\right| < \varepsilon, \quad \forall\, y \in [c,d], \tag{7.2.4}$$

则称积分 $\int_a^b f(x,y)\,\mathrm{d}x$ 关于 $y\in[c,d]$ 一致收敛.

如果一个含参变量积分既是无穷积分又是瑕积分. 例如, 对于 $y\in[c,d]$, 点 a 是反常积分 $\int_a^{+\infty} f(x,y)\,\mathrm{d}x$ 唯一的瑕点, 则我们称 $\int_a^{+\infty} f(x,y)\,\mathrm{d}x$ 关于 $y\in[c,d]$ 一致收敛, 当且仅当对于某个 $A\in(a,+\infty)$, 无穷积分 $\int_A^{+\infty} f(x,y)\,\mathrm{d}x$ 和瑕积分 $\int_a^A f(x,y)\,\mathrm{d}x$ 均关于 $y\in[c,d]$ 一致收敛. 显然, 这一定义与 A 的选取无关.

7.2.2 一致收敛性的判别法

基本上, 含参变量反常积分一致收敛性的判别法与函数项级数一致收敛性的判别法类似. 主要有 Weierstrass 判别法、Abel 判别法和 Dirichlet 判别法. 以单纯的无穷积分为例, 我们有下述定理:

定理 7.2.1 (Weierstrass 判别法) 若函数 F 相对应的无穷积分 $\int_a^{+\infty} F(x)\,\mathrm{d}x$ 收敛,

$$|f(x,y)| \leqslant F(x), \quad \forall\,(x,y)\in[a,+\infty)\times[c,d], \tag{7.2.5}$$

则 $\displaystyle\int_a^{+\infty} f(x,y)\,\mathrm{d}x$ 关于 $y \in [c,d]$ 一致收敛.

例 7.2.1 证明 $\displaystyle\int_0^{+\infty} \mathrm{e}^{-\alpha x}\frac{\sin x}{x}\,\mathrm{d}x$ 关于 $\alpha \in [1,+\infty)$ 一致收敛.

证明 注意到 $x=0$ 点是被积函数 $\mathrm{e}^{-\alpha x}\dfrac{\sin x}{x}$ 的可去间断点, 且被积函数在 $x=0$ 附近一致有界, 因而这个积分只是一个含参变量的无穷积分, 所以有

$$\left|\mathrm{e}^{-\alpha x}\frac{\sin x}{x}\right| \leqslant \mathrm{e}^{-x}, \quad \forall\,(x,\alpha) \in (0,+\infty)\times[1,+\infty).$$

由于 $\displaystyle\int_0^{+\infty} \mathrm{e}^{-x}\,\mathrm{d}x$ 收敛, 因此由 Weierstrass 定理, $\displaystyle\int_0^{+\infty} \mathrm{e}^{-\alpha x}\frac{\sin x}{x}\,\mathrm{d}x$ 关于 $\alpha \in [1,+\infty)$ 一致收敛. □

在上面的讨论中, 已经指出我们所考虑的反常积分只是一个无穷积分, 而并不同时是瑕积分. 但事实上, 在利用 Weierstrass 定理判断反常积分的一致收敛性时, 我们并不需要搞清楚该反常积分究竟有没有瑕点、有多少瑕点. 另外, 很多教材对于什么是含参变量积分的瑕点讲得不是很明确, 本教材采用 [8] 的说法, 即对于 $\displaystyle\int_a^b f(x,y)\,\mathrm{d}x$, 当参数 y 的范围在集合 I 上时, 如果 $f(x,y)$ 在 $x=a$ 附近是一致有界的, 即存在 $\delta>0$ 使得 $f(x,y)$ 在 $(a,\delta]\times I$ 上有界, 那么, 我们就认为 a 不是瑕点. 反过来, 如果 $f(x,y)$ 在 $x=a$ 附近不是一致有界的, 即 $\forall\,\delta>0$, $f(x,y)$ 在 $(a,\delta]\times I$ 上无界, 则我们把 a 看成一个瑕点. 例如, 按照上述观点, 在考虑含参变量 $\alpha\in(0,1]$ 的积分 $\displaystyle\int_0^1 \frac{x}{\alpha^2+x^2}\,\mathrm{d}x$ 时, 我们宜将它看成一个以 0 为瑕点的含参变量的瑕积分. 容易看到, 0 点是该积分唯一的瑕点.

定理 7.2.2 设 $g(x,y)$ 及 $\displaystyle\int_a^x f(t,y)\,\mathrm{d}t$ 关于 $(x,y)\in[a,+\infty)\times[c,d]$ 一致有界①, 且对于固定的 $y\in[c,d]$, $g(\cdot,y)$ 单调.

(i) (Abel 判别法) 若无穷积分 $\displaystyle\int_a^{+\infty} f(x,y)\,\mathrm{d}x$ 关于 $y\in[c,d]$ 一致收敛, 则无穷积分 $\displaystyle\int_a^{+\infty} f(x,y)g(x,y)\,\mathrm{d}x$ 关于 $y\in[c,d]$ 一致收敛;

(ii) (Dirichlet 判别法) 若当 $x\to+\infty$ 时, $g(x,y)$ 关于 $y\in[c,d]$ 一致收敛于 0, 则无穷积分 $\displaystyle\int_a^{+\infty} f(x,y)g(x,y)\,\mathrm{d}x$ 关于 $y\in[c,d]$ 一致收敛.

① 函数一致有界的概念不如一致连续、一致收敛等概念复杂. $[a,+\infty)$ 上关于 x 的函数 $g(x,y)$ 关于 $y\in[c,d]$ 一致有界其实就是 $f(x,y)$ 在 $[a,+\infty)\times[c,d]$ 上有界.

例 7.2.2 证明 $\int_0^{+\infty} \mathrm{e}^{-\alpha x}\frac{\sin x}{x}\mathrm{d}x$ 关于 $\alpha\in[0,+\infty)$ 一致收敛.

证明 正如在例 7.2.1 中所指出的, $x=0$ 不是瑕点. 因而这是一个含参变量无穷积分. 由于积分 $\int_0^{+\infty}\frac{\sin x}{x}\mathrm{d}x$ 收敛, 该积分不含参数 α, 自然关于 α 是一致收敛的①. 另外, 对于固定的 $\alpha\in[0,+\infty)$, $\mathrm{e}^{-\alpha x}$ 关于 x 都是单调有界的, 因此由 Abel 定理, $\int_0^{+\infty}\mathrm{e}^{-\alpha x}\frac{\sin x}{x}\mathrm{d}x$ 关于 $\alpha\in[0,+\infty)$ 一致收敛.

本题也可以用 Dirichlet 判别法来判断. 由于我们考虑的仅仅是一个无穷积分 $\left(\text{注意 } \mathrm{e}^{-\alpha x}\frac{\sin x}{x} \text{ 在整个 } [0,1]\times[0,+\infty) \text{ 上是有界的}\right)$, 因此, 我们只需要考察无穷积分 $\int_1^{+\infty}\mathrm{e}^{-\alpha x}\frac{\sin x}{x}\mathrm{d}x$ 关于 $\alpha\in[0,+\infty)$ 的一致收敛性. 注意到 $\int_1^{A}\sin x\,\mathrm{d}x$ 关于 $A\geqslant 1$ 一致有界, 而函数 $\frac{\mathrm{e}^{-\alpha x}}{x}$ 关于 x 单调, 且当 $x\to+\infty$ 时, 它关于 $\alpha\in[0,+\infty)$ 一致地收敛到 0, 所以, 由 Dirichlet 判别法, $\int_1^{+\infty}\mathrm{e}^{-\alpha x}\frac{\sin x}{x}\mathrm{d}x$ 关于 $\alpha\in[0,+\infty)$ 一致收敛. □

正如我们在介绍数项级数的 Abel 判别法和 Dirichlet 判别法时指出, Abel 判别法可以由 Dirichlet 判别法简单地导出. 而对于反常积分, 两种判别法本质上都是利用了分部积分. 因此, 一般说来, 类似于例 7.1.4, 也可以用分部积分来研究一致收敛性.

习 题 7.2

1. 给出含参变量无穷积分一致收敛的 Cauchy 准则.
2. 若 $x=0$ 是积分 $\int_{-1}^{1}f(x,y)\,\mathrm{d}x$ 的唯一瑕点, 写出该积分关于 y 在 $[c,d]$ 上一致收敛的定义.
3. 证明定理 7.2.1.
4. 设 $f(t)$ 当 $t>0$ 时连续, $\int_0^{+\infty}t^{\lambda}f(t)\,\mathrm{d}t$ 当 $\lambda=a,\lambda=b$ 时都收敛. 证明: $\int_0^{+\infty}t^{\lambda}f(t)\,\mathrm{d}t$ 关于 $\lambda\in[a,b]$ 一致收敛.
5. 讨论积分 $\int_0^{+\infty}\alpha\mathrm{e}^{-\alpha x}\,\mathrm{d}x$ 在下列区间的一致收敛性.

   (i) $0<a\leqslant\alpha\leqslant b<+\infty$;

   (ii) $0<\alpha\leqslant b<+\infty$;

---

① 一般地, 若反常积分 $\int_a^{+\infty}f(x,y)\,\mathrm{d}x$ 对每个 $y\in I$ 收敛, 而 I 只有有限个元素, 则 $\int_a^{+\infty}f(x,y)\,\mathrm{d}x$ 关于 $y\in I$ 一致收敛. 因此, 一致收敛性仅当参数有无限多个取值时, 才有本质的意义.

(iii) $0 < a \leqslant \alpha < +\infty$.

6. 研究 $\int_1^{+\infty} \frac{y^2 - x^2}{(x^2 + y^2)^2} \mathrm{d}x$ 关于 $y \in (-\infty, +\infty)$ 的一致收敛性.

7. 证明对任何 $y \neq 0$, 积分 $\int_0^1 \frac{y^2 - x^2}{(x^2 + y^2)^2} \mathrm{d}x$ 收敛. 并讨论该积分关于 y 在下述区间的一致收敛性.

(i) $y \in (0, 1)$;

(ii) $y \in (1, +\infty)$.

8. 证明: 积分 $\int_0^{+\infty} x^{s-1}\mathrm{e}^{-x} \mathrm{d}x$ 关于 $s \in (0, +\infty)$ **内闭一致收敛**, 即对于 $(0, +\infty)$ 的任何有界闭子区间 $[a, b]$, 该积分关于 $s \in [a, b]$ 一致收敛.

9. 证明: 积分 $\int_0^1 x^{p-1}(1-x)^{q-1} \mathrm{d}x$ 关于 $(p, q) \in (0, +\infty) \times (0, +\infty)$ 内闭一致收敛.

10. 讨论积分 $\int_0^{+\infty} \alpha \mathrm{e}^{-\alpha^2 x^2} \mathrm{d}x$ 在下列区间的一致收敛性.

(i) $\delta < \alpha < +\infty$, 其中 $\delta > 0$;

(ii) $0 < \alpha < +\infty$.

11. 证明 $\int_0^{\pi} \ln(1 - 2\alpha \cos x + \alpha^2) \mathrm{d}x$ 关于 $\alpha \in (-\infty, +\infty)$ 内闭一致收敛.

12. 利用积分第二中值定理证明定理 7.2.2.

7.3 含参变量积分的连续性、微分及积分

本节研究含参变量积分的基本性质. 对于一个收敛的含参变量积分, 它是关于参变量的一个函数, 我们要研究的是这个函数的连续性、可微性和可积性, 以及相应的计算方法.

定理 7.3.1 (含参变量积分的连续性) *设 f 在 $[a, b] \times [c, d]$ 上连续, 则函数*

$$F(y) := \int_a^b f(x, y) \mathrm{d}x$$

在 $[c, d]$ 上连续.

证明 由于 f 在 $[a, b] \times [c, d]$ 上连续, 从而一致连续. 记

$$\omega(r) = \sup_{\substack{(x,y),(\tilde{x},\tilde{y}) \in [a,b]\times[c,d] \\ |x-\tilde{x}|+|y-\tilde{y}|<r}} |f(x, y) - f(\tilde{x}, \tilde{y})|$$

为 f 的连续模, 则

$$\lim_{r \to 0^+} \omega(r) = 0.$$

我们有

$$
\begin{aligned}
|F(\tilde{y})-F(y)| &= \left|\int_a^b f(x,\tilde{y})\,\mathrm{d}x-\int_a^b f(x,y)\,\mathrm{d}x\right| \\
&\leqslant \int_a^b \big|f(x,\tilde{y})-f(x,y)\big|\,\mathrm{d}x \\
&\leqslant \int_a^b \omega(|\tilde{y}-y|)\,\mathrm{d}x \\
&= \omega(|\tilde{y}-y|)(b-a), \quad \forall\, y,\tilde{y}\in[c,d].
\end{aligned}
$$

由此, 即得 F 在 $[c,d]$ 上连续. □

含参变量积分的连续性可以理解为积分与极限两种运算交换次序:

$$
\lim_{y\to y_0}\int_a^b f(x,y)\,\mathrm{d}x=\int_a^b \lim_{y\to y_0} f(x,y)\,\mathrm{d}x. \tag{7.3.1}
$$

定理 7.3.1 事实上可以看作定理 2.4.2 和 Heine 定理的直接推论.

下面的定理则叙述了积分与积分交换次序、积分与求导交换次序的性质.

定理 7.3.2 (积分和求导交换次序) 设 $f(x,y)$ 在 $[a,b]\times[c,d]$ 上有界, $f_y(x,y)$ 在 $[a,b]\times[c,d]$ 上连续, 且对每个 $y\in[c,d]$,

$$
F(y):=\int_a^b f(x,y)\,\mathrm{d}x
$$

存在, 则 $F(y)$ 在 $[c,d]$ 上连续可导, 且

$$
\frac{\mathrm{d}F(y)}{\mathrm{d}y}=\int_a^b f_y(x,y)\,\mathrm{d}x,
$$

即

$$
\frac{\mathrm{d}}{\mathrm{d}y}\int_a^b f(x,y)\,\mathrm{d}x=\int_a^b f_y(x,y)\,\mathrm{d}x. \tag{7.3.2}
$$

证明 对于任何 $y\in[c,d]$ 以及 $\Delta y\neq 0$, 当 $y+\Delta y\in[c,d]$ 时,

$$
\begin{aligned}
\frac{F(y+\Delta y)-F(y)}{\Delta y} &= \int_a^b \frac{f(x,y+\Delta y)-f(x,y)}{\Delta y}\,\mathrm{d}x \\
&= \int_a^b f_y(x,y+\theta\Delta y)\,\mathrm{d}x, \qquad (7.3.3)
\end{aligned}
$$

其中 $\theta=\theta(x,y,\Delta y)\in(0,1)$. 于是仿照定理 7.3.1 的证明, 不难得到

$$\lim_{\Delta y\to 0}\int_a^b f_y(x,y+\theta\Delta y)\,\mathrm{d}x=\int_a^b f_y(x,y)\,\mathrm{d}x.$$

上面的极限当 $y=c$ 或 d 时, 分别理解为右侧极限和左侧极限. 这样就得到了 (7.3.2) 式. 至于 $\dfrac{\mathrm{d}F}{\mathrm{d}y}$ 的连续性, 可利用定理 7.3.1 得到. □

定理 7.3.3 (积分次序的交换性质) 设 f 在 $[a,b]\times[c,d]$ 上连续, 则

$$\int_a^b \mathrm{d}x\int_c^d f(x,y)\,\mathrm{d}y=\int_c^d \mathrm{d}y\int_a^b f(x,y)\,\mathrm{d}x. \tag{7.3.4}$$

证明 考虑

$$F(x)=\int_a^x \mathrm{d}t\int_c^d f(t,y)\,\mathrm{d}y,\quad \forall\, x\in[a,b]$$

和

$$G(x)=\int_c^d \mathrm{d}y\int_a^x f(t,y)\,\mathrm{d}t,\quad \forall\, x\in[a,b].$$

由定理 7.3.1, $\displaystyle\int_c^d f(x,y)\,\mathrm{d}y$ 在 $x\in[a,b]$ 上连续. 从而

$$\frac{\mathrm{d}F(x)}{\mathrm{d}x}=\int_c^d f(x,y)\,\mathrm{d}y,\quad \forall\, x\in[a,b].$$

另一方面, 利用定理 7.3.2,

$$\begin{aligned}\frac{\mathrm{d}G(x)}{\mathrm{d}x}&=\int_c^d \frac{\partial}{\partial x}\left(\int_a^x f(t,y)\,\mathrm{d}t\right)\mathrm{d}y\\&=\int_c^d f(x,y)\,\mathrm{d}y=\frac{\mathrm{d}F(x)}{\mathrm{d}x},\quad \forall\, x\in[a,b].\end{aligned}$$

从而结合 $F(a)=G(a)=0$ 得到

$$F(x)=G(x),\quad \forall\, x\in[a,b].$$

特别地, $F(b)=G(b)$. 这就是 (7.3.4) 式. □

接下来, 介绍反常积分的相关性质. 我们以含参变量无穷积分为例叙述相应的定理.

定理 7.3.4 (含参变量反常积分的连续性) 设 f 在 $[a,+\infty)\times[c,d]$ 上连续, 积分 $\int_a^{+\infty} f(x,y)\,\mathrm{d}x$ 关于 $y\in[c,d]$ 一致收敛, 则

$$F(y):=\int_a^{+\infty} f(x,y)\,\mathrm{d}x$$

是 $[c,d]$ 上的连续函数.

证明 任取 $y_0\in[c,d]$. 不失一般性, 设 $y_0\in(c,d)$, 我们有

$$\begin{aligned}
\overline{\lim_{y\to y_0}}\,|F(y)-F(y_0)| &= \overline{\lim_{y\to y_0}}\left|\int_a^{+\infty} f(x,y)\,\mathrm{d}x-\int_a^{+\infty} f(x,y_0)\,\mathrm{d}x\right| \\
&\leqslant \overline{\lim_{y\to y_0}}\left|\int_A^{+\infty} f(x,y)\,\mathrm{d}x\right|+\overline{\lim_{y\to y_0}}\left|\int_A^{+\infty} f(x,y_0)\,\mathrm{d}x\right| \\
&\quad+\overline{\lim_{y\to y_0}}\left|\int_a^{A} f(x,y)\,\mathrm{d}x-\int_a^{A} f(x,y_0)\,\mathrm{d}x\right| \\
&= \overline{\lim_{y\to y_0}}\left|\int_A^{+\infty} f(x,y)\,\mathrm{d}x\right|+\overline{\lim_{y\to y_0}}\left|\int_A^{+\infty} f(x,y_0)\,\mathrm{d}x\right| \\
&\leqslant 2\sup_{t\in[c,d]}\left|\int_A^{+\infty} f(x,t)\,\mathrm{d}x\right|,\quad \forall A>a.
\end{aligned}$$

于是, 令 $A\to+\infty$, 利用一致收敛性, 即得

$$\overline{\lim_{y\to y_0}}\left|F(y)-F(y_0)\right|\leqslant 0.$$

这就证明了定理. □

下面我们介绍积分次序可交换性的条件:

定理 7.3.5 (含参变量反常积分积分次序的可交换性) 设 f 在 $[a,+\infty)\times[c,d]$ 上连续, 积分 $\int_a^{+\infty} f(x,y)\,\mathrm{d}x$ 关于 $y\in[c,d]$ 一致收敛, 则

$$\int_c^d \mathrm{d}y\int_a^{+\infty} f(x,y)\,\mathrm{d}x=\int_a^{+\infty}\mathrm{d}x\int_c^d f(x,y)\,\mathrm{d}y. \tag{7.3.5}$$

证明 由定理 7.3.4 可见, $\int_a^{+\infty} f(x,y)\,\mathrm{d}x$ 关于 $y\in[c,d]$ 连续, 从而

$$\int_c^d \mathrm{d}y\int_a^{+\infty} f(x,y)\,\mathrm{d}x$$

存在, 我们有 (请读者补充以下每一步推导成立的理由)

$$\begin{aligned}
&\varlimsup_{A\to+\infty}\left|\int_a^A \mathrm{d}x\int_c^d f(x,y)\,\mathrm{d}y-\int_c^d \mathrm{d}y\int_a^{+\infty} f(x,y)\,\mathrm{d}x\right|\\
=&\varlimsup_{A\to+\infty}\left|\int_c^d \mathrm{d}y\int_a^A f(x,y)\,\mathrm{d}x-\int_c^d \mathrm{d}y\int_a^{+\infty} f(x,y)\,\mathrm{d}x\right|\\
=&\varlimsup_{A\to+\infty}\left|\int_c^d \mathrm{d}y\int_A^{+\infty} f(x,y)\,\mathrm{d}x\right|\\
\leqslant&\varlimsup_{A\to+\infty}(d-c)\sup_{y\in[c,d]}\left|\int_A^{+\infty} f(x,y)\,\mathrm{d}x\right|\\
=&\,0.
\end{aligned}$$

这就证明了 (7.3.5) 式. □

定理 7.3.6 (含参变量反常积分的连续可微性) 设 f 在 $[a,+\infty)\times[c,d]$ 上有定义, 积分 $\int_a^{+\infty} f(x,y)\,\mathrm{d}x$ 对每个 $y\in[c,d]$ 都收敛. 进一步, $f(x,y)$ 关于 y 的导数存在, 且 $f_y(x,y)$ 在 $[a,+\infty)\times[c,d]$ 上连续, $\int_a^{+\infty} f_y(x,y)\,\mathrm{d}x$ 关于 $y\in[c,d]$ 一致收敛, 则

$$F(y):=\int_a^{+\infty} f(x,y)\,\mathrm{d}x$$

在 $[c,d]$ 上连续可微, 且

$$\frac{\mathrm{d}}{\mathrm{d}y}\int_a^{+\infty} f(x,y)\,\mathrm{d}x=\int_a^{+\infty} f_y(x,y)\,\mathrm{d}x. \tag{7.3.6}$$

证明 由定理 7.3.5, 对任何 $y\in[c,d]$, 有

$$\begin{aligned}
\int_c^y \mathrm{d}t\int_a^{+\infty} f_y(x,t)\,\mathrm{d}x&=\int_a^{+\infty}\mathrm{d}x\int_c^y f_y(x,t)\,\mathrm{d}t\\
&=\int_a^{+\infty} f(x,y)\mathrm{d}x-\int_a^{+\infty} f(x,c)\,\mathrm{d}x.
\end{aligned}$$

上述等式两边关于 y 求导, 即得 (7.3.6) 式. □

易见, 定理 7.3.1—定理 7.3.3 包含在定理 7.3.4—定理 7.3.6 中.

最后，我们回顾两类重要的含参变量积分——第一类 Euler 积分和第二类 Euler 积分的定义和基本性质. 对于 $s>0$, 我们定义第二类 Euler 积分——Γ 函数 (伽马 (Gamma) 函数) 如下:

$$\Gamma(s)=\int_0^{+\infty}x^{s-1}\mathrm{e}^{-x}\,\mathrm{d}x. \tag{7.3.7}$$

而对于 $p,q>0$, 定义第一类 Euler 积分——B 函数 (贝塔 (Beta) 函数)为

$$\mathrm{B}(p,q)=\int_0^1 x^{p-1}(1-x)^{q-1}\,\mathrm{d}x. \tag{7.3.8}$$

利用本节定理, 不难证明 Euler 函数在其定义域内任意次连续可导. 进一步, Euler 函数具有如下性质, 我们希望读者证明其中的 (i) 和 (ii):

(i) Γ 函数的递推公式

$$\Gamma(s+1)=s\Gamma(s),\quad \forall\, s>0, \tag{7.3.9}$$

特别,

$$\Gamma(n+1)=n!,\quad \forall\, n=0,1,\cdots. \tag{7.3.10}$$

(ii) B 函数和 Γ 函数的关系

$$\mathrm{B}(p,q)=\frac{\Gamma(p)\Gamma(q)}{\Gamma(p+q)},\quad \forall\, p,q>0. \tag{7.3.11}$$

(iii) 余元公式

$$\Gamma(s)\Gamma(1-s)=\frac{\pi}{\sin s\pi},\quad \forall\, s\in(0,1). \tag{7.3.12}$$

(iv) Stirling 公式

$$\Gamma(s+1)=\left(\frac{s}{\mathrm{e}}\right)^s\sqrt{2\pi s}\,(1+o(1))\quad (s\to+\infty). \tag{7.3.13}$$

习　题　7.3

1. 设 $p(\cdot),q(\cdot)$ 在 $[c,d]$ 上连续可导,

$$p(y),q(y)\in[a,b],\quad \forall\, y\in[c,d],$$

而 $f(x,y)$ 在 $[a,b]\times[c,d]$ 上连续, 且关于 y 的偏导数 $f_y(x,y)$ 连续. 证明:

$$F(y):=\int_{p(y)}^{q(y)}f(x,y)\,\mathrm{d}x$$

在 $[c,d]$ 上连续可导. 并计算 $F'(y)$.

2. 证明当且仅当 $f(0)=0$ 时,

$$F(y):=\int_0^1 \frac{yf(x)}{x^2+y^2}\,\mathrm{d}x$$

在 $y=0$ 连续, 其中 f 是 $[0,1]$ 上的连续函数.

3. 考察

$$f(p):=\int_0^{\pi} \frac{\sin x}{x^p(\pi-x)^{2-p}}\,\mathrm{d}x$$

的连续性.

4. 证明:

$$F(\alpha):=\int_0^{+\infty} \mathrm{e}^{-\alpha x}\frac{\sin x}{x}\,\mathrm{d}x$$

在 $[0,+\infty)$ 上连续.

5. 证明: Γ 函数在 $(0,+\infty)$ 内无限阶可导.
6. 试证明 Γ 函数的递推公式.
7. 证明: $\Gamma'(1)=-\gamma$, 其中 γ 是 Euler 常数.
8. 证明 B 函数和 Γ 函数的递推公式:

$$\mathrm{B}(p,q)=\frac{\Gamma(p)\Gamma(q)}{\Gamma(p+q)}.$$

提示: 利用

$$\Gamma(p)=2\int_0^{+\infty} x^{2p-1}\mathrm{e}^{-x^2}\,\mathrm{d}x$$

将 $\Gamma(p)\Gamma(q)$ 化为二重积分.

9. 证明: B 函数关于 $(p,q)\in(0,+\infty)\times(0,+\infty)$ 任意阶连续可导.
10. 确定使下述积分收敛的参数, 计算它们的值或将它们用 Γ 函数表示出来:

(i) $\displaystyle\int_0^{\frac{\pi}{2}} \sin^p x\cos^q x\,\mathrm{d}x$;

(ii) $\displaystyle\int_0^{+\infty} \frac{x^p}{(1+x^q)^r}\,\mathrm{d}x$.

提示: 作代换 $t=\dfrac{1}{1+x^q}$.

11. 思考: 为什么定理 7.3.2 的证明中, 我们说 “仿定理 7.3.1 的证明”, 而不是直接说利用定理 7.3.1?
12. 在定理 7.3.2 的证明中, 可将 (7.3.3) 改写为

$$\frac{F(y+\Delta y)-F(y)}{\Delta y}=\int_a^b\left(\int_0^1 f_y(x,y+t\Delta y)\,\mathrm{d}t\right)\mathrm{d}x.$$

试说明可以直接对上式运用定理 7.3.1 得到定理 7.3.2 的证明.

7.4 含参变量积分的计算

利用 7.3 节的定理, 通过积分交换次序或者积分号下求导是计算含参变量积分, 特别是计算含参变量反常积分的常用方法, 其中利用积分交换次序本质上与计算重积分时选取积分次序的情况相同, 而利用积分号下求导则可能进一步利用常微分方程求得最后结果. 必要的时候, 我们也可以通过引入参数来计算反常积分. 另外, 利用 Euler 函数以及利用复变函数论中的**留数**[1]等进行计算也是非常有效的方法.

例 7.4.1 设 $a,b>0$, 计算 $\displaystyle\int_0^1 \frac{x^b-x^a}{\ln x}\,\mathrm{d}x$.

解 首先注意, 所求积分本质上是一个常义积分, 尽管这与我们能否计算关系不大. 下面用两种方法计算.

解法 I 注意到 x^y 在 $[0,1]\times[a,b]$ 连续, 利用定理 7.3.3, 有

$$\begin{aligned}\int_0^1 \frac{x^b-x^a}{\ln x}\,\mathrm{d}x &= \int_0^1 \mathrm{d}x\int_a^b x^y\,\mathrm{d}y = \int_a^b \mathrm{d}y\int_0^1 x^y\,\mathrm{d}x\\ &= \int_a^b \frac{1}{y+1}\,\mathrm{d}y = \ln\frac{b+1}{a+1}.\end{aligned}$$

解法 II 固定 $a>0$, 记

$$F(b)=\int_0^1 \frac{x^b-x^a}{\ln x}\,\mathrm{d}x,\quad b\geqslant a,$$

则由定理 7.3.2 得

$$\frac{\mathrm{d}F(b)}{\mathrm{d}b}=\int_0^1 x^b\,\mathrm{d}x=\frac{1}{b+1}.$$

于是

$$F(b)=\ln(b+1)+C,\quad \forall\, b\geqslant a.$$

这样, 由 $F(a)=0$ 得到

$$F(b)=\ln\frac{b+1}{a+1}.$$

注意这两种方法在这里并没有本质的不同.

例 7.4.2 计算 $\displaystyle\int_0^{+\infty} \frac{\sin x}{x}\,\mathrm{d}x$.

---

① 留数与复积分相关, 而复积分其实就是第二型曲线积分, 因此, 其基本性质已经包含在数学分析之中.

解 考虑

$$f(\alpha)=\int_0^{+\infty}\mathrm{e}^{-\alpha x}\frac{\sin x}{x}\,\mathrm{d}x,\quad \forall\,\alpha\geqslant 0,$$

则由于 $\int_0^{+\infty}\mathrm{e}^{-\alpha x}\frac{\sin x}{x}\,\mathrm{d}x$ 关于 $\alpha\in[0,+\infty)$ 一致收敛, 利用定理 7.3.4 知, f 在 $[0,+\infty)$ 上连续.

进一步, $\int_0^{+\infty}\mathrm{e}^{-\alpha x}\sin x\,\mathrm{d}x$ 关于 $\alpha\in(0,+\infty)$ 内闭一致收敛, 从而由定理 7.3.6 可得

$$f'(\alpha)=-\int_0^{+\infty}\mathrm{e}^{-\alpha x}\sin x\,\mathrm{d}x=-\frac{1}{1+\alpha^2}.$$

于是

$$f(\alpha)=-\arctan\alpha+C,\quad \forall\,\alpha>0.$$

由 f 在 $[0,+\infty)$ 上的连续性, 得到

$$f(\alpha)=-\arctan\alpha+C,\quad \forall\,\alpha\geqslant 0.$$

另外, 易见当 $\alpha\to+\infty$ 时,

$$|f(\alpha)|\leqslant\int_0^{+\infty}\mathrm{e}^{-\alpha x}\,\mathrm{d}x=\frac{1}{\alpha}\to 0.$$

从而

$$C=\lim_{\alpha\to+\infty}(f(\alpha)+\arctan\alpha)=\frac{\pi}{2}.$$

这样

$$f(\alpha)=\frac{\pi}{2}-\arctan\alpha,\quad \forall\,\alpha\geqslant 0.$$

特别地,

$$\int_0^{+\infty}\frac{\sin x}{x}\,\mathrm{d}x=f(0)=\frac{\pi}{2}.$$

尽管积分交换次序和积分号下求导是计算积分一个非常有效的方法, 但是被积函数对称性的利用在一些情形仍然是非常有意义的.

例 7.4.3 设 $\alpha\in(-\infty,+\infty)$, 计算 $\int_0^{\pi}\ln(1-2\alpha\cos x+\alpha^2)\,\mathrm{d}x$.

解　积分可能的瑕点是 $0, \pi$. 利用 Weierstrass 判别法, 不难证明

$$\int_0^{\pi} \ln(1 - 2\alpha\cos x + \alpha^2)\,\mathrm{d}x$$

关于 $\alpha \in (-\infty, +\infty)$ 内闭一致收敛. 于是

$$F(\alpha) = \int_0^{\pi} \ln(1 - 2\alpha\cos x + \alpha^2)\,\mathrm{d}x$$

在 $\alpha \in (-\infty, +\infty)$ 上连续.

我们有

$$\begin{aligned}
F(\alpha) = F(-\alpha) &= \frac{1}{2}(F(\alpha) + F(-\alpha)) \\
&= \frac{1}{2}\int_0^{\pi} \ln((1+\alpha^2)^2 - 4\alpha^2\cos^2 x)\,\mathrm{d}x \\
&= \frac{1}{2}\int_0^{\pi} \ln((1+\alpha^2)^2 - 2\alpha^2\cos 2x - 2\alpha^2)\,\mathrm{d}x \\
&= \frac{1}{4}\int_0^{2\pi} \ln(1+\alpha^4 - 2\alpha^2\cos x)\,\mathrm{d}x \\
&= \frac{1}{2}\int_0^{\pi} \ln(1+\alpha^4 - 2\alpha^2\cos x)\,\mathrm{d}x \\
&= \frac{1}{2}F(\alpha^2).
\end{aligned}$$

因此, $F(\pm 1) = 0$. 更一般地, 反复运用上式可得

$$F(\alpha) = \frac{1}{2^n}F(\alpha^{2^n}), \quad \forall\,|\alpha| < 1,\ n \geqslant 1,$$

所以

$$F(\alpha) = \lim_{n\to+\infty} \frac{1}{2^n}F(\alpha^{2^n}) = 0\cdot F(0) = 0, \quad \forall\,|\alpha| < 1.$$

最后, 结合 $F\left(\dfrac{1}{\alpha}\right) = -2\pi\ln|\alpha| + F(\alpha)$ 可得

$$F(\alpha) = \begin{cases} 2\pi\ln|\alpha|, & |\alpha| > 1, \\ 0, & |\alpha| \leqslant 1. \end{cases}$$

习 题 7.4

用尽可能多的方法计算以下积分.

1. 试用其他方法计算例 7.4.1.
2. 设 $\alpha>0,\beta>0$, 计算 $\displaystyle\int_0^{+\infty}\frac{\mathrm{e}^{-\alpha x^2}-\mathrm{e}^{-\beta x^2}}{x}\mathrm{d}x$.
3. 设 $\alpha>0$, 计算 $\displaystyle\int_0^{+\infty}x\mathrm{e}^{-\alpha x^2}\sin bx\,\mathrm{d}x$.
4. 设 $\alpha\geqslant 0$, 计算 $\displaystyle\int_0^{\frac{\pi}{2}}\frac{\arctan(\alpha\tan x)}{\tan x}\mathrm{d}x$.
5. 计算 $\displaystyle\int_0^{+\infty}\left(\frac{\arctan x}{x}\right)^2\mathrm{d}x$.
6. 利用 $\dfrac{1}{\sqrt{x}}=\dfrac{2}{\sqrt{\pi}}\displaystyle\int_0^{+\infty}\mathrm{e}^{-xy^2}\mathrm{d}y\ (x>0)$, 计算积分 $F=\displaystyle\int_0^{+\infty}\sin x^2\,\mathrm{d}x$ 以及 $F_1=\displaystyle\int_0^{+\infty}\cos x^2\,\mathrm{d}x$.
7. 计算 $\displaystyle\int_0^1\frac{\ln(1+x)}{1+x^2}\mathrm{d}x$.
8. 计算 $\displaystyle\int_0^{+\infty}\mathrm{e}^{-(x^2+\frac{a^2}{x^2})}\mathrm{d}x$.
9. 计算:

   (i) $\displaystyle\int_0^{\pi}\ln(1-2\alpha\cos x+\alpha^2)\,\mathrm{d}x$;

   (ii) $\displaystyle\int_0^{\frac{\pi}{2}}\ln(a^2-\sin^2 x)\,\mathrm{d}x,\quad a\geqslant 1$;

   (iii) $\displaystyle\int_0^{\frac{\pi}{2}}\ln(a^2\sin^2 x+b^2\cos^2 x)\,\mathrm{d}x$.

7.5* Fourier 变换

Fourier 级数理论告诉我们可以把一个波 (周期函数) 看成是简谐振动的组合. 通过 Fourier 级数展开, 我们可以把一个波当中某个频率的波给分解出来.

而通过周期延拓, 我们可以把任何区间上的函数看作周期函数, 从而去分析它所包含的某种频率的函数.

现在我们考虑一个在 $\mathbb{R}$ 上绝对可积的函数 f, 为简单起见, 我们假设 f 在 $\mathbb{R}$ 上有紧支集, 且有二阶的连续导数.

取 $T>0$, 把 $f|_{[-T,T]}$ 作以 $2T$ 为周期的延拓, 则其 Fourier 级数的复形式为

$$\sum_{n=-\infty}^{+\infty}\left(\frac{1}{2T}\int_{-T}^{T}f(y)\mathrm{e}^{\frac{-\mathrm{i}n\pi y}{T}}\mathrm{d}y\right)\mathrm{e}^{\frac{\mathrm{i}n\pi x}{T}}. \tag{7.5.1}$$

当 $T>0$ 足够大时, $\operatorname{supp} f\subset[-T,T]$. 则以上级数在 $[-T,T]$ 上收敛到 $f|_{[-T,T]}$:

$$f(x)=\sum_{n=-\infty}^{+\infty}\frac{1}{2T}\widehat{f}\left(\frac{n}{2T}\right)\mathrm{e}^{2\pi\mathrm{i}x\frac{n}{2T}},\qquad\forall\,x\in[-T,T],\tag{7.5.2}$$

其中

$$\widehat{f}(x)\equiv\mathscr{F}(f)(x):=\int_{-\infty}^{+\infty}f(y)\mathrm{e}^{-2\pi\mathrm{i}xy}\,\mathrm{d}y,\qquad x\in\mathbb{R}.\tag{7.5.3}$$

进一步, 在 (7.5.2) 中令 $T\to+\infty$ 得到

$$f(x)=\int_{-\infty}^{+\infty}\widehat{f}(y)\mathrm{e}^{2\pi\mathrm{i}xy}\,\mathrm{d}y.\tag{7.5.4}$$

今后, 对于 $\mathbb{R}$ 上的绝对可积函数 f, 称由 (7.5.3) 定义的 $\widehat{f}\equiv\mathscr{F}(f)$ 为 f 的 **Fourier 变换**. 而称下式定义的 $\check{f}\equiv\mathscr{F}^{-1}(f)$ 为 f 的 **Fourier 逆变换**.

$$\check{f}(x)=\mathscr{F}^{-1}(f)(x):=\int_{-\infty}^{+\infty}f(y)\mathrm{e}^{2\pi\mathrm{i}xy}\,\mathrm{d}y.\tag{7.5.5}$$

Fourier 变换有着重要的应用, 但在数学分析中介绍 Fourier 变换的主要结果存在一定困难, Fourier 变换理论最终在 Lebesgue 积分意义下的平方可积空间中讨论最为合适, 这一切有待于引入 Lebesgue 积分以及泛函分析理论. 本节中, 我们把讨论的范围限制在速降函数空间内, 则可以方便地介绍 Fourier 变换的一些基本性质. 今后很容易将这些在速降函数空间建立的结果推广到一般情形. 不难看到, 目前也可以在比速降函数类更广的范围内建立某些特定的性质. 另一方面, 本节只讨论一维情形, Fourier 变换以及相关结果容易推广到高维情形.

我们称 $\mathbb{R}$ 上无穷次可微的 (复值) 函数 φ 为**速降函数**, 又称**施瓦茨 (Schwarz) 函数**, 如果

$$\sup_{x\in\mathbb{R}}\left|x^n\varphi^{(m)}(x)\right|<+\infty,\qquad\forall\,m,n\in\mathbb{N}.\tag{7.5.6}$$

这等价于

$$\lim_{x\to\infty}x^n\varphi^{(m)}(x)=0,\qquad\forall\,m,n\in\mathbb{N}.\tag{7.5.7}$$

记速降函数的全体为 $\mathscr{S}\equiv\mathscr{S}(\mathbb{R})$.

速降函数就是其各阶导数乘以任何多项式后, 在无穷远处仍然趋于零的光滑函数. 记 $C_c^\infty(\mathbb{R};\mathbb{C})$ 为 $\mathbb{R}$ 上具有紧支集的无限阶可导复值函数全体. 易见 $C_c^\infty(\mathbb{R};$

$\mathbb{C}) \subset \mathscr{S}$. 又易见 $f(x) := \mathrm{e}^{-x^2}$ 所定义的函数 f 是速降函数. 对于速降函数, 其各阶导数是速降函数, 速降函数乘以多项式是速降函数.

以下定理给出了 Fourier 变换的导数以及导数的 Fourier 变换.

定理 7.5.1 设 $f \in \mathscr{S}$, 则 $\widehat{f} \in \mathscr{S}$, 且对于任何 $n \geqslant 1$ 成立

$$\frac{\mathrm{d}^n}{\mathrm{d}x^n}\widehat{f}(x) = (-2\pi\mathrm{i})^n \int_{-\infty}^{+\infty} y^n f(y)\mathrm{e}^{-2\pi\mathrm{i}xy}\,\mathrm{d}y, \tag{7.5.8}$$

$$\mathscr{F}(f^{(n)})(x) = (2\pi\mathrm{i})^n x^n \widehat{f}(x). \tag{7.5.9}$$

一般地, 对 $n, m \geqslant 0$, 有

$$x^m \frac{\mathrm{d}^n}{\mathrm{d}x^n}\widehat{f}(x) = \frac{(-2\pi\mathrm{i})^n}{(2\pi\mathrm{i})^m} \int_{-\infty}^{+\infty} \frac{\mathrm{d}^m}{\mathrm{d}y^m}\left(y^n f(y)\right)\mathrm{e}^{-2\pi\mathrm{i}xy}\,\mathrm{d}y. \tag{7.5.10}$$

证明 由于 $f \in \mathscr{S}$, 因此存在 $M > 0$ 使得

$$|2\pi\mathrm{i}xf(x)| \leqslant \frac{M}{|x|^2+1}, \qquad \forall\, x \in \mathbb{R}. \tag{7.5.11}$$

这样, $\int_{-\infty}^{+\infty} (-2\pi\mathrm{i}y)f(y)\mathrm{e}^{-2\pi\mathrm{i}xy}\,\mathrm{d}y$ 关于 $x \in \mathbb{R}$ 一致收敛, 从而可得

$$\frac{\mathrm{d}}{\mathrm{d}x}\widehat{f}(x) = \int_{-\infty}^{+\infty} -2\pi\mathrm{i}yf(y)\mathrm{e}^{-2\pi\mathrm{i}xy}\,\mathrm{d}y. \tag{7.5.12}$$

归纳可得 (7.5.8). 同样, 利用分部积分, 可得

$$\mathscr{F}(f')(x) = 2\pi\mathrm{i}x\widehat{f}(x). \tag{7.5.13}$$

归纳可得 (7.5.9). 结合 (7.5.8)—(7.5.9) 得到 (7.5.10). 由 $f \in \mathscr{S}$, 在 (7.5.10) 右端的被积函数中, $\frac{\mathrm{d}^m}{\mathrm{d}y^m}\left(y^n f(y)\right)$ 也是速降函数, 从而绝对可积. 因此, $x^m \frac{\mathrm{d}^n}{\mathrm{d}x^n}\widehat{f}(x)$ 有界. 从而 $\widehat{f} \in \mathscr{S}$. □

另一方面, 易得平移变换与 Fourier 变换的关系.

定理 7.5.2 设 $f \in \mathscr{S}$, $x_0 \in \mathbb{R}$.

(i) 对于 $g(x) := f(x+x_0)$, 有 $\widehat{g}(x) = \mathrm{e}^{2\pi\mathrm{i}xx_0}\widehat{f}(x)$,

(ii) 对于 $g(x) := \mathrm{e}^{-2\pi\mathrm{i}x_0x}f(x)$, 有 $\widehat{g}(x) = \widehat{f}(x+x_0)$.

接下来, 我们来证明 (7.5.5) 确实定义了 $\mathscr{F}$ 的逆变换.

定理 7.5.3 设 $f \in \mathscr{S}$, 则

$$f(x)=\int_{-\infty}^{+\infty} \widehat{f}(y)\mathrm{e}^{2\pi \mathrm{i} x y}\,\mathrm{d} y. \tag{7.5.14}$$

证明 任取 $A>0$,

$$\begin{aligned}
&\int_{-A}^{A} \widehat{f}(y)\mathrm{e}^{2\pi \mathrm{i} x y}\,\mathrm{d} y=\int_{-A}^{A} \mathrm{d} y \int_{-\infty}^{+\infty} f(u)\mathrm{e}^{2\pi \mathrm{i}(x-u) y}\,\mathrm{d} u \\
=&\int_{-A}^{A} \mathrm{d} y \int_{-\infty}^{+\infty} f(x-u)\mathrm{e}^{2\pi \mathrm{i} u y}\,\mathrm{d} u=\int_{-\infty}^{+\infty} \mathrm{d} u \int_{-A}^{A} f(x-u)\mathrm{e}^{2\pi \mathrm{i} u y}\,\mathrm{d} y \\
=&\int_{-\infty}^{+\infty} f(x-u) \frac{\sin(2\pi A u)}{\pi u}\,\mathrm{d} u \\
=&\int_{-\infty}^{+\infty} f'(x-u)\left(\int_{0}^{2\pi A u} \frac{\sin t}{\pi t}\,\mathrm{d} t\right)\mathrm{d} u.
\end{aligned} \tag{7.5.15}$$

在 (7.5.15) 两端令 $A \rightarrow+\infty$, 由一致收敛性得

$$\int_{-\infty}^{+\infty} \widehat{f}(y)\mathrm{e}^{2\pi \mathrm{i} x y}\,\mathrm{d} y=\int_{-\infty}^{+\infty} f'(x-u) \frac{\operatorname{sgn}(u)}{2}\,\mathrm{d} u=f(x).$$

定理得证. □

以下定理给出了卷积的 Fourier 变换.

定理 7.5.4 设 $f, g \in \mathscr{S}$, 则

$$(f * g)^{\wedge}(x)=\widehat{f}(x)\widehat{g}(x), \quad \forall x \in \mathbb{R}, \tag{7.5.16}$$

$$(f g)^{\wedge}(x)=(\widehat{f} * \widehat{g})(x), \quad \forall x \in \mathbb{R}. \tag{7.5.17}$$

证明 证明是简单的:

$$\begin{aligned}
(f * g)^{\wedge}(x)&=\int_{-\infty}^{+\infty}(f * g)(y)\mathrm{e}^{-2\pi \mathrm{i} x y}\,\mathrm{d} y \\
&=\int_{-\infty}^{+\infty} \mathrm{d} y \int_{-\infty}^{+\infty} f(y-u) g(u)\mathrm{e}^{-2\pi \mathrm{i} x y}\,\mathrm{d} u \\
&=\int_{-\infty}^{+\infty} \mathrm{d} u \int_{-\infty}^{+\infty} f(y-u) g(u)\mathrm{e}^{-2\pi \mathrm{i} x y}\,\mathrm{d} y \\
&=\int_{-\infty}^{+\infty} \mathrm{d} u \int_{-\infty}^{+\infty} f(y) g(u)\mathrm{e}^{-2\pi \mathrm{i} x(y+u)}\,\mathrm{d} y
\end{aligned}$$

$$= \widehat{f}(x)\widehat{g}(x).$$

注意到 $\overset{\vee}{f}(x) = \widehat{f}(-x)$, 我们有

$$(f * g)^{\vee}(x) = \overset{\vee}{f}(x)\,\overset{\vee}{g}(x), \quad \forall\, x \in \mathbb{R}. \tag{7.5.18}$$

进而又立即可得 (7.5.17). □

利用上述定理, 可得 **Parseval 等式**. 我们用 $\bar{z}$ 表示复数 z 的共轭复数.

定理 7.5.5 设 $f, g \in \mathscr{S}$, 则

$$\int_{-\infty}^{+\infty} f(x)\overline{g(x)}\,\mathrm{d}x = \int_{-\infty}^{+\infty} \widehat{f}(x)\overline{\widehat{g}(x)}\,\mathrm{d}x. \tag{7.5.19}$$

证明 令

$$h(x) := \overline{g(-x)}, \quad \forall\, x \in \mathbb{R}.$$

我们有

$$\int_{-\infty}^{+\infty} f(x)\overline{g(x)}\,\mathrm{d}x = \int_{-\infty}^{+\infty} f(x)h(-x)\,\mathrm{d}x = (f * h)(0)$$

$$= \left((f * h)^{\wedge}\right)^{\vee}(0) = \left(\widehat{f}\,\widehat{h}\right)^{\vee}(0) = \int_{-\infty}^{+\infty} \widehat{f}(x)\,\widehat{h}(x)\,\mathrm{d}x$$

$$= \int_{-\infty}^{+\infty} \widehat{f}(x)\overline{\widehat{g}(x)}\,\mathrm{d}x.$$ □

在上述定理中取 g 为 f 即得**普朗歇尔 (Plancherel)**[①] **定理**.

定理 7.5.6 设 $f \in \mathscr{S}$, 则

$$\int_{-\infty}^{+\infty} |f(x)|^2\,\mathrm{d}x = \int_{-\infty}^{+\infty} |\widehat{f}(x)|^2\,\mathrm{d}x. \tag{7.5.20}$$

考虑范数

$$\|f\|_p := \begin{cases} \left(\displaystyle\int_{\mathbb{R}} |f(x)|^p\,\mathrm{d}x\right)^{\frac{1}{p}}, & p \in [1, +\infty), \\ \sup\limits_{x\in\mathbb{R}} |f(x)|, & p = \infty, \end{cases} \qquad f \in \mathscr{S},$$

利用 $\|\widehat{f}\|_\infty \leqslant \|f\|_1$, $\|\widehat{f}\|_2 = \|f\|_2$ 和插值定理可得如下的**豪斯多夫–杨 (Hausdorff**[②]**-Young) 不等式**.

① Plancherel, Michel, 1885 年 1 月 16 日—1967 年 3 月 4 日, 瑞士数学家.

② Hausdorff, Felix, 1868 年 11 月 8 日—1942 年 1 月 26 日, 德国数学家.

定理 7.5.7 设 $p\in[1,2]$, q 为其对偶数, 则对于任何 $f\in\mathscr{S}$, 成立

$$\|\widehat{f}\|_q \leqslant \|f\|_p. \tag{7.5.21}$$

利用如下关于卷积的 Young 不等式, 则可以对 q 为偶数的情形加以证明.

定理 7.5.8 设 $q,p,r\in[1,+\infty]$ 满足 $\dfrac{1}{r}=\dfrac{1}{p}+\dfrac{1}{q}-1$. 则对任何 $f,g\in\mathscr{S}$, 有

$$\|f*g\|_r \leqslant \|f\|_p\|g\|_q. \tag{7.5.22}$$

证明 不难看到, p,q,r 之一为 1 或 $+\infty$ 时, 结论易证. 下设 $q,p,r\in(1,+\infty)$, 记 $s=\dfrac{q}{r-1}$, 则 $\dfrac{1}{p}+\dfrac{1}{q}+\dfrac{1}{s}=2$. 而要证明 (7.5.22), 只需要对满足 $\|f\|_p=\|g\|_r=\|h\|_s=1$ 的 $f,g,h\in\mathscr{S}$, 证明

$$\int_{\mathbb{R}}\big|(f*g)(x)h(x)\big|\,\mathrm{d}x\leqslant 1. \tag{7.5.23}$$

取 $\alpha,\beta,\gamma\in[0,1]$ 满足 $\alpha+\beta=\dfrac{1}{q},\beta+\gamma=\dfrac{1}{s},\gamma+\alpha=\dfrac{1}{p}$, 便有

$$\big|f(y)g(x-y)h(x)\big|\leqslant\alpha\big|f(y)\big|^p\big|g(x-y)\big|^q+\beta\big|g(x-y)\big|^q\big|h(x)\big|^s+\gamma\big|h(x)\big|^s\big|f(y)\big|^p.$$

对上式在 $\mathbb{R}^2$ 上积分即得 (7.5.23). □

有了定理 7.5.8, 可得定理 7.5.7 的特例

$$\begin{aligned}\|\widehat{f}\|_{2m}&=\|\widehat{f}^m\|_2^{\frac{1}{m}}=\|(\overbrace{f*f*\cdots*f}^{m\text{个}})^\wedge\|_2^{\frac{1}{m}}=\|\overbrace{f*f*\cdots*f}^{m\text{个}}\|_2^{\frac{1}{m}}\\&\leqslant\|f\|_{\frac{2m}{m-1}}^{\frac{1}{m}}\|\overbrace{f*f*\cdots*f}^{m-1\text{个}}\|_{\frac{2m}{m+1}}^{\frac{1}{m}}\leqslant\cdots\leqslant\|f\|_{\frac{2m}{2m-1}}.\end{aligned}$$

例 7.5.1 计算 $\left(\chi_{[-\frac{1}{2},\frac{1}{2}]}\right)^\wedge$.

解

$$\left(\chi_{[-\frac{1}{2},\frac{1}{2}]}\right)^\wedge(x)=\int_{-\frac{1}{2}}^{\frac{1}{2}}\mathrm{e}^{-2\pi\mathrm{i}xy}\,\mathrm{d}y=\frac{\sin\pi x}{\pi x}.$$

例 7.5.2 设 $f(x):=\mathrm{e}^{-\pi|x|^2}\ (x\in\mathbb{R})$, 计算 $\widehat{f}$.

解 考虑

$$F(x)=\int_{-\infty}^{+\infty}\mathrm{e}^{-\pi y^2}\mathrm{e}^{-2\pi\mathrm{i}xy}\,\mathrm{d}y,\qquad x\in\mathbb{R}.$$

我们有

$$\begin{aligned}F'(x) &= \int_{-\infty}^{+\infty} -2\pi i y e^{-\pi y^2} e^{-2\pi i x y}\,dy\\&= -2\pi x \int_{-\infty}^{+\infty} e^{-\pi y^2} e^{-2\pi i x y}\,dy\\&= -2\pi x F(x), \qquad x\in\mathbb{R}.\end{aligned}$$

由此得到

$$F(x) = C e^{-\pi x^2}, \qquad x\in\mathbb{R},$$

其中

$$C = F(0) = \int_{-\infty}^{+\infty} e^{-\pi y^2}\,dy = 1.$$

因此 $\widehat{f} = f$.

例 7.5.3 设 $0<a<1$, $ba\geqslant 1$, 证明级数 $W(x) := \sum\limits_{n=1}^{\infty} a^n\cos b^n x$ 与 $S(x) := \sum\limits_{n=1}^{\infty} a^n \sin b^n x$ 在 $\mathbb{R}$ 上处处连续无处可微. 特别, $\sum\limits_{n=1}^{\infty}\dfrac{\cos 2^n x}{2^n}$ 与 $\sum\limits_{n=1}^{\infty}\dfrac{\sin 2^n x}{2^n}$ 在 $\mathbb{R}$ 上处处连续无处可微.

证明 易见 W, S 处处连续. 任取 C_c^∞ 函数 ψ 使得 $\psi(1)=1$, $\operatorname{supp}\psi\subseteq\left[\dfrac{1}{b}, b\right]$. 令 $\varphi = \check{\psi}$. 则 ψ,φ 都是速降函数.

如果对某个 $x_0\in\mathbb{R}$, W 在 x_0 可导, 则

$$\begin{aligned}&\lim_{\varepsilon\to 0^+}\int_{-\infty}^{+\infty}\frac{W(x_0+2\pi\varepsilon x)-W(x_0)}{2\pi\varepsilon x}\cdot x\varphi(x)\,dx\\=&W'(x_0)\int_{-\infty}^{+\infty} x\varphi(x)\,dx = -\frac{1}{2\pi i}W'(x_0)\widehat{\varphi}'(0) = 0.\end{aligned} \tag{7.5.24}$$

另一方面,

$$\begin{aligned}&\int_{-\infty}^{+\infty}\frac{W(x_0+2\pi\varepsilon x)-W(x_0)}{2\pi\varepsilon x}\cdot x\varphi(x)\,dx\\=&\frac{1}{2\pi\varepsilon}\int_{-\infty}^{+\infty} W(x_0+2\pi\varepsilon x)\varphi(x)\,dx - \frac{1}{2\pi\varepsilon}W(x_0)\widehat{\varphi}(0)\end{aligned}$$

$$
\begin{aligned}
&= \frac{1}{2\pi\varepsilon}\sum_{n=1}^{\infty}\int_{-\infty}^{+\infty} a^n\varphi(x)\cos\left(b^n(x_0+2\pi\varepsilon x)\right)\mathrm{d}x\\
&= \frac{1}{4\pi\varepsilon}\sum_{n=1}^{\infty}\int_{-\infty}^{+\infty} a^n\left(\mathrm{e}^{\mathrm{i}b^n(x_0+2\pi\varepsilon x)}+\mathrm{e}^{-\mathrm{i}b^n(x_0+2\pi\varepsilon x)}\right)\varphi(x)\,\mathrm{d}x\\
&= \frac{1}{4\pi\varepsilon}\sum_{n=1}^{\infty}a^n\left(\mathrm{e}^{\mathrm{i}b^n x_0}\widehat{\varphi}(-b^n\varepsilon)+\mathrm{e}^{-\mathrm{i}b^n x_0}\widehat{\varphi}(b^n\varepsilon)\right).
\end{aligned}
$$

上式中对于 $k\geqslant 1$, 取 $\varepsilon=b^{-k}$, 则得到

$$
\int_{-\infty}^{+\infty}\frac{W(x_0+2\pi b^{-k}x)-W(x_0)}{2\pi b^{-k}x}\cdot x\varphi(x)\,\mathrm{d}x=\frac{b^k}{4\pi}a^k\mathrm{e}^{-\mathrm{i}b^k x_0}. \tag{7.5.25}
$$

结合 (7.5.24) 和 (7.5.25) 得到 $\lim\limits_{k\to+\infty}\dfrac{b^k}{4\pi}a^k\mathrm{e}^{-\mathrm{i}b^k x_0}=0$.

这与 $ab\geqslant 1$ 矛盾. 因此 W 无处可微. 同理可证 S 无处可微. □

例中的函数 $\varphi\in\mathscr{S}$ 不恒为零, 但满足

$$
\int_{-\infty}^{+\infty}x^n\varphi(x)\,\mathrm{d}x=0,\qquad \forall\, n\geqslant 0.
$$

这与有界区间上的情形不同.

同样的思想, 可以构造出处处连续但无处 Hölder 连续的函数.

例 7.5.4 证明 $g(x):=\sum\limits_{n=1}^{\infty}\dfrac{\cos 2^n x}{n^2}$ 处处连续但处处不 Hölder 连续.

证明 反设对某个 $x_0\in\mathbb{R}$, 存在 $\alpha\in(0,1)$ 使得函数 g 在 x_0 点满足 α 阶 Hölder 条件, 即存在 $\delta>0$ 以及常数 $C>0$ 使得

$$
|g(x)-g(x_0)|\leqslant C|x-x_0|^\alpha,\qquad \forall\, x\in(x_0-\delta,x_0+\delta).
$$

取 C_c^∞ 函数 ψ 使得 $\psi(1)=1$, $\operatorname{supp}\psi\subseteq\left[\dfrac{1}{2},2\right]$, $\varphi=\check{\psi}$. 则当 ε 在 $(0,1)$ 中变化时,

$$
\int_{-\infty}^{+\infty}\frac{g(x_0+2\pi\varepsilon x)-g(x_0)}{|2\pi\varepsilon x|^\alpha}\cdot|x|^\alpha\varphi(x)\,\mathrm{d}x
$$

有界. 而另一方面, 当 k 充分大时,

$$
\int_{-\infty}^{+\infty}\frac{g(x_0+2\pi\cdot 2^{-k}x)-g(x_0)}{|2\pi\cdot 2^{-k}x|^\alpha}\cdot|x|^\alpha\varphi(x)\,\mathrm{d}x
$$

$$
\begin{aligned}
&= \frac{2^{(k-1)\alpha}}{\pi^\alpha}\int_{-\infty}^{+\infty} g(x_0+2\pi\cdot 2^{-k}x)\varphi(x)\,\mathrm{d}x - \frac{2^{(k-1)\alpha}}{\pi^\alpha} g(x_0)\widehat{\varphi}(0) \\
&= \frac{2^{(k-1)\alpha}}{\pi^\alpha}\sum_{n=1}^{\infty}\int_{-\infty}^{+\infty} \frac{\cos\left(2^n(x_0+2\pi\cdot 2^{-k}x)\right)}{n^2}\varphi(x)\,\mathrm{d}x \\
&= \frac{2^{(k-1)\alpha}}{2\pi^\alpha}\sum_{n=1}^{\infty}\int_{-\infty}^{+\infty} \frac{1}{n^2}\left(\mathrm{e}^{\mathrm{i}2^n(x_0+2\pi\cdot 2^{-k}x)}+\mathrm{e}^{-\mathrm{i}2^n(x_0+2\pi\cdot 2^{-k}x)}\right)\varphi(x)\,\mathrm{d}x \\
&= \frac{2^{(k-1)\alpha}}{2\pi^\alpha}\sum_{n=1}^{\infty}\frac{1}{n^2}\left(\mathrm{e}^{\mathrm{i}2^n x_0}\widehat{\varphi}(-2^{n-k})+\mathrm{e}^{-\mathrm{i}2^n x_0}\widehat{\varphi}(2^{n-k})\right) \\
&= \frac{2^{(k-1)\alpha}}{2k^2\pi^\alpha}\mathrm{e}^{-\mathrm{i}2^k x_0}
\end{aligned}
$$

无界. 得到矛盾. 因此, g 处处连续无处 Hölder 连续. □

例 7.5.5 (热传导方程的求解) 设 $f\in\mathscr{S}$, 求解热传导方程

$$
\begin{cases} u_t(t,x)=u_{xx}(t,x), & t\geqslant 0,\ x\in\mathbb{R}, \\ u(0,x)=f(x), & x\in\mathbb{R}. \end{cases}
$$

解 形式上, 对空间变量作 Fourier 变换, 得到

$$
\begin{cases} \widehat{u}_t(t,x)=-4\pi^2|x|^2\widehat{u}(t,x), & t\geqslant 0,\ x\in\mathbb{R}, \\ \widehat{u}(0,x)=\widehat{f}(x), & x\in\mathbb{R}. \end{cases}
$$

上式本质上是一个常微分方程, 解得

$$
\widehat{u}(t,x)=\widehat{f}(x)\mathrm{e}^{-4\pi^2 t|x|^2}, \qquad t\geqslant 0,\ x\in\mathbb{R}.
$$

作 Fourier 逆变换并利用例 7.5.2 的结果得到

$$
u(t,x)=\int_{-\infty}^{+\infty} f(x-2\sqrt{\pi t}\,y)\mathrm{e}^{-\pi|y|^2}\,\mathrm{d}y, \qquad t\geqslant 0,\ x\in\mathbb{R}.
$$

进一步, 可以证明上式确实给出了方程的唯一解. 在此不再展开讨论.

例 7.5.6 (海森伯 (Heisenberg)① 不确定性原理) 设 $\psi\in\mathscr{S}$ 满足 $\int_{-\infty}^{+\infty}|\psi(x)|^2\,\mathrm{d}x=1$, 则

$$
\left(\int_{-\infty}^{+\infty}|x-x_0|^2|\psi(x)|^2\,\mathrm{d}x\right)\left(\int_{-\infty}^{+\infty}|\xi-\xi_0|^2|\hat{\psi}(\xi)|^2\,\mathrm{d}\xi\right)\geqslant\frac{1}{16\pi^2}. \tag{7.5.26}
$$

① Werner Karl Heisenberg, 1901 年 12 月 5 日—1976 年 2 月 1 日, 德国物理学家.

且等式当且仅当 $\psi(x)=Ae^{-Bx^2}$ 时成立, 其中 $B>0, |A|=\left(\frac{2B}{\pi}\right)^{\frac{1}{4}}$.

一般地, 对于 $x_0,\xi_0\in\mathbb{R}$, 成立

$$\left(\int_{-\infty}^{+\infty}|x-x_0|^2|\psi(x)|^2\,\mathrm{d}x\right)\left(\int_{-\infty}^{+\infty}|\xi-\xi_0|^2|\hat{\psi}(\xi)|^2\,\mathrm{d}\xi\right)\geqslant\frac{1}{16\pi^2}. \tag{7.5.27}$$

证明 注意这里 ψ 是复值函数. 先考虑 $x_0=\xi_0=0$. 由分部积分公式和 Cauchy 不等式可得

$$\begin{aligned}1=&\int_{-\infty}^{+\infty}\left|\psi(x)\right|^2(x)\,\mathrm{d}x=-\int_{-\infty}^{+\infty}x\left(\left|\psi(x)\right|\right)'\,\mathrm{d}x\\=&-\int_{-\infty}^{+\infty}x\left(\overline{\psi(x)}\psi'(x)+\psi(x)\overline{\psi'(x)}\right)\mathrm{d}x\\\leqslant&2\int_{-\infty}^{+\infty}|x|\left|\psi(x)\right|\left|\psi'(x)\right|\mathrm{d}x\\\leqslant&2\left(\int_{-\infty}^{+\infty}|x|^2|\psi(x)|^2\,\mathrm{d}x\right)^{\frac{1}{2}}\left(\int_{-\infty}^{+\infty}|\psi'(x)|^2\,\mathrm{d}x\right)^{\frac{1}{2}}.\end{aligned}$$

而由 (7.5.10) 以及 Plancherel 定理,

$$\int_{-\infty}^{+\infty}|\psi'(x)|^2\,\mathrm{d}x=4\pi^2\int_{-\infty}^{+\infty}|\xi|^2\,|\hat{\psi}(\xi)|^2\,\mathrm{d}\xi.$$

结合 (7.5.9) 即得此时 (7.5.26) 成立. 进一步, 从证明过程可见, 等式当且仅当 $\psi'(x)=-2B\psi(x)x$ 时成立, 其中 $B>0$ 为常数. 注意到 $\left(e^{Bx^2}\psi(x)\right)'=e^{Bx^2}(\psi'(x)+2B\psi(x)x)=0$, 结合 $\int_{-\infty}^{+\infty}|\psi(x)|^2\,\mathrm{d}x=1$ 得 (7.5.26) 中的等式当且仅当 $\psi(x)=Ae^{-Bx^2}$ 时成立, 其中 $B>0, |A|=\left(\frac{2B}{\pi}\right)^{\frac{1}{4}}$.

在 (7.5.26) 中, 用 $e^{-2\pi ix\xi_0}\psi(x+x_0)$ 代替 $\psi(x)$ 即得 (7.5.27). □

习 题 7.5

1. 设 f 在 $\mathbb{R}$ 上绝对可积, 试用 f 的 Fourier 变换表示以下函数的 Fourier 变换.
(1) $g(x):=f(x+x_0)$, 其中 $x_0\in\mathbb{R}$.
(2) $g(x):=f(rx)$, 其中 $r\neq 0$ 为给定实数.

2. 设 $f \in C_c^2(\mathbb{R})$, 证明 $\lim\limits_{x\to\infty} |x^2\widehat{f}(x)| = 0$. 进而对于任何在 $\mathbb{R}$ 上有界且在任何有界区间上可积的 g, 有

$$\lim_{T\to+\infty} \sum_{n=-\infty}^{\infty} \frac{1}{T}\widehat{f}\left(\frac{n}{T}\right) g\left(\frac{n}{T}\right) = \int_{-\infty}^{+\infty} \widehat{f}(x)g(x)\,\mathrm{d}x.$$

3. 对于

$$f \in X_a := \left\{f \middle| f \text{ 非负, 偶, } \operatorname{supp} f = [-a,a],\ f \text{ 在 } (-a,a) \text{ 内可积, Lipschitz 连续}\right\},$$

证明: $\displaystyle\int_{-\infty}^{+\infty} \widehat{f}(x)\,\mathrm{d}x = f(0)$.

4. 设 $f(x) := \pi \mathrm{e}^{-2\pi|x|}\ (x \in \mathbb{R})$. 试求 f 的 Fourier 变换.
5. 设 $f \in C^1(\mathbb{R})$, 且 $\displaystyle\int_{-\infty}^{+\infty} \left(f^2(x) + \left(f'(x)\right)^2\right)\mathrm{d}x = 1$. 证明: $\lim\limits_{x\to\infty} f(x) = 0$, 且 $\|f\|_\infty < \dfrac{\sqrt{2}}{2}$.
6. 设 $a > 0$, $f(x) = e^{|x|}\chi_{[-a,a]}(x)$, $g(x) = e^{-|x|}\chi_{[-a,a]}(x)$. 计算 $\widehat{f}$ 和 $\widehat{g}$.
7. 设 $\alpha \in \mathbb{R}$, 计算含参变量积分 $\displaystyle\int_0^{+\infty} \frac{\cos(\alpha\pi x)}{1+x^2}\,\mathrm{d}x$, $\displaystyle\int_0^{+\infty} \frac{x\sin(\alpha\pi x)}{1+x^2}\,\mathrm{d}x$.

7.6 含参变量积分的进一步性质

利用 Arzelà 有界收敛定理可以明显地改善 7.3 节的结果.

首先, 回顾定理 4.1.4, 可见可积函数列一致收敛的极限仍然保持可积性. 接下来, 考虑更一般的含参变量积分. 我们首先考虑常义积分.

含参变量积分的连续性可以理解为积分与极限两种运算交换次序:

$$\lim_{y\to y_0} \int_a^b f(x,y)\,\mathrm{d}x = \int_a^b \lim_{y\to y_0} f(x,y)\,\mathrm{d}x. \tag{7.6.1}$$

由 Arzelà 有界收敛定理 (参见定理 4.6.1), 结合 Heine 定理, 立即得到如下定理:

定理 7.6.1 (含参变量积分的连续性) 设 f 是 $[a,b]\times[c,d]$ 上的有界函数. 对固定的 $y \in [c,d]$, $f(\cdot,y)$ 在 $[a,b]$ 上可积, 对固定的 $x \in [a,b]$, $f(x,\cdot)$ 在 $y_0 \in [c,d]$ 处连续. 则函数

$$F(y) := \int_a^b f(x,y)\,\mathrm{d}x$$

在 y_0 处连续.

自然, 在定理条件下, 若 $f(x,\cdot)$ 在 $[c,d]$ 上连续. 则 F 在 $[c,d]$ 上连续.

接下来. 我们利用 Arzelà 有界收敛定理来给出积分与积分交换次序的定理. 相比于累次极限交换次序以及混合偏导交换次序都需要较强的条件, 如下的这一结果是比较令人意外的.

定理 7.6.2 (含参变量积分的可积性) 设 f 在 $[a,b]\times[c,d]$ 上有界, 对于任何 $y\in[c,d]$, $f(\cdot,y)$ 在 $[a,b]$ 上可积, 而对于任何 $x\in[a,b]$, $f(x,\cdot)$ 在 $[c,d]$ 上可积. 则 $\int_d^c \mathrm{d}y\int_a^b f(x,y)\,\mathrm{d}x$ 和 $\int_a^b \mathrm{d}x\int_c^d f(x,y)\,\mathrm{d}y$ 都存在, 且

$$\int_d^c \mathrm{d}y\int_a^b f(x,y)\,\mathrm{d}x=\int_a^b \mathrm{d}x\int_c^d f(x,y)\,\mathrm{d}y. \tag{7.6.2}$$

证明 由假设条件知, $\varphi(\cdot):=\int_c^d f(\cdot,y)\,\mathrm{d}y$ 在 $[a,b]$ 上处处有定义且有界. 进一步, 对于 $n\geqslant 2$, 记 P_n 为 $[a,b]$ 的 n 等分. 则可取到

$$\xi_{n,k},\eta_{n,k}\in I_{n,k}\equiv\left[a+\frac{k(b-a)}{n},a+\frac{(k+1)(b-a)}{n}\right],\qquad k=0,1,\cdots,n-1$$

使得

$$U(\varphi;P_n)-L(\varphi;P_n)=\sum_{k=0}^{n-1}\left(\sup_{x\in I_{n,k}}\varphi(x)-\inf_{x\in I_{n,k}}\varphi(x)\right)\frac{b-a}{n}$$

$$\leqslant\sum_{k=0}^{n-1}(\varphi(\xi_{n,k})-\varphi(\eta_{n,k}))\frac{b-a}{n}+\frac{1}{n}$$

$$=\int_c^d\left(\sum_{k=0}^{n-1}f(\xi_{n,k},y)\frac{b-a}{n}-\sum_{k=0}^{n-1}f(\eta_{n,k},y)\frac{b-a}{n}\right)\mathrm{d}y+\frac{1}{n}.$$

令 $n\to+\infty$, 由 Arzelà 有界收敛定理得到 $\overline{\int_a^b}\varphi(x)\,\mathrm{d}x=\underline{\int_a^b}\varphi(x)\,\mathrm{d}x$. 从而 φ 可积. 即 $\int_a^b \mathrm{d}x\int_c^d f(x,y)\,\mathrm{d}y$ 存在. 类似地, $\int_d^c \mathrm{d}y\int_a^b f(x,y)\,\mathrm{d}x$ 存在. 于是由 Arzelà 定理得

$$\int_a^b \mathrm{d}x\int_c^d f(x,y)\,\mathrm{d}y=\lim_{n\to+\infty}\frac{b-a}{n}\sum_{k=0}^{n-1}\int_c^d f\left(a+\frac{k(b-a)}{n},y\right)\mathrm{d}y$$

$$=\lim_{n\to+\infty}\int_c^d\frac{b-a}{n}\sum_{k=0}^{n-1}f\left(a+\frac{k(b-a)}{n},y\right)\mathrm{d}y$$

$$=\int_c^d \mathrm{d}y \int_a^b f(x,y)\,\mathrm{d}x.$$

即 (7.6.2) 式成立. □

由 Arzelà 有界收敛定理同样易得含参变量积分的可微性, 我们先给出含参变量积分在一点的可微性. 请读者注意从证明过程反推如何给出定理条件.

定理 7.6.3 (含参变量积分的可微性) 设 f 在 $[a,b]\times[c,d]$ 上有界. 对每个 $y\in[c,d]$, $f(\cdot,y)$ 在 $[a,b]$ 上可积. 对每个 $x\in[a,b]$, $f(x,\cdot)$ 在 $y_0\in[c,d]$ 可微. 又 $f_y(\cdot,y_0)$ 在 $[a,b]$ 上可积, 且存在 $M>0$ 使得

$$|f(x,y)-f(x,y_0)|\leqslant M|y-y_0|, \qquad \forall\,(x,y)\in[a,b]\times[c,d]. \tag{7.6.3}$$

则

$$F(y):=\int_a^b f(x,y)\,\mathrm{d}x$$

在 y_0 处可导, 且

$$F'(y_0)=\int_a^b f_y(x,y_0)\,\mathrm{d}x. \tag{7.6.4}$$

证明 由 Arzelà 有界收敛定理立即可得

$$\begin{aligned}F'(y_0)&=\lim_{y\to y_0}\frac{F(y)-F(y_0)}{y-y_0}\\&=\lim_{y\to y_0}\int_a^b \frac{f(x,y)-f(x,y_0)}{y-y_0}\,\mathrm{d}x\\&=\int_a^b \lim_{y\to y_0}\frac{f(x,y)-f(x,y_0)}{y-y_0}\,\mathrm{d}x\\&=\int_a^b f_y(x,y_0)\,\mathrm{d}x.\end{aligned}$$

□

由上述定理, 立即可得含参变量积分整体的可微性.

推论 7.6.1 设 f 在 $[a,b]\times[c,d]$ 上有界. 对每个 $x\in[a,b]$, $f(x,\cdot)$ 在 $[c,d]$ 上可微. 对每个 $y\in[c,d]$, $f(\cdot,y)$, $f_y(\cdot,y)$ 在 $[a,b]$ 上可积. 又 f_y 在 $[a,b]\times[c,d]$ 上有界. 则

$$F(y):=\int_a^b f(x,y)\,\mathrm{d}x$$

在 $[c,d]$ 上可微, 且

$$F'(y) = \int_a^b f_y(x,y)\,\mathrm{d}x, \qquad y \in [c,d]. \tag{7.6.5}$$

接下来, 介绍反常积分的相关性质. 我们以含参变量无穷积分为例叙述相应的定理. 由于需要较多的常规假设条件, 定理条件看起来都比较多. 请读者留意定理中哪些条件是常规的, 哪些是特别的.

定理 7.6.4 (含参变量反常积分的连续性) 设 f 是 $[a,+\infty) \times [c,d]$ 上的函数. 满足

(i) 对任何 $A > a$, f 在 $[a,A] \times [c,d]$ 上有界.

(ii) 对任何 $y \in [c,d]$ 和 $A > a$, $f(\cdot,y)$ 在 $[a,A]$ 上可积.

(iii) 对于任何 $x \in [a,+\infty)$, $f(x,\cdot)$ 在 $y_0 \in [c,d]$ 处连续.

(iv) 含参变量反常积分 $\displaystyle\int_a^{+\infty} f(x,y)\,\mathrm{d}x$ 关于 $y \in [c,d]$ 一致收敛.

则 $F(y) := \displaystyle\int_a^{+\infty} f(x,y)\,\mathrm{d}x$ 在 y_0 处连续.

证明 由定理 7.6.1, 对任何 $A > a$, $y \mapsto \displaystyle\int_a^A f(x,y)\,\mathrm{d}x$ 在 y_0 处连续. 我们有

$$\begin{aligned}\overline{\lim_{y\to y_0}}\,|F(y)-F(y_0)| &\leqslant 2\sup_{t\in[c,d]}\left|\int_A^{+\infty} f(x,t)\,\mathrm{d}x\right| \\ &\quad + \overline{\lim_{y\to y_0}}\left|\int_a^A (f(x,y)-f(x,y_0))\,\mathrm{d}x\right| \\ &= 2\sup_{t\in[c,d]}\left|\int_A^{+\infty} f(x,t)\,\mathrm{d}x\right|, \quad \forall A > a.\end{aligned}$$

于是, 令 $A \to +\infty$, 利用一致收敛性, 即得

$$\overline{\lim_{y\to y_0}}\left|F(y)-F(y_0)\right| \leqslant 0.$$

这就证明了定理. □

若将定理中条件 (iii) 改为:

(iii′) 对于任何 $x \in [a,+\infty)$, $f(x,\cdot)$ 在 $[c,d]$ 上连续.

则 F 在 $[c,d]$ 上连续.

结合反常积分的 Weierstrass 定理, 可得定理 7.6.2 的如下方便使用的推论. 可称之为**控制收敛定理**, 它是今后 Lebesgue 控制收敛定理的特例.

定理 7.6.5 设 $[a,+\infty)$ 上函数列 $\{f_n\}$ 满足如下条件:

(i) 存在 $[a,+\infty)$ 上绝对可积的函数 φ 使得

$$|f_n(x)| \leqslant \varphi(x), \qquad \forall\, x \in [a,+\infty), n \geqslant 1. \tag{7.6.6}$$

(ii) 成立

$$\lim_{n\to+\infty} f_n(x) = f(x), \qquad \forall\, x \in [a,+\infty), \tag{7.6.7}$$

其中 $f_n\,(n \geqslant 1)$ 以及 f 在 φ 的瑕点处允许没有定义.

(iii) 在不含 φ 的瑕点的有界闭区间上, $f_n\,(n \geqslant 1)$ 以及 f 均 Riemann 可积.

则 $\displaystyle\int_a^{+\infty} f_n(x)\,\mathrm{d}x\,(n \geqslant 1)$ 以及 $\displaystyle\int_a^{+\infty} f(x)\,\mathrm{d}x$ 均收敛, 且

$$\lim_{n\to+\infty} \int_a^{+\infty} f_n(x)\,\mathrm{d}x = \int_a^{+\infty} f(x)\,\mathrm{d}x. \tag{7.6.8}$$

我们把定理的证明留给读者. 以下是反常积分的积分次序可交换性.

定理 7.6.6 (含参变量反常积分积分次序的可交换性) 设 f 是 $[a,+\infty)\times[c,d]$ 上的函数. 满足

(i) 对任何 $A > a$, f 在 $[a,A]\times[c,d]$ 上有界.

(ii) 对任何 $y \in [c,d]$ 和 $A > a$, $f(\cdot,y)$ 在 $[a,A]$ 上可积.

(iii) 对于任何 $x \in [a,+\infty)$, $f(x,\cdot)$ 在 $y_0 \in [c,d]$ 处可积.

(iv) 含参变量反常积分 $\displaystyle\int_a^{+\infty} f(x,y)\,\mathrm{d}x$ 关于 $y \in [c,d]$ 一致收敛.

则如下积分存在且相等:

$$\int_c^d \mathrm{d}y \int_a^{+\infty} f(x,y)\,\mathrm{d}x = \int_a^{+\infty} \mathrm{d}x \int_c^d f(x,y)\,\mathrm{d}y. \tag{7.6.9}$$

证明 证明中需要注意证明 (7.6.9) 中两个累次积分的存在性. 首先, 易见 $\displaystyle\int_a^{+\infty} f(x,y)\,\mathrm{d}x$ 在 $[c,d]$ 上有界, 而对任何 $A > a$, $\displaystyle\int_c^d f(x,y)\,\mathrm{d}y$ 在 $[a,A]$ 上有界.

对任何 $A'' > A' > A$, 我们有

$$\begin{aligned}
&\left|\int_{A'}^{A''} \mathrm{d}x \int_c^d f(x,y)\,\mathrm{d}y\right| = \left|\int_c^d \mathrm{d}y \int_{A'}^{A''} f(x,y)\,\mathrm{d}x\right| \\
\leqslant\; & (d-c) \sup_{y\in[c,d]} \left|\int_{A'}^{A''} f(x,y)\,\mathrm{d}x\right|.
\end{aligned}$$

于是, 由一致收敛性以及 Cauchy 准则, 得到 $\int_a^{+\infty} \mathrm{d}x \int_c^d f(x,y)\,\mathrm{d}y$ 存在.

进一步,

$$
\begin{aligned}
&\overline{\int_c^d} \mathrm{d}y \int_a^{+\infty} f(x,y)\,\mathrm{d}x \\
\leqslant\ & \int_c^d \mathrm{d}y \int_a^A f(x,y)\,\mathrm{d}x + \overline{\int_c^d} \mathrm{d}y \int_A^{+\infty} f(x,y)\,\mathrm{d}x \\
\leqslant\ & \int_a^A \mathrm{d}x \int_c^d f(x,y)\,\mathrm{d}y + (d-c) \sup_{y\in[c,d]} \left| \int_A^{+\infty} f(x,y)\,\mathrm{d}x \right|, \qquad \forall A > a.
\end{aligned}
$$

令 $A \to +\infty$ 得到

$$
\overline{\int_c^d} \mathrm{d}y \int_a^{+\infty} f(x,y)\,\mathrm{d}x \leqslant \int_a^{+\infty} \mathrm{d}x \int_c^d f(x,y)\,\mathrm{d}y.
$$

上式中用 $-f$ 代替 f 得到

$$
\underline{\int_c^d} \mathrm{d}y \int_a^{+\infty} f(x,y)\,\mathrm{d}x \geqslant \int_a^{+\infty} \mathrm{d}x \int_c^d f(x,y)\,\mathrm{d}y.
$$

从而 $\int_c^d \mathrm{d}y \int_a^{+\infty} f(x,y)\,\mathrm{d}x$ 存在且 (7.6.9) 式成立. □

注 7.6.1 如果涉及的累次积分中每一次积分都是反常积分, 则积分交换次序的问题比较复杂. 在 Riemann 积分框架下, 难以得到令人满意的结果. 利用 Lebesgue 积分, 对于 $[a,+\infty)\times[c,+\infty)$ 上的函数 f, 若积分

$$
\int_a^{+\infty} \mathrm{d}x \int_c^{+\infty} f(x,y)\,\mathrm{d}y
$$

和

$$
\int_c^{+\infty} \mathrm{d}y \int_a^{+\infty} f(x,y)\,\mathrm{d}x
$$

都有意义, 且

$$
\int_a^{+\infty} \mathrm{d}x \int_c^{+\infty} |f(x,y)|\,\mathrm{d}y < +\infty. \tag{7.6.10}
$$

则

$$
\int_a^{+\infty} \mathrm{d}x \int_c^{+\infty} f(x,y)\,\mathrm{d}y = \int_c^{+\infty} \mathrm{d}y \int_a^{+\infty} f(x,y)\,\mathrm{d}x. \tag{7.6.11}
$$

事实上, 在 Lebesgue 积分意义下, 只要 f 可测, 且 (7.6.10) 成立, 则 (7.6.11) 左右两边都有意义且相等.

关于参变量反常积分的可微性, 我们有如下定理.

定理 7.6.7 (含参变量反常积分的可微性) 设 f 是 $[a,+\infty)\times[c,d]$ 上的函数. 满足

(i) 对任何 $A>a$, f 在 $[a,A]\times[c,d]$ 上有界.

(ii) 对每个 $x\in[a,+\infty)$, $f(x,\cdot)$ 在 $y_0\in[c,d]$ 可微. 且对任何 $A>a$, 存在 $M_A>0$ 使得

$$|f(x,y)-f(x,y_0)|\leqslant M_A|y-y_0|,\qquad \forall\,(x,y)\in[a,A]\times[c,d].\tag{7.6.12}$$

(iii) 对任何 $y\in[c,d]$ 和 $A>a$, $f(\cdot,y), f_y(\cdot,y_0)$ 在 $[a,A]$ 上可积.

(iv) 含参变量反常积分 $\displaystyle\int_a^{+\infty} f(x,y_0)\,\mathrm{d}x$ 收敛, $\displaystyle\int_a^{+\infty}\frac{f(x,y)-f(x,y_0)}{y-y_0}\,\mathrm{d}x$ 关于 $y\in[c,d]\setminus\{y_0\}$ 一致收敛.

则 $F(y):=\displaystyle\int_a^{+\infty} f(x,y)\,\mathrm{d}x$ 在 y_0 处可微, $\displaystyle\int_a^{+\infty} f_y(x,y_0)\,\mathrm{d}x$ 收敛, 且

$$F'(y_0)=\int_a^{+\infty} f_y(x,y_0)\,\mathrm{d}x.\tag{7.6.13}$$

证明 易见 (iii) 蕴涵 F 在 $[c,d]$ 上有定义. 对于任何 $A''>A'>a$, 我们有

$$\begin{aligned}\left|\int_{A'}^{A''} f_y(x,y_0)\,\mathrm{d}x\right| &= \lim_{y\to y_0}\left|\int_{A'}^{A''}\frac{f(x,y)-f(x,y_0)}{y-y_0}\,\mathrm{d}x\right|\\ &\leqslant \sup_{y\in[c,d]\setminus\{y_0\}}\left|\int_{A'}^{A''}\frac{f(x,y)-f(x,y_0)}{y-y_0}\,\mathrm{d}x\right|.\end{aligned}$$

由此结合 Cauchy 准则可得 $\displaystyle\int_a^{+\infty} f_y(x,y_0)\,\mathrm{d}x$ 收敛.

进一步, 有

$$\begin{aligned}&\varlimsup_{y\to y_0}\left|\frac{F(y)-F(y_0)}{y-y_0}-\int_a^{+\infty} f_y(x,y_0)\,\mathrm{d}x\right|\\ =&\varlimsup_{y\to y_0}\left|\int_A^{+\infty}\frac{f(x,y)-f(x,y_0)}{y-y_0}\,\mathrm{d}x-\int_A^{+\infty} f_y(x,y_0)\,\mathrm{d}x\right|\\ \leqslant&\sup_{y\in[c,d]\setminus\{y_0\}}\left|\int_A^{+\infty}\frac{f(x,y)-f(x,y_0)}{y-y_0}\,\mathrm{d}x\right|+\left|\int_A^{+\infty} f_y(x,y_0)\,\mathrm{d}x\right|,\qquad\forall\,A>a.\end{aligned}$$

令 $A \to +\infty$ 即得 (7.6.13). □

立即可得如下推论.

推论 7.6.2　设 f 是 $[a,+\infty) \times [c,d]$ 上的函数. 满足

(i) 对任何 $A > a$, f 在 $[a,A] \times [c,d]$ 上有界.

(ii) 对每个 $x \in [a,+\infty)$, $f(x,\cdot)$ 在 $[c,d]$ 上可微. 且对任何 $A > a$, f_y 在 $[a,A] \times [c,d]$ 上有界.

(iii) 对任何 $y \in [c,d]$ 和 $A > a$, $f(\cdot,y), f_y(\cdot,y_0)$ 在 $[a,A]$ 上可积.

(iv) 含参变量反常积分 $\displaystyle\int_a^{+\infty} f(x,y_0)\,\mathrm{d}x$ 收敛, $\displaystyle\int_a^{+\infty} f_y(x,y)\,\mathrm{d}x$ 关于 $y \in [c,d]$ 一致收敛.

则 $F(y) := \displaystyle\int_a^{+\infty} f(x,y)\,\mathrm{d}x$ 在 $[c,d]$ 上可微, $\displaystyle\int_a^{+\infty} f_y(x,y)\,\mathrm{d}x$ 收敛, 且

$$F'(y) = \int_a^{+\infty} f_y(x,y)\,\mathrm{d}x, \qquad \forall\,[c,d]. \tag{7.6.14}$$

证明　固定 $y_0 \in [a,b]$, 只要验证定理 7.6.7 的条件都满足.

易见条件 (ii) 蕴涵定理 7.6.7 的条件 (ii). 于是只要验证定理 7.6.7 的条件 (iv) 中的一致收敛性.

任取 $A'' > A' > a$, 由微分中值定理, 有 $\xi \in (A',A'')$ 使得

$$\begin{aligned}
&\left|\int_{A'}^{A''} \frac{f(x,y)-f(x,y_0)}{y-y_0}\,\mathrm{d}x\right| \\
=&\left|\frac{1}{y-y_0}\left(\int_{A'}^{A''} f(x,y)\,\mathrm{d}x - \int_{A'}^{A''} f(x,y_0)\,\mathrm{d}x\right)\right| \\
=&\left|\int_{A'}^{A''} f_y(x,\xi)\,\mathrm{d}x\right| \leqslant \sup_{t\in[c,d]}\left|\int_{A'}^{A''} f_y(x,t)\,\mathrm{d}x\right|, \qquad y \neq y_0.
\end{aligned}$$

由此可见, 定理 7.6.7 的条件 (iv) 成立. 进而可得本推论. □

习　题　7.6

1. 证明定理 7.6.5.
2. 计算下列极限:

   (i) $\displaystyle\lim_{n\to+\infty} n^2 \int_0^{+\infty} \frac{\sin x}{(1+x)^n}\,\mathrm{d}x$;　　(ii) $\displaystyle\lim_{n\to+\infty} n\sqrt{n} \int_0^{+\infty} \frac{\sin x^2}{(1+x^2)^n}\,\mathrm{d}x$.

3. 设 $\alpha > 0$, 计算极限 $\displaystyle\lim_{n\to+\infty} n\int_0^{+\infty} \frac{\mathrm{d}x}{1+n^4\left[(1+x)^\alpha-1\right]^4}$.

4. 设 $f \in C^{\infty}(\mathbb{R})$ 在 $\mathbb{R}$ 上有界.

(i) 证明: 对任何 $n \geqslant 0$, 成立 $\lim\limits_{s \to +\infty} s^{2n+1}\left(\displaystyle\int_{\mathbb{R}} f(x)\mathrm{e}^{-s^2x^2}\,\mathrm{d}x - \sum_{k=0}^{n} \frac{f^{(2k)}(0)\sqrt{\pi}}{4^k k! s^{2k+1}}\right) = 0.$

(ii) 求 $A_0, A_1, \cdots, A_4$ 使得 $\lim\limits_{s \to +\infty} s^4\left(\displaystyle\int_0^{+\infty} \mathrm{e}^{-s^2x^2}\sin x\,\mathrm{d}x - \sum_{k=0}^{4} \frac{A_k}{s^k}\right) = 0.$

线上课堂

Fourier 变换

含参变量积分的进一步性质

参 考 文 献

[1] 陈纪修, 於崇华, 金路. 数学分析. 3 版. 北京: 高等教育出版社, 2019.

[2] 金路, 童裕孙, 於崇华, 张万国. 高等数学. 4 版. 北京: 高等教育出版社, 2016.

[3] 楼红卫. 数学分析—要点• 难点• 拓展. 北京: 高等教育出版社, 2020.

[4] 楼红卫. 数学分析, 上下册. 北京: 高等教育出版社, 2022/2023.

[5] 梅加强. 数学分析. 2 版. 北京: 高等教育出版社, 2020.

[6] 欧阳光中, 朱学炎, 金福临, 等. 数学分析. 4 版. 北京: 高等教育出版社, 2016.

[7] 同济大学应用数学系. 高等数学. 8 版. 北京: 高等教育出版社, 2023.

[8] Фихтенгольц Г М. 微积分学教程. 路见可, 余家荣, 吴亲仁, 译. 北京: 高等教育出版社, 2005.

[9] Gelbaum B R, Olmsted J M H. 分析中的反例. 高枚, 译. 上海: 上海科学技术出版社, 1980.

[10] Klambauer G. 数学分析. 庄亚栋, 译. 上海: 上海科学技术出版社, 1981.

[11] Polya G, Szego G. 数学分析中的问题和定理. 张奠宙, 宋国栋, 魏国强, 译. 上海: 上海科学技术出版社, 1981.

[12] Rudin W. 数学分析原理. 赵慈庚, 蒋铎, 译. 北京: 机械工业出版社, 2003.

索　　引